Periodic Table of the Elements

- Metals (main-group)
- Metals (transition)
- Metals (inner transition)
- Metalloids
- Nonmetals

MAINĐGROUP ELEMENTS — TRANSITION ELEMENTS — MAINĐGROUP ELEMENTS

Period	IA (1)	IIA (2)	IIIB (3)	IVB (4)	VB (5)	VIB (6)	VIIB (7)	VIIIB (8)	VIIIB (9)	VIIIB (10)	IB (11)	IIB (12)	IIIA (13)	IVA (14)	VA (15)	VIA (16)	VIIA (17)	VIIIA (18)
1	1 **H** 1.008																	2 **He** 4.003
2	3 **Li** 6.941	4 **Be** 9.012											5 **B** 10.81	6 **C** 12.01	7 **N** 14.01	8 **O** 16.00	9 **F** 19.00	10 **Ne** 20.18
3	11 **Na** 22.99	12 **Mg** 24.31											13 **Al** 26.98	14 **Si** 28.09	15 **P** 30.97	16 **S** 32.07	17 **Cl** 35.45	18 **Ar** 39.95
4	19 **K** 39.10	20 **Ca** 40.08	21 **Sc** 44.96	22 **Ti** 47.88	23 **V** 50.94	24 **Cr** 52.00	25 **Mn** 54.94	26 **Fe** 55.85	27 **Co** 58.93	28 **Ni** 58.69	29 **Cu** 63.55	30 **Zn** 65.39	31 **Ga** 69.72	32 **Ge** 72.61	33 **As** 74.92	34 **Se** 78.96	35 **Br** 79.90	36 **Kr** 83.80
5	37 **Rb** 85.47	38 **Sr** 87.62	39 **Y** 88.91	40 **Zr** 91.22	41 **Nb** 92.91	42 **Mo** 95.94	43 **Tc** (98)	44 **Ru** 101.1	45 **Rh** 102.9	46 **Pd** 106.4	47 **Ag** 107.9	48 **Cd** 112.4	49 **In** 114.8	50 **Sn** 118.7	51 **Sb** 121.8	52 **Te** 127.6	53 **I** 126.9	54 **Xe** 131.3
6	55 **Cs** 132.9	56 **Ba** 137.3	57 **La** 138.9	72 **Hf** 178.5	73 **Ta** 180.9	74 **W** 183.9	75 **Re** 186.2	76 **Os** 190.2	77 **Ir** 192.2	78 **Pt** 195.1	79 **Au** 197.0	80 **Hg** 200.6	81 **Tl** 204.4	82 **Pb** 207.2	83 **Bi** 209.0	84 **Po** (209)	85 **At** (210)	86 **Rn** (222)
7	87 **Fr** (223)	88 **Ra** (226)	89 **Ac** (227)	104 **Rf** (261)	105 **Db** (262)	106 **Sg** (266)	107 **Bh** (262)	108 **Hs** (265)	109 **Mt** (266)	110 **Uun** (269)	111 **Uuu** (272)	112 **Uub** (277)	113	114 **Uug** (285)	115	116 **Uuh** (289)	117	118 **Uuo**

INNER TRANSITION ELEMENTS

Period															
6	Lanthanides	58 **Ce** 140.1	59 **Pr** 140.9	60 **Nd** 144.2	61 **Pm** (145)	62 **Sm** 150.4	63 **Eu** 152.0	64 **Gd** 157.3	65 **Tb** 158.9	66 **Dy** 162.5	67 **Ho** 164.9	68 **Er** 167.3	69 **Tm** 168.9	70 **Yb** 173.0	71 **Lu** 175.0
7	Actinides	90 **Th** 232.0	91 **Pa** (231)	92 **U** 238.0	93 **Np** (237)	94 **Pu** (242)	95 **Am** (243)	96 **Cm** (247)	97 **Bk** (247)	98 **Cf** (251)	99 **Es** (252)	100 **Fm** (257)	101 **Md** (258)	102 **No** (259)	103 **Lr** (260)

List of the Element with their Symbols and Atomic Masses

영문명	한글명	기호	원자번호	원자량	영문명	한글명	기호	원자번호	원자량
Aluminum	알루미늄	Al	13	26.98	Iridium	이리듐	Ir	77	192.22
Americium	아메리슘	Am	95	(243)	Iron	철	Fe	26	55.85
Antimony	안티몬	Sb	51	121.75	Krypton	크립톤	Kr	36	83.80
Argon	아르곤	Ar	18	39.95	Lanthanum	란탄	La	57	138.91
Arsenic	비소	As	33	74.92	Lead	납	Pb	82	207.20
Astatine	아스타틴	At	85	(210)	Lithium	리튬	Li	3	6.941
Barium	바륨	Ba	56	137.33	Lutetium	루테튬	Lu	71	174.97
Berkelium	버클륨	Bk	97	(247)	Magnesium	마그네슘	Mg	12	24.31
Berylium	베릴륨	Be	4	9.012	Manganese	망간	Mn	25	54.94
Bismuth	비스무트	Bi	83	208.98	Mendelevium	멘델레븀	Md	101	(258)
Boron	붕소	B	5	10.81	Mercury	수은	Hg	80	200.59
Bromine	브롬	Br	35	79.90	Molybdenum	몰리브덴	Mo	42	95.94
Cadmium	카드뮴	Cd	48	112.41	Noedymium	네오디뮴	Nd	60	144.12
Calcium	칼슘	Ca	20	40.08	Neon	네온	Ne	10	20.18
Carbon	탄소	C	6	12.01	Nickel	니켈	Ni	28	58.69
Cerium	세륨	Ce	58	140.12	Niobium	니오브	Nb	41	92.90
Cesium	세슘	Cs	55	132.90	Nitrogen	질소	N	7	14.01
Chlorine	염소	Cl	17	35.45	Nobelium	노벨륨	No	102	(259)
Chromium	크롬	Cr	24	52.00	Osmium	오스뮴	Os	76	190.20
Cobalt	코발트	Co	27	58.93	Oxygen	산소	O	8	16.00
Copper	구리	Cu	29	63.55	Palladium	팔라듐	Pd	46	106.42
Curium	퀴륨	Cm	96	(247)	Phosphorus	인	P	15	30.97
Dysprosium	디스프로슘	Dy	66	162.50	Platinum	백금	Pt	78	195.08
Einsteinium	아인슈타이늄	Es	99	(252)	Potassium	칼륨	K	19	39.10
Erbium	에르븀	Er	68	167.26	Selenium	셀레늄	Se	34	78.96
Europium	유로퓸	Eu	63	151.96	Silicon	규소	Si	14	28.10
Feropium	페르뮴	Fu	100	(257)	Silver	은	Ag	47	107.87
Fluorine	플루오르	F	9	19.00	Sodium	나트륨	Na	11	23.00
Francium	프랑슘	Fr	87	(223)	Strontium	스트론튬	Sr	38	87.62
Gadolinium	가돌리늄	Gd	64	157.25	Sulfur	황	S	16	32.06
Gallium	갈륨	Ga	31	69.72	Tellurium	텔루륨	Te	52	127.60
Germanium	게르마늄	Ge	32	72.59	Thallum	탈륨	Tl	81	204.38
Gold	금	Au	79	196.97	Tin	주석	Sn	50	118.71
Hafnium	하프늄	Hf	72	178.49	Titanum	티타늄	Ti	22	47.88
Helium	헬륨	He	2	4.003	Tungsten	텅스텐	W	74	183.85
Holmium	홀뮴	Ho	67	164.93	Uranium	우라늄	U	92	238.03
Hydrogen	수소	H	1	1.008	Vanadium	바나듐	V	23	50.94
Indium	인듐	In	49	114.82	Zinc	아연	Zn	30	65.39
Iodine	요오드	I	53	126.91	Zirconium	지르코늄	Zr	40	91.22

화학반응공학

Fundamentals of Chemical Reaction Engineering

홍연기·신채호·염승호·임계규 공역

Mark E. Davis　　Robert J. Davis

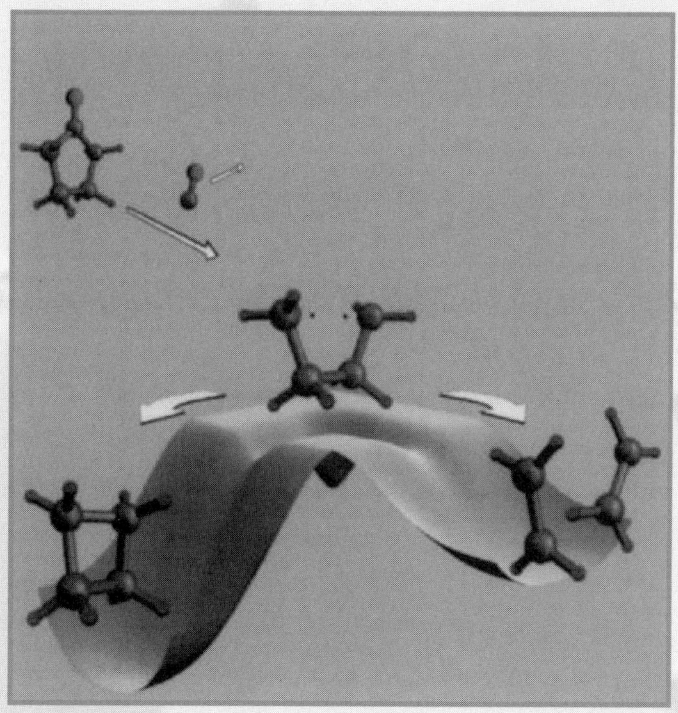

McGraw Hill Education　圖書出版 東和技術

Fundamentals of Chemical Reaction Engineering

1 2 3 4 5 6 7 8 9 10 Donghwa 20 09 08 07 06 05

Original: Fundamentals of Chemical Reaction Engineering
By Mark E. Davis and Robert J. Davis
ISBN 007-245007-X

This book is exclusively distributed in Donghwa Technology Publishing Co.

When ordering this title, please use ISBN 89-425-0432-9

Printed in Korea

P R E F A C E

저 자 서 문

이 책은 화학반응공학에 대한 정량적 접근을 위한 개론서이다. 제시된 수준은 한 학기 과정에 적합하도록 하였다. 책에서는 (1) 균일 및 비균일 반응계, (2) 화학반응공학과 화학반응기공학을 이해할 수 있는 균형 잡힌 접근법을 제시한다. 이 책의 많은 부분은 Michel Boudart 교수님의 가르침을 따랐다. 예를 들어 제1장과 4장은 지금 절판된 그 분의 훌륭한 저서인 화학공정 속도론(*Kinetics of Chemical Processes*)을 많이 따랐으며 그 내용을 확장하고 업데이트 하였다. 각각의 장은 많은 연습문제와 vignettes를 포함하고 있다. 우리는 vignettes를 사용하여 독자들에게 실제적이고 상업적인 공정과 책에 서술된 분자 및 해석법을 사용하는 것에 대한 논의를 제시하려 한다. vignettes는 우리 주변에서 발생하는 현상에서 나타나는 물질들과 연관되어 있으므로 독자들은 화학반응공학과 그에 대한 원리가 우리 일상생활에 어떻게 영향을 미치는지를 알 수 있다. 이 책의 많은 문제들은 수치적 해(numerical solution)를 필요로 한다. 독자들은 이들 문제에 대한 적절한 해를 찾기 위해 적합한 소프트웨어를 찾아야 한다. 이러한 소프트웨어는 풍부하고 지속적으로 발전하고 있기 때문에 독자들은 필요한 소프트웨어를 쉽게 찾을 수 있어야 한다. 이런 연습은 학교를 졸업하자마자 하게 될 일이므로 독자들에게 유용하다. 이 책을 완전히 소화하게 되면 화학반응공학의 기초에 대한 좋은 입문과정을 거치게 되고 책에서 제시된 해석법들을 생물학적계의 거동, 전자재료 공정, 지구대기현상의 예측과 같은 비전통적인 영역으로 적용할 수 있을 것이다. 우리가 화학반응기공학이 아닌 화학반응공학을 강조하는 이유는 다양한 영역에서 다양한 이슈들에 직면하게 될 미래의 화학공학도를 훈련시키기 위한다는 맥락에서 비롯되는 것이다.

우리는 우리로 하여금 이 책을 집필하도록 격려하시고 지적인 인도를 해주신 Michel Boudart 교수님의 호의에 감사드린다. 또한 Mark E. Davis는 육필노트를 최종적인 책으로 바꾸느라 애쓴 Martha Hepworth에게 감사한다. 덧붙여 해답집을 제작하는데 많은 도움을 주었던 Stacey Siporin, John Murphy, Kyle Bishop에게도 감사한다. 표지는 캘리포니아공대의 Ahmed Zewail 교수 연구 그룹의 호의로 제공받은 것이다. 우리는 이 책을 검토한 사람들에게 감사드리며 특별히, 내용과 정확성에 대한 광범위한 코멘트를 해준 코넬대학교의 A. Brad Anton에게 감사드린다. 마지막으로 강의노트로써 이 책의 초기 원고를 활용했을 때 힘들어했던 많은 학생들에게 감사와 미안함을 함께 전한다.

우리를 끝없이 지원해주고 있는 우리의 아내와 부모님들께 이 책을 바친다.

Mark E. Davis
Pasadena, CA

Robert J. Davis
Charlottesvill, VA

P R E F A C E

역자서문

화학반응공학은 화학반응 및 화학반응기의 설계와 운전과 관계된 이론을 다루는 학문이다. 이의 목적은 화학반응기를 설계하고 운전하는 전통적인 목적 뿐 아니라 생물공학, 전자재료공정을 비롯한 IT분야, 환경공학분야 등과 같은 반응과 관련된 다양한 분야로 응용하는데 있다.

오래곤 주립대학교의 O. Levenspiel 교수가 Chemical Reaction Engineering이라는 명저를 저술한 이래로 국내에서도 반응공학 강의가 대학에서 개설되기 시작하였고 이후 미시간 대학교의 H. Scott Fogler의 Elements of Chemical Reaction Engineering이 소개되면서 대부분의 대학들이 이들 교재로 강의를 진행하고 있다.

대개 화학반응공학은 한 학기 과정으로 강의가 개설되어 있다. 위의 교재들은 훌륭한 내용에도 불구하고 정해진 시간 내에 소화시키기에는 그 분량이 다소 벅차다는 것을 느끼던 차에 비교적 분량이 작으면서도 최신 연구결과들이 충실히 반영된 다양한 예제와 연습문제를 포함하고 있는 **Mark E. Davis**와 **Robert J. Davis** 교수가 쓴 ***Fundamentals of Chemical Reaction Engineering***을 접하게 되어 기쁜 맘으로 번역에 임하게 되었다.

역자들은 원저자의 의도를 정확하게 전달하고 독자들의 혼란을 막기 위해 많은 고민을 하였다. 이를 위해 가능한 원서의 체계를 동일하게 유지하도록 작업하였으며 전문용어는 1998년 한국화학공학회에서 발간한 "화학공학 술어집"을 따랐으며 가능한 원어를 괄호 안에 그대로 병기함은 물론 그림과 표를 원서 그대로 표시함으로써 독자들이 전문용어를 효율적으로 학습할 수 있도록 하였다.

많은 고민과 노력에도 불구하고 번역상 어색한 부분과 오류가 없지는 않을 것이라 생각된다. 혹시 그런 부분이 발견된다면 독자들께서 가차없이 지적해 주시기를 부탁드린다.

번역을 허락해준 Mark E. Davis 교수, Robert J. Davis 교수와 McGraw-Hill 출판사에 감사드린다. 그리고 인내심을 가지고 이 번역작업에 기꺼이 동참하여 준 도서출판동화기술에 감사드리다.

역자일동

CONTENTS

목 차

CHAPTER 4
정상상태 근사 : 촉매반응 · 121

CHAPTER 5
비균일계 촉매반응 · 157

CHAPTER 6
고체촉매 반응속도에 대한 전달 제한의 영향 · 211

CHAPTER 7
촉매반응 미세속도론 분석 · 267

Nomenclature

a_i	activity of species i
a_v	external catalyst particle surface area per unit reactor volume
A_i	representation of species i
A_C	cross sectional area of tubular reactor
$A^P{}_C$	cross sectional area of a pore
A_H	heat transfer area
$\overline{A}$	pre-exponential factor
Bo_a	dimensionless group analogous to the axial Peclet number for the energy balance
C_i or $[A_i]$	concentration of species i
C_{iB}	concentration of species i in the bulk fluid
C_{iS}	concentration of species i at the solid surface
C_p	heat capacity per mole
$\overline{C_p}$	heat capacity per unit mass
d_e	effective diameter
d_p	particle diameter
d_t	diameter of tube
D_a	axial dispersion coefficient
D_e	effective diffusivity
D_{ij}	molecular diffusion coefficient
D_{Ki}	Knudsen diffusivity of species i
D_r	radial dispersion coefficient
D_{TA}	transition diffusivity from the Bosanquet equation
Da	Damkohler number
$\overline{Da}$	dimensionless group
E	activation energy
E_D	activation energy for diffusion
$E(t)$	$E(t)$-curve; residence time distribution
$\overline{E}$	total energy in closed system

f_f	friction factor in Ergun equation and modified Ergun equation
f_i	fractional conversion based on species i
f_i^{eq}	fractional conversion at equilibrium f
$\overline{f}_i$	fugacity of species i
$\overline{f}_i^0$	fugacity at standard state of pure species i
ff	frictional force
F_i	molar flow rate of species i
g	gravitational acceleration
$(g/g_c)\,\overline{z}$	gravitational potential energy per unit mass
g_c	gravitational constant
gm	mass of catalyst
ΔG	change in Gibbs function ("free energy")
h	Planck's constant
h_i	enthalpy per mass of stream i
h_t	heat transfer coefficient
H	enthalpy
ΔH	change in enthalpy
ΔH_r	enthalpy of the reaction (often called heat of reaction)
H_w	dimensionless group
$\overline{H}_w$	dimensionless group
$\overline{I}$	ionic strength
J	Colburn J factor
$\overline{J}_i$	flux of species i with respect to a coordinate system
k	rate constant
$\overline{k}$	Boltzmann's constant
$\overline{k}_c$	mass transfer coefficient
K_a	equilibrium constant expressed in terms of activities
K_C	portion of equilibrium constant involving concentration
K_P	portion of equilibrium constant involving total pressure
K_X	portion of equilibrium constant involving mole fractions

$K_{\bar{\phi}}$	portion of equilibrium constant involving activity coefficients
L	length of tubular reactor
L_c	length of microcavity in Vignette 6.4.2
L_p	generalized length parameter
$\overline{L}$	length in a catalyst particle
$\overline{m}_i$	mass of stream i
$\dot{m}_i$	mass flow rate of stream i
M_i	molecular weight of species i
$\overline{M}$	ratio of concentrations or moles of two species
$\overline{MS}$	total mass of system
n_i	number of moles of species i
N_i	flux of species i
$NCOMP$	number of components
$NRXN$	number of independent reactions
P	pressure
Pe_a	axial Peclet number
Pe_r	radial Peclet number
PP	probability
q	heat flux
Q	heat transferred
$\dot{Q}$	rate of heat transfer
r	reaction rate
r_t	turnover frequency or rate of turnover
$\overline{r}$	radial coordinate
$\overline{r}_t$	radius of tubular reactor
R	recycle ratio
R_g	universal gas constant
R_p	radius of pellet
R_{pore}	radius of pore
$\overline{R}$	dimensionless radial coordinate in tubular reactor
$\overline{R}_{cc}$	correlation coefficient

Re	Reynolds number
s_i	instantaneous selectivity to species i
ΔS	change in entropy
S_c	sticking coefficient
S_i	overall selectivity to species i
S_p	surface area of catalyst particle
$\overline{S}$	number of active sites on catalyst
SA	surface area
Sc	Schmidt number
SE	standard error on parameters
Sh	Sherwood number
t	time
$\langle t \rangle$	mean residence time
$\overline{t}^*$	student t-test value
T	temperature
T_B	temperature of bulk fluid
T_S	temperature of solid surface
TB	third body in a collision process
u	linear fluid velocity (superficial velocity)
$\overline{u}(\overline{r})$	laminar flow velocity profile
U	overall heat transfer coefficient
$\overline{U}$	internal energy
v	volumetric flow rate
V	volume
V_i	mean velocity of gas-phase species i
V_p	volume of catalyst particle
V_R	volume of reactor
V_{total}	average velocity of all gas-phase species
W_c	width of microcavity in Vignette 6.4.2
x	length variable
x_p	half the thickness of a slab catalyst particle
X_i	mole fraction of species i

$\overline{X}^2$	defined by Equation (B.1.5)
y	dimensionless concentration
Y_i	yield of species i
z	axial coordinate
$\overline{z}$	height above a reference point
Z	dimensionless axial coordinate
$\overline{Z}_i$	charge of species i
α_i	when used as a superscript is the order of reaction with respect to species i
$\overline{\alpha}_i$	coefficients; from linear regression analysis, from integration, etc.
$\alpha\alpha_1$	parameter groupings in Section 9.6
$\alpha\alpha_2$	parameter groupings in Section 9.6
β	Prater number
β_T	dimensionless group
$\beta\beta_i$	dimensionless groups
γ	Arrhenius number
$\overline{\gamma}_i$	activity coefficient of species i
Γ	dimensionless temperature in catalyst particle
$\overline{\Gamma}$	dimensionless temperature
$\delta(t)$	Dirac delta function
$\overline{\delta}$	thickness of boundary layer
ε_i	molar expansion factor based on species i
$\overline{\varepsilon}$	deviation of concentration from steady-state value
$\overline{\varepsilon}_B$	porosity of bed
$\overline{\varepsilon}_p$	porosity of catalyst pellet
η	intraphase effectiveness factor
η_o	overall effectiveness factor
$\overline{\eta}$	interphase effectiveness factor
θ	dimensionless time
θ_i	fractional surface coverage of species i
$\overline{\theta}$	dimensionless temperature

λ	universal frequency factor
λ^e	effective thermal conductivity in catalyst particle
λ_λ	parameter groupings in Section 9.6
$\overline{\lambda}_r$	effective thermal conductivity in the radial direction
μ_i	chemical potential of species i
$\overline{\mu}$	viscosity
ξ	number of moles of species reacted
ρ	density (either mass or mole basis)
ρ_B	bed density
ρ_p	density of catalyst pellet
σ_i	standard deviation
$\overline{\sigma}_i$	stoichiometric number of elementary step i
τ	space time
$\overline{\tau}$	tortuosity
υ_i	stoichiometric coefficient of species i
ϕ	Thiele modulus
ϕ_0	Thiele modulus based on generalized length parameter
$\overline{\phi}_i$	fugacity coefficient of species i
Φ	extent of reaction
χ	dimensionless length variable in catalyst particle
ψ	dimensionless concentration in catalyst particle for irreversible reaction
$\overline{\psi}$	dimensionless concentration in catalyst particle for reversible reaction
Ψ	dimensionless concentration
ω	dimensionless distance in catalyst particle

Notation used for stoichiometric reactions and elementary steps

	Stoichiometric reaction	**Elementary step**
Irreversible (one-way)	$\Longrightarrow$	$\longrightarrow$
Reversible (two-way)	$=$	$\rightleftarrows$
Equilibrated	$\ominus$ (= with circle)	$\rightleftarrows$ with circle
Rate-determining		$\nrightarrow$ (→ with slash) or $\rightleftarrows$ with slash

CHAPTER 1

화학반응공학을 위한 반응 속도론의 기초

1.1 화학반응공학의 범위

화학반응공학의 주제는 어떻게 반응기를 선택하고 크기를 결정하며 최적의 조업 조건을 찾는 가 이며 그 목적은 석유화학적 응용을 통해 일련의 화학물질을 생산하는 것이다. 그러나 화학 반응기를 위해 발전된 원리들은 화학적으로 반응하는 계뿐만 아니라 다른 모든 경우(예, 대기 화학, 생명체에서의 대사과정 등)에 적용할 수 있다. 이 책에서는 화학반응공학의 원리를 엄밀하게 제시함으로써 주제에 대한 광범위한 이해를 돕고자 한다. 이들 개념을 숙달함으로써 그들의 근본과는 무관한 반응계에 대한 일반화가 가능하며 그와 같은 문제를 공략하기 위한 전략을 수립할 수 있을 것이다.

화학적으로 반응하는 계에 대해서 대답해야만 하는 두 가지의 질문은 다음과 같다. (1) 발생할 것으로 예상되는 변화는 무엇인가? (2) 그들은 얼마나 빠르게 발생하는가? 화학적으로 반응하는 계의 서술에 접근하기 위해서는 우선적으로 공정에 대한 열역학을 명확히 함으로써 첫 번째 질문에 대한 대답을 이해하는 것이 필요하다. 예를 들어 질소분자(N_2)와 수소분자(H_2)가 철 촉매상에서 반응하여 암모니아(NH_3)를 생성하는 경우를 보자.

$$N_2 + 3H_2 = 2NH_3, \quad -\Delta H_r = 109 \text{ kJ/mol (at 773 K)}$$

여기에서 ΔH_r은 반응 엔탈피(보통은 반응열이라 부른다.)이다. 이 반응은 산업적인 암모니아 합성 반응기에서 진행되며 반응기 출구에서는 약 50 %의 질소분자가 암모니아로 전환된다. 우선, 예를 들어, 새로운 촉매(소모되지 않고 반응 속

Vignette 1.1.1

대규모 촉매 기술에 대한 최초의 성공은 질소분자와 수소분자로부터 암모니아를 합성하기 위한 최초의 산업적인 화학 반응기가 독일에서 조업된 1913에 시작되었다. 오늘날 제조되는 암모니아의 대부분은 질소가 풍부한 비료를 생산하는데 사용되며 이는 전세계적인 식량 요구를 만족하는데 엄청난 영향을 주었다. 미국 농업국의 통계에 의하면 최초의 하버(Haber) 반응기(철 촉매 상에서의 암모니아 합성을 개발자인 F. Haber의 이름을 따서 하버 공정이라고 부른다.)에서 80만톤의 질소분자가 암모니아로 전환되어 70억 부셀(1부셀은 약 36 리터)의 추가적인 옥수수 재배를 가능하게 하였다. 이 정도의 양은 5천만명분에 해당하는 것이다[P. B. Weisz, *CHEMTECH*, **14** (1984) 354]. 암모니아가 저가의 범용 화학물질이므로 이를 생산하기 위한 촉매는 값이 싸고 내구성이 있어야 하며 거대한 산업용 반응기의 크기와 비용을 최소화시키기 위해 가능한 한 온도와 압력을 낮게 유지할 수 있을 정도의 활성이 있어야 한다. 촉매는 본래 철이며 그 반응에 대해서는 지금까지 잘 이해되고 있다. 촉매 표면상에 있는 철 원자의 어떤 부분은 질소 분자와 수소 분자를 각각 질소 원자와 수소 원자로 해리시키고 이들을 결합시켜 암모니아가 생성되게 한다. 촉매는 고온에서 조업되어 반응속도를 증가시키며 암모니아의 열역학적 수율(yield)을 증가시키기 위해 높은 압력을 유지해야 한다(예제 1.1.1 참조). 상업적인 반응기에서 촉매는 교체하기 전까지 오랜 시간동안 운전할 수 있다. 따라서 높은 생산성은 낮은 비용을 수반하게 되고 촉매는 그 가격의 약 2000배나 되는 가치의 생산물을 만들어 낸다.

예제 1.1.1

상업적으로 가능한 반응속도에서 합리적인 수준의 전환율(conversion)을 얻기 위해 암모니아 합성 반응기가 150 atm에서 300 atm의 압력과 700 K에서 750 K의 온도하에서 조업된다. 초기 조성이 $X_{N_2} = 0.25$, $X_{H_2} = 0.25$일 때 300 atm, 723 K에서 조업하였을 경우 질소분자의 평형 몰분율을 계산하시오(X_i는 성분 i의 몰분율이다.). 300 atm, 723 K에서 평형상수 K_a는 6.6×10^{-3}이다(K. Denbigh, *The Principles of Chemical Equilibrium*, Cambridge Press, 1971, p. 153)

해답

(부록 A의 화학반응이 포함된 평형에 대한 개략적인 설명을 참조하라.):

$$\tfrac{1}{2} N_2 + \tfrac{3}{2} H_2 = NH_3$$

$$K_a = \left[\frac{a_{NH_3}}{a_{N_2}^{1/2} a_{H_2}^{3/2}} \right], \quad \text{여기에서 } a = \text{활동도(activity)}$$

성분 i에 대한 활동도의 정의는

$a_i = \bar{f}_i/\bar{f}_i^0$, $\bar{f}_i^0$ = 표준상태 즉 1 atm의 기체에 대한 퓨게씨티(fugacity)

이며 따라서

$$K_a = \left[\frac{\bar{f}_{NH_3}}{\bar{f}_{N_2}^{1/2}\bar{f}_{H_2}^{3/2}}\right]\left[\frac{(\bar{f}_{N_2}^0)^{1/2}(\bar{f}_{H_2}^0)^{3/2}}{(\bar{f}_{NH_3}^0)}\right] = \left[\frac{\bar{f}_{NH_3}}{\bar{f}_{N_2}^{1/2}\bar{f}_{H_2}^{3/2}}\right][1\ \text{atm}]$$

이 된다. 루이스와 란달(Lewis and Randall) 규칙을 사용하게 되면

$\overline{f_i} = X_i\ \overline{\phi}_i P,$

$\overline{\phi}$ = 시스템의 압력(P)와 온도(T)에서의 순수 성분 i의 퓨게씨티 계수

로 표현되므로

$$K_a = K_X K_{\bar{\phi}} K_P = \left[\frac{X_{NH_3}}{X_{N_2}^{1/2}X_{H_2}^{3/2}}\right]\left[\frac{\overline{\phi}_{NH_3}}{\overline{\phi}_{N_2}^{1/2}\overline{\phi}_{H_2}^{3/2}}\right][P^{-1}][1\ \text{atm}]$$

과 같이 된다.

상관관계 또는 데이터 표(열역학적 정보를 포함하는 수많은 참고문헌에서 얻을 수 있음)로부터 각각의 $\overline{\phi}_i$값을 계산하게 되면

$$\left[\frac{X_{NH_3}}{X_{N_2}^{1/2}X_{H_2}^{3/2}}\right] = \left[\frac{(1.14)^{1/2}(1.09)^{3/2}}{(0.91)}\right](6.6\times10^{-3})(300\ \text{atm})(1\ \text{atm})^{-1}$$

$$\left[\frac{X_{NH_3}}{X_{N_2}^{1/2}X_{H_2}^{3/2}}\right] = 2.64$$

100 몰을 기준으로 사용하였을 경우(ξ는 반응한 N_2의 몰 수)

Species	Intial	At equilibrium
N_2	25	$25-\xi$
H_2	75	$75-3\xi$
NH_3	0	2ξ
total	100	$100-2\xi$

와 같은 표를 얻게되고 이를 대입하면

$$\frac{2\xi/(100-2\xi)}{\left(\frac{25-\xi}{100-2\xi}\right)^{1/2}\left(\frac{75-3\xi}{100-2\xi}\right)^{3/2}} = \frac{(2\xi)(100-2\xi)}{(25-\xi)^{1/2}(75-3\xi)^{3/2}} = 2.64$$

따라서, $\xi = 13.1$이고 $X_{N_2} = (25-13.1)/(100-26.2) = 0.16$이 된다. 300 atm에서 암모니아의 평형 몰분율은 0.36인 반면 100 atm에서의 값은 거의 0.16 근처로 떨어지게 된다. 그러므로 암모니아의 평형양은 일정온도에서 시스템의 전체 압력에 따라 증가하게 된다.

도를 향상시키는 성분)가 개발될 수 있다면 암모니아의 획기적인 생산 증가를 예상할 수 있다. 그러나, 이 공정에 대한 신속한 열역학적 관찰에 의하면 반응 온도와 압력이 변경되지 않을 경우 암모니아 생산에 있어 상당한 증가를 달성할 수 없다는 것을 알 수 있다. 따라서 반응하는 시스템에 대한 열역학적 제약을 항상 우선적으로 규명해야 한다.

화학적으로 반응하는 시스템을 서술하기 위한 다음 작업은 반응들을 규명하는 것과 그것들을 네트워크로 배열하는 것이다. 네트워크에 대한 속도론적 해석은 각각의 반응에 대한 속도 정보를 얻고 화학적 전환이 얼마나 빨리 일어나는가에 대한 질문에 답하기 위해 필요하다. 네트워크를 구성하는 각각의 반응은 이들이 단순한 매개변수 즉, 반응진척도(extent of reaction)(1.2절 참조)에 의해 서술될 수 있다는 점에서 양론적으로 단순하다. 여기서 양론적으로 단순한 반응을 줄여서 반응이라 부를 것이다. "단순한 반응"이란 표현은 피하려고 하는데 그 이유는 양론적으로 단순한 반응이 단순한 방식으로 일어나지 않기 때문이다. 사실 대부분의 화학 반응은 반응의 양론계수에는 나타나지 않는 반응성 중간체(reactive intermediate)를 포함하는 복잡한 일련의 단계(step)를 통해 진행된다. 이들 중간체와 일련의 단계들을 규명하는 것은 속도론적 해석에 있어서 핵심적 문제이다.

만일 일련의 단계를 분자 수준에서 진행되는 것처럼 쓸 수 있을 경우 이를 기초 단계(elementary step) (또는 기초 반응)라 하고 이는 바꿀 수 없는 분자 사건을 나타낸다. 여기에서는 기초 단계를 줄여서 단계라고 부를 것이다. 양론적으로 단순한 반응의 예로서 브롬분자(Br_2)의 수소첨가반응(hydrogenation)을 들어보자.

$$H_2 + Br_2 \Rightarrow 2HBr$$

만일 이 반응이 H_2가 Br_2와 직접적으로 반응해서 두 분자의 HBr을 만들어낸다면 단계는 기초적이다. 그러나 이는 쓰여진대로 진행되지 않는다. 브롬분자의 수소첨가반응은 반응의 양론계수로서 나타나지는 않지만 아래에서 보듯이 매우 낮은 농도로 반응 시스템에 존재하는 수소 원자와 브롬원자를 포함하는 일련의 두 단계를 통해 발생한다(개시제는 반응을 시작하는데 있어 필수적이다. 예를 들면 광자(photon) : $Br_2 + \text{light} \rightarrow 2Br$, 그리고 반응은 $Br + Br + TB \rightarrow Br_2$로 종결되며 이때 TB는 third body로서 재조합(recombination)과정에 포함된다. — 그 이상의 예시에 대해서는 아래를 참조):

$$Br + H_2 \rightarrow HBr + H$$
$$H + Br_2 \rightarrow HBr + Br$$

Table 1.1.1 | Notation used for stoichiometric reactions and elementary steps.

	Stoichiometric reaction	Elementary step
Irreversible (one-way)	$\Longrightarrow$	$\longrightarrow$
Reversible (two-way)	$=$	$\rightleftarrows$
Equilibrated	$\overset{\ominus}{=}$	$\overset{\ominus}{\rightleftarrows}$
Rate-determining		$\overset{\wedge}{\longrightarrow}$ or $\overset{\wedge}{\rightleftarrows}$

이 책에서는 양론반응과 기초 단계를 표 1.1.1에서 제시된 기호를 통해 구분한다.

화학속도론을 논함에 있어 메카니즘 또는 모델이란 말은 자주 등장하며 이들은 주어진 반응에 대한 가정된 반응 네트워크 또는 납득할만한 일련의 반응단계를 말하고자 할 때 사용된다. 반응 네트워크, 연속반응(sequence)[1)] 그리고 단계들을 고찰함에 있어 자세한 단계로 들어가게 되면 이들이 너무나 상이하기 때문에 메카니즘과 모델이란 단어는 지금까지 나쁜 의미를 크게 초래해 왔으며 이는 그것들이 많은 고찰과 관련되어 있기 때문이다. 따라서 이 책에서는 이들 단어를 조심스럽게 사용할 것이다.

화학적인 반응 시스템이 반응물로부터 생성물로 진행함에 따라 중간체라고 하는 많은 수의 종(species)들이 나타나게 되고 이들은 어떤 농도에 이르게 되면 궁극적으로 사라지게 된다. 중간체는 네트워크, 반응, 그리고 단계 중의 특징에 따라 세 가지의 서로 다른 형태로 구분할 수 있다. 첫 번째 형태의 중간체는 안정한 반응물과 생성물과 비교할 수 있는 정도의 반응성, 농도, 그리고 수명(lifetime)을 가진다. 이들 중간체는 네트워크 중의 반응에서 나타난다. 예를 들어, 700 K의 온도와 대기압 조건에서 메탄의 산화가 어떻게 진행되는지를 생각해보자(Scheme 1.1.1 참조). 반응하는 계는 4개의 반응으로 구성된 네트워크를 통해 두 가지의 안정한 반응물 즉, CH_4와 O_2로부터 두 개의 안정한 생성물 CO_2와 H_2O로 전개된다. 중간체는 포름알데하이드(CH_2O), 과산화수소(H_2O_2), 그리고 일산화탄소(CO)이다. 두 번째 형태의 반응중간체는 네트워크를 구성하는 개별적인 반응에 대한 일련의 단계를 통해 나타난다. 이들 종(예, 기체상에서의 자유 라디칼)은 보통 매우 낮은 농도로 존재하며 반응물과 생성물의 수명에 비해 짧은 수명을 갖는다. 이들 중간체를 반응성 중간체(reactive intermediate)라고 하며 네트워크를 구성하는 반응에서 나타나는 중간체처럼 안정성이 높은 종과는 구별된다.

역자주 1) 본 교재에서 sequence는 연속반응으로 주로 번역하였음.

SCHEME 1.1.1 | ILLUSTRATION OF THREE TYPES OF INTERMEDIATES

Network	Elementary steps	Elementary step
$CH_4 + O_2 \Rightarrow CH_2O + H_2O$ $CH_2O + O_2 \Rightarrow CO + H_2O_2$ $CO + \frac{1}{2}O_2 \Rightarrow CO_2$ $H_2O_2 \Rightarrow H_2O + \frac{1}{2}O_2$ $CH_4 + 2O_2 \Rightarrow CO_2 + 2H_2O$	$CHO + O_2 \rightarrow CO + HO_2$ $HO_2 + CH_2O \rightarrow H_2O_2 + CHO$ $CH_2O + O_2 \Rightarrow CO + H_2O_2$	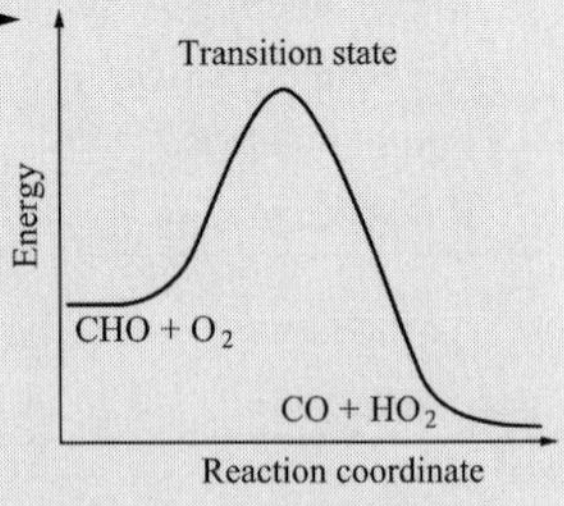
Intermediates CH_2O H_2O_2 CO	**Reactive intermediates** CHO HO_2	**Transition state** $CHO \cdots O_2$

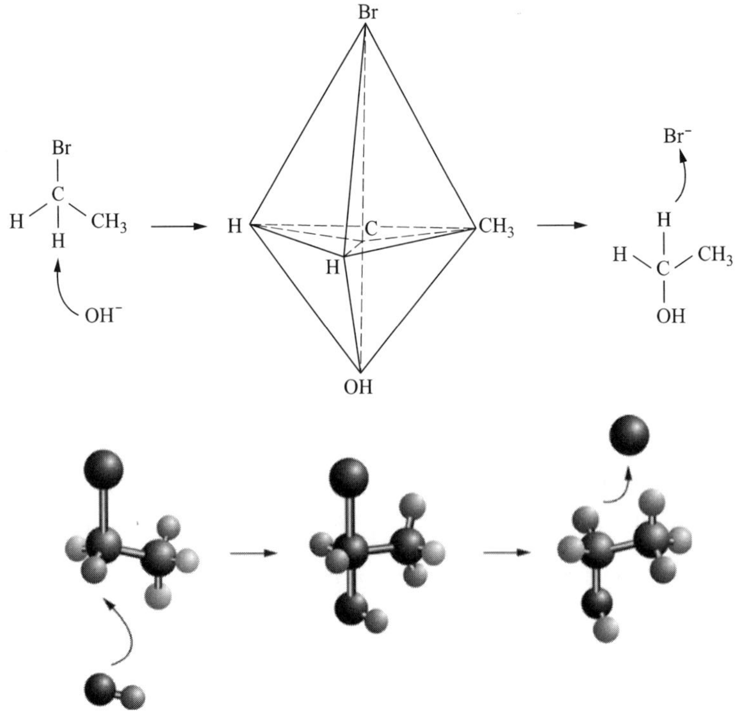

Figure 1.1.1 |
The transition state (trigonal bipyramid) of the elementary step:

$$OH^{-} + C_2H_5Br \rightarrow HOC_2H_5 + B^{-}$$

The nucleophilic substituent OH^{-} displaces the leaving group Br^{-}.

Scheme 1.1.1에 따르면 CH_2O로 부터 CO와 H_2O가 생성되는 산화반응에 대해서, 반응은 두 개의 반응성 중간체, CHO와 HO_2를 포함하는 가정된 일련의 두 단계를 통해 진행될 것이다. 세 번째 형태의 중간체를 전이 상태(transition state)라 부르며 이들은 정의에 의해 분리될 수 없고 전이 과정에서 나타나는 종으로 생각할 수 있다. 각각의 기초 단계는 전이 상태를 통해 반응물로부터 생성물로 진행된다. 따라서, CH_2O 산화에서의 두 개의 기초 단계 각각에 대해서 전이 상태가 존재한다. CHO, O_2, CO 그리고 HO_2를 포함하는 기초 단계에 대한 전이상태의 본질이 알려져 있지 않다고 하더라도 다른 기초 단계들은 더 자세하게 설명되어왔던 전이 상태를 가진다. 예를 들어, 그림 1.1.1에서 제시된 배열은 순식간에 단계의 전이상태로 도달한다.

$$OH^- + C_2H_5Br \rightarrow HOC_2H_5 + Br^-$$

기초 단계에 대한 연구는 전이 상태에 초점이 맞추어져 있으며 이들 단계에 대한 속도론은 화학 반응 속도론에 대한 기초와 화학 반응에 대한 가장 높은 수준의 이해를 제공한다. 사실 1000조 분의 일초의 펄스를 만들 수 있는 레이저를 사용함으로써 반응물이 전이 상태를 거쳐 생성물로 가는 실시간 전이를 볼 수 있다 (A. Zewail, *The Chemical Bond : Structure and Dynamics*, Academic Press, 1992). 그러나 대부분의 경우에 있어 화학적으로 반응하는 계를 그렇게 자세히 고찰하지 않는다. 복잡함의 정도는 보통 하고자 하는 일의 목적과 계의 발전 상태를 따른다.

1.2 반응 진척도

화학적으로 반응하는 계에서의 변화는 언제나 그렇지는 않지만(예, 복합체 형성 반응) 종종 양론식에 의해 특징지어진다. 단순 반응에 대한 양론식은 다음과 같이 쓸 수 있다.

$$0 = \sum_{i=1}^{NCOMP} \upsilon_i A_i \qquad (1.2.1)$$

여기에서 *NCOMP*는 계의 성분 즉, A_i의 수를 말한다. 양론 계수 υ_i의 부호는 생성물에 대해서는 양이고 반응물에 대해서는 음이며 반응에 참여하지 않는 비활성 성분에 대해서는 0이다. 예를 들어 많은 기상(gas-phase) 산화 반응은 산화제로 공기를 사용하며 공기 중의 질소분자는 반응에 참여하지 않는다(단지 희석제로 작용). 암모니아 합성의 경우 양론 관계는 다음과 같다.

$$N_2 + 3H_2 = 2NH_3$$

식 (1.2.1)을 암모니아 합성에 적용하게 되면 양론적 관계는 아래와 같다.

$$0 = 2NH_3 - N_2 - 3H_2$$

양론 관계에 대해서 계수는 분수형태가 될 수도 있다. 예를 들자면 다음의 관계를

$$0 = 2NH_3 - N_2 - 3H_2$$

아래와 같이 나타낼 수도 있다는 것이다.

$$0 = NH_3 - \tfrac{1}{2}N_2 - \tfrac{3}{2}H_2$$

왜냐하면 이들은 단지 몰 수지에 불과하기 때문이다. 그러나 기초 반응에 대한 화학양론은 반응이 진행되어야 함에 따라 씌어진다. 따라서, 다음과 같은 기초 반응을

$$2NO + O_2 \rightarrow 2NO_2 \qquad \text{(correct)}$$

아래와 같이 쓸 수 없다.

$$NO + \tfrac{1}{2}O_2 \rightarrow NO_2 \qquad \text{(not correct)}$$

예제 1.2.1 만일 여러 동시 반응이 발생한다면 식 (1.2.1)을 *NRXN*(number of independent reaction)개의 다른 반응을 가진 계에 대해서 일반화하라. Scheme 1.1.1에서 제시된 메탄 산화 네트워크에 대한 관계식을 일반화된 식을 이용하여 쓰시오.

해답

*NRXN*개의 반응과 *NCOMP*개의 종이 계에 존재할 경우 식 (1.2.1)의 일반화된 형태는 다음과 같다.

$$0 = \sum_{i}^{NCOMP} \upsilon_{i,j} A_i, \quad j = 1, \cdots, NRXN \qquad (1.2.2)$$

Scheme 1.1.1에 나타난 메탄 산화 네트워크에 해해서는

$$0 = 0CO_2 + 1H_2O - 1O_2 + 0CO + 0H_2O_2 + 1CH_2O - 1CH_4$$
$$0 = 0CO_2 + 0H_2O - 1O_2 + 1CO + 1H_2O_2 - 1CH_2O + 0CH_4$$
$$0 = 1CO_2 + 0H_2O - \tfrac{1}{2}O_2 - 1CO + 0H_2O_2 + 0CH_2O + 0CH_4$$
$$0 = 0CO_2 + 1H_2O + \tfrac{1}{2}O_2 + 0CO - 1H_2O_2 + 0CH_2O + 0CH_4$$

또는 다음과 같은 행렬 형태로 표현할 수 있다.

$$\begin{bmatrix} 0 \\ 0 \\ 0 \\ 0 \end{bmatrix} = \begin{bmatrix} 0 & 1 & -1 & 0 & 0 & 1 & -1 \\ 0 & 0 & -1 & 1 & 1 & -1 & 0 \\ 1 & 0 & -^1/_2 & -1 & 0 & 0 & 0 \\ 0 & 1 & ^1/_2 & 0 & -1 & 0 & 0 \end{bmatrix} \begin{bmatrix} CO_2 \\ H_2O \\ O_2 \\ CO \\ H_2O_2 \\ CH_2O \\ CH_4 \end{bmatrix}$$

주목할 것은 성분이 중간체일 경우 각 열을 구성하는 성분들을 더하면 0이 된다는 것이다.

닫힌 계(closed system) 즉, 계와 주변과의 질량교환이 없는 경우를 생각해보자. 초기에 계 내부에는 n_i^0몰의 성분 A_i가 존재한다. 만일 식 (1.2.1)에서 정의된 관계식에 의해 서술될 수 있는 단일 반응이 일어난다면, 어떤 시간 t에서 성분 A_i의 몰 수는 아래의 식과 같이 주어질 것이다.

$$n_i(t) = n_i^0 + \upsilon_i \Phi(t) \tag{1.2.3}$$

이는 일정 성분비의 법칙(또는 더욱더 간단하게, 몰 수지)을 표현한 것이며 매개변수 Φ를 반응 진척도(extent of reaction)라 한다. 반응 진척도는 시간의 함수이며 자연수인 반응 변수이다.

식 (1.2.3)은 아래와 같이 쓸 수 있다.

$$\Phi(t) = \frac{n_i(t) - n_i^0}{\upsilon_i} \tag{1.2.4}$$

각각의 반응에 대해 단지 하나의 Φ가 존재하므로

$$\frac{n_i(t) - n_i^0}{\upsilon_i} = \frac{n_j(t) - n_j^0}{\upsilon_j} \tag{1.2.5}$$

또는

$$n_j(t) = n_j^0 + \left(\frac{\upsilon_j}{\upsilon_i}\right)[n_i(t) - n_i^0] \tag{1.2.6}$$

따라서, n_i를 알고 있거나 시간의 함수로써 측정가능하다면 다른 모든 반응 성분의 몰 수를 식 (1.2.6)을 통해 계산할 수 있다.

예제 1.2.2 많은 수의 동시 반응이 닫힌 계에서 발생할 경우 각각의 반응은 반응 진척도를 가진다. 식 (1.2.3)을 *NRXN*개의 반응을 가진 계에 대해 일반화시켜라.

해답

$$n_i = n_i^0 + \sum_{j=1}^{NRXN} v_{i,j}\Phi_j \qquad (1.2.7)$$

예제 1.2.3 일산화탄소는 화학양론적 양의 공기와 산화한다. 고온이기 때문에 평형

$$N_2 + O_2 \rightleftharpoons 2NO \qquad (1)$$

은 아래의 식에 덧붙여 설명되어야 한다.

$$CO + \tfrac{1}{2}O_2 \rightleftharpoons CO_2 \qquad (2)$$

전체 압력이 1기압이고 반응 (1)과 (2)에 대한 평형상수는 아래와 같다.

$$K_{X_1} = \frac{(X_{NO})^2}{(X_{N_2})(X_{O_2})}, \quad K_{X_2} = \frac{(X_{CO_2})}{(X_{CO})(X_{O_2})^{\frac{1}{2}}}$$

여기에서 $K_{X_1} = 8.26 \times 10^{-3}$이고 $K_{X_2} = 0.7$이며 X_i는 성분 i (이상 기체 거동을 가정)의 몰분율이다. 평형 조성을 계산하시오.

해답

화학양론적 양의 공기와 1몰의 CO를 가정하면(ξ_1과 ξ_2는 각각 반응한 N_2와 CO의 몰수)

Species	Initial	At equilibrium
N_2	1.88	$1.88 - \xi_1$
O_2	0.5	$0.5 - \frac{1}{2}\xi_2 - \xi_1$
CO	1	$1 - \xi_2$
CO_2	0	ξ_2
NO	0	$2\xi_1$
total	3.38	$3.38 - \frac{1}{2}\xi_2$

$$K_{X_1} = \frac{(2\xi_1)^2}{(1.88 - \xi_1)(0.5 - \frac{1}{2}\xi_2 - \xi_1)} = 8.26 \times 10^{-3}$$

$$K_{X_2} = \frac{(\xi_2)(3.38 - \frac{1}{2}\xi_2)^{\frac{1}{2}}}{(1 - \xi_2)(0.5 - \frac{1}{2}\xi_2 - \xi_1)^{\frac{1}{2}}} = 0.7$$

이들 두 식을 동시에 풀면,

$$\xi_1 = 0.037, \qquad \xi_2 = 0.190$$

그러므로

Species	Mole fraction at equilibrium
N_2	0.561
O_2	0.112
CO	0.247
CO_2	0.058
NO	0.022
	1.000

예제 1.2.4 예제 1.2.3에서의 결과를 이용하여 각각의 반응에 대한 평형 반응 진척도를 계산하시오.

해답

$$\Phi_1^{eq} = \xi_1^{eq} = 0.037$$

$$\Phi_2^{eq} = \xi_2^{eq} = 0.190$$

Vignette 1.2.1 아래의 그림은 1995년 7월 오전 7시에서 오후 6시까지 캘리포니아 주의 패서디나 지역에 대한 오염 표준 지표(pollution standard index, PSI)를 보여주고 있다.

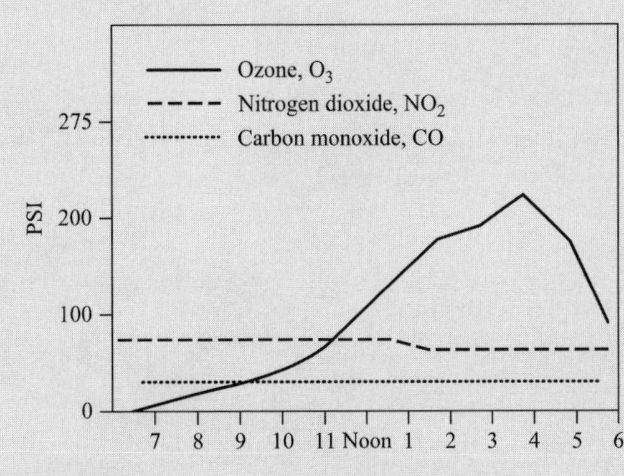

그림에서 100은 연방표준이고 이 이상의 수치는 유해하다. 오존은 태양광의 강도를 어느 정도 따른다는 것을 알 수 있다. 이는 오존이 태양광을 포함한 많은 반응에 의해 형성되기 때문이다. 예를 들면

$$NO_2 + \text{sunlight} \rightarrow NO + O$$
$$O + O_2 + TB \rightarrow O_3 + TB$$

여기에서 TB는 과다한 진동 에너지를 흡수하는 N_2, O_2, 또는 다른 third body를 나타내며 따라서, 형성된 O_3를 안정화시킨다. NO_2의 주된 근원 물질은 자동차로부터 배출된다. NO_x의 형성은 N_2와 O_2가 고온으로 상승되면서 다음 반응을 통해 발생하며 이들을 열적 NO_x라고 한다.

$$N_2 + O_2 \Rightarrow 2NO$$
$$NO + \frac{1}{2}O_2 \Rightarrow NO_2$$

부가적으로, 연료는 포르피린(porphyrin)이라는 질소 함유 성분을 포함하고 있으며 이 또한 엔진에서 연소되어 NO_x (연료 NO_x라 부른다.)를 생성시킨다. NO_x와 O_3가 건강에 해롭기 때문에 자동차용 촉매 전환기를 개발하기 위한 많은 노력들이 이루어져 왔다. 촉매 전환기의 주요한 기능은 아래의 반응을 통해 이루어진다.

$$\text{hydrocarbons} + O_2 \Rightarrow CO_2 + H_2O$$
$$CO + \frac{1}{2}O_2 \Rightarrow CO_2$$
$$2NO + 2CO \Rightarrow N_2 + 2CO_2$$

촉매 전환기(그림 1.2.1 참조)는 위의 반응을 수행하는 금속 촉매(Pd, Pt, Rh)를 포함하며, 이를 통해 상당한 오염 감소를 거둘 수 있다. 이들 촉매는 1980년 이래로 사용되어 왔으며 로스엔젤레스를 포함한 그 밖의 지역에서 대기 오염 감소에 커다란 기여를 해왔다. 예를 들어, 1970년대에 패서디나의 PSI값이 스모그 발생일의 경우 400이상을 나타냈었다. 1990년대에 들어서는 이 수치가 다시는 기록되지 않았다. 따라서 촉매 전환기는 오염 감소에 상당한 기여를 하였으며 화학반응공학의 주요한 성공 사례 중의 하나가 되었다.

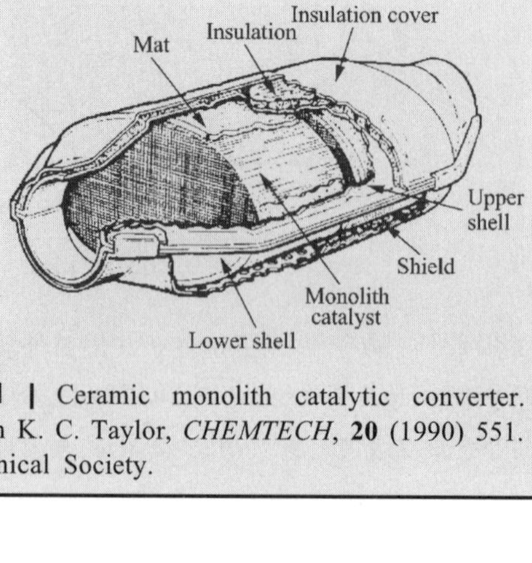

Figure 1.2.1 | Ceramic monolith catalytic converter. Adapted with permission from K. C. Taylor, *CHEMTECH*, **20** (1990) 551. Copyright 1990 American Chemical Society.

Φ의 단점은 이것이 크기 변수(extensive variable) 즉, 계의 크기와 관련이 있다는 것이다. 전환율(fractional conversion), f는 이런 문제로부터 자유로우며 Φ와의 관계를 만들 수 있다. 일반적으로 반응물은 처음에는 화학양론적 양으로 존재하지 않으며 최소 양의 반응물이 최대 반응진척도, Φ_{max}를 결정한다. 이와 같은 성분을 제한 반응물(limiting component, 하첨자 ℓ)이라 하며 Φ가 Φ_{max}에 도달할 때 완전히 소비된다. 따라서,

$$0 = n_\ell^0 + v_\ell \Phi_{max} \tag{1.2.8}$$

전환율은 다음과 같이 정의되며

$$f(t) = \frac{\Phi(t)}{\Phi_{max}} \tag{1.2.9}$$

식 (1.2.3)과 (1.2.8)로부터 다음과 같이 계산된다.

$$f_\ell = (-v_\ell)\frac{\Phi}{n_\ell^0} = 1 - \frac{n_\ell}{n_\ell^0} \tag{1.2.10}$$

식 (1.2.10)은 정리하면 다음과 같다.

$$n_\ell = n_\ell^0(1 - f_\ell) \tag{1.2.11}$$

여기에서 $0 \le f_\ell \le 1$이다. 계에 대한 열역학에 의해 Φ가 한정되어 그 값이 Φ_{max}(여기에서 $n_\ell = 0$)에 도달할 수 없을 경우 Φ는 평형값 Φ^{eq}(평형상수에 의해 결정된 n_ℓ의 $n_\ell \neq 0$값)에 접근할 것이다. 반응이 이런 방식으로 열역학적인 평형에 의해 제한될 경우 이를 가역적(*reversible*)이라 하며 다른 말로는 양방향(*two-way*)이라고도 한다. Φ^{eq}가 모든 실제적인 목적에 대해서 Φ_{max}와 같을 때 이 반응을 비가역적(*irreversible*) 또는 한방향(one-*way*)이라고 한다. 따라서 제한 반응물에 대한 전환율을 쓸 때

$$0 \le f_\ell \le f_\ell^{eq} \le 1 \tag{1.2.12}$$

여기에서 f_ℓ^{eq}는 평형 조건에서의 전환율이다.

아래의 반응을 생각해보자.

$$\bar{a}A + \bar{b}B + \cdots = \bar{s}S + \bar{w}W + \cdots \tag{1.2.13}$$

각 종에 있어서 몰 수의 변화는 전환율의 항으로 다음과 같이 쓸 수 있다[A가 제한 반응물, 모든 비활성 종들을 모두 I라고 하고 식 (1.2.6)과 (1.2.11)을 사용]:

예제 1.2.5 아래의 반응에 대해 ε_A를 계산하시오.
(i) n-부탄 = 아이소부탄 (이성질화)
(ii) n-핵산 ⇒ 벤젠 + 수소분자 (방향족화)
(iii) 공급부의 50 % 가 수소분자인 반응

해답

(i) $CH_3CH_2CH_2CH_3 = CH_3CH(CH_3)_2$, 순수한 n-부탄공급물

$$\varepsilon_A = \frac{n^0_{\text{TOTAL}}}{n^0_{\text{TOTAL}}}\left[\frac{1-1}{|-1|}\right] = 0$$

(ii) $CH_3CH_2CH_2CH_2CH_2CH_3 \Rightarrow$  + 순수한 n-핵산공급물

$$\varepsilon_A = \frac{n^0_{\text{TOTAL}}}{n^0_{\text{TOTAL}}}\left[\frac{4+1-1}{|-1|}\right] = 4$$

(iii) $CH_3CH_2CH_2CH_2CH_2CH_3 \Rightarrow$  + 공급부의 50%가 n-핵산

$$\varepsilon_A = \frac{0.5n^0_{\text{TOTAL}}}{n^0_{\text{TOTAL}}}\left[\frac{4+1-1}{|-1|}\right] = 2$$

예제 1.2.6 N_2O_5가 N_2O_4와 O_2로 분해되는 반응이 크기가 V인 닫힌 부피 내에서 진행되어 완료된다. 초기 조성이 50 % N_2O_5와 50 % N_2로 구성될 때 압력 상승은 얼마인가?

해답

이상기체 법칙은

$$PV = n_{\text{TOTAL}}R_gT \quad (R_g : \text{universal gas constant})$$

일정한 T와 V에서 이상기체 법칙을 적용하면

$$P = P^0\left(\frac{n_{\text{TOTAL}}}{n^0_{\text{TOTAL}}}\right) = P^0(1 + \varepsilon_A f_A)$$

반응이 진행되어 완료되면 $f_A = 1$이 되므로

$$\frac{P}{P^0} = 1 + \varepsilon_A, \quad A : N_2O_5$$

$$N_2O_5 \Rightarrow N_2O_4 + \tfrac{1}{2}O_2,$$

$$\varepsilon_A = \frac{0.5n^0_{\text{TOTAL}}}{n^0_{\text{TOTAL}}}\left[\frac{1+0.5-1}{|-1|}\right] = 0.25$$

그러므로

$$\frac{P}{P^0} = 1.25$$

$$
\begin{aligned}
n_A &= n_A^0 - n_A^0 f_A \\
n_B &= n_B^0 - \left(\frac{\bar{b}}{\bar{a}}\right) n_A^0 f_A \\
&\vdots \\
n_S &= n_S^0 + \left(\frac{\bar{s}}{\bar{a}}\right) n_A^0 f_A \\
n_W &= n_W^0 + \left(\frac{\bar{w}}{\bar{a}}\right) n_A^0 f_A \\
&\vdots \\
n_I &= n_I^0 \qquad \text{(inerts)} \\
\hline
n_{\text{TOTAL}} &= n_{\text{TOTAL}}^0 + n_A^0 \left[\frac{\bar{s} + \bar{w} + \cdots - \bar{a} - \bar{b} \cdots}{\bar{a}}\right] f_A
\end{aligned}
$$

$$
\frac{n_{\text{TOTAL}}}{n_{\text{TOTAL}}^0} = 1 + \frac{n_A^0}{n_{\text{TOTAL}}^0} \left[\frac{\bar{s} + \bar{w} + \cdots - \bar{a} - \bar{b} \cdots}{\bar{a}}\right] f_A \qquad (1.2.14)
$$

몰 확장인자(molar expansion factor) ε_A를 정의하면 식 (1.2.14)는 다음과 같이 쓸 수 있다.

$$
n_{\text{TOTAL}} = n_{\text{TOTAL}}^0 (1 + \varepsilon_A f_A) \qquad (1.2.15)
$$

여기에서

$$
\varepsilon_A = \frac{n_A^0}{n_{\text{TOTAL}}^0} \left[\frac{\sum_i v_i}{|v_A|}\right] = X_A^0 \left[\frac{\sum_i v_i}{|v_A|}\right] \qquad (1.2.16)
$$

주목할 것은 ε_A는 두 항을 포함하고 있으며 이것들은 양론계수와 제한 반응물의 초기 몰분율을 포함한다는 것이다. 만일 반응계의 밀도가 반응이 진행됨에 따라 변화한다면 매개변수 ε_A는 중요하게 된다.

1.3 반응속도

일정 압력, 온도, 조성에서 단일한 화학 반응이 일어나고 반응이 양론식 (1.2.1)에 의해 표현되는 균일한 닫힌 계에 대해서 식 (1.2.3)에서 주어진 반응 진척도는 시간 t에 따라 증가한다. 이러한 상황에 대해서 반응속도는 다음과 같은 가장 일반적인 방법으로 정의된다.

$$\frac{d\Phi}{dt} \left(\frac{\text{mol}}{\text{time}}\right) \tag{1.3.1}$$

만일 계가 평형에 도달했을 경우 위 식은 양의 값 또는 0이 될 수 있다. Φ와 마찬가지로 반응속도는 계의 크기 변수이다. 부피 속도(volumic rate)라 부르는 비속도(specific rate)는 반응속도를 계의 부피 V로 나눔으로써 얻어진다.

$$\mathrm{r} = \frac{1}{V}\frac{d\Phi}{dt} \left(\frac{\text{mol}}{\text{time}\cdot\text{volume}}\right) \tag{1.3.2}$$

식 (1.2.3)을 미분하면

$$dn_i = \upsilon_i \, d\Phi \tag{1.3.3}$$

이 되고 이를 식 (1.3.2)에 대입하면 υ_i가 시간의 함수가 아니기 때문에 다음과 같은 식이 만들어진다.

$$\mathrm{r} = \frac{1}{\upsilon_i V}\frac{dn_i}{dt} \tag{1.3.4}$$

주목할 것은 정의된 부피 속도가 크기 변수라는 것이며 특정 반응물 또는 생성물과 무관하다는 것이다. 만일 부피 속도가 각각의 종에 대해 정의된다면 r_i는 다음과 같다.

$$\mathrm{r}_i = \upsilon_i \, \mathrm{r} = \frac{1}{V}\frac{dn_i}{dt} \tag{1.3.5}$$

υ_i는 생성물에 대해서는 양의 값을 가지고 반응물에 대해서는 음의 값을 가지므로 $d\Phi/dt$는 언제나 양의 값 또는 0이 되고 다양한 r_i가 υ_i와 같은 부호를 가지게 된다(dn_i/dt는 r이 언제나 양수이므로 r_i와 같은 부호를 가진다.). 종종 몰농도 C_i를 사용이 바람직한 경우도 있다. $C_i = n_i/V$이므로 식 (1.3.4)는 아래와 같이 나타내어진다.

$$\mathrm{r} = \frac{1}{\upsilon_i V}\frac{d}{dt}(C_i V) = \frac{1}{\upsilon_i}\frac{dC_i}{dt} + \frac{C_i}{\upsilon_i V}\frac{dV}{dt} \tag{1.3.6}$$

단지 계의 부피가 일정할 때만 부피 속도가 다음과 같이 표현됨을 주목해야 한다.

$$\mathrm{r} = \frac{1}{\upsilon_i}\frac{dC_i}{dt}, \text{ constant } V \tag{1.3.7}$$

반응에 대한 화학양론식을 쓰기가 불가능한 경우 속도는 보통 다음과 같이 표현된다.

$$r = \frac{(COEF)}{V}\frac{dn_i}{dt}, (COEF) = \begin{cases} -, \text{ reactant} \\ +, \text{ product} \end{cases} \tag{1.3.8}$$

예를 들어, 유일한 화학양론식을 쓸 수 없는 어떤 중합반응에 대해서는 아래의 식으로 표현될 수도 있다.

$$r = \frac{-1}{V}\frac{dn}{dt}$$

여기에서 n은 단량체의 몰수이다.

여기까지는 반응속도에 대한 논의를 일정한 조성, 온도, 그리고 압력을 가진 닫힌 계에서 일어나는 균일 반응으로 제한하였다. 그러나 많은 반응은 비균일(heterogeneous)하다. 이들은 상(phase) 사이의 계면에서 발생 한다. 예로서, 두 개의 유체상(기체－액체, 액체－액체)사이의 계면과 두 개의 고체상 사이의 계면을 들 수 있다. 반응에 대한 편리한 비속도를 얻기 위해서는 반응이 일어나는 계면 면적으로 반응 속도를 정규화(mormalize)해야 할 필요가 있다. 계면 면적은 균일한 조성과 온도, 그리고 압력하에 있다. 종종 계면 면적이 알려져 있지 않을 경우가 있는데 이때는 비속도에 대한 다른 정의가 유용하다. 이러한 형태의 속도에 대한 몇몇 예는 다음과 같다.

$$r = \frac{1}{gm}\frac{d\Phi}{dt} \quad \left(\frac{\text{mol}}{\text{mass}\cdot\text{time}}\right) \qquad \text{(specific rate)}$$

$$r = \frac{1}{SA}\frac{d\Phi}{dt} \quad \left(\frac{\text{mol}}{\text{area}\cdot\text{time}}\right) \qquad \text{(areal rate)}$$

여기에서 gm과 SA는 각각 고체상(촉매)의 질량과 표면적이다. 물론 균일상과 비균일상에서의 반응 속도에 대한 또 다른 정의도 생각할 수 있다. 예를 들면, 다양한 속도가 효소 반응에 대해 정의될 수 있으며 비속도의 정의는 보통 특정한 상황에 맞게 선택된다.

유체와 고체상을 포함하는 비균일 반응에 대해서는 면적 속도가 좋은 선택이 된다. 그러나 촉매(고체상)는 같은 표면적을 가진다 하더라도 활성점(active site, 반응을 촉해할 수 있는 촉매상의 원자적 배열)의 농도가 다를 수 있다. 전환 빈도(turnover frequency) 또는 전환 속도(turnover rate)는 주어진 온도와 압력, 반응물 비, 그리고 반응 진척도에 대해서 시간단 촉매 활성점 당 완료된 (또는 turned-over) 촉매적 사이클의 횟수이다. 따라서 전환 빈도는

$$r_t = \frac{1}{S}\frac{dn}{dt} \tag{1.3.9}$$

여기에서 $\overline{S}$는 촉매상의 활성점의 수이다. r_t를 사용함에 있어 문제점은 활성점의 수를 어떻게 세는지의 여부이다. 금속 촉매에 대해서 반응 환경에 노출된 금속 원자의 수는 화학흡착(chemisorption)과 같은 기법을 통해 결정될 수 있다. 그러나, 얼마나 많은 숫자의 원자가 활성점에 뭉쳐져 있는지는 확인하기 어렵다. 또한 실제로 적용되는 촉매상에는 다른 형태의 활성점이 언제나 존재하게 되며 이들은 서로 다른 반응 속도를 가진다. 따라서 r_t는 촉매 활성의 평균값과 같으며 실제 활성의 하한(lower bound)이 되는데 이는 단지 표면 원자의 일부만이 활성에 기여하기 때문이다. 또한 r_t는 속도이지 속도 상수가 아니므로 r_t값을 보고할 때에는 반응에 대한 모든 조건을 규정해야 할 필요가 있다.

촉매가 더 이상 사용될 수 없을 때까지(예, 촉매의 도입 기간 또는 피독(poisoning)) 만들어내는 전환(turnovers)의 수는 촉매의 수명에 대한 가장 좋은 정의이다. 실제로 전환은 ~10^6또는 그 이상으로 매우 높다. 반면 전환 빈도는 실제적인 응용에 대해서 $r_t = 1s^{-1}$에서 $r_t = 0.01s^{-1}$의 영역에서는 보편적이다. 이들 값에 비해 상당히 낮은 값은 실제로 사용하기에는 너무 낮은 속도를 나타내고 반면 상당히 높은 값은 너무 속도가 커서 전달현상에 의해 영향을 받을 수 있다(제 6장 참조).

예제 1.3.1 Gonzo와 Boudart [*J. Catal.*, **52** (1978) 462]는 Al_2O_3와 SiO_2상에 담지된 Pd 촉매상에서 싸이클로헥센의 수소첨가반응을 연구하였다. 반응은 교반조에서 반응온도 308 K, 대기압의 수소분자와 싸이클로헥센에 대한 0.24 M의 싸이클로헥센를 통해 수행되었다.

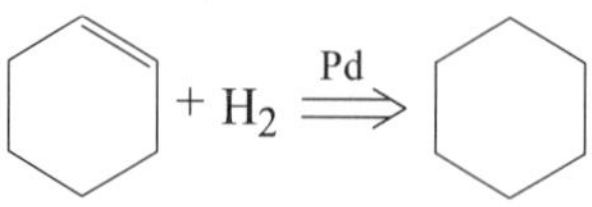

Al_2O_3에 4.88 wt. %로 담지된 Pd에 대한 비속도와 SiO_2상에 3.75 wt. %로 담지된 Pd에 대한 비속도는 각각 7.66×10^{-4}과 1.26×10^{-3} mol/(gcat · s)였다. 적정(titration)이라는 기법을 사용하여 Al_2O_3와 SiO_2상의 Pd 금속 입자의 표면에서의 Pd 금속 원자의 백분율은 각각 21 퍼센트와 55 퍼센트였다. Al_2O_3와 SiO_2상의 Pd에 대한 비속도가 상이하다고 해서 담지체로 사용된 금속산화물은 반응속도에 실제로 영향을 준다고 할 수 있겠는가?

적정은 표면 금속 원자의 수를 측정하는데 사용되는 기법이다. 그 과정은 우선 분자들을 반응환경에 노출된 금속 원자상으로 화학흡착(흡착종과 표면원자간의 화학적 결합 형성)시킨다. 그 다음에 화학흡착된 종은 화학흡착된 원자의 수를 제거나 회수하기 위해 두 번째 성분과 반응시키게 된다. 이들 두 단계에 대한 화학양론을 알게 되면, 표현 원자의 수가 회수된 화학흡작 원자의 양을 통해 계산될 수 있다. 이 같은 기법을 본 문제에 바로 적용할 수 있도록 다음과 같이 도시하였다.

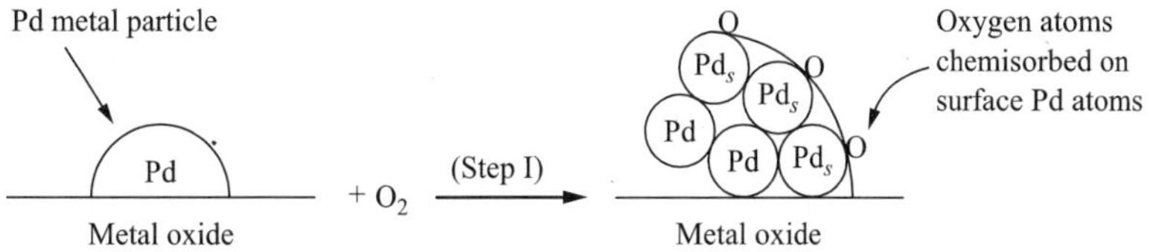

Step I	$2Pd_s + O_2 \rightarrow 2Pd_sO$	(only surface Pd)
Step II	$Pd_sO + \frac{3}{2}H_2 \Rightarrow Pd_sH + H_2O$	(not illustrated)

단계 II에서 소비된 H_2분자의 수를 세게되면 표면 Pd 원자(Pd_s)의 수를 확인할 수 있다. 따라서, Pd 원자의 전체수를 Pd의 질량으로부터 알 수 있으므로 표면상의 Pd 원자의 백분율을 계산할 수 있다.

해답

반응속도가 이들 두 촉매에 대해서 정말로 다른지의 여부를 결정하기 위한 최상의 방법은 이들 두 촉매에 대한 전환 빈도를 비교하는 것이다. 각각에 대한 표면 Pd원자가 활성점이라 가정하다. 따라서 비속도를 전환빈도로 전환시키기 위해

$$r_t(s^{-1}) = r\left(\frac{\text{mol}}{\text{gcat}\cdot\text{s}}\right)\cdot\left(\frac{\text{gcat}}{\text{mass metal}}\right)\cdot\left(\frac{\text{molecular weight of metal}}{\text{fraction of surface atoms}}\right)$$

$$r_{t_{Pd/Al_2O_3}} = (7.66\times10^{-4})\cdot\left(\tfrac{1}{0.0488}\right)(106.4)(0.21)^{-1}$$

$$r_{t_{Pd/Al_2O_3}} = 8.0\ s^{-1}$$

마찬가지로 SiO_2상의 Pd에 대해서

$$r_{t_{Pd/SiO_2}} = 6.5\ s^{-1}$$

이들 두 촉매에 대한 전환빈도가 근사적으로 같으므로 금속 산화물 지지체는 반응속도에 영향을 주지 않는다.

1.4 단일 반응에 대한 속도 함수의 일반적 성질

반응속도는 일반적으로 온도와 조성의 함수이며 반응속도의 형태를 서술하기 위한 수학적 모델의 개발은 화학 속도론의 응용과 관련한 핵심적인 문제이다. 반응속도를 알게 되면, 정보는 종종 각각의 단계의 속도로부터 유도되며 반응기는 최적의 조건에서 반응을 수행하기 위해 설계될 수 있다.

아래에는 반응 속도 함수의 형태에 대한 일반적인 규칙을 나열하였다(Boudart, *Kinetics of Chemical Processes*, Butterworth-Heinemann, 1991, pp. 13-16). 규칙들은 근사적이지만 일부를 제외하고는 일반적이다. 이들 규칙이 많은 단일 반응에 적용가능하다는 것을 강조한다.

규 칙 I 일반적으로 일정한 온도에서 속도 함수 r은 반응 진척도에 따라 단조 감소한다(그림 1.4.1).

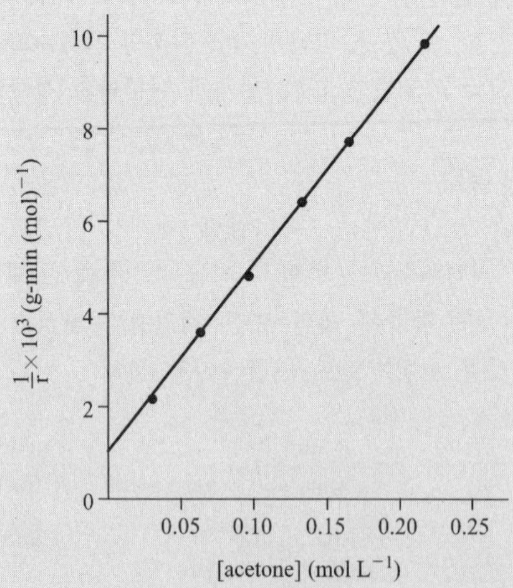

Figure 1.4.1 | The rate function r decreases with concentration of acetone [a measure of the extent of reaction : equation (1.2.4)]. Adapted from D.E. Mears and M. Boudart, *AIChE J.* **12** (1996) 313, with permission of the American Institute of Chemical Engineers. Copyright © 1996 AIChE. All rights reserved. The rate data are from the following reaction that occurs in the gas-phase with a nickel catalyst :

$$CH_3CH(OH)CH_3 \Longrightarrow CH_3C(=O)CH_3 + H_2$$

규칙 II 비가역(한방향) 반응에 대한 속도는 일반적으로 다음과 같은 형태로 나타낼 수 있다.

$$r = k(T)\overline{F}(C_i,T) \tag{1.4.1}$$

여기에서 $\overline{F}(C_i, T)$는 농도 C_i로 표현되는 계의 조성과 관련 있는 함수 이다.

계수 k는 계의 조성이나 시간과 관련이 없다. 이러한 이유로 인해서 k를 속도상수(*rate constant*)라 부른다. 만일 $\overline{F}$가 온도의 함수가 아니라면

$$r = k(T)\overline{F}(C_i)$$

이 되며 반응속도를 분리될 수 있다(separable)라고 한다. 왜냐하면 온도와 조성 관련성이 k와 $\overline{F}$에 각각 분리되어 있기 때문이다.

규칙 III 속도 상수는 1889년 아레니우스가 최초로 제안한 다음과 같은 법칙을 따르는 절대 온도 T의 함수이다.

$$k = \overline{A}\exp\left[\frac{-E}{R_gT}\right] \tag{1.4.2}$$

식 (1.4.2)에서 전지수인자(pre-exponential factor) $\overline{A}$는 온도와는 별 다른 연관성이 없으며 E는 활성화 에너지(activation energy)라 한다. 그림 1.4.2는 전형적인 아레니우스 플롯의 예이다.

규칙 IV 종종 $r = k\overline{F}(C_i)$에서 함수 $\overline{F}(C_i)$는 근사적으로 다음과 같이 나타낼 수 있다.

$$\overline{F}(C_i) = \prod_i C_i^{\alpha_i}$$

곱 Π는 계의 모든 성분을 다룬다. 지수 α_i는 작은 정수 또는 분수로서 양수, 음수 혹은 0의 값을 가지며 적어도 제한된 구간에 대해서는 온도와 관련이 있다(예시로서 표 1.4.1을 참조).

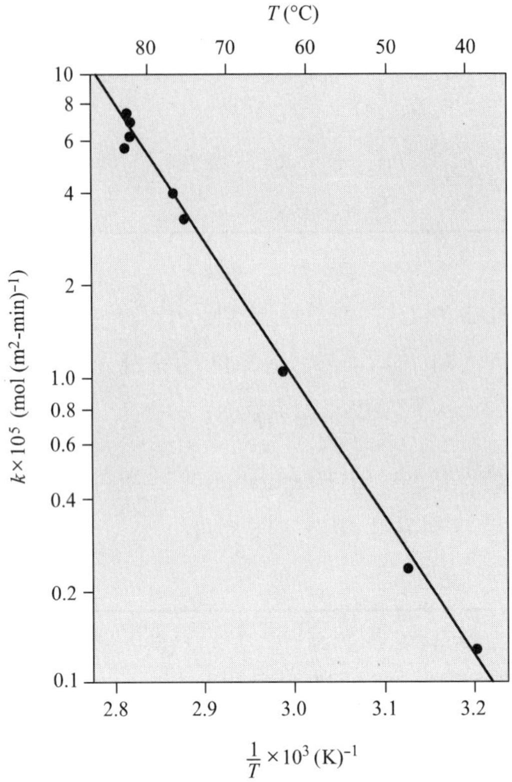

Figure 1.4.2 |
A typical Arrhenius plot, ln k vs $1/T$. The slope corresponds to $-E/R_g$. Adapted from D. E. Mears and M. Boudart, *AIChE J.* **12** (1966) 313, with permission of the American Institute of Chemical Engineers. Copyright 1966 AIChE. All rights reserved.

다음과 같은 일반적인 반응을 생각해보자.

$$\bar{a}A + \bar{b}B \Rightarrow \bar{w}W \tag{1.4.3}$$

반응 속도가 규칙 IV를 따를 경우 다음과 같이 쓸 수 있다.

$$\mathbf{r} = kC_A^{\alpha_A}C_B^{\alpha_B}$$

지수 α_i를 계의 해당 성분에 대한 반응차수라고 하며 지수의 합을 전체 반응 차수라고 한다. 일반적으로 $\alpha_i \neq |v_i|$이며 절대값으로 2보다 거의 크지 않다. 만일 반응물에 대해 $\alpha_i = |v_i|$이고 계의 다른 성분에 대해 0과 같다면

$$\bar{F}(C_i) = \prod_i C_i^{|v_i|} \qquad \text{(for reactants only)}$$

처럼 표현되고 이는 질량 작용 법칙(Law of Mass Action)에서 Guldberg와 Waage

(1867)가 최초로 제안한 형태가 된다. 따라서 다음과 같은 속도 함수를 얻을 수 있는데

$$r = k\prod_i C_i^{\alpha_i} \tag{1.4.4}$$

Table 1.4.1 | Kinetic parameters for the simultaneous hydrogenation[1] and hydroformylation[2] of propene over a rhodium zeolite catalyst at T = 423 K and 1 atm total pressure [from Rode et al., *J. Catal.*, **96** (1985) 563].

$$\text{Rate}\left(\frac{\text{mol}}{g\text{Rh}\cdot\text{hr}}\right) = \bar{A}\exp\left[\frac{-E}{(R_gT)}\right]P_{C_3}^{\alpha_1}P_{H_2}^{\alpha_2}P_{CO}^{\alpha_3}$$

	$(C_3H_8)^1$	$(i-C_4H_8O)^2$	$(n-C_4H_8O)^2$
$\bar{A}$	4.12×10^6	1.36×10^3	1.86×10^3
E (kcal/mol), (393–423 K)	15.8	11.0	10.8
α_1	1.01	1.00	0.97
α_2	0.35	0.40	0.48
α_3	−0.71	−0.70	−0.72

1 $CH_2{=}CHCH_3 + H_2 \Longrightarrow CH_3CH_2CH_3$ (C_3H_8)

2 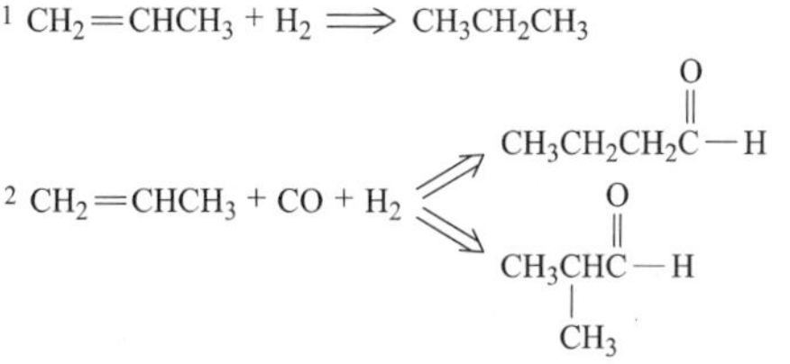
(n-C_4H_8O)
(i-C_4H_8O)

Table 1.4.2[1] | Examples of rate functions of the type: $r = k\prod_i C_i^{\alpha_i}$

Reaction	Rate function
$CH_3CHO \Rightarrow CH_4 + CO$	$k(CH_3CHO)^{1.5}$
$C_2H_6 + H_2 \Rightarrow 2CH_4$ (catalytic)	$k(C_2H_6)^{0.9}(H_2)^{-0.7}$
$SbH_3 \Rightarrow Sb + \frac{3}{2}H_2$	$k(SbH_3)^{0.6}$
$N_2 + 3H_2 \Rightarrow 2NH_3$ (catalytic)	$k(N_2)(H_2)^{2.25}(NH_3)^{-1.5}$

[1]From M. Boudart, *Kinetics of Chemical Processes*, Butterworth-Heinemann, 1991, p. 17.

이를 "유사 질량 작용"("pseudo mass action") 혹은 "멱수 법칙"("Power law")이라 하며 단지 모든 반응물에 대해 $\alpha_i = |\upsilon_i|$이고 다른 모든 성분에 대해 0일 때 (다음 장에서 논의하게 되겠지만 촉매 반응에 대해서는 차수가 음이 될 수도 있음을 주목)만 Guldberg-Waage 형태가 된다. 식 (1.4.3)에 의해 서술된 반응에 대해서 Guldberg-Waage 속도 표현식은 다음과 같다.

$$r = kC_A^aC_B^b$$

멱수 법칙 속도 표현에 대한 예는 표 1.4.2에 제시되어 있다.

기초 단계에 대해서는 $\alpha_i = |\upsilon_i|$이다. 다시 기상 반응을 생각해보자.

$$H_2 + Br_2 \Rightarrow 2HBr$$

만일 이 반응이 H_2가 직접적으로 Br_2와 상호작용하여 2 분자의 HBr을 생성하는 경우 단계는 기초적이며 속도는 아래와 같다.

$$r = kC_{H_2}C_{Br_2}$$

그러나, 이는 반응이 어떻게 진행되는지 (1.1절)는 알 수 없으며 실제 속도 표현은 다음과 같다.

$$r = \frac{k_1 C_{H_2} C_{Br_2}^{1/2}}{k_2 + \dfrac{C_{HBr}}{C_{Br_2}}}$$

기초 단계에 대해서 반응에 참여하는 분자의 수를 반응의 분자성(molarcularity)이라 한다.

규 칙 V 반응이 양방향(또는 가역적)일 때, 속도는 일반적으로 정방향 속도 r_+와 역방향 속도 r_-의 차로써 표현된다.

$$r = r_+ - r_- \qquad (1.4.5)$$

Table 1.4.3 | Molecularity and rates of elementary steps.

Molecularity	Number of reactant molecules	General description	Example (1)	Rate constant (1)
Unimolecular	1	$A \rightarrow$ products	$N_2O_5 \rightarrow NO_2 + NO_3$	$1.96 \times 10^{14}\exp[-10660/T]$, s^{-1}
Bimolecular	2	$2A \rightarrow$ products	—	—
		$A+B \rightarrow$ products	$NO + NO_3 \rightarrow 2NO_2$	2.0×10^{11}, cm^3/s/molecule(2)
Trimolecular (rare)	3	$3A \rightarrow$ products	—	—
		$2A+B \rightarrow$ products	$2NO + O_2 \rightarrow 2NO_2$	$3.3 \times 10^{-39}\exp(530/T)$, cm^6/s/molecule^2(2)
		$A+B+C \rightarrow$ products	$NO + NO_2 + H_2O \rightarrow 2HNO_2$	$\leq 4.4 \times 10^{-40}$, cm^6/s/molecule^2(2)

규칙 II가 속도 함수 r_+와 r_-에 적용되면

$$r_+ = k_+\bar{F}_+(C_i)$$
$$r_- = k_-\bar{F}_-(C_i)$$

이 되고 속도 상수 k_+와 k_-는 평형상수 k_C와 관련된다. 예를 들어 이상 조건에서의 반응 $A \rightleftarrows B$에 대해서는 다음과 같은 관계를 가진다(속도 표현식과 평형 표현식과의 관계에 대한 더욱더 엄밀한 설명은 제 5장을 참조).

$$K_C = \frac{k_+}{k_-} \tag{1.4.6}$$

1.5 반응속도에 대한 예시

단일 분자 반응을 생각해보자.

$$A \rightarrow \text{products} \tag{1.5.1}$$

반응속도에 대한 Guldberg-Waage 형태를 사용해서 이 반응을 서술하면

$$r = kC_A \tag{1.5.2}$$

식 (1.3.4)와 식 (1.5.2)로 부터

$$r = \frac{1}{\upsilon_i V}\frac{dn_i}{dt} = \frac{-1}{V}\frac{dn_A}{dt} = kC_A$$

또는

$$\frac{dn_A}{dt} = -kn_A \qquad \text{(variable } V\text{)} \tag{1.5.3}$$

$$\frac{df_A}{dt} = k(1 - f_A) \qquad [\text{using Equation (1.2.11)}] \tag{1.5.4}$$

Table 1.5.1 | Examples of reactions that can be described using first-order reaction

Reactions	Examples
Isomerizations	$CH_3CH_2CH{=}CH_2 \Longrightarrow CH_3{-}C({=}CH_2){-}CH_3$
Decompositions	$N_2O_5 \Longrightarrow NO_2 + NO_3$ $CH_2{-}CH_2$ (with O bridging both carbons) $\Longrightarrow CH_4 + CO$
Radioactive decay (each decay can be described by a first-order reaction rate)	$^{135}I \xrightarrow{-\beta} {}^{135}Xe \xrightarrow{-\beta} {}^{135}Cs \xrightarrow{-\beta} {}^{135}Ba\text{(stable)}$

따라서, 1차 계에 대해서, 속도 r은 어떤 특정 시간에서 계에 존재하는 양 n_i 에 비례(k를 통해서)한다. 얼핏 보기에 1차 반응 속도가 실제 반응을 서술하기에는 너무 간단하게 느껴질 수 있겠지만 사실은 그렇지 않다(표 1.5.1 참조). 또한 1차 과정은 예를 들어, 한 덩어리로 묶여진 탄화수소가 일반적인 가상의 성분으로 바뀌게 되는 것과 같은 복잡한 계를 근사하여 현상학적인 거동이 모사될 수 있게 한다.

$$\frac{dC_A}{dt} = -kC_A \qquad \text{(constant } V\text{)} \qquad (1.5.5)$$

$$\frac{dP_A}{dt} = -kP_A \qquad [\text{constant } V\text{: } C_i = P_i/(R_g T)] \qquad (1.5.6)$$

이 교재에서는 농도를 두 가지 기호를 통해 나타낸다. 기호 C_i와 $[A_i]$는 각각 종 i와 A_i의 농도를 나타낸다. 이들 기호는 널리 사용되며 독자들도 두 가지 모두 사용하는 것에 익숙해져야 한다.

이분자(bimolecular) 반응을 생각해보자.

$$A + B \rightarrow \text{products} \qquad (1.5.7)$$

예제 1.5.1 우라늄에는 자연에서 풍부한 ^{235}U가 0.79 atom %로 있다. 우라늄 샘플을 2 at. %로 농축하여 지하의 소금 광산에 저장할 경우 샘플이 자연에 풍부한 수준의 ^{235}U에 도달하는데 걸리는 시간은? (^{235}U를 형성하는 다른 과정은 없다고 가정한다. ^{238}U은 붕괴하여 ^{235}U를 형성하기 때문에 ^{238}U이 존재하는 경우는 아니다.) ^{235}U의 반감기(half-life)는 7.13×10^8 년 이다.

해답

방사능 붕괴는 1차 과정으로서 서술될 수 있다. 따라서 존재하는 물질의 양은 시간에 따라 지수적으로 감소한다. 이는 식 (1.5.3)을 적분함으로써 알 수 있다.

$$n_i = n_i^0 \exp(-kt), \text{ 여기에서 } n_i^0\text{는 } t=0\text{에서 존재하는 } n_i \text{ 의 양}$$

반감기 $t_{\frac{1}{2}}$은 물질의 양이 절반으로 감소하는데 필요한 시간을 말한다. 1차 과정에서 $t_{\frac{1}{2}}$은 아래와 같은 방법으로 얻을 수 있다.

$$\tfrac{1}{2} n_i^0 = n_i^0 \exp(-kt_{\frac{1}{2}})$$

또는

$$t_{\frac{1}{2}} = \frac{\ln(2)}{k}$$

$t_{\frac{1}{2}}$가 주어지면 k값은 계산될 수 있다. 따라서 ^{235}U의 방사능 붕괴에 대한 1차 속도 상수는

$$k = \frac{\ln(2)}{t_{\frac{1}{2}}} = 9.7 \times 10^{-10}\ \text{years}^{-1}$$

3 at. % ^{235}U가 0.79 at. %로 붕괴하는데 요구되는 시간을 계산하기 위해 다음의 1차 표현식

$$\frac{n_i}{n_i^0} = \exp(-kt) \quad \text{or} \quad t = \frac{\ln\left(\frac{n_i^0}{n_i}\right)}{k}$$

을 사용할 수 있다. 따라서

$$t = \frac{\ln\left(\frac{3}{0.79}\right)}{9.7 \times 10^{-10}} = 1.4 \times 10^{9}\ \text{years}$$

또는 매우 오랜 시간일 소요된다고 할 수 있다.

예제 1.5.2 N_2O_5가 속도 상수 $1.96 \times 10^{14} \exp[-10{,}660/T]\, s^{-1}$을 가지고 분해되어 NO_2와 NO_3가 된다. $t = 0$에서 순수한 N_2O_5는 일정온도와 부피의 반응기로 초기 압력 2 atm으로 들어간다. 1분 후에 반응기의 전체 압력은 얼마인가? $T = 273$ K이다.

해답

n을 N_2O_5의 몰 수라고 하면

$$\frac{dn}{dt} = -kn$$

$n = n^0(1-f)$이므로

$$\frac{df}{dt} = k(1-f), f = 0 \ @\ t = 0$$

위의 1차, 초기값 문제(initial value problem, IVP)를 적분하게 되면

$$\ln\left(\frac{1}{1-f}\right) = kt \quad \text{for } t \geq 0$$

또는

$$f = 1 - \exp(-kt) \quad \text{for } t \geq 0$$

273 K에서 $k = 2.16 \times 10^{-3}\ s^{-1}$이다. 1분 동안 반응한 후에는

$$f = 1 - \exp[-(60)(2.16 \times 10^{-3})] = 0.12$$

일정 T와 V에서 이상기체법칙으로부터

$$\frac{P}{P^0} = \frac{n}{n^0} = \frac{n^0(1 + \varepsilon f)}{n^0}$$

이와 같은 분해 반응에 대해서는

$$\varepsilon_{N_2O_5} = 1.0\left[\frac{2-1}{|-1|}\right] = 1$$

따라서

$$P = P^0(1 + f) = 2(1 + 0.12) = 2.24 \text{ atm}$$

예제 1.5.3 보통 이성질화(isomerization)반응은 매우 가역적이다. 예를 들어 1-부텐이 이소부텐으로 바뀌는 이성질화는 MTBE(methyl tertiary butyl ether)를 생산함에 있어 중요한 단계이다. MTBE는 배기가스를 적게 배출하기 위해 가솔린에 보편적으로 사용되는 산화된 첨가제이다. MTBE는 이소부텐이 메탄올과 반응하여 생성된다.

$$CH_3-\underset{\underset{CH_2}{\|}}{C}-CH_3 + CH_3OH = CH_3-\overset{\overset{OCH_3}{|}}{\underset{\underset{CH_3}{|}}{C}}-CH_3$$

이소부텐을 만들기 위해서 n-부탄(풍부하고 값싼 C_4 탄화수소)이 탈수소화 하여 1-부텐을 만들고 이를 이성질화한다. 1-부텐을 이성질화 함으로써 얻게되는 이소부텐의 농도를 시간의 함수로 나타내시오.

$$CH_2{=}CHCH_2CH_3 \underset{k_2}{\overset{k_1}{\rightleftarrows}} CH_3\underset{\underset{CH_2}{\|}}{C}CH_3$$

해답

이소부텐을 성분 I라 하고 1-부텐을 B라고 하자. 계가 일정 온도와 부피 하에 있으므로

$$\frac{dC_B}{dt} = -k_1C_B + k_2C_I \quad \text{or} \quad \frac{d[B]}{dt} = -k_1[B] + k_2[I]$$

$[B]=[B]^0(1-f_B)$ 이므로

$$[I] = [I]^0 + [B]^0 f_B = [B]^0(\overline{M} + f_B), \quad \overline{M} = [I]^0 / [B]^0 \neq 0$$

따라서

$$\frac{df_B}{dt} = k_1(1 - f_B) - k_2(\overline{M} + f_B)$$

평형에서는 $\frac{df_B}{dt} = 0$ 이므로

$$K_C = \frac{k_1}{k_2} = \frac{[I]^{eq}}{[B]^{eq}} = \frac{[B]^0(\overline{M} + f_B^{eq})}{[B]^0(1 - f_B^{eq})}$$

평형 관계식을 속도 표현식에 대입하면

$$\frac{df_B}{dt} = k_1(1 - f_B) - k_1(1 - f_B^{eq})\left[\frac{\overline{M} + f_B}{\overline{M} + f_B^{eq}}\right]$$

또는 정리하면

$$\frac{df_B}{dt} = \frac{k_1(\overline{M} + 1)}{(\overline{M} + f_B^{eq})}(f_B^{eq} - f_B), \quad f_B = 0 \,@\, t = 0$$

이 식을 적분하면

$$\ln\left[\frac{1}{1 - \frac{f_B}{f_B^{eq}}}\right] = \left[\frac{k_1(\overline{M} + 1)}{\overline{M} + f_B^{eq}}\right]t, \quad \overline{M} \neq 0$$

또는

$$f_B = f_B^{eq}\left\{1 - \exp\left[-\left(\frac{k_1(\overline{M} + 1)}{\overline{M} + f_B^{eq}}\right)t\right]\right\}$$

f_B에 대한 위의 표현식을 사용해서

$$[I] = [B]^0(\overline{M} + f_B)$$

반응 속도에 대한 Guldberg-Waage 형태를 사용하여 위의 반응을 서술하면

$$\mathrm{r} = kC_AC_B \tag{1.5.8}$$

식 (1.3.4)와 (1.5.8)로부터

$$\mathrm{r} = \frac{1}{\upsilon_i V}\frac{dn_i}{dt} = \frac{-1}{V}\frac{dn_A}{dt} = kC_AC_B$$

또는

$$V\frac{dn_A}{dt} = -kn_An_B \qquad \text{(variable } V\text{)} \tag{1.5.9}$$

$$\frac{dC_A}{dt} = -kC_AC_B \qquad \text{(constant } V\text{)} \tag{1.5.10}$$

$$\frac{dP_A}{dt} = -\frac{k}{R_gT}P_AP_B \quad [\text{constant } V\text{: } C_i = P_i/(R_gT)] \tag{1.5.11}$$

2차 속도 과정에 대해서 제한 반응물은 추적하기에 적합한 종이여야 한다(A로 표시한 종을 제한 반응물로 두자.). 식 (1.5.9-1.5.11)은 C_B가 C_A와 관련이 없을 경우 적분될 수 없다. 명백하게도 이는 식 (1.2.5) 또는 식 (1.2.6)을 통해서 수행될 수 있다. 따라서,

$$n_B = n_B^0 - (n_A^0 - n_A)$$

또는 부피가 일정할 경우

$$C_B = C_B^0 - (C_A^0 - C_A) \quad \text{or} \quad P_B = P_B^0 - (P_A^0 - P_A)$$

만일, $\overline{M} = \dfrac{n_B^0}{n_A^0} = \dfrac{C_B^0}{C_A^0} = \dfrac{P_B^0}{P_A^0}$ 라면,

$$\left.\begin{aligned} n_B &= n_A + n_A^0(\overline{M} - 1) \quad \text{(variable } V\text{)} \\ C_B &= C_A + C_A^0(\overline{M} - 1) \quad \text{(constant } V\text{)} \\ P_B &= P_A + P_A^0(\overline{M} - 1) \quad \text{(constant } V\text{)} \end{aligned}\right\} \tag{1.5.12}$$

식 (1.5.12)를 식 (1.5.9-1.5.11)에 대입하면,

$$V\frac{dn_A}{dt} = -kn_A[n_A + n_A^0(\overline{M} - 1)] \qquad \text{(variable } V\text{)} \tag{1.5.13}$$

$$\frac{dC_A}{dt} = -kC_A[C_A + C_A^0(\overline{M} - 1)] \qquad \text{(constant } V\text{)} \tag{1.5.14}$$

$$\frac{dP_A}{dt} = -\frac{k}{R_gT}P_A[P_A + P_A^0(\overline{M} - 1)] \quad \text{(constant } V\text{)} \tag{1.5.15}$$

만일 V가 일정하지 않다면 식 (1.2.15)와 이상기체 법칙에 의해 $V = V^0(1+\varepsilon_A f_A)$가 된다. 이 식을 식 (1.5.13)에 대입하면

$$\frac{df_A}{dt} = \frac{k\left(\dfrac{n_A^0}{V^0}\right)(1 - f_A)[\overline{M} - f_A]}{(1 + \varepsilon_A f_A)} \tag{1.5.16}$$

예제 1.5.4 같은 부피의 0.2 M 트리메틸아민과 0.2 M n-프로필브롬(둘 다 벤젠에서)이 유리 튜브에서 혼합되고 밀봉된체로 412 K의 일정한 온도로 두었다. 시간이 지난 후 튜브는 제거되고 반응을 멈추기 위해 재빨리 실온으로 냉각시켰다.

$$N(CH_3)_3 + C_3H_7Br \Rightarrow C_3H_7\overset{+}{N}(CH_3)_3Br^-$$

3차 아민의 4차화(quaternization)는 벤젠과 같은 비극성 용매에 용해되지 않는 4차 암모늄 염을 생성한다. 따라서 염은 남아있는 반응물과 벤젠으로부터 쉽게 걸러진다. 모여진 염으로 양으로부터 전환율이 계산될 수 있으며 데이터는 다음과 같다.

Time at 412 K	conversion (%)
5	4.9
13	11.2
25	20.4
34	25.6
45	31.6
59	36.7
80	45.3
100	50.7
120	55.2

이들 데이터가 1차 혹은 2차 반응 속도와 일치되는가?

해답

반응은 액상에서 일어나고 농도는 매우 낮다. 따라서 계의 부피가 일정하다는 것은 좋은 가정이 된다. $C_A^0 = C_B^0$이므로

$$(1\text{차}) \qquad \ln\left[\frac{1}{1-f_A}\right] = kt$$

$$(2\text{차}) \qquad \frac{f_A}{1-f_A} = kC_A^0 t$$

1차 모델을 테스트하기 위해서 $\ln[1/(1-f_A)]$를 t와 플롯하고 2차 모델에 대해서는 $f_A/(1-f_A)$를 t와 플롯한다(그림 1.5.1과 1.5.2를 참조). 두 모델 모두 식 $y = \bar{\alpha}_1 t + \bar{\alpha}_2$에 맞춰져 있음에 주목하라. 따라서 데이터는 선형 회귀법을 통해 두 모델에 맞춰질 수 있다(부록 B 참조). 그림 1.5.1과 1.5.2을 보면 2차 모델이 더 잘 맞음을 알 수 있다. 그러나, 선형 회귀분석 결과는(SE 는 표준 오차(standard error)):

(1차) $\bar{\alpha}_1 = 6.54 \times 10^{-3}$ $\quad SE(\bar{\alpha}_1) = 2.51 \times 10^{-4}$

$\bar{\alpha}_2 = 5.55 \times 10^{-2}$ $\quad SE(\bar{\alpha}_2) = 1.63 \times 10^{-2}$

$\bar{R}_{cc} = 0.995$

(2차) $\bar{\alpha}_1 = 1.03 \times 10^{-2}$ $SE(\bar{\alpha}_1) = 8.81 \times 10^{-5}$

$\bar{\alpha}_2 = -5.18 \times 10^{-3}$ $SE(\bar{\alpha}_2) = 5.74 \times 10^{-3}$

$\bar{R}_{cc} = 0.999$

두 모델 모두 높은 상관계수($\overline{R}_{cc}$)를 가지며 이 문제는 상관계수가 얼마나 잘 맞춰지는지(goodness of fitting)를 결정하는데 있어 유용하지 않을 수 있음을 보여준다. 얼마나 잘 맞춰지는지를 결정하기 위한 적절한

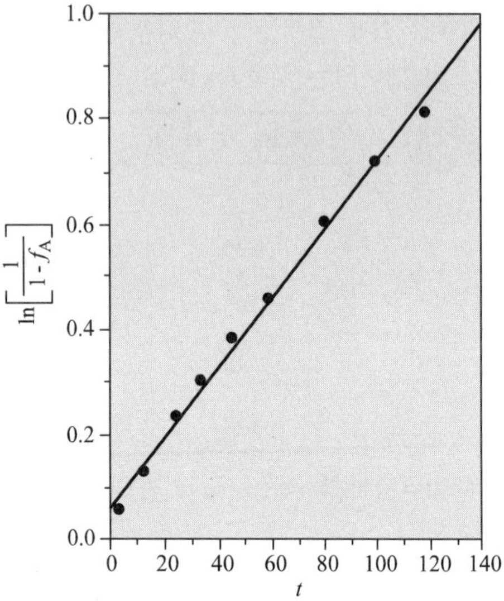

Figure 1.5.1 | Reaction rate data for first-order kinetic model.

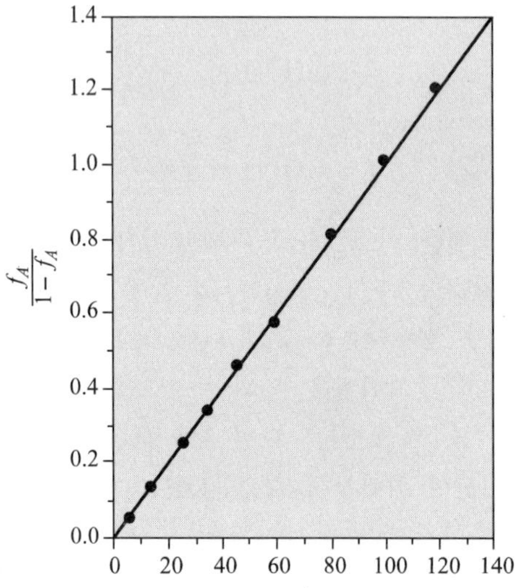

Figure 1.5.2 | Reaction rate data for second-order kinetic model.

방법은 모델이 통계적으로 0과 크게 다르지 않은 $\bar{\alpha}_2$를 주는가의 여부를 확인하는 것이다. 이는 속도 표현식을 0의 절편을 갖는 형태로 바꾸는 이유이다(즉, 알고 있는 점으로부터 통계적인 유의성을 점검) 만일 $\bar{t}^*$-테스트가 유의성을 테스트 하는데 사용된다면(부록 B참조)

$$\bar{t}^* = \frac{|\bar{\alpha}_2 - 0|}{SE(\bar{\alpha}_2)}$$

1차와 2차 모델에 대한 $\bar{t}^*$값은

$$\bar{t}_1^* = \frac{|5.55 \times 10^{-2} - 0|}{1.63 \times 10^{-2}} = 3.39$$

$$\bar{t}_2^* = \frac{|-5.18 \times 10^{-3} - 0|}{5.74 \times 10^{-3}} = 0.96$$

9개의 데이터 점 또는 7개의 자유도를 갖는 95 % 신뢰도에 대해서 ($\bar{t}^*$값 표로부터)

$$\bar{t}_{\text{exp}}^* = \frac{\text{expected deviation}}{\text{standard error}} = 1.895$$

$\bar{t}_1^* > \bar{t}_{\text{exp}}^*$이고 $\bar{t}_2^* < \bar{t}_{\text{exp}}^*$이므로 1차 모델은 기각되면 반면 2차 모델은 채택된다. 따라서

$$kC_A^0 = 1.030 \times 10^{-2}$$

이고

$$k = \frac{1.030 \times 10^{-2}}{0.1\text{M}} = 0.1030 \frac{1}{\text{M} \cdot \text{min}}$$

표준 오차를 알고 있다면 상관관계 계수 값을 보고하는 것이 바람직하다.

$$r = [0.1030 \pm 0.0009\ \text{M}^{-1}\ \text{min}^{-1}]C_A C_B$$

예제 1.5.5 메틸 아이오다인(methyl iodine, MI)과 디메틸-p-톨루딘(dimethyl-p-toludine, PT)을 같은 농도인 0.050 mol/L로 포함하고 있는 초기 용액으로부터 다음의 데이터를 얻었다. 속도 데이터가 수집된 조건에 대한 평형 상수는 1.43이다. 2차 속도론이 절대적으로 주어진 데이터를 서술할 수 있는가? 만일 그렇다면 속도 상수는?

t (min)	Fractional conversion of PT
10	0.18
26	0.34
36	0.40
78	0.52

해답

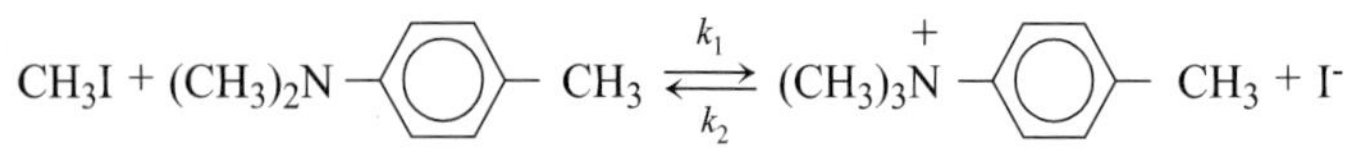

(MI) (PT) (NQ) (I)

일정 부피에서

$$\frac{dC_{PT}}{dt} = -k_1 C_{PT} C_{MI} + k_2 C_{NQ} C_I$$

$$C^0_{PT} = C^0_{MI} = 0.05, \quad C^0_{NQ} = C^0_I = 0,$$

$$C_{PT} = C^0_{PT}(1 - f_{PT}), \quad C_{MI} = C^0_{PT}(1 - f_{PT})$$

$$C_{NQ} = C_I = C^0_{PT} f_{PT}$$

그러므로,

$$\frac{df_{PT}}{dt} = k_1 C^0_{PT}(1 - f_{PT})^2 - k_2 C^0_{PT} f^2_{PT}$$

평형에서

$$K_C = \frac{k_1}{k_2} = \frac{(f^{eq}_{PT})^2}{(1 - f^{eq}_{PT})^2}$$

평형식을 속도식에 대입하면

$$\frac{df_{PT}}{dt} = k_1 C^0_{PT}(1 - f^{eq}_{PT})^2\left[\left(\frac{1 - f_{PT}}{1 - f^{eq}_{PT}}\right)^2 - \left(\frac{f_{PT}}{f^{eq}_{PT}}\right)^2\right]$$

$t = 0$에서 $f_{PT} = 0$인 조건에서 적분하면

$$\ln\left[\frac{f^{eq}_{PT} - (2f^{eq}_{PT} - 1)f_{PT}}{(f^{eq}_{PT} - f_{PT})}\right] = 2k_1\left[\frac{1}{f^{eq}_{PT}} - 1\right]C^0_{PT}t$$

이 식은 0 절편인 형태라는 것을 주목하라. 따라서 아래식

$$\ln\left[\frac{f^{eq}_{PT} - (2f^{eq}_{PT} - 1)f_{PT}}{(f^{eq}_{PT} - f_{PT})}\right] \quad \text{versus } t$$

에 대한 플롯과 선형 최소 자승법(linear least square analysis)은 모델이 데이터를 적절하게 서술하는지를 보여준다. 이를 위해서

f^{eq}_{PT}는 K_C로부터 계산될 수 있으며 그 값은 $f^{eq}_{PT} = 0.545$가 된다. 다음으로 선형 최소 자승법으로부터 모델은 데이터와 맞고 그 기울기는 0.0415이다. 따라서

$$0.0415 = 2k_1\left[\frac{1}{f^{eq}_{PT}} - 1\right]C^0_{PT}$$

으로 부터 k_1 =0.50 L/mol/min. K_C와 k_1으로부터 k_2 = 0.35 L/mol/min.

다음의 3분자 반응을 생각해보자.

$$A + B + C \rightarrow \text{products} \tag{1.5.17}$$

위의 반응을 서술하기 위해 반응 속도에 대한 Guldberg-Waage 형태를 사용하면

$$\mathrm{r} = kC_A C_B C_C \tag{1.5.18}$$

식 (1.3.4)와 (1.5.18)로부터

$$\mathrm{r} = \frac{1}{\upsilon_i V}\frac{dn_i}{dt} = \frac{-1}{V}\frac{dn_A}{dt} = kC_A C_B C_C$$

$$V^2 \frac{dn_A}{dt} = -kn_A n_B n_C \qquad \text{(variable } V\text{)} \tag{1.5.19}$$

$$\frac{dC_A}{dt} = -kC_A C_B C_C \qquad \text{(constant } V\text{)} \tag{1.5.20}$$

$$\frac{dP_A}{dt} = -\frac{k}{(R_g T)^2} P_A P_B P_C \quad \text{(constant } V\text{)} \tag{1.5.21}$$

3분자 반응은 매우 드물다. 충돌 통계로부터 보자면 3개의 물체가 충분한 에너지를 갖고 반응이 발생할 수 있는 정확한 배열을 가진 상태에서 충돌할 확률은 매우 희박하다. 또한 이들 충돌중 단지 일부만이 성공적으로 반응을 이끌어 낼 수 있다(더 자세한 논의는 제 2장 참조). 3분자 반응과 비교했을 때의 단분자 반응과 2분자 반응에 대한 반응 속도의 크기를 주목하라(표 1.4.3 참조). 그러나, 3분자 반응은 일어날 수 있으며 예를 다음과 같다.

$$O + O_2 + TB \rightarrow O_3 + TB$$

여기에서 third body *TB*는 반응의 성공을 위해 매우 중요한데 그 이유는 *TB*가 반응을 완결하는데 필요한 에너지를 흡수하는데 있어서 필수적이기 때문이다 (Vignette 1.2.1 참조).

식 (1.5.20)을 적분하기 위해서 C_B와 C_C는 C_A와 관련이 있어야 하며 이는 식 (1.2.5)를 사용함으로서 가능하다. 그러므로 3분자 과정에 대한 분석은 2분자 과정의 확장이라 할 수 있다. 만일 3분자 과정이 드물고 낮은 속도를 보인다면 하이드로훠밀레이션(표 1.4.1)과 같은 반응이 상업적 규모에서 어떻게 일어날 수 있는가라는 질문이 발생한다(Vignette 1.5.1 참조). 하이드로훠밀레이션에 대한 예는 다음과 같다(표 1.4.1 참조):

$$CH_2{=}CH{-}R + CO + H_2 \Longrightarrow R{-}CH_2{-}CH_2{-}\overset{\overset{\displaystyle O}{\|}}{C}{-}H$$

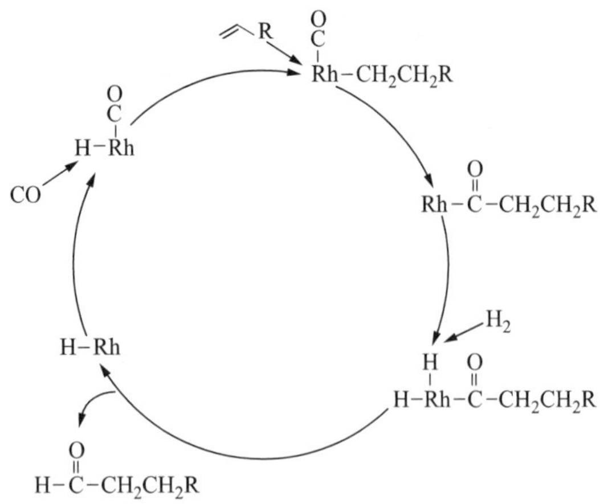

Figure 1.5.3 |
Simplified version of the hydroformylation mechanism. Note that other ligands on the Rh are not shown for ease in illustrating what happens with reactants and products.

Vignette 1.5.1

비누(예, 샴푸)의 원료는 sodium lauryl sulfate와 같은 성분을 포함한다. sodium lauryl sulfate는 $CH_3(CH_2)_{10}-CH_2-OSO_3^-Na^+$ 이며 그것의 오일 성분이 탄화수소 사슬과 상호작용하고 분자 중의 sodium sulfate 부분이 그것들을 수용성으로 만들기 때문에 좋은 세제가 된다. 따라서 sodium lauryl sulfate과 같은 분자가 기름때가 낀 옷, 접시, 머리카락 등과 접촉하면 이들은 기름 부분을 용해시키고 물과 접촉할 때 그것을 제거할 수 있게 된다. sodium lauryl sulfate는 lauryl 알콜(1−도데칸올)의 술폰화와 NaOH에 의한 중화를 통해 생산된다. lauryl 알콜은 1−언데켄(undecene)의 하이드로휘밀레이션을 통해 생성된다.

$$CH_3-(CH_2)_8-CH=CH_2 + CO + H_2 \Longrightarrow CH_3-(CH_2)_{10}-\overset{\overset{\displaystyle O}{\|}}{C}-H$$

이후 알데하이드가 수소첨가 반응 후 알콜로 바뀐다.

$$CH_3-(CH_2)_{10}-\overset{\overset{\displaystyle O}{\|}}{C}-H + H_2 \Longrightarrow CH_3-(CH_2)_{10}-CH_2OH$$

따라서, 큰 규모의 하이드로휘밀레이션 반응기는 세제급의 계면활성제를 생산하기 위해 전세계적으로 널리 쓰인다.

이 반응은 3개의 반응물을 포함한다. 이 반응이 충분히 효율적으로 진행되는 이유는 바로 촉매를 사용했기 때문이다. 그림 1.5.3을 보면 로듐 촉매가 조정되어 폐 회로(closed cycle)내에서 3개의 반응물과 결합한다는 것을 알 수 있다. 따라서 모든 3개의 반응물이 동시에 함께 충돌한다는 "통계적인 약점(statistical odds)"이 극복된다. 촉매가 없을 경우에는 반응이 단지 의미 없는 속도로 진행된다. 이는 촉매가 사용되는 반응에 대해서 일반적이다. 촉매와 촉매 기능에 대한 보다 자세한 사항은 이 책의 후반부에서 서술될 것이다.

반응을 수행하여 원하는 생성물을 얻고자 할 때, 보편적으로 다른 반응들도 동시에 진행된다. 따라서 하나 이상의 단일 반응이 고려되어야 하며(즉, 반응 네트워크) 선택성에 대한 이슈가 중요해진다. 반응 네트워크에 의해 제시되는 어려운 문제를 설명하기 위해 작은 반응 네트워크를 다음으로 조사한다. 이들 개념을 더 큰 네트워크로 일반화시키는 것은 단지 실행의 문제일 뿐이다.

두 개의 비가역(한방향), 1차 반응이 직렬로 연결된 반응 네트워크를 생각해보자.

$$A \xrightarrow{k_1} B \xrightarrow{k_2} C \tag{1.5.22}$$

이 네트워크는 반응과 관련된 매우 폭넓은 중요한 사항을 나타낼 수 있다. 예를 들어, 이 반응네트워크에 같은 과도한 산화제에서 발생하는 산화반응이 있다고 하자. 여기에서 B는 부분산화 생성물을 나타내고 C는 완전산화 생성물 CO_2를 나타낸다고 하자.

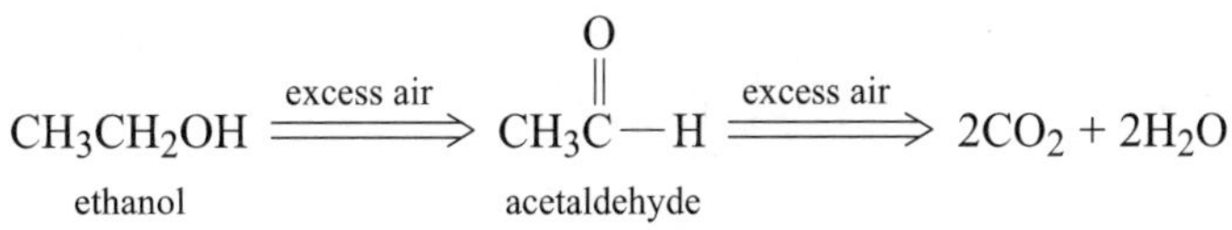

이 상황에서 원하는 생성물이 전형적으로 B라고 할 때 주어진 k_1과 k_2에서 B의 최대 농도를 얻는 것에서 어려움이 발생한다. 식 (1.5.22)에서의 반응 네트워크를 서술하기 위해서 Guldberg-Waage형태의 반응속도식을 사용하면 일정 부피에 대해서

$$\left.\begin{aligned} \frac{dC_A}{dt} &= -k_1 C_A \\ \frac{dC_B}{dt} &= k_1 C_A - k_2 C_B \\ \frac{dC_C}{dt} &= k_2 C_B \end{aligned}\right\} \tag{1.5.23}$$

이고 여기에서

$$C_A^0 + C_B^0 + C_C^0 = C^0 = C_A + C_B + C_C$$

$t = 0$에서 $C_A = C_A^0$인 조건을 가지고 C_A에 대해 미분방정식을 적분하면

$$C_A = C_A^0 \exp[-k_1 t] \tag{1.5.24}$$

식 (1.5.24)를 C_B에 대한 미분방정식에 대입하면

$$\frac{dC_B}{dt} + k_2 C_B = k_1 C_A^0 \exp[-k_1 t]$$

이 식과 같은 형태는 적분 인자법(integrating factor method)를 사용해서 해를 구할 수 있다. 즉,

$$\frac{dy}{dt} + p(t)y = g(t), \quad I = \exp\left[\int p(t)dt\right]$$

$$\int d(Iy) = \int Ig(t)dt$$

C_B와 관계된 식에 대해서 $p(t) = k_2$이므로

$$\int d(C_B \exp[k_2 t]) = \int k_1 C_A^0 \exp[(k_2 - k_1)t]dt$$

위의 식을 적분하면

$$C_B \exp[k_2 t] = \left[\frac{k_1 C_A^0}{k_2 - k_1}\right] \exp[(k_2 - k_1)t] + \gamma$$

또는

$$C_B = \left[\frac{k_1 C_A^0}{k_2 - k_1}\right] \exp(-k_1 t) + \gamma \exp(-k_2 t)$$

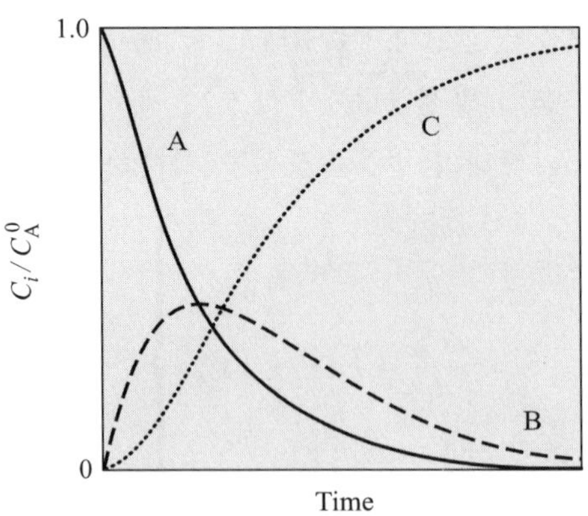

Figure 1.5.4 |
Normalized concentration of species i as a function of time for $k_1 = k_2$.

이 되는데 여기에서 γ는 적분 상수이다. $t=0$에서 $C_B=C_B^0$이므로 γ는 C_A^0, C_B^0, k_1 그리고 k_2의 함수로 쓸 수 있다. γ를 계산하면 $C_B(t)$에 대한 다음과 같은 식이 얻어진다.

$$C_B = \frac{k_1 C_A^0}{k_2 - k_1}[\exp(-k_1 t) - \exp(-k_2 t)] + C_B^0 \exp(-k_2 t) \qquad (1.5.25)$$

$C_B(t)$와 $C_A(t)$를 알게 되면 질량 보존식으로부터 $C_C(t)$을 쉽게 얻을 수 있다.

$$C_C = C^0 - C_A - C_B \qquad (1.5.26)$$

$C_B^0 = C_C^0 = 0$ 그리고 $k_1 = k_2$에 대해서 C_A, C_B와 C_C의 정규화(normalized) 농도를 그림 1.5.4에 도시하였다.

예제 1.5.6 $C_B^0 = C_C^0 = 0$ 일 때, $k_1 = 2k_2$ 에 대한 C_B의 최대 농도를 구하시오.

해답

$C_B^0 = 0$ 조건에서 식 (1.2.27)로부터 t_{max}는

$$t_{max} = \frac{1}{(k_2 - k_1)} \ln\left[\left(\frac{k_2}{k_1}\right)\right]$$

t_{max}를 $C_B^0 = 0$ 하에서의 식 (1.5.25)에 대입하면

$$C_B^{max}/C_A^0 = \frac{k_1}{(k_2 - k_1)}\left[\exp\left[\frac{-k_1}{(k_2 - k_1)}\ln\left(\frac{k_2}{k_1}\right)\right] - \exp\left[\frac{-k_2}{(k_2 - k_1)}\ln\left(\frac{k_2}{k_1}\right)\right]\right]$$

또는

$$C_B^{max}/C_A^0 = \frac{k_1}{(k_2 - k_1)}\left[\left(\frac{k_1}{k_2}\right)^{\left(\frac{k_1}{k_2 - k_1}\right)} - \left(\frac{k_1}{k_2}\right)^{\left(\frac{k_2}{k_2 - k_1}\right)}\right]$$

이 식은 아래와 같이 간단하게 나타낼 수 있다.

$$C_B^{max}/C_A^0 = \frac{k_1}{(k_2 - k_1)}\left[\left(\frac{k_1}{k_2}\right)^{\left(\frac{k_2}{k_2 - k_1}\right)}\right]\left[\left(\frac{k_1}{k_2}\right)^{\left(\frac{k_1 - k_2}{k_2 - k_1}\right)} - 1\right]$$

또는

$$C_B^{max}/C_A^0 = \frac{k_1}{(k_2 - k_1)}\left[\left(\frac{k_1}{k_2}\right)^{\left(\frac{k_2}{k_2 - k_1}\right)}\right]\left[\left(\frac{k_1}{k_2}\right)^{-1} - 1\right] = \left(\frac{k_1}{k_2}\right)^{\left(\frac{k_2}{k_2 - k_1}\right)}$$

$k_1 = 2k_2$이므로

$$C_B^{max} = 0.5 C_A^0$$

B의 농도가 처음에는 증가하다가 최고치에 이르러서 이후 감소한다는 것에 주목할 필요가 있다. 종종 B의 최대양과 언제 반응이 최대가 되는지를 확인하는 것이 중요하다. 이들 값을 얻기 위해 C_B^{max}에서는 $dC_B / dt = 0$ 이라는 것을 주목하라. 따라서, 만일 식 (1.5.25)의 미분을 0이라 두면 t_{max}는 다음과 같이 얻을 수 있다.

$$t_{max} = \frac{1}{(k_2 - k_1)} \ln \left[\left(\frac{k_2}{k_1} \right) \left(1 + \frac{C_B^0}{C_A^0} - \left(\frac{k_2}{k_1} \right) \frac{C_B^0}{C_A^0} \right) \right] \tag{1.5.27}$$

식 (1.5.27)에서의 t_{max}를 식 (1.5.25)에 대입하면 C_B^{max}를 얻을 수 있다.

다양한 생성물을 만드는 다중 반응(multiple reaction)을 다룰 경우 선택도와 수율(yield)에 대한 이슈가 발생한다. 즉시 선택도(instantaneous selectivity) S_i는 국부적 조건의 함수이며 이는 종 i의 생성속도를 관심 있는 모든 생성물의 생성속도로 나눈 값으로 정의된다.

$$s_i = \frac{\mathrm{r}_i}{\sum \mathrm{r}_j}, \quad j = 1, \cdots, \text{all products of interest} \tag{1.5.28}$$

여기에서 r_i는 종 i의 생성속도이다. 전체 선택도(overall selectivity) S_i는 다음과 같이 정의 된다.

$$S_i = \frac{\text{total amount of species } i}{\text{total amount of products of interest}} \tag{1.5.29}$$

수율 Y_i는 아래와 같이 표시된다.

$$Y_i = \frac{\text{total amount of product } i \text{ formed}}{\text{initial amount of reactant fed}} \tag{1.5.30}$$

여기에서 공급된 반응물의 초기 양은 제한 성분에 대한 것이다. 식 (1.5.22)에 서 제시된 반응 네트워크에 대해서는

$$S_B = \frac{\text{amount of } B \text{ formed}}{\text{amount of } B \text{ and } C \text{ formed}} = \frac{\text{amount of } B \text{ formed}}{\text{amount of } A \text{ reacted}}$$

또는

$$S_B = \frac{C_B}{C_A^0 - C_A} \tag{1.5.31}$$

그리고

$$Y_B = \frac{\text{amount of } B \text{ formed}}{\text{initial amount of } A \text{ fed}} = \frac{C_B}{C_A^0} \tag{1.5.32}$$

물론 선택도와 수율은 모든 경우에 대해서 정확히 반응에 대한 화학양론을 설명해야만 한다.

예제 1.5.7 B의 퍼센트 선택도와 수율을 [각각 식 (1.5.31)에 100 퍼센트를 곱한것과 식 (1.5.32)] 시간의 함수로 도시하시오. B로의 최대 퍼센트 선택도와(또는) B의 최대 부분 수율을 주는 C_B^{max}에 도달하는데 요구되는 시간은? $k_1 = 2k_2$와 $C_B^0 = C_C^0 = 0$ 로 둔다.

해답

아래에 제시된 그림으로부터 답은 명백해진다. 실제적인 목적에서도 중요한 것은 바로 최대 수율이다.

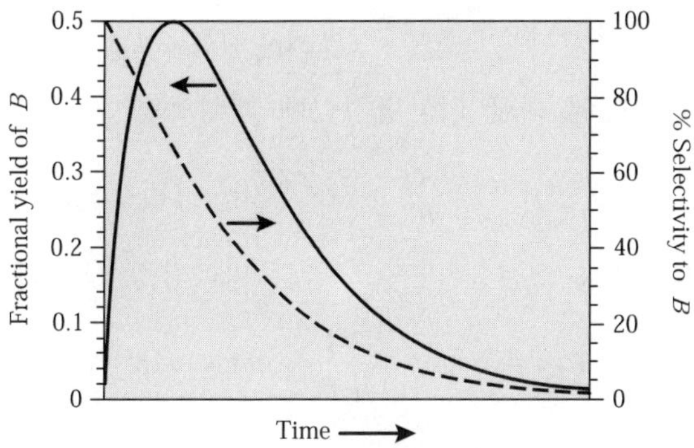

두 개의 비가역(한방향), 1차 반응이 병렬로 연결된 반응 네트워크를 생각해보자

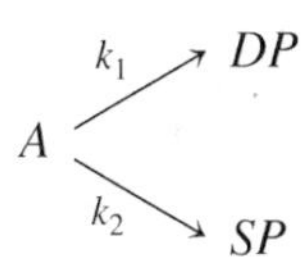

(1.5.33)

식 (1.5.22)에서 보여 진 직렬 반응 네트워크와 마찬가지로 식 (1.5.33)의 병렬 반응 네트워크는 다양한 중요 반응들을 나타낼 수 있다. 예를 들어, 알칸의 탈수소화를 위 반응식과 비교하여 생각하면 원하는 생성물 DP는 알켄이고 바라지 않는 부산물 SP는 수소첨가분해(hydrogenolysis, C-C 결합이 끊어지는 반응) 생성물이다.

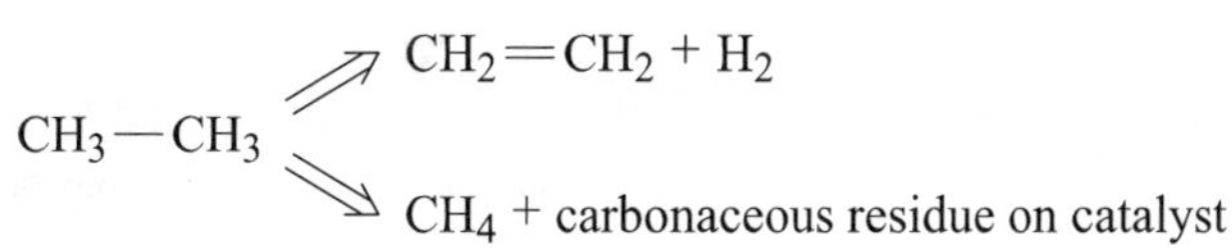

식 (1.5.33)에서 제시된 반응 네트워크를 서술하기 위한 Guldgerg-Waage형태의 반응속도식을 사용하면 일정 부피에 대해서

$$\left.\begin{aligned}\frac{dC_A}{dt} &= -(k_1 + k_2)C_A \\ \frac{dC_{DP}}{dt} &= k_1 C_A \\ \frac{dC_{SP}}{dt} &= k_2 C_A\end{aligned}\right\} \tag{1.5.34}$$

여기에서

$$C_A^0 + C_{DP}^0 + C_{SP}^0 = C^0 = C_A + C_{DP} + C_{SP}$$

$t=0$에서 $C_A = C_A^0$조건을 가지고 C_A에 대한 미분방정식을 적분하면

$$C_A = C_A^0 \exp[-(k_1 + k_2)t] \tag{1.5.35}$$

식 (1.5.35)를 C_{DP}에 대한 미분방정식에 대입하면

$$\frac{dC_{DP}}{dt} = k_1 C_A^0 \exp[-(k_1 + k_2)t]$$

$t=0$에서 $C_{DP} = C_{DP}^0$ 조건을 가지고 위의 미분방정식의 해를 구하면

$$C_{DP} = C_{DP}^0 + \frac{k_1 C_A^0}{(k_1 + k_2)}\left[1 - \exp[-(k_1 + k_2)t]\right] \tag{1.5.36}$$

마찬가지로 C_{SP}에 대한 식을 얻을 수 있다.

$$C_{SP} = C_{SP}^0 + \frac{k_2 C_A^0}{(k_1 + k_2)}\left[1 - \exp[-(k_1 + k_2)t]\right] \tag{1.5.37}$$

이 반응 네트워크에 대한 DP의 퍼센트 선택도와 수율은

$$s_{DP} \times 100\% = \frac{dC_{DP}}{-dC_A} \times 100\% = \frac{k_1 C_A}{k_1 C_A + k_2 C_A} \times 100\% = \frac{k_1}{k_1 + k_2} \times 100\% \tag{1.5.38}$$

그리고

$$Y = \frac{C_{DP}}{C_A^0} \tag{1.5.39}$$

예제 1.5.8 올레핀이 산소분자와 에폭시화 될 때 다음과 같은 반응이 관찰되었다.

$$\text{alkene} + O_2 \Longrightarrow \text{epoxide}$$
$$\text{epoxide} + O_2 \Longrightarrow CO_2 + H_2O$$
$$\text{alkene} + O_2 \Longrightarrow CO_2 + H_2O$$

위와 같은 병렬-직렬 혼합형 반응 네트워크에 대한 속도식과 에폭사이드에 대한 퍼센트 선택도에 관한 표현식을 유도하시오.

해답

반응네트워크는 다음과 같이 가정된다.

$$
\begin{array}{c}
\mathrm{A} + \mathrm{O} \xrightarrow{k_1} \mathrm{EP} + \mathrm{O} \xrightarrow{k_2} \mathrm{CD} \\
\downarrow k_3 \qquad\qquad\qquad\qquad \\
\mathrm{CD} \qquad\qquad\qquad\qquad
\end{array}
$$

여기에서 A는 알켄, O는 산소분자, EP는 에폭사이드 그리고 CD는 이산화탄소이다. 이 반응 네트워크에 대한 속도 표현식은

$$\frac{dC_{\mathrm{A}}}{dt} = -k_1 C_{\mathrm{A}} C_{\mathrm{O}} - k_3 C_{\mathrm{A}} C_{\mathrm{O}}$$

$$\frac{dC_{\mathrm{EP}}}{dt} = k_1 C_{\mathrm{A}} C_{\mathrm{O}} - k_2 C_{\mathrm{EP}} C_{\mathrm{O}}$$

$$\frac{dC_{\mathrm{CD}}}{dt} = k_2 C_{\mathrm{EP}} C_{\mathrm{O}} + k_3 C_{\mathrm{A}} C_{\mathrm{O}}$$

EP에 대한 퍼센트 선택도는

$$s_{\mathrm{EP}} = \frac{\mathrm{r}_{\mathrm{EP}}}{\mathrm{r}_{\mathrm{EP}} + \mathrm{r}_{\mathrm{CD}}} \times 100\% = \frac{k_1 C_{\mathrm{A}} C_{\mathrm{O}} - k_2 C_{\mathrm{EP}} C_{\mathrm{O}}}{k_1 C_{\mathrm{A}} C_{\mathrm{O}} + k_3 C_{\mathrm{A}} C_{\mathrm{O}}} \times 100\%$$

예제 1.5.9 예제 1.5.6에서는 직렬 반응 네트워크에서 최대 농도에 대한 표현식을 나타내었다. 예제 1.5.8은 직렬-병렬 혼합 반응 네트워크에서 선택도를 어떻게 결정하는지를 보여주었다. 과량의 산소분자를 가정한 상태에서 예제 1.5.8에서 나타난 반응 네트워크로부터 얻을 수 있는 에폭사이드에 대한 최대 선택도를 계산하여라.

해답

과량의 산소분자가 존재하므로 C_0는 일정하다고 할 수 있다. 그러므로,

$$s_{\mathrm{EP}} = \frac{k_1 C_{\mathrm{A}} C_{\mathrm{O}} - k_2 C_{\mathrm{EP}} C_{\mathrm{O}}}{k_1 C_{\mathrm{A}} C_{\mathrm{O}} + k_3 C_{\mathrm{A}} C_{\mathrm{O}}} = \frac{k_1 C_{\mathrm{A}} - k_2 C_{\mathrm{EP}}}{(k_1 + k_3) C_{\mathrm{A}}}$$

위의 식으로부터 C_A에 대한 선택도는 $k_2 C_{EP}$가 증가할수록 감소할 것이란 것은 명백하다. 그러므로 최대 선택도는 다음과 같아질 것이다.

$$s_{\mathrm{EP}}^{\max} = \frac{k_1 C_{\mathrm{A}}}{(k_1 + k_3) C_{\mathrm{A}}} = \frac{k_1}{k_1 + k_3}$$

그리고 예제 1.5.7에서 나타난 것처럼 이는 $t = 0$에서 발생한다. 여기에서 최대 선택도는 $t = 0$에서 100 퍼센트가 아니라 반응 네트워크의 병렬 부분으로 인해서 $k_1 / (k_2 + k_3)$가 된다.

예제 1.5.10 예제 1.5.9에서 제시된 조건을 사용하여 에폭사이드의 최대 수율을 구하시오.

해답

최대 수율 $C^{max}{}_{EP}/C_A^0$는 $C^{max}{}_{EP}$에서 발생할 것이다. 만일 $\tilde{k}_1 = k_1 C_O$, $\tilde{k}_2 = k_2 C_O$, $\tilde{k}_3 = k_3 C_O$, $y = C_A / C_A^0$이고 $x = C_{EP} / C_A^0$라면 이 반응네트워크에 대한 속도 표현식은 다음과 같다.

$$\frac{dy}{dt} = -\tilde{k}_1 y - \tilde{k}_3 y = -(\tilde{k}_1 + \tilde{k}_3)y$$

$$\frac{dx}{dt} = \tilde{k}_1 y - \tilde{k}_2 x$$

식 (1.5.23)과의 유사성에 주목하라. y에 대해 미분 방정식을 풀고 이를 x에 대한 방정식에 대입하면

$$\frac{dx}{dt} + \tilde{k}_2 x = \tilde{k}_1 \exp[-(\tilde{k}_1 + \tilde{k}_3)t]$$

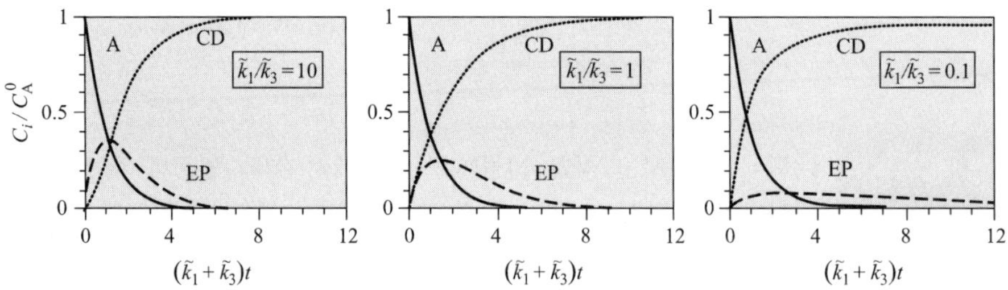

Figure 1.5.5 |
Normalized concentration of species i as a function of time for $\tilde{k}_1 = \tilde{k}_2$.

이 미분방정식을 식 (1.5.23)의 해를 얻을 때 사용한 방법으로 풀면 아래의 해가 얻어진다.

$$x = \frac{\tilde{k}_1}{\tilde{k}_2 - (\tilde{k}_1 + \tilde{k}_3)} \left[\exp[-(\tilde{k}_1 + \tilde{k}_3)t] - \exp(-\tilde{k}_2 t)\right]$$

만일 $\tilde{k}_3 = 0$라면, 표현된 식은 식 (1.5.25)와 유사성이 있다. 그림 1.5.5에서는 다양한 비의 $\tilde{k}_1 / \tilde{k}_3$에 대한 정규화 농도 프로파일이 도시되어 있다. 에폭사이드의 최대 수율은 각각의 $\tilde{k}_1 / \tilde{k}_3$비에 대해 x^{max}에서 위치한다. 알칸의 산화를 심화시키기 위해 반응속도를 증가시키면 에폭사이드의 수율은 감소된다는 것을 알아야 한다.

연 습 문 제

1. 프로필렌은 촉매상에서 프로판의 탈수소화를 통해 생산될 수 있다. 반응은 다음과 같다.

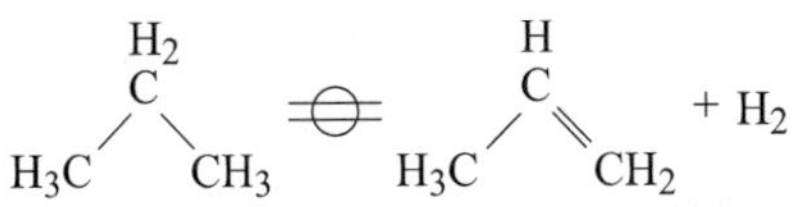

propane propylene

만일 각 온도별로 평형에 도달한다고 가정 한다면 대기압, 400, 500, 600℃에서 얼마만큼의 프로판이 프로필렌으로 전환되었는가? 이상거동을 가정한다.

Temperature (℃)	400	500	600
K_a	0.000521	0.0104	0.104

2. 프로판으로부터 프로필렌을 생산하기 위한 다른 경로가 산화탈수소화(oxydehydrogenation)를 통해 이루어질 수 있다.

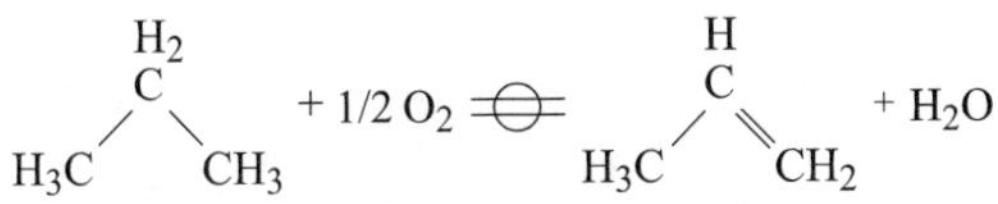

propane propylene

만일 각 온도별로 평형에 도달한다고 가정한다면 대기압 400, 500, 600℃에서 얼마만큼의 프로판이 프로필렌으로 전환되었는가? 이 결과를 연습문제 1의 결과와 비교하라. 탈수소화와 비교했을 때 올레핀 형성을 위한 이와 같은 경로의 주요한 장애물은 무엇인가? 이상거동을 가정한다.

Temperature (℃)	400	500	600
K_a	1.16×10^{26}	5.34×10^{23}	8.31×10^{21}

3. 다음의 반응 네트워크는 1-부텐이 시스-와 트란스-2-부텐으로 이성질화 하는 것을 나타내고 있다.

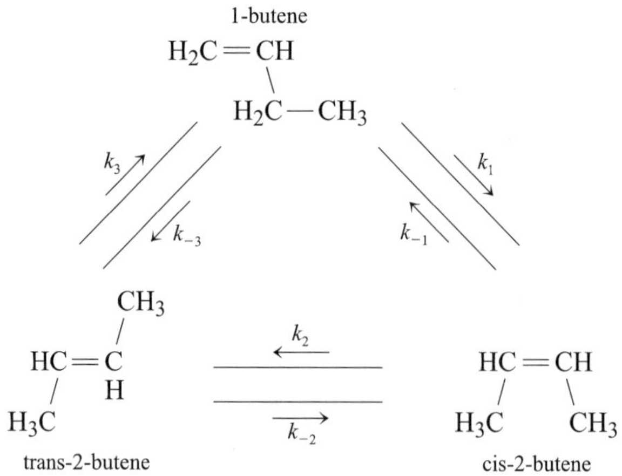

400 K에서 단계 1과 2에 대한 평형상수(K_a's)는 각각 4.30과 2.15이다. 퓨개씨티(fugacity) 계수는 1로 간주하라.

(a) 반응3에 대한 평형상수를 계산하라.

(b) 초기에 순수한 1-부텐이 대기압에서 존재한다고 가정할 때, 400 K에서 1-부텐의 평형 전환율과 부텐 혼합물의 평형 조성을 계산하시오.(**힌트** : 3개의 반응 중 단지 2개만이 독립이다.)

4. 자일렌(xylene)은 다음과 같은 반응을 통해 톨루엔으로부터 생성될 수 있다.

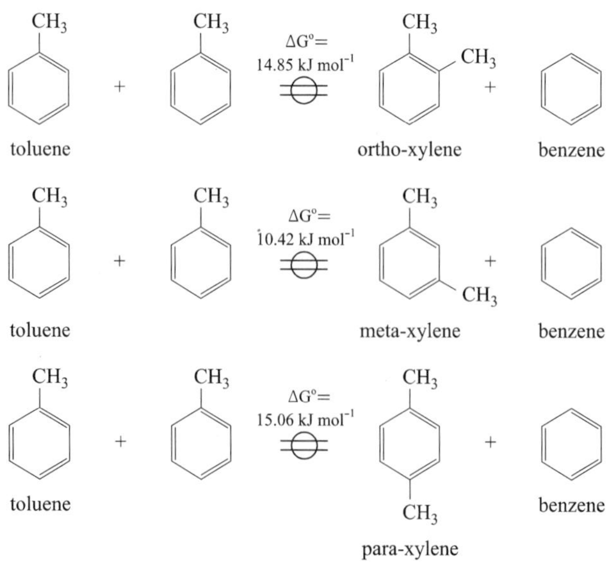

ΔG^o값은 700 K에서 결정되었다. 700 K, 1 atm에서 평형조성(모든 자일렌 이성질체를 포함)은 얼마인가? 상당량의 오르소 혹은 메타-자일렌을 생산하지 않고 파라-자일렌을 생성하기 위한 방법을 제시하시오.

5. 염화비닐은 염화수은 촉매를 이용하여 500 K, 5.0 atm의 전체압력하에서 아세틸렌과 염산의 반응을 통해 합성된다. 바람직하지 않는 부반응(side reaction)은 염화비닐과 HCl과의 부분적 반응이다. 이들 반응은 다음과 같이 나타낼 수 있다.

$$\underset{\text{acetylene}}{HC \equiv CH} + HCl \rightleftharpoons \underset{\text{vinyl chloride}}{H_2C = CHCl} \qquad (1)$$

$$H_2C \equiv CHCl + HCl \rightleftharpoons \underset{\text{1,2 dichloroethane}}{H_3C - CHCl_2} \qquad (2)$$

500 K에서 평형상수는 반응 1과 2에 대해서 각각 6.6×10^3, 0.88이다. 이상거동을 가정한다.

(a) 아세틸렌과 HCl이 초기에 등몰(equimolar) 혼합물로 초기에 존재할 경우 5.0 atm, 500 K에서의 평형 조성을 구하시오. 아세틸렌의 평형 전화율은 얼마인가?

(b) 과량의 비활성 기체가 존재할 경우 (a)를 반복하라. 비활성기체는 초기 기체 혼합물의 90 vol %를 구성한다고 가정한다.

6. 아세톤은 반응기가 자외선에 의해 조사(irradiated)될 때 TiO_2광촉매와 산소분자의 존재하에서 이소프로판올로부터 생성된다. 0.125 g의 촉매를 포함하는 1.0 몰의 액상 이소프로판올이 실온에서 반응할 때 아래와 같은 생성물 농도가 조사시간의 함수로 측정되었다(J. D. Lee, M. S. Thesis, Univ. of Virginia, 1993). 1차 속도 상수를 계산하라.

Reaction time (℃)	20	40	60	80	100	120	140	160	180
Acetone produced ($g_{Acetone} / g_{2\text{-}propanol}$) × 10^4	1.9	3.9	5.0	6.2	8.2	10	11.5	13.2	14.0

7. 2,3-디메틸-1,3-부타디엔(DMB)과 아크롤레인의 디엘스-앨더(Diels-Alder)반응은 3,4-디메틸-Δ^3-테트라하이드로-벤즈알데하이드를 만든다.

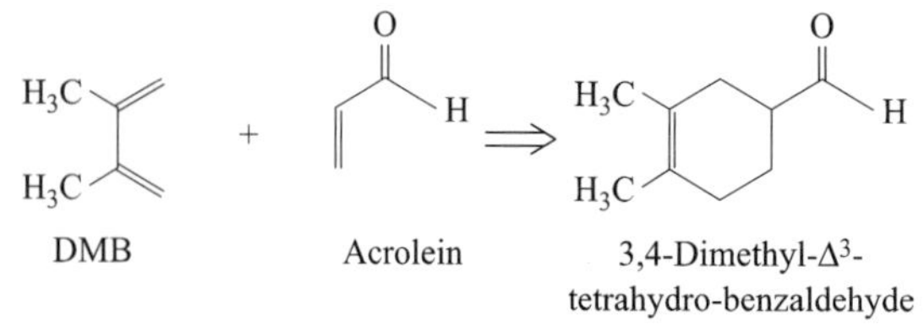

위와 같은 전체 2차 반응은 등몰의 DMB와 아크롤레인을 가지고 메탄올 용매에서 수행되었다 (C. R. Clontz, Jr., M. S. Thesis, Univ. of Virginia, 1997). 아래에 제시된 데이터를 사용하여 각 온도에서의 속도 상수를 계산하시오.

Temperature (K)	Reaction time (hours)	[DMB] (mol L^{-1})
323	0	0.097
323	20	0.079
323	40	0.069
323	45	0.068
298	0	0.098
298	74	0.081
298	98	0.078
298	125	0.074
298	170	0.066
278	0	0.093
278	75	0.091
278	110	0.090
278	176	0.088
278	230	0.087

8. 일부 유출 흐름, 특별히 건조 공정을 사용하는 섬유 제조 설비로부터의 유출 흐름은 그것이 비독성이라고 하더라도 색이 아주 짙다. 현재 사용되는 염료의 안정성으로 인해서 전통적인 생물학적 처리방법은 그와 같은 유출액의 탈색(decolorizing)에 효과적이지 못하다. Davis등은 탈색을 위해 광촉매에 의한 폐수 염료의 분해를 연구하였다[R. J. Davis, J. L. Gainer, G. O'Neal, and I. -W. Wu, *Water Environ. Res.* **66** (1994) 50]. 상당 부분의 염색된 폐수를 포함하는 도시 수처리 설비로부터의 유출액은 TiO_2광촉매(0.40 wt. %)와 혼합되어 공기와 함께 살포된 후 자외선을 조사하게 된다. 원 폐수의 짙은 자주색은 반응 시간이 지남에 따라 밝아진다. 염료의 절대 농도가 알려져 있지 않기 때문에 반응의 진행은 다양한 파장에서 용액의 상대적인 흡광도를 측정함으로써 알 수 있다. 438 nm에서 수집된 상대적 흡광 데이터로부터 (아래에서 제시) 탈색 반응에 대한 겉보기 차수와 속도 상수를 계산 하시오. 상대적인 흡광도는 특정시간에서의 흡광도를 $t = 0$에서의 값으로 나눈 것을 말한다.

Reaction time (min)	30	60	90	120	180	180	210
Relative absorbance	0.79	0.67	0.50	0.39	0.30	0.23	0.17

9. 아래의 반응이 일정 밀도 회분식 반응기에서 고찰되었다.

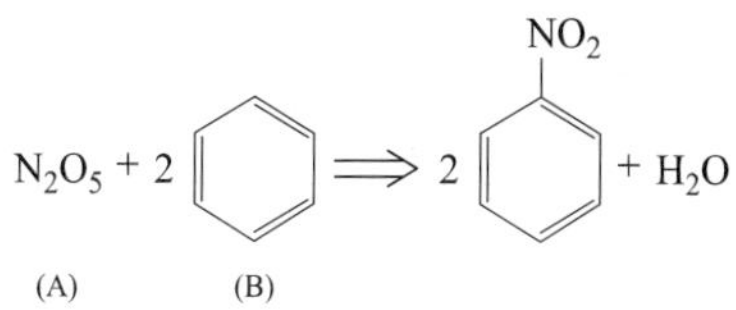

반응 속도는 다음과 같다.

$$\frac{dC_A}{dt} = -kC_A C_B^2$$

반응기는 처음에 C_A^0와 C_B^0그리고 $C_B^0/C_A^0 = 3.0$으로 채워져 있다. 만일 $C_A^0 =$ 0.01mol/L이고 10분간 반응후에 N_2O_5의 전환율이 50%일 때, k값을 구하시오.

10. Vignette 1.1.1에서 논의했던 것처럼 암모니아는 금속 촉매하에서 질소분자와 수소분자로부터 합성된다. Fisher등은 가열된 루테니움(ruthenium) 금속 촉매 상에서 반응물이 순환되고 극저온 트랩(cryogenic trap)에서 즉시 생성물 암모니아로 냉각되는 일정 부피 반응기 계를 사용하였다[C. T. Fishel, R. J. Davis, and J. M. Garces, *J. Catal.* **163** (1996) 148]. 계에 대한 계략도는 다음과 같다.

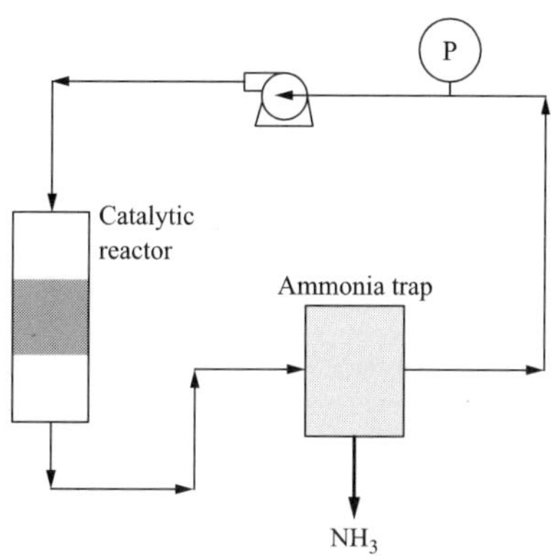

아래의 표에 제시된 데이터로부터 담지 루테니움 촉매 (0.20 g)상의 350℃ 온도에서 암모니아 합성 속도와 질소분자와 수소분자에 대한 반응 차수를 결정하시오. 압력은 298 K를 표준으로 하고 계의 전체 부피는 0.315 L이다. 기체상에는

암모니아가 존재하지 않는다고 가정한다.

$N_2 : H_2 : He = 3 : 1 : 0$

Pressure (torr)	766.2	731.9	711.9	686.2	661.2
Time (min)	0	18	30	42	54

$N_2 : H_2 : He = 1 : 1 : 2$

Pressure (torr)	753.4	737.5	726.6	709.5	700.3
Time (min)	0	15	30	45	60

$N_2 : H_2 : He = 1 : 3 : 0$

Pressure (torr)	707.1	700.2	693.2	683.5	675.5
Time (min)	0	15	30	45	55

11. 예제 1.5.6에서 직렬 반응

$$A \xrightarrow{k_1} B \xrightarrow{k_2} C$$

이 $k_1 = 2k_2$일 때, 중간체 B의 최대 농도에 따른 시간($t_{\max}$)과 농도 ($C_B^{\max}$)를 결정하기 위해 분석되었다. $k_1 = k_2$일 때 $t_{\max}$와 $C_B^{\max}$는?

12. Lotka-Volterra모델은 종종 포식자–먹이의 상호작용을 분석하는데 사용된다. 예를 들어 만일 R이 토끼의 개체수(자가촉매적으로 재생산이 되는), G가 토끼 먹이로 가용한 풀의 양, L이 토끼를 먹이로 하는 스라소니의 개체수라고 하고 D는 죽은 스라소니의 수라고 할 때, 아래의 식은 토끼와 스라소니 개체수의 동적 거동을 나타낸다.

$$R + G \longrightarrow 2R \qquad (1)$$
$$L + R \longrightarrow 2L \qquad (2)$$
$$L \longrightarrow D \qquad (3)$$

각각의 단계는 비가역적인데 이는 예를 들어, 토끼가 풀로 되돌아올 수 없기 때문이다.

(a) 토끼(R)와 스라소니(L)의 개체수가 시간에 따라서 어떻게 변화하는지를 서술하는 미분 방정식을 쓰시오.

(b) G와 모든 속도 상수가 1이라고 가정할 때 시간에 따른 동물 개체수의 변화에 대한 방정식을 쓰시오. R과 L의 초기값은 각각 20과 1로 하자. 여러

분이 얻은 결과를 도시하고 두 개체수간의 관련성에 대해 논하라.

13. 디에틸아민(DEA)는 1－브로모부탄(BB)와 반응하여 디에틸부틸아민(DEBA)를 다음과 같이 형성한다.

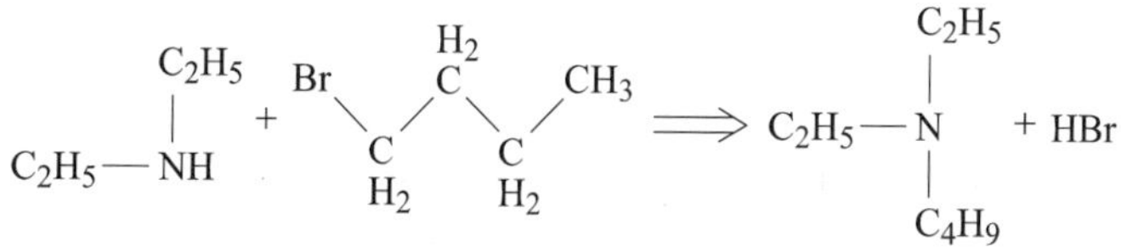

diethylamine　　1-bromobutane　　diethylbutylamine

아래에 주어진 데이터로부터(Univ. of Virginia의 N. Leininger로부터 제공받았음) 2차 속도 상수에 대한 용매의 영향을 찾으시오.

Time (min)	[DEBA] (mol^{-1})
0	0.000
35	0.002
115	0.006
222	0.012
455	0.023

Solvent = 1,4-butanediol
T = 22℃
$[DEA]^0 = [BB]^0 = 0.50\ mol\ L^{-1}$

Time (min)	[DEBA] (mol^{-1})
0	0.000
31	0.004
58	0.007
108	0.013
190	0.026

Solvent = acetonitrile
T = 22℃
$[DEA]^0 = 1.0\ mol\ L^{-1}$
$[BB]^0 = 0.10\ mol\ L^{-1}$

14. A가 $3B$로 가는 1차 균일상 반응이 일정압력 회분식 반응기에서 수행된다. 순수한 A로 반응이 시작되어 12분이 지난 후 1.8 atm에서 부피가 70 %까지 증가했다. 같은 반응이 일정부피 반응기에서 초기압력이 1.8 atm 일 경우 압력이 2.5 atm에 이르는데 필요한 시간을 계산하라.

15. 아래와 같은 가역적, 기초 기상 반응이 300 K에서 1.0 L의 일정 부피 반응기에서 일어난다고 하자.

$$A + B \underset{k_2}{\overset{k_1}{\rightleftharpoons}} C, \quad k_1 = 6.0\ L\ mol^{-1}\ h^{-1},\ k_2 = 3.0\ h^{-1}$$

처음에 1.0 몰의 A와 2.0 몰의 B, 그리고 C는 전혀 없는 상태에서 시작했을 때, A의 평형 전환율과 계의 최종 압력을 구하시오. 반응기의 조성을 시간의 함수로 도시하시오.

16. 연습문제 15를 확장해서, 초기 부피 1 L의 변화하는 부피(일정 압력)를 가진 반응기에서 온도 300 K 조건을 가지고 A와 B의 가역적 기초 기상 반응을 통해 C를 형성한다고 하자. 초기 반응기에는 1.0 몰의 A와 2.0 몰의 B, 그리고 C는 전혀 없는 상태이다. 이 때 A의 평형 전환율을 구하시오. 반응의의 조성과 반응기의 부피를 시간의 함수로 도시하시오.

17. 연습문제 16을 확장해서, 반응하는 혼합물에 비활성 기체 I를 첨가하는데 따른 영향을 생각해보자. 1.0 몰의 A와 2.0 몰의 B, 그리고 C는 전혀 없는 상태에 3.0 몰의 I를 첨가했을 경우 A의 평형 전환율을 구하시오. 반응기의 조성과 반응기의 부피를 시간의 함수로 도시하시오.

CHAPTER 2

기초 반응에 대한 속도 상수

2.1 기초 반응

제 1장에서의 반응 네트워크에 관한 논의를 통해 기초 반응은 분자수준에서 진행되며 이는 더 이상 단순화시킬 수 없는 분자 사건을 나타낸다는 것을 알았다. 보통 기초 반응은 단일 화학 결합이 끊어지거나 생성되는 것을 포함하며 드물기는 하지만 4-중심 반응(four-center reaction)의 경우처럼 두 개의 결합이 깨지고 두 개의 결합이 생성되는 경우도 있다. 다음의 예시는

$$OH + CH_3CH_3 \rightarrow CH_2CH_3 + H_2O$$

기초 반응이 될 수 있는 좋은 사례이나 다음의 반응은

$$CH_3CH_3 + O_2 \rightarrow OH + CH_3CH_2O$$

그렇지 않다. 어떤 반응이 기초반응인가의 여부는 실험에 의해 결정되어야 한다.

제 1장에서 언급한 바와 같이 기초 반응은 임의로 쓸 수 없으며 반드시 그것이 발생하는 방식대로 서술되어야한다. 예를 들어(표 1.4.3 참조) 다음의 반응은

$$2NO + O_2 \rightarrow 2NO_2 \quad (2.1.1)$$

아래와 같이 쓸 수 없다.

$$NO + \tfrac{1}{2}O_2 \rightarrow NO_2 \quad (2.1.2)$$

왜냐하면 절반의 산소 분자로서 존재하지 않는 것은 명백하기 때문이다. 화학 양론식과 기초 반응의 차이를 아는 것은 중요하며 다음의 화학 양론적 반응에 대해서

$$2NO + O_2 = 2NO_2 \tag{2.1.3}$$

우리는 다음과 같이(비록 선호되지는 않지만) 쓸 수 있다는 것이다.

$$NO + \tfrac{1}{2}O_2 = NO_2 \tag{2.1.4}$$

본 장의 나머지 부분은 속도를 결정하는 방법과 기초 반응 속도와 온도와의 관계를 결정하는 방법을 서술한다. 이와 같은 정보는 일반적으로 반응 속도가 어떻게 평가되는지를 서술하는데 사용된다.

2.2 속도 상수에 대한 아레니우스 온도 관계

속도 상수는 보통 절대 온도와 관계가 있으며 이에 대한 함수 형태는 1889년 아레니우스에 의해 최초로 제안되었다(제 1장의 규칙 III을 참조).

$$k = \overline{A}\exp[-E/(R_g T)] \tag{2.2.1}$$

여기에서 활성화 에너지 E와 전지수 인자 $\overline{A}$는 절대온도와 관계없다. 반응 속도상수에 대한 아레니우스 형태식은 경험적 관계식이다. 그러나, 아래에서 살펴볼 것이지만 전이 상태 이론은 아레니우스 공식에 대한 정당성을 부여한다. 아레니우스 규칙(식 2.2.1)은 $\ln k$와 T^{-1}사이의 선형적인 관계를 제시한다는 것을 주목하라.
아래의 기초반응을 생각해보자.

$$A + B \underset{k_2}{\overset{k_1}{\rightleftarrows}} S + W \tag{2.2.2}$$

평형에서

$$k_1 C_A C_B = k_2 C_S C_W \tag{2.2.3}$$

그리고

$$K_C = \frac{k_1}{k_2} = \left(\frac{C_S C_W}{C_A C_B}\right)_{eq} \tag{2.2.4}$$

만일 아레니우스 법칙이 반응 속도상수에 대해서 사용된다면 식 (2.2.4)는 다음과 같아진다.

$$K_C = \frac{k_1}{k_2} = \left(\frac{\overline{A}_1}{\overline{A}_2}\right)\exp\left(\frac{E_2 - E_1}{R_g T}\right) = \left(\frac{C_S C_W}{C_A C_B}\right)_{eq} \tag{2.2.5}$$

예제 2.1.1 다음의 분해반응이

$$2N_2O_5 \Rightarrow 2N_2O_4 + O_2$$

100℃보다 낮은 온도에서 진행될 수 있으며 1차 속도 상수의 온도 관련성이 측정되었다. 데이터는 다음과 같다.

T (K)	k (s^{-1})
288	1.04×10^{-5}
298	3.38×10^{-5}
313	2.47×10^{-4}
323	7.59×10^{-4}
338	4.87×10^{-3}

이들 속도 상수 데이터 및 활성화 에너지와 전지수 인자를 계산하기 위한 실험적인 접근법을 제시하시오(C. G. Hill, An Introduction to Chemical Engineering Kinetics & Reactor Design, Wiley, New York, 1977로부터 채택).

해답

속도 상수는 1차 반응에 관한 것임을 주목하라. 일정 온도에서 닫힌 계에 대한 물질 수지는 다음과 같다.

$$\frac{dn_{N_2O_5}}{dt} = -kn_{N_2O_5}$$

여기에서 $n_{N_2O_5}$는 N_2O_5의 몰수 이다. 계가 일정 부피에 있다면 (닫힌 용기) 반응이 진행됨에 따라 압력은 증가하게 되는데 그 이유는 반응에 따른 양의 몰수 변화 때문이다. 즉, 몰 확장인자(molar expansion factor)가 0.5와 같기 때문에 N_2O_5가 반응함에 따라 압력이 증가한다는 것이다. 닫힌 계에서 전체 몰수의 표현식은 다음과 같다.

$$n = n_0(1 + 0.5f_{N_2O_5})$$

여기에서 n은 계의 전체 몰 수 이다. 닫힌 계에 대한 물질 수지는 전환율의 항으로 나타낼 수 있으며 적분될 수 있다(예제 1.5.2를 참조).

$$f_{N_2O_5} = 1 - \exp(-kt)$$

닫힌 계는 일정 T와 V에 있으므로 ($PV = nR_gT$)

$$\frac{P}{P_0} = \frac{n}{n_0} = (1 + 0.5f_{N_2O_5})$$

따라서 압력은 다음과 같이 쓸 수 있다.

$$P = P_0[1.5 - 0.5\exp(-kt)]$$

닫힌 계에서 압력 상승이 시간의 함수로 관찰된다면 위의 표현으로부터 각 온도에서 속도 상수를 어떻게 얻을 수 있는지는 명백하다. 전지수 인자와 활성화 에너지를 결정하기 위해서는 아래에서 보듯이 $\ln k$를 T^{-1}에 대해서 도시한다.

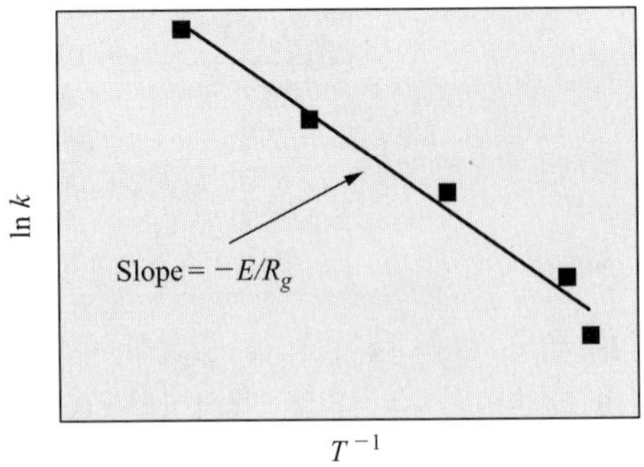

데이터에 대한 선형 회귀분석을 통해서 기울기와 절편을 얻을 수 있으며 그 값은 각각 1.21×10^4와 30.4이다. 따라서,

$$\text{slope} = -E/R_g \quad : \quad E = 24\ \text{kcal/mol}$$
$$\text{intercept} = \ln \bar{A} \quad : \quad \bar{A} = 1.54 \times 10^{13}\ \text{s}^{-1}$$

만일 $(E_2 - E_1) > 0$일 경우에는 반응이 발열반응이고 마찬가지로 $(E_2 - E_1) < 0$일 경우에는 흡열반응이라는 것은 식 (2.2.5)를 통해 쉽게 알 수 있다(K_C의 온도 관련성에 대해서는 부록 A를 참조). 전형적인 상황에서는 생성물에 대한 가장 높은 수율이 요구된다. 즉, $(C_S C_W / C_A C_B)_{eq}$를 가능한 한 크게 해야 할 것이다. 만일 반응이 흡열반응일 경우 생성물 수율을 최대화하기 위해서는 반응이 최대로 가능한 온도에서 이루어져야 한다는 것을 식 (2.2.5)가 보여준다. 그렇게 하기 위해서는 $(E_2 - E_1)$가 음수이므로 $(R_g T)$를 최대로 함으로써 $\exp[(E_2 - E_1)/(R_g T)]$를 가능한한 크게 만드는 것이 필요하다. 주목할 것은 온도가 상승할수록 정방향과 역방향 속도 모두가 증가한다는 것이다. 따라서, 흡열반응에 대해서는 속도와 수율 모두 온도에 따라서 증가해야만 한다. 발열반응에 대해서는 생성물의 평형 수율과 반응 속도 간의 절충이 언제나 존재한다. 그러므로 속도와 수율간의 균형이 필요하며 선택된 T는 상황에 따라 좌우된다.

2.3 전이 상태 이론

대부분의 기초 반응에 대해서 전이상태를 통해(예시로서 그림 1.1.1을 참조) 반응물로부터 생성물로 진행될 때 원자의 재배열은 계내의 전자의 빠른 운동에 의해 발생되는 위치 에너지 장(field)을 겪는 원자핵의 움직임을 통해 진행된다는 것이다. 이와 같은 위치 에너지 표면에는 반응물로부터 생성물로 진행되는 반응에 있어 최소 에너지 사용 경로가 존재할 것이다(반응 배위). 위치 에너지 표면상에서 반응물과 생성물의 낮은 에너지 위치는 더 높은 에너지 영역과 분리될 것이다. 반응물에서 생성물로 진행되는 최소 에너지 경로 중에서 가장 높은 에너지를 전이 상태라고 정의한다. 제 1장에서 언급했던 대로 전이 상태는 반응 중간체가 아니라 한 상태에서 다른 상태로 전이되는 과정에서 계의 높은 에너지 배치를 말한다.

반응물과 생성물의 에너지 차이는 반응열-열역학적인 양-과 관련된다. 그림 2.3.1은 흡열 및 발열 기초 반응에 대한 위치 에너지 프로파일을 보여주고 있다.

전이 상태 이론은 그림 2.3.1에 도시된 에너지 곡선을 따르는 기초 반응을 계산하는데 사용된다. 이것을 어떻게 하느냐는 것은 다음에 서술한다.

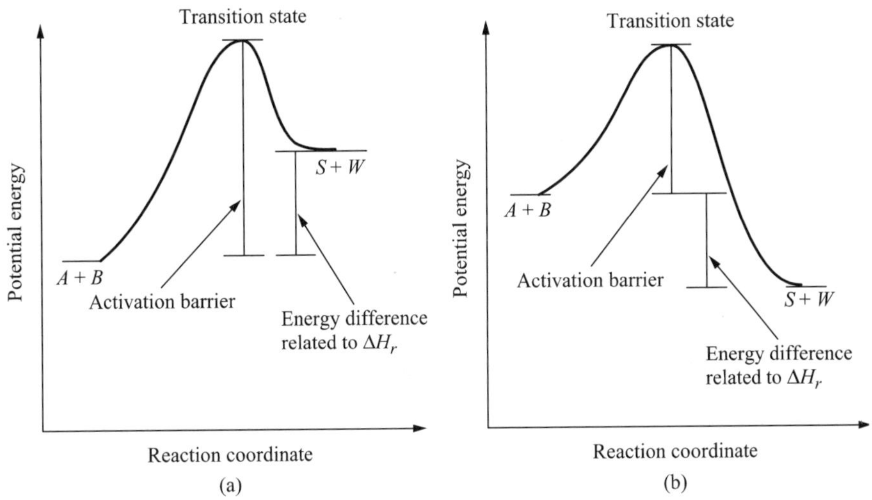

Figure 2.3.1 |
Potential energy profiles for the elementary reaction A + B → S + W for **(a)** an endothermic reaction and **(b)** an exothermic reaction.

Vignette 2.3.1

전이 상태는 단지 피코초 또는 그 이내의 시간동안 존재하기 때문에 실시간에서 이들을 관찰하는데에는 펨토초(10^{-15})초의 분해능이 필요하다. 펨토화학 또는 펨토초의 크기와 관련된 화학은 화학적 변환 작용과 관련된 화학 속도론의 영역으로 정의된다. 펨토화학에서는 펨토초 분해능을 가지고 화학 반응을 개시하고 관찰하기 위해 대단히 빠른 레이저를 필요로 한다. Ahmed Zewail 과 그의 동료들은 이런 형태의 실험을 1980년대 말에 시작하여 수행하여왔다(The Chemical Bond Structure and Dynamics, ed. A. Zewail, Academic Press, San Diego, 1992). 그림 2.3.2는 여기된 ICN 해리를 관찰하기위한 펨토화학 실험을 보여주고 있다. 반응은 ICN을 기저상태에서 I-CN이 완전히 반발 상태에 있는 여기상태(낮은 에너지 곡선의 윗부분)로 옮기기 위해 레이저로부터 빛 에너지를 가해서 시작된다. I와 CN은 서로 떠남에 따라 중간체가 관찰된다. 예를 들어 100 펨토초에서는 I와 CN간의 거리(I ··· CN)가 1Å으로 증가되었다. 이들 연구는 반응이 어떻게 분자 수준에서 진행되는지에 대한 이론을 규명하는데 도움을 준다.

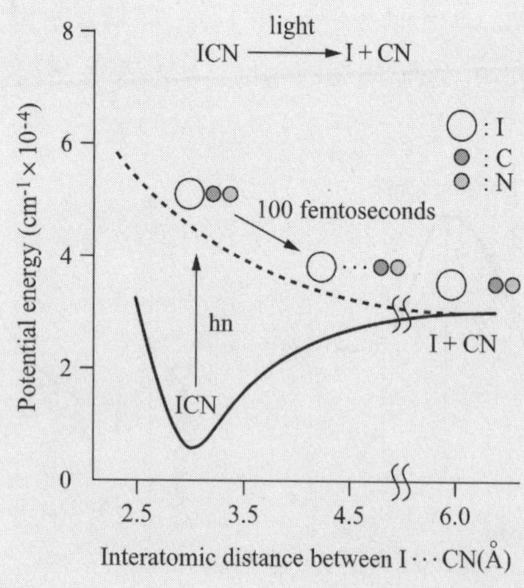

Figure 2.3.2 | Schematic diagram of the femtochemistry experiment of A. Zewail and coworkers.

식 (2.2.2)에서 주어진 반응을 다시 생각해보자. 열역학적 평형에서는 식 (2.2.3)이 만족된다. 평형 계에서는 전이상태의 평형 농도 C_{TS}가 또한 존재해야 한다. 정방향과 역방향 반응 속도가 동일한데 이것이 의미하는 것은 반응물 쪽으로부터 활성화 에너지 장벽을 통과하는 종과 반대로 생성물 쪽으로부터 활성화

에너지 장벽을 통과하는 종의 수가 동일하다는 것이다. 따라서

$$k_1(C_AC_B)_{eq} = k_2(C_SC_W)_{eq} = \lambda C_{TS} \qquad (2.3.1)$$

이 되고 여기에서 λ는 빈도이다. C_{TS}가 열역학적인 양이기 때문에 이는 통계 열역학에서 계산될 수 있다. 전이 상태 이론에 대한 기본적인 가정은 계가 생성물 제거에 의해 평형으로부터 교란을 받는다면 정방향 반응 속도는

$$k_1C_AC_B = \lambda C_{TS} \qquad (2.3.2)$$

가 되며 이때 C_{TS}는 반응물 A, B와 평형에 있는 전이 상태의 농도이다. 유사 평형(fictitious equilibrium)

$$A + B \rightleftharpoons TS \qquad (2.3.3)$$

은 아래에 보여진 것과 같은 평형 상수를 가진다.

$$K^{\ddagger} = \frac{C_{TS}}{C_AC_B} \qquad (2.3.4)$$

여기에서

$$R_gT\ln K^{\ddagger} = -\Delta G_0^{\ddagger} = -\Delta H_0^{\ddagger} + T\Delta S_0^{\ddagger} \qquad (2.3.5)$$

이고 $\Delta G_0^{\ddagger}$는 식 (2.3.3)에서 주어진 반응에 대한 표준 깁스 함수의 변화이고 $\Delta H_0^{\ddagger}$와 $\Delta S_0^{\ddagger}$는 각각 표준 엔탈피와 엔트로피의 대응 변화(corresponding change)이다. 하첨자 0는 표준상태를 나타낼 때 사용되는 반면 상첨자 ‡는 전이상태와 관련된 양을 나타낼 때 사용된다. 식 (2.3.5)와 (2.3.4)를 결합하게 되면 C_{TS}는 다음과 같이 쓸 수 있다.

$$C_{TS} = \exp\left[\frac{\Delta S_0^{\ddagger}}{R_g}\right]\exp\left[\frac{-\Delta H_0^{\ddagger}}{R_gT}\right]C_AC_B \qquad (2.3.6)$$

식 (2.3.2)에서 C_{TS}에 대한 이 공식을 사용하게 되면 반응 속도를 다음의 형태로 나타낼 수 있다.

$$r = k_1C_AC_B = \lambda\exp\left[\frac{\Delta S_0^{\ddagger}}{R_g}\right]\exp\left[\frac{-\Delta H_0^{\ddagger}}{R_gT}\right]C_AC_B \qquad (2.3.7)$$

전이 상태 이론에 대한 기본적인 가정은 λ가 보편 빈도(universal frequency)이고 우리가 고려하는 반응의 성질과는 무관하다. 다음의 식이 성립하는 것은 쉽게 증명될 수 있다(M. Boudart, *Kinetics of Chemical Processes*, Butterworth-Heinemann, 1991, pp. 41-45의 예를 참조).

$$\lambda = \frac{\bar{k}T}{h} \qquad (2.3.8)$$

여기에서 h는 플랑크 상수이고 $\bar{k}$ 는 볼쯔만 상수이다. 식 (2.3.7)에서 식 (2.3.8)을 사용하게 되면

$$r = \left(\frac{\bar{k}T}{h}\right)\exp\left[\frac{\Delta S_0^{\ddagger}}{R_g}\right]\exp\left[\frac{-\Delta H_0^{\ddagger}}{R_g T}\right]C_A C_B \tag{2.3.9}$$

이는 열역학적 형태에서의 전이 상태 이론에 대한 일반적인 식이다.

식 (2.3.9)는 어떻게 반응이 진행되는지를 이해하는데 도움이 된다. 반응이 일어나기 위해서는 에너지 장벽 뿐 아니라 자유 에너지 장벽 또한 극복하는 것이 필수적이다. 즉, 반응은 에너지만 포함하는 것이 아니라 엔트로피의 변화와 관련된 이로운 배열에 도달하는 것을 요구한다. 이러한 두 가지 효과들이 종종 서로 상쇄될 수 있다. 예를 들어 McKenzie 등은 [*J. Catal.*, **138** (1992) 547]

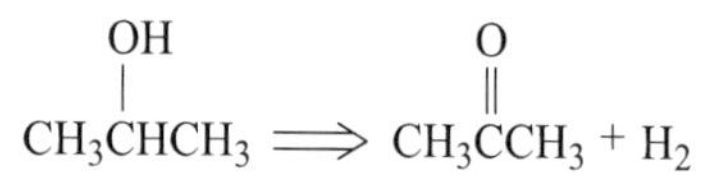

hydrotalcites라고 하는 일련의 고체 촉매상에서 위의 반응을 연구하였고 아래의 데이터를 얻었다.

Catalyst	$\bar{A}$ (s^{-1})	E (kJ(mol)$^{-1}$)
1	4.3×10^{12}	172
2	2.3×10^{11}	159
3	2.2×10^{10}	146
4	1.6×10^{9}	134

만일 식 (2.3.9)와 식 (2.2.1)을 비교한다면

$$\bar{A} = \left(\frac{\bar{k}T}{h}\right)\exp\left[\frac{\Delta S_0^{\ddagger}}{R_g}\right] \tag{2.3.10}$$

$$E = \Delta H_0^{\ddagger} \tag{2.3.11}$$

McKenzie 등의 데이터는 에너지 장벽이 증가할수록 (더 높은 E) 활성화에 대한 엔트로피는 더욱더 양의 값을 가진다는 것을 명백히 보여주었다(더 큰 $\Delta S_0^{\ddagger}$가 의미하는 것은 반응에 대한 배열 구동력(configurational driving force)에 더 이로운 것을 의미한다. 왜냐하면 엔트로피는 언제나 최대가 될려고 하기 때문이다.). 따라서, 이 예시에서는 에너지와 엔트로피가 상쇄된다.

속도 상수에 대한 아레니우스 형태는 $\bar{A}$와 E가 T와는 무관하다는 것을 말한다. 전이 상태 이론으로부터 유도된 공식을 아레니우스 공식[식 (2.3.10)과 (2.3.11)]과 비교할 때, $\bar{A}$와 E는 T와의 어떤 관계를 가진다는 것에 주목하라. 그

러나, $\Delta H_0{}^{\neq}$는 T와 매우 약한 상관관계를 가지며 다음과 같은 온도 상관관계는

$$\left(\frac{\bar{k}T}{h}\right)\exp\left[\frac{\Delta S_0^{\neq}}{R_g}\right] \tag{2.3.12}$$

아래의 강한 지수적 상관관계와

$$\exp\left[\frac{-\Delta H_0^{\neq}}{R_g T}\right] \tag{2.3.13}$$

비교했을 때 보통 무시할 수 있다. 따라서 온도 영역이 너무 넓지 않다고 한다면 아레니우스 형태는 전이 상태 이론으로부터 얻어지는 형태에 대한 훌륭한 근사가 된다.

앞에서 농도 C_{TS}는 이상적인 조건을 가정할 경우 단일한 항으로 나타낼 수 있었다. 그러나 비이상적인 계에 대해서는 $K^{\neq}$가 다음과 같이 표현되어야만 한다.

$$K^{\neq} = \frac{a_{TS}}{a_A a_B} \tag{2.3.14}$$

여기에서 a_i는 종 i의 활동도(activity)이다. 만일 활동도 계수(activity coefficient) $\bar{\gamma}_i$가 사용되어 $a_i = \bar{\gamma}_i C_i$가 될 때 식 (2.3.14)는 다음과 같이 된다.

$$K^{\neq} = \left[\frac{\bar{\gamma}_{TS}}{\bar{\gamma}_A \bar{\gamma}_B}\right]\left[\frac{C_{TS}}{C_A C_B}\right] \tag{2.3.15}$$

이상조건에서 사용되는 식을 대입하고 정리하면 비이상 계는

$$k = \left(\frac{\bar{k}T}{h}\right)\frac{\bar{\gamma}_A \bar{\gamma}_B}{\bar{\gamma}_{TS}} K^{\neq} \tag{2.3.16}$$

무한히 희박한 조건에서는 즉, 활동도 계수가 1(이상조건)일 경우에, k_0는 다음과 같이 쓸 수 있다.

$$k_0 = \left(\frac{\bar{k}T}{h}\right)K^{\neq} \tag{2.3.17}$$

따라서, 이상계와 상대적인 비이상 조건에서의 속도 상수는 아래와 같다.

$$\frac{k}{k_0} = \frac{\bar{\gamma}_A \bar{\gamma}_B}{\bar{\gamma}_{TS}} \tag{2.3.18}$$

단일 분자 반응에 대한 전이 상태는 깨지기 전의 결합 신장(bond elongation)이 없는 반응물의 전이상태와 유사한 구조를 가진다고 예상된다. 이 같은 경우라면 $\Delta S_0{}^{\neq} \approx 0$이고

$$\bar{A} \cong \frac{\bar{k}T}{h} \cong 10^{13}\ \mathrm{s}^{-1} \tag{2.3.19}$$

가 된다. 많은 단일 분자 반응의 경우 $10^{13}s^{-1}$정도의 전지수인자를 가진 반응 속도를 갖는다. 그러나, 전이 상태에 대한 세부적인 특성에 따라서는 전지수인자가 $10^{13}s^{-1}$보다 더 크거나 작을 수 있다.

전이 상태 이론이 반응에 대한 분자 차원의 시각과 속도를 계산하는 방법을 제공한다는 것은 명백하지만 $\Delta S_0^{\neq}$, $\Delta H_0^{\neq}$ 그리고 $\bar{\gamma}_{TS}$를 우선적으로 알지 못하기 때문에 적용에는 어려움이 따른다. 그러므로 아레니우스 속도식이 광범위한 실험 데이터를 체계화하는데 사용되는 것은 그리 놀랄만한 일은 아니다.

예제 2.3.1 만일 A와 B가 25℃에서 수용액 중에 모두 이온상태라면 다음 반응에 대한 속도 상수를 이온 세기의 함수로써 어떻게 변화하는지를 예측하라.

$$A + B \rightarrow S$$

Debye-Hückel 이론은

$$-\log(\bar{\gamma}_i) = 0.5\bar{Z}_i^2\sqrt{\bar{I}}$$

이며 여기에서 $\bar{Z}_i$는 종 i의 전하이며

$$\bar{I} = \frac{1}{2}\sum_i \bar{Z}_i^2 c_i \qquad (i = A, B, S)$$

여기에서 c_i는 몰랄농도로 표시되는 종 i의 농도이다.

해답

전이 상태의 구조가 주어지지는 않았지만 $\bar{Z}_A + \bar{Z}_B$의 전하를 가질 것이다. 식 (2.3.18)에 Debye-Hückel 식을 사용하면

$$\log\left(\frac{k}{k_0}\right) = \log\left(\frac{\bar{\gamma}_A\bar{\gamma}_B}{\bar{\gamma}_{TS}}\right)$$

또는

$$\log\left(\frac{k}{k_0}\right) = 0.5[\bar{Z}_A + \bar{Z}_B]^2\sqrt{\bar{I}} - 0.5\bar{Z}_A^2\sqrt{\bar{I}} - 0.5\bar{Z}_B^2\sqrt{\bar{I}}$$

윗 식을 간단히 하면 다음과 같이 된다.

$$\log\left(\frac{k}{k_0}\right) = [\bar{Z}_A\bar{Z}_B]\sqrt{\bar{I}}$$

이 관계식은 실험적으로 증명되었다. 반응물 중 하나가 전하를 띄지 않는다면 예를 들어 B가 그럴 경우, $\bar{Z}_B = 0$이고 $k = k_0$가 된다. 만일 속도가 다음과 같이 잘못 표현되어

$$r = k_0 a_A a_B = k_0\bar{\gamma}_A\bar{\gamma}_B c_A c_B$$

Debye-Hückel식을 적용하게 되면

$$\log\left(\frac{k}{k_0}\right) = \log\left(\frac{k_0\overline{\gamma}_A\overline{\gamma}_B}{k_0}\right) = -0.5[\overline{Z}_A^2 + \overline{Z}_B^2]\sqrt{I}$$

가 된다. 이 관계식은 $\log\left(\frac{k}{k_0}\right)$ 와 $\sqrt{I}$ 간의 잘못된 기울기를 나타내고 만일 $\overline{Z}_B = 0$일 경우, $k = k_0$가 되지 못한다.

연 습 문 제

1. 일련의 유사한 반응에 대해서 속도 상수로부터 예측할 수 있는 평형 상수에 대한 경향성이 종종 존재한다. 예를 들어, 두 개의 비슷한 반응에 대한 반응 배위 개략도가 아래에 제시되었다. 전이 상태의 형성에 대한 자유 에너지의 차이는 반응 상의 자유 에너지 변화의 차이에 비례한다. 즉, $\Delta G_0^{\ddagger} - \Delta G_2^{\ddagger} = \alpha(\Delta G_1 - \Delta G_2)$이다. 속도 상수 k_1과 k_2사이의 관계식 및 평형 상수 K_1과 K_2사이의 관계식을 유도하라.

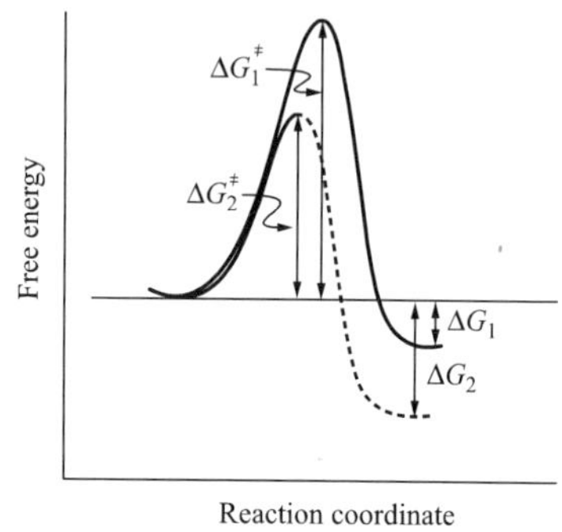

Schematic diagram of two similar reactions.

2. 아래의 반응과 같이 기체 이소프로판올이 마그네시아(magnesia)와 알루미나(alumina)의 혼합된 산화물 촉매상에서 분해되어 아세톤과 프로펜이 만들어진다.

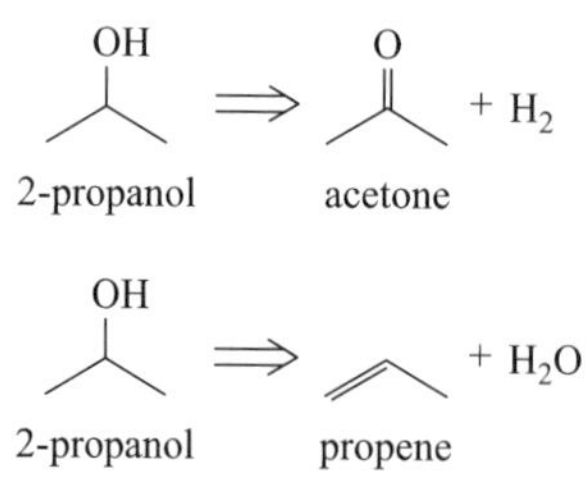

아래에 나타난 데이터로부터 각 반응에 대한 활성화 에너지를 계산하여라(A. L. McKenzie, M. S. Thesis, Univ. of Virginia, 1992). 이소프로판올의 농도는 각 실험에 대해서 일정하다고 가정한다. 아세톤에 대한 선택도는 생성물 아세톤과 프로펜에 관하여 정의된다.

Temperature (K)	573	583	594	603	612
Rate of acetone formation (mol gcat^{-1} s^{-1})	4.1×10^{-7}	7.0×10^{-7}	1.4×10^{-6}	2.2×10^{-6}	3.6×10^{-6}
Selectivity to acetone (%)	92	86	81	81	81

3. 제1장 끝에 있는 연습문제 7의 데이터를 사용하여 2,3−디메틸−1,3−부타디엔(DMB)와 아크롤레인이 3,4−디메틸−Δ^3−테트라하이드로−벤즈알데하이드를 형성하는 Diels-Alder 반응에 대한 속도 상수의 활성화 에너지와 전지수인자를 결정하시오.

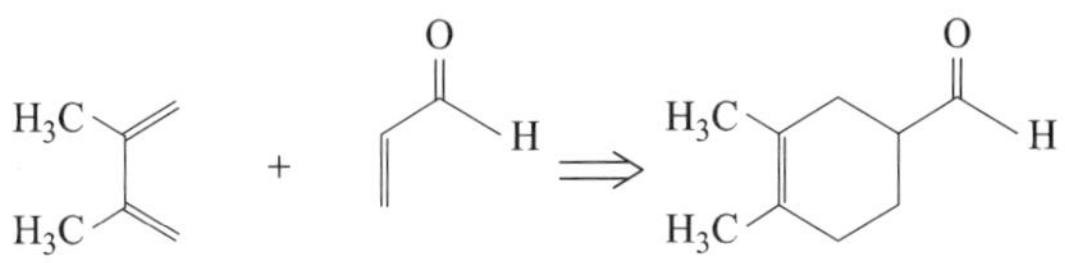

DMB　　Acrolein　　3,4-Dimethyl-Δ^3-tetrahydro-benzaldehyde

4. 단일분자 반응의 전지수인자가 $10^{13}s^{-1}$보다 어떻게 더 클 수 있는지를 설명하시오.

5. 전이 상태 이론의 강점과 약점을 논하시오.

6. 수용액에 감마선을 조사하게 되면 수화 전자(hydrated electron)라고 알려진 매우 활성이 큰 중간체가 생성될 수 있다. 이것은 용액중의 많은 여러 중성 종이나 이온 종과 반응할 수 있다. 수화 전자의 전기적 하전을 조사할 수 있는 실험을 고안해내시오.

(이 문제는 M. Boudart, *Kinetics of Chemical Processes*, Prentice Hall, Englewood Cliffs, NJ, 1968, p. 55로부터 채택)

CHAPTER 3

반응속도 측정을 위한 반응기

3.1 이상 반응기

화학반응이 일어나는 범위를 반응기라고 부른다. 반응기는 전통적인 관점 또는 다른 본질에서 봤을 때 화학 반응기가 될 수 있으며 이에 대한 예는 컴퓨터 소자를 만들기 위한 화학 증기 증착(chemical vapor deposition, CVD) 장치, 인체의 장기, 그리고 대도시의 대기를 들 수 있다. 이 장에서는 반응기에 대한 논의를 반응속도 결정과 밀접한 관계가 있는 주제로 국한한다. 이 책의 뒷부분에서는 일반적으로 반응기의 거동을 수학적으로 모사하거나 예측하는 문제를 풀기위한 전략을 제시한다.

실제로 반응기에서의 조건은 반응속도를 정의하는데 사용되는 이상적인 요구조건과는 매우 다르다. 보통 반응기는 균일한 온도, 압력, 조성을 가지는 닫힌계(closed system)가 아니다. 이들 이상적인 조건은 반응속도 측정을 위해 제작된 실험적인 반응기에서도 만족하기 어렵다. 반응속도는 닫혀있는 계에서 직접적으로 측정될 수 없다. 닫혀있는 계에서는 계의 조성이 시간에 따라 변하므로 이때 반응 속도는 이들에 대한 측정으로부터 추론되거나 계산되어야 한다.

반응기의 조업과 관련된 몇 가지 질문들이 있으며 이들은 반응속도를 적절히 측정하기 위한 이상적인 조건을 정의함에 있어 기초로서 사용될 수 있다.

첫 번째 질문은 계가 주변(surrounding)과 질량을 교환하는가의 여부이다. 주변과 질량 교환이 일어나지 않는 경우를 회분식 반응기(batch reactor)라고 한다. 만일 주변과 질량 교환이 일어나는 경우 이를 흐름 반응기(flow reactor)라고 한다.

두 번째 질문은 반응기와 주변 사이에 열교환이 포함되는가의 여부이다. 열교환이 없을 경우를 단열(adiabatic) 반응기라고 한다. 그러나 반응기가 주변과 열접촉이 매우 좋을 경우 반응기는 반응기 내의 위치와 시간에 상관없이 일정한 온도를 유지할 수 있게 되는데 이와 같은 반응기를 등온(isothermal) 반응기라고 한다.

세 번째 질문은 압력과 부피와 같은 역학적인 변수와 관계된다. 반응기가 일정 압력 또는 일정 부피에 있는가? 네 번째 질문은 유체에 대한 각각의 부피 요소(volume element)가 반응기에 머물러 있는 시간의 동일성 여부이다. 만일 그렇지 않다면 체류시간 분포(distribution of residence time)가 존재할 것이며 일정한 체류 시간을 가지는 반대의 경우는 지수적인 분포가 된다.

다섯 번째 질문은 반응기 내의 특정한 고정 부피 요소가 시간의 함수로서 변화하는가의 여부이다. 만일 그렇지 않다면 반응기는 정지상태(stationary state)로 운전된다고 한다. 시간에 따른 변화가 있을 경우, 반응기는 과도기적(transient) 조건에서 운전된다고 한다. 예를 들면 과도기적 상황은 평형상태에 있는 화학적 반응 계에 작은 교란(perturbation)이 가하졌을 때 평형상태로 어떻게 돌아가는지를 관찰하기 위한 목적으로 설계될 수 있다.

위에서 제시된 10가지의 가능성을 표 3.1.1에 종합하였다. 다음으로는 이상반응기를 제한된 조업 조건하에서 서술할 것이다.

Table 3.1.1 | Limiting conditions of reactor operation.[1]

Event	Limiting conditions	
Exchange of mass	Batch	Flow
Exchange of heat	Isothermal	Adiabatic
Mechanical variables	Constant volume	Constant pressure
Residence time	Unique	Exponential distribution
Space-time behavior	Transient	Stationary

[1]From M. Boudart, *Kinetics of Chemical Processes*, Butterworth & Heinemann, 1991, p. 13.

3.2 회분식과 반회분식 반응기

그림 3.2.1에 제시된 이상 회분식 반응기를 생각해보자. 만일 반응기내부가 완전히 혼합된다고 가정하면 반응기에 대한 물질수지는 성분 i에 관하여 다음과 같이 쓸 수 있다.

$$\underset{\text{accumulation}}{\frac{dn_i}{dt}} = \underset{\text{input}}{0} - \underset{\text{output}}{0} + \underset{\substack{\text{amount}\\\text{produced}\\\text{by reaction}}}{(\upsilon_i \text{r} V)}$$

또는

$$\frac{dn_i}{dt} = \upsilon_i \text{r} V \quad \text{with } n_i = n_i^0 \text{ @ } t = 0 \tag{3.2.1}$$

물질수지식은 전환율(fractional conversion)의 항으로도 나타낼 수 있다.

$$n_i^0 \frac{df_i}{dt} = -(\upsilon_i \text{r}) V^0 (1 + \varepsilon_i f_i) \quad \text{with } f_i = 0 \text{ @ } t = 0 \tag{3.2.2}$$

여기에서 부피가 일정하지 않는 경우에 대해서는 $|\varepsilon_i| > 0$이다.

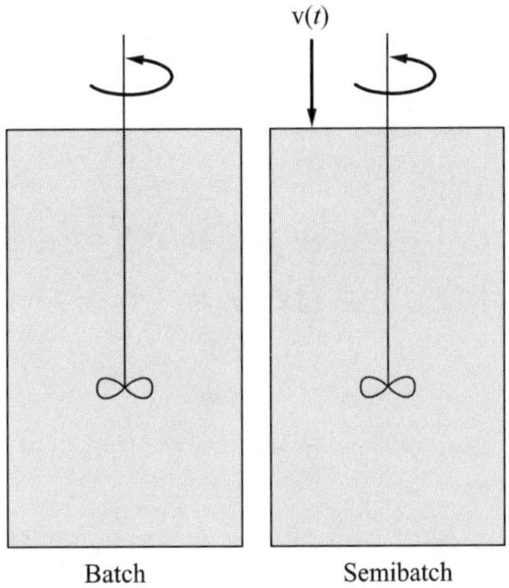

Figure 3.2.1 |
Ideal batch and semibatch reactors.
v(t) is a volumetric flow rate that can vary with time.

예제 3.2.1 탄소-탄소 결합 커플링 반응의 중요한 부류 중 하나가 Diels-Alder반응이다. Diels-Alder반응의 예는 아래와 같다.

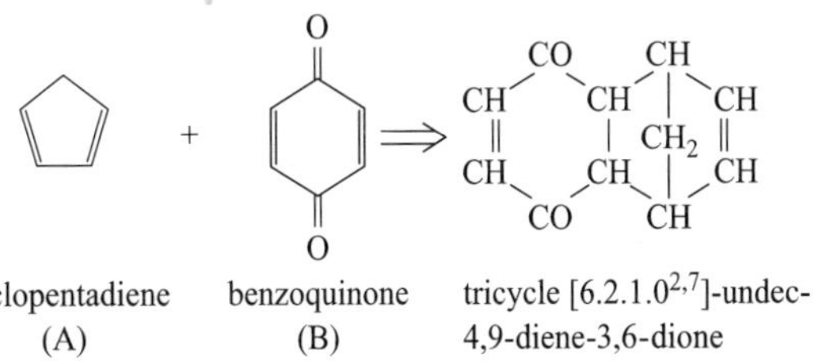

이 반응이 잘 혼합되는 등온 회분식 반응기에서 수행될 때 제한 반응물에 대해서 95 %의 전환율을 이루기 위해 필요한 시간을 결정하시오(C. Hill, An Introduction to Chemical Engineering Kinetics and Reactor Design, Wiely, 1977, p. 259로부터)

데이터 :

$$k = 9.92 \times 10^{-6}\ \mathrm{m^3/mol/s}$$
$$C_A^0 = 100\ \mathrm{mol/m^3}$$
$$C_B^0 = 80\ \mathrm{mol/m^3}$$

해 답

초기 농도로부터 벤조퀴논(benzoquinone)이 제한 반응물임을 알 수 있다. 또한 반응이 묽은 액상에서 수행되므로 밀도의 변화는 무시할 수 있다. 반응속도는 반응속도 상수에서 제시된 단위를 봤을 때 2차임을 알 수 있다. 따라서,

$$(\upsilon_B \mathrm{r}) = -k(C_B^0)^2(1 - f_B)(\overline{M} - f_B),\ \overline{M} = C_A^0/C_B^0$$

등온 회분식 반응기에 대한 물질 수지는 다음과 같다.

$$\frac{dn_B}{dt} = \upsilon_B \mathrm{r} V$$

이와 같은 1차 초기값 문제를 적분하게 되면

$$t = \int_0^{f_B} \frac{d\gamma}{kC_B^0(1 - \gamma)(\overline{M} - \gamma)}$$

가 되고 여기에서 γ는 적분변수이다.

위 식을 적분변수에 대해 적분하면

$$t = \frac{\ln\left[\left(\frac{\overline{M} - f_B}{1 - f_B}\right)\frac{1}{\overline{M}}\right]}{kC_B^0(\overline{M} - 1)}$$

주어진 데이터를 대입하면 벤조퀴논에 대하여 95 %의 전환율을 얻는데 $t = 7.9 \times 10^3$초 또는 2.2 시간이 소요됨을 알 수 있다. 본 예제는 등온조건 문제를 풀이하는데 사용되는 일반적인 과정을 나타낸 것이다. 그 과정은 다음과 같다. 우선 속도식을 쓴다. 두 번째로는 물질수지식을 세운다. 세 번째는 물질수지식에 속도식을 대입하여 풀어낸다.

그림 3.2.1에 개략적으로 나타난 반회분식(semibatch) 반응기를 생각해보자. 이런 형태의 반응기는 몇몇 부류의 반응을 수행하는데 유용하다. 발효는 종종 반회분식 반응기에서 수행된다. 예를 들어 (1) 생물학적 촉매(효소)의 초기 성장기(initial growth phase)와 (2) 대사산물 생성기에 적합한 시간을 갖도록 하기 위해서는 포도당의 농도와 반응기로 유입되는 유속을 조절함으로써 발효기 내의 포도당 농도를 제어할 수 있다. 또한 많은 생물반응기들은 액상반응물이 반응기로 공급되지 않는다고 하더라고 반회분식을 취할 수 있는데 그 이유는 생촉매(living catalyst)계 (예, 박테리아, 효모 등)의 유지를 위해 산소가 연속적으로 공급되어야 하기 때문이다.

그림 3.2.1에서 제시된 형태의 반회분식 반응기는 다음과 같은 양론계수를 갖는 반응에 유용하다.

$$A + B = \text{생성물}$$

여기에서 B는 이미 반응기에 존재하고 있으며 A는 서서히 공급된다. 이 같은 방식은 (1) 예를 들어 수소첨가반응과 같은 발열반응으로부터 발생되는 열을 제어하고 (2) 할로겐화반응, 수소첨가반응과 같은 기체상 반응물을 공급하거나 (3) 반응 선택성을 높이기 위해 필요하다. 다음의 반응 네트워크에서:

$$A + B \rightarrow \text{원하는 생성물}$$
$$A \rightarrow \text{원하지 않는 생성물}$$

B를 일정하게 고농도로 유지하는 것은 원하는 생성물로의 선택성을 높이는데 도움을 준다.

반응기로 반응물을 주입할 때 예를 들어 반응 증류(reactive distillation)와 같이 만일 $v(t)$의 부호가 음이라면 생성물은 연속적으로 제거가 된다. 연속적으로 생성물을 제거하는 반응은 (1) 생성물 저해(product inhibition)가 나타나는 반응 즉, 생성물이 반응속도를 낮추는 반응, (2) 낮은 평형상수 값을 가지는 반응(생생물의 제거를 통해 평형에 도달하지 못하게 한다), 또는 (3) 생성물이 반응기에서 진행되는 반응 네트워크를 변경하는 경우를 들 수 있다. 생성물제거가 필요한 보편적 부류의 반응은 물이 제거되는 에스터 형성반응이며 반응은 다음과 같다.

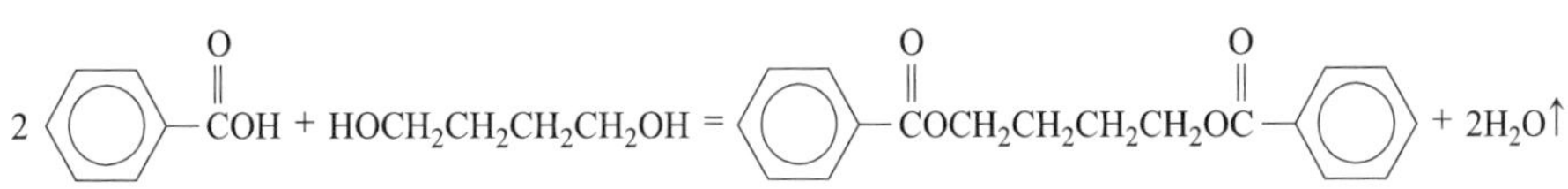

원하는 액상 생성물에 대해서 반응증류를 이용한 매우 큰 규모의 반응은 프로필렌을 하이드로휘밀화(hydroformylation)시켜 뷰틸알데하이드를 만드는 것이다.

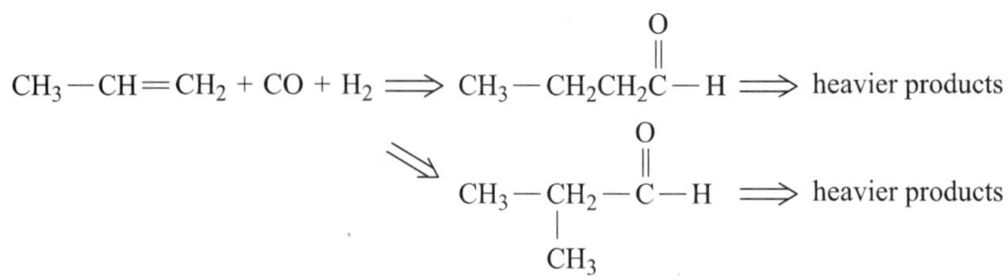

하이드로휘밀화 반응기에 대한 개략적인 설명이 그림 3.2.2에 나타나 있다.

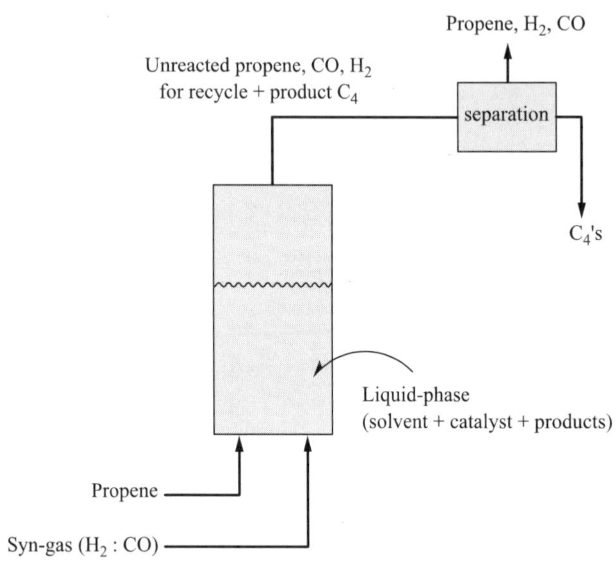

Figure 3.2.2 |
Schematic illustration of a propene hydroformylation reactor.

반회분식 반응기에 대한 물질수지식은 성분 i 에 대해 다음과 같이 세워질 수 있다.

$$\underbrace{\frac{dn_i}{dt}}_{\text{accumulation}} = \underbrace{\mathrm{v}(t)C_i^0(t)}_{\text{input}} - \underbrace{0}_{\text{output}} + \underbrace{(\upsilon_i \mathrm{r})V}_{\text{amount produced by reaction}}$$

또는

$$\frac{dn_i}{dt} = (\upsilon_i \mathrm{r})V + \mathrm{v}(t)C_i^0(t) \tag{3.2.2}$$

여기에서 $C_i^0(t)$는 입력흐름으로부터 부피 유속 $\mathrm{v}(t)$로 들어오는 성분 i 의 농도이다.

예제 3.2.2 건조 벤젠(초기 부피 378 L)에 40 mol의 트리페닐메틸클로라이드가 들어있는 잘 혼합된(well-stirred) 용기로 벤젠에 0.054 mol/L의 농도로 포함된 메탄올 흐름이 3.78 L/min의 유속으로 첨가된다. 반응은 아래의 반응식과 같이 진행된다.

$$\underset{(A)}{CH_3OH} + \underset{(B)}{(C_6H_5)_3CCl} \Rightarrow (C_6H_5)_3COCH_3 + HCl$$

반응은 피리딘이 벤젠에 위치하여 반응결과 형성된 HCl을 중화시키기 때문에 비가역적이다. 반응속도는 다음과 같이 표현된다.

$$r = 0.263\ C_A^2 C_B\ (\text{mol/L/min})$$

생성물 이써(ether)의 농도를 시간의 함수로 결정하여라. (이 문제는 N. H. Chen, *Process Reactor Design*, Allyn and Bacon, Inc., 1983, pp.176-177로부터 적용된 것이다.)

해 답

n_A과 n_B에 대한 물질 수지식은 다음과 같다.

$$\frac{dn_A}{dt} = (0.054\ \text{mol/L})(3.78\ \text{L/min}) - 0.263\ C_A^2 C_B V$$

$$\frac{dn_B}{dt} = -0.263\ C_A^2 C_B V$$

반응기에서의 부피는 벤젠내의 메탄올의 유입으로 인해 바뀌고 있다. 따라서 어떤 시간에서 반응기내에서의 부피는

$$V = 3.78(100 + t)$$

그러므로,

$$\frac{dn_A}{dt} = 0.204 - 0.263\ n_A^2 n_B / [3.78(100 + t)]^2$$

$$\frac{dn_B}{dt} = -0.263\ n_A^2 n_B / [3.78(100 + t)]^2$$

여기에서 조건은 다음과 같다.

$$n_A^0 = 0\ @\ t = 0$$

$$n_B^0 = 40\ @\ t = 0$$

식 (1.2.6)으로부터

$$n_{\text{ether}} = n_B^0 - n_B$$

가 되는데 이는 초기에 이써가 존재하지 않기 때문이다.

속도식에 대한 수치해법을 통해 $n_A(t)$와 $n_B(t)$를 얻을 수 있으며 이를 이용하여 $n_{\text{ether}}(t)$를 계산할 수 있다. 그 결과를 그림으로 플롯하면 다음과 같다.

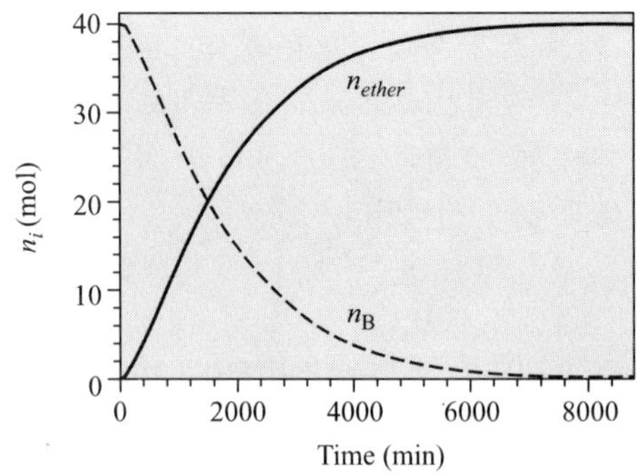

반회분식 반응기와 관련된 다른 예제들은 다음의 책을 참조하기 바란다(H. S. Fogler, *Elements of Chemical Reaction Engineering*, 3rd ed., Prentice-Hall, 1992, pp. 190-200 그리고 N. H. Chen, *Process Reactor Design*, Allyn and Bacon, Inc., 1983, Chap. 6.)

3.3 교반 흐름 반응기

반응속도를 직접적으로 측정하기 위한 이상적인 반응기는 등온, 정압, 그리고 반응기 전체에 걸쳐 균일한 조성이 유지되는 완전혼합을 갖는 정상상태에서 조업되는 흐름 반응기이다. 이와 같은 이상반응기를 흐름-탱크 반응기, 연속 흐름 교반-탱크 반응기(continuous stirred-tank reactor, CSTR), 또는 혼합 흐름 반응기(mixed flow reactor, MFR)라 한다. 이러한 형태의 반응기에서는 반응기내의 조성이 반응기로부터 유출 흐름에서의 조성과 동일하다고 가정하기 때문에 모든 반응은 이와 같은 일정한 조성에서 일어나게 된다(그림 3.3.1).

반응기가 정상상태에 있기 때문에 F_i^0(유입)과 F_i(유출)과의 차이는 반응에 의해서 발생한다(본 교재에서는 유속에서의 상첨자 0가 반응기로의 입력을 의미). CSTR상에서의 물질수지는 다음과 같다.

$$\underset{\text{accumulation}}{0} = \underset{\text{input of } i}{F_i^0} - \underset{\text{output of } i}{F_i} + \underset{\text{amount produced by reaction}}{(\upsilon_i \mathrm{r})V} \tag{3.3.1}$$

(V는 반응계의 부피이고 V_R은 반응기의 부피이며 이들 값이 반드시 동일하지는 않다.) 그러므로, 반응속도는 다음과 같은 식을 통해 직접적으로 측정될 수 있다.

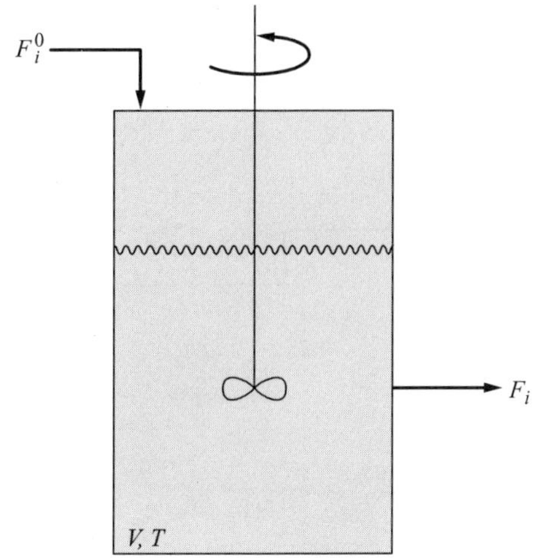

Figure 3.3.1 |
Stirred-flow reactor. The composition of the reacting volume, V, at temperature, T, is the same everywhere and at all times. F_i^0 is the molar flow rate of species i into the reactor while F_i is the molar flow rate of species i out of the reactor.

$$\upsilon_i \mathrm{r} = \frac{F_i - F_i^0}{V} \tag{3.3.2}$$

식 (3.3.2)는 제한 반응물에 대해서는 다음과 같이 된다.

$$\upsilon_l \mathrm{r} = \frac{F_l - F_l^0}{V} \tag{3.3.3}$$

전환율의 정의를 생각해보자.

$$f_l = \frac{n_l^0 - n_l}{n_l^0} = \frac{F_l^0 - F_l}{F_l^0} \tag{3.3.4}$$

식 (3.3.4)를 식 (3.3.3)에 대입하면 다음과 같은 식을 얻을 수 있다.

$$(-\upsilon_l)\mathrm{r} = \left(\frac{F_l^0}{V}\right) f_l \tag{3.3.5}$$

만일 $\upsilon_l = -1$이라면 반응속도는 시간당 반응기로 공급되는 제한 반응물의 몰수를 반응하는 유체의 부피로 나눈 값에 전환율을 곱한 것과 같게 된다. 공급흐름에서 나타나지 않은 어떤 생성물 p에 대한 물질 수지식은 식 (3.3.1)에서 $F_i^0 = 0$으로 두면 다음과 같이 쉽게 얻어진다.

$$\upsilon_p \mathrm{r} = F_p / V \tag{3.3.6}$$

예제 3.3.1 코모노머(comonomer) A(CMA)와 코모노머 B(CMB)가 고분자(PM)를 생성하는 각각의 두 가지 반응이 일어나는 경우, 아래에 제시된 정상상태 CSTR반응기에서 코모노머 A에 대한 물질수지식을 세우시오.

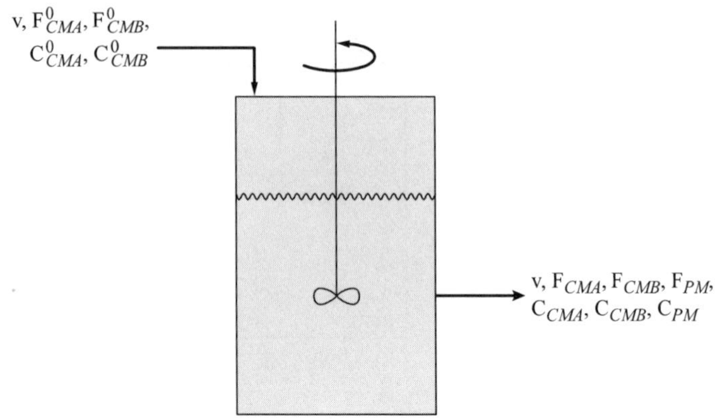

$$\text{(I)} \quad CMA + CMB \Rightarrow \text{polymer} - \text{I};\ r = k_{\text{I}} C_{CMA}^{\alpha_{\text{I}}} C_{CMB}^{\beta_{\text{I}}}$$

$$\text{(II)} \quad 2CMA + CMB \Rightarrow \text{polymer} - \text{II};\ r = k_{\text{II}} C_{CMA}^{\alpha_{\text{II}}} C_{CMB}^{\beta_{\text{II}}}$$

해 답

물질수지식은 다음과 같다.

유입 = 유출 − 반응에 의한 제거 + 축적

반응기가 정상상태에 있으므로 축적양은 없으며

$$F^0_{CMA} = F_{CMA} - (\upsilon_{CMA} \text{r})V$$

(I)의 경우 물질수지식은 다음과 같다.

$$F^0_{CMA} = F_{CMA} - (-k_{\text{I}} C_{CMA}^{\alpha_{\text{I}}} C_{CMB}^{\beta_{\text{I}}})V$$

(II)의 경우는 다음과 같다.

$$F^0_{CMA} = F_{CMA} - (-2k_{\text{II}} C_{CMA}^{\alpha_{\text{II}}} C_{CMB}^{\beta_{\text{II}}})V$$

F_p/V를 공간시간 수율(space-time yield)이라고 한다.

위에서 제시된 식들은 반응이 일정한 부피에서 일어나는지 여부에 상관없이 교반 흐름 반응기의 조업을 서술할 수 있다. 이러한 형태의 반응기에서 유체는 일반적으로 액체이다. 만일 많은 양의 용매가 사용될 경우 즉, 반응물과 생성물이 묽은 용액 상태라면 부피 변화는 무시할 수 있다. 그러나 용액이 농축되었거나 순수한 반응물이 사용된다면(중합반응에서 가끔 발생하는 경우) 부피는 반응진척도(extent of reaction)에 따라 바뀔 것이다.

만일 반응에 의한 부피변화가 무시할 수 있으면 CSTR에 대한 물질수지식은 다음과 같이 농도의 항으로 표현할 수 있다 (v=부피유속 즉, 시간당 부피).

$$0 = \mathrm{v}C_l^0 - \mathrm{v}C_l + (\upsilon_l \mathrm{r})V \tag{3.3.7}$$

$$(-\upsilon_l)\mathrm{r} = \frac{C_l^0 - C_l}{(V/\mathrm{v})} \tag{3.3.8}$$

V/v는 반응기내의 혼합물 부피를 시간당 반응기로 공급되는 혼합물의 부피로 나눈 값이며 이를 공간시간(space time) τ라고 한다. 공간시간의 역수를 공간속도(space velocity)라 한다. 각각의 경우에서 공급물의 부피에 대한 조건 즉, 온도, 압력(기체의 경우) 그리고 응집상태(state of aggregation)(액체 혹은 기체)를 정해주어야 한다. 공간속도와 공간시간은 '접촉시간(contact time)' 또는 '유지시간(holding time)'이란 말로 사용되는 것을 선호하는데 이는 CSTR에서 단일한 체류시간(residence time)이 존재하지 않기 때문이다. 왜 이와 같은 명명법을 사용할까? 회분식 반응기를 생각해보자. 회분식 반응기에 대한 물질수지는 아래와 같이 쓸 수 있다[식 (3.2.1)로부터].

$$t = \int_{n_i^0}^{n^{\mathrm{final}}} \frac{dn_i}{\upsilon_i \mathrm{r} V} = C_i^0 \int_0^{f^{\mathrm{final}}} \frac{df_i}{(-\upsilon_i)\mathrm{r}(1+\varepsilon_i f_i)} \tag{3.3.9}$$

식 (3.3.9)는 주어진 전환율에 도달하는데 필요한 시간은 반응기의 부피 또는 반응물의 전체양과 무관함을 보여준다. 즉, 주어진 전환율에 대해서 C_i^0가 같은 한, 성분 i가 1몰이 되든, 2몰이 되든, 100몰이 되든지 상관없이 같은 시간에 전환된다는 것이다. 흐름 반응기의 경우 주어진 C_i^0에 대해서 서로 다른 크기의 반응기로부터의 전환율은 공간시간 τ가 같으면 모두 같게 된다. 표 3.3.1은 흐름반응기와 비흐름반응기로부터의 적절한 변수들을 비교하였다.

CSTR에서 단일한 체류시간이 존재하지 않음을 보여주기 위해서 다음의 실험

Table 3.3.1 | Comparison of appropriate variables for flow and nonflow reactors.

Nonflow	Flow
t (time)	τ (time)
$V = V^0(1 + \varepsilon_i f_i)$ (volume)	$\mathrm{v} = \mathrm{v}^0(1 + \varepsilon_i f_i)$ (volume/time)
$n_i = n_i^0(1 - f_i)$ (mol)	$F_i = F_i^0(1 - f_i)$ (mol/time)

을 생각해보자. 어떤 CSTR이 정상상태에 있고 표지물질(tracer species)(반응하지 않음)이 농도 C^0로 반응기를 출입한다고 하자. 시간 $t=0$에서 공급물은 같은 부피 흐름에서의 순수한 용매로 바뀐다. 이 경우 물질 수지식은 다음과 같다.

$$\underset{\text{(accumulation)}}{\frac{dn_i}{dt}} = \underset{\text{(input)}}{0} - \underset{\text{(output)}}{C_i \text{v}} \tag{3.3.10}$$

또는

$$-V\frac{dC_i}{dt} = C_i\text{v} \quad \text{with } C_i = C^0 \text{ at } t = 0.$$

위 식을 적분하면

$$C = C^0 \exp[-t/\tau] \tag{3.3.11}$$

이 같은 지수적 감소(exponential decay)는 앞에서 보았듯이 전형적인 1차 과정이다. 따라서 체류시간에 대한 지수적인 분포가 존재한다. 즉, 어떤 분자들은 반응기에 거의 머물러 있지 않은 반면 다른 분자들은 매우 오래 머물러 있게 된다. 평균 체류 시간은 다음과 같다.

$$\langle t \rangle = \frac{\int_0^\infty tC(t)dt}{\int_0^\infty C(t)dt} \tag{3.3.12}$$

식 (3.3.11)을 식 (3.3.12)에 대입하면 다음과 같이 평균 체류 시간을 계산할 수 있다.

$$\langle t \rangle = \frac{\int_0^\infty t\exp[-t/\tau]dt}{\int_0^\infty \exp[-t/\tau]dt} \tag{3.3.13}$$

여기에서

$$\int_0^\infty x\exp[-x]dx = 1$$

이므로

$$\langle t \rangle = \frac{\tau^2}{-\tau\exp[-t/\tau]|_0^\infty} = \tau \tag{3.3.14}$$

가 된다. 따라서 CSTR에 대한 평균 체류시간은 공간시간이 된다. $\langle t \rangle = \tau$ 란 사실은 어떤 형태의 반응기에 대해서도 성립하며 제 8장에서 더욱 더 자세하게 논의될 것이다.

예제 3.3.2 아래의 반응에 대한 속도는 수산화 이온과 에틸아세테이트에 대한 1차로 알려져 왔다.

$$OH^- + CH_3\overset{\overset{O}{\|}}{C}OCH_2CH_3 \Longrightarrow CH_3\overset{\overset{O}{\|}}{C}O^- + CH_3CH_2OH$$

부피가 $V=0.602$ L인 교반 흐름 반응기에서 아래의 데이터를 온도 298 K에서 얻었다 [Denbigh et al., *Disc. Faraday Soc.*, **2** (1977) 263] :

수산화 바륨 용액의 유속 : 1.16 L/h
에틸아세테이트 용액의 유속 : 1.20 L/h
OH^-의 입구농도 : 0.00587 mol/L
에틸아세테이트의 입구농도 : 0.0389 mol/L
OH^-의 출구농도 : 0.001094 mol/L

속도상수를 계산하시오. 반응에 따른 부피의 변화는 무시할 수 있다. (M. Boudart, *Kinetics of Chemical Processes*, Butterworth-Heinemann, Boston, 1991, pp. 23-24에서 얻은 문제]

해 답

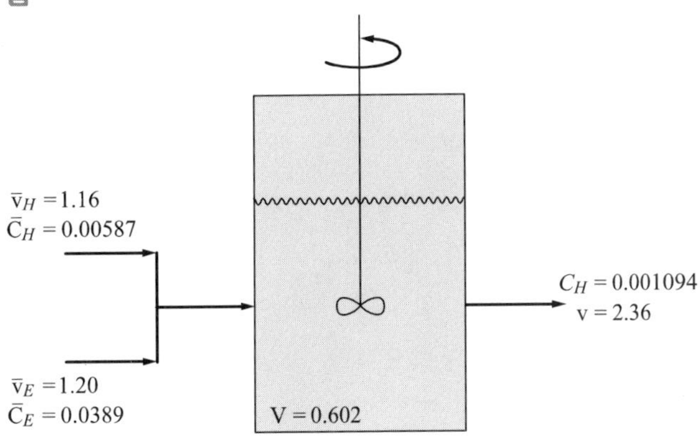

$\bar{v}_H \cong \bar{v}_E$ 이므로 제한 반응물은 수산화 이온이 된다. 따라서 OH^-에 대한 물질수지식은 다음과 같다.

$$0 = C_H^0 v - C_H v + (v_i r)V$$

여기에서

$$v = \bar{v}_H + \bar{v}_E = 2.36 \text{ L/h}$$

$$C_H^0 = \bar{C}_H \bar{v}_H / v = 0.00289 \text{ mol/L}$$

$$(-v_H)r = kC_H C_E$$

C_H의 유출 값을 알고 있으므로 전환율과 C_E는 다음과 같이 계산할 수 있다.

$$f_H = \frac{C_H^0 - C_H}{C_H^0} = \frac{0.00289 - 0.001094}{0.00289} = 0.62$$

그리고

$$C_E = C_E^0 - C_H^0 f_H = \frac{\overline{C}_E \overline{v}_E}{v} - C_H^0 f_H = 0.0180 \text{ mol/L}$$

따라서,

$$(-v_H)r = \frac{C_H^0 - C_H}{\tau} = \frac{0.00289 - 0.001094}{[0.602/2.36]} = 0.0070\left(\frac{\text{mol}}{\text{L}\cdot\text{h}}\right)$$

그리고

$$k = \frac{(-v_H)r}{C_H C_E} = \frac{0.0070}{(0.001094)(0.0180)} = 360\left(\frac{\text{L}}{\text{mol}\cdot\text{h}}\right)$$

3.4 이상 관형 반응기

이상반응기의 또 다른 형태로서 단일한 체류시간을 갖는 정상상태, 정압하에서 등온으로 운전되는 관형 흐름 반응기를 들 수 있다. 이런 형태의 반응기는 보통 일정한 단면적을 갖는 실린더 모양의 관으로 구성되어 있으며 관을 완전히 채운 유체 혼합물은 마치 관의 길이를 따라 플러그모양으로 움직이게 된다. 따라서 반응기의 이름을 플러그 흐름 반응기(plug flow reactor, PFR)라고 한다. PFR에서는 유체의 물성이 흐름방향과 수직인 단면 어떤 곳에서든 균일하다. 유체의 물성 변화는 오직 반응기의 길이방향으로만 발생한다. 또한 인접한 유체 부피 요소간에는 반경방향(흐름에 수직) 또는 축방향(흐름방향) 모두에서 어떠한 혼합도 발생하지 않는다고 가정한다. 즉, 반응기로 들어오는 각각의 부피 요소들은 같은 체류시간을 갖게 된다는 것인데 이는 각각의 부피 요소가 주위와 물질을 교환하지 않기 때문이다. 따라서 CSTR과 PFR은 혼합에 대한 두 가지의 이상적인 한계로 볼 수 있다. 즉, CSTR의 경우 완전혼합이 이루어지는데 반해 PFR의 경우 혼합이 전혀 이루어지지 않게 된다는 것이다. 실제로 존재하는 모든 흐름 반응기는 위의 두 한계조건의 사이에 있게 된다.

유체의 물성이 반응기의 부피에 따라 변하므로 정상상태 등온조건 PFR의 어떤 한 부분 dL에 대한 물질수지를 생각해보자(그림 3.4.1 참조).

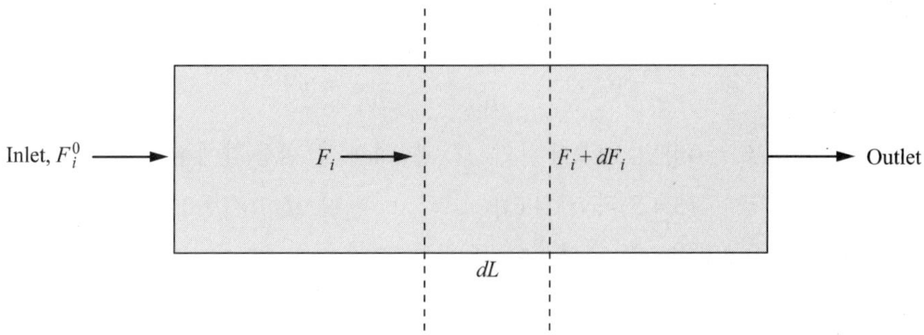

Figure 3.4.1 | Tubular reactor.

$$\underset{\text{(accumulation)}}{0} = \underset{\text{(input)}}{F_i} - \underset{\text{(output)}}{(F_i + dF_i)} + \underset{\text{(amount produced by reaction)}}{\upsilon_i \mathrm{r} A_C\, dL} \tag{3.4.1}$$

여기에서 A_C는 관의 단면적이다. 또한 $A_C dL = dV_R$이므로 식 (3.4.1)은 아래와 같이 쓸 수 있다.

$$\frac{dF_i}{dV_R} = \upsilon_i \mathrm{r} \tag{3.4.2}$$

또는

$$F_i^0 \frac{df_i}{dV_R} = -\upsilon_i \mathrm{r} \tag{3.4.3}$$

식 (3.4.3)을 적분하게 되면 다음과 같다.

$$\frac{V_R}{F_i^0} = \int_{f_i^0}^{f_i^{\text{outlet}}} \frac{df_i}{(-\upsilon_i \mathrm{r})} \quad \text{or} \quad \tau = \frac{V_R}{\mathrm{v}} = C_i^0 \int_{f_i^0}^{f_i^{\text{outlet}}} \frac{df_i}{(-\upsilon_i \mathrm{r})} \tag{3.4.4}$$

만일 반응으로 인한 부피변화가 무시할 수 있을 정도로 작다면 [$F_i C_i = \mathrm{v}$; i의 몰수/시간=(i의 몰수/부피)(부피/시간)]

$$\frac{dC_i}{d\tau} = \frac{dC_i}{d(V_R/\mathrm{v})} = \upsilon_i \mathrm{r} \tag{3.4.5}$$

이 된다. 단일한 체류시간 t를 갖는 회분식 반응기에서의 설계식

$$\frac{dC_i}{dt} = \upsilon_i \mathrm{r} \tag{3.4.6}$$

과의 유사성에 주목하라.

만일 부피 변화가 무시할 수 있을 정도라면 이상관형 반응기에서의 공간시간 τ는 회분식 반응기에서의 체류시간과 동일하다는 것은 명백하다. 이를 쉽게 확인하는 방법은 식 (3.4.2)에서 F_i대신 $C_i\mathrm{v}$를 대입하고 부피변화가 $\mathrm{v} = \mathrm{v}^0(1 + \varepsilon_i f_i)$임을

생각해보는 것이다.

$$\frac{d}{dV_R}(C_i \mathrm{v}) = \mathrm{v}\frac{dC_i}{dV_R} + C_i\frac{d\mathrm{v}}{dV_R} = \upsilon_i \mathrm{r} \qquad (3.4.7)$$

따라서 만일 $d\mathrm{v}/dV_R = 0$라면 PFR에서의 τ값과 회분식 반응기에서의 t 간에 유사성이 존재하게 된다[식 (3.4.5)과 (3.4.6)]. 그리고 만일 $d\mathrm{v}/dV_R \neq 0$이라면 식 (3.4.7)과 식 (3.4.6)을 비교했을 때 유사성이 존재하지 않음을 알 수 있다.

예제 3.4.1 773K에서 등온으로 조업되는 PFR이 아래의 반응을 수행하는데 사용된다.

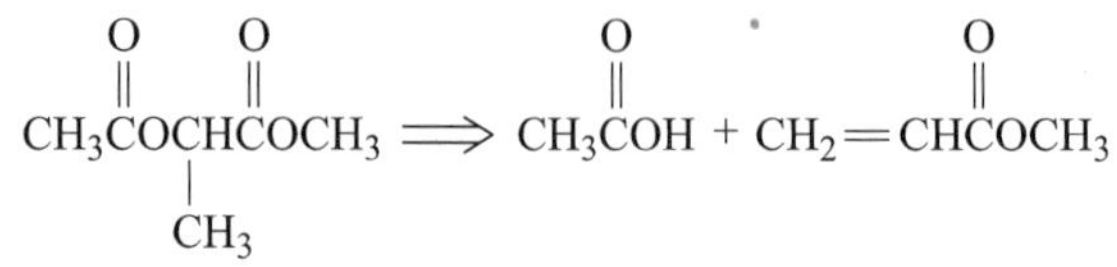

methylacetoxypropionate　　acetic acid　　methyl acrylate

만일 순수한 methylacetoxypropionate의 공급흐름이 5 atm의 압력과 0.193 $\mathrm{ft^3/s}$의 유속으로 유입이 된다면 반응에 대한 90 %의 전환율을 달성하기 위해 필요한 관의 길이는 얼마인가? 관의 단면적은 0.0388 $\mathrm{ft^2}$이다.(C. G. Hill, *An Introduction to Chemical Engineering Kinetics & Reactor Design*, Wiley, 1977, pp. 266-267로부터)

데이터 :

$$k = 7.8 \times 10^9 \exp[-19{,}200/T]\ \mathrm{s^{-1}}$$

해 답

식 (3.4.2)과 $F_A = F_A^0(1 - f_A) = C_A \mathrm{v}$ 로부터

$$F_A^0 \frac{df_A}{dV_R} = (-\upsilon_A)\mathrm{r}$$

또는

$$\tau = \frac{V_R}{\mathrm{v}^0} = C_A^0 \int_0^{f_A = 0.9} \frac{df_A}{(-\upsilon_A)\mathrm{r}}$$

이와 같은 기체상 반응에 대해 반응에 따른 몰수의 변화는 다음과 같다.

$$\varepsilon_A = \frac{2-1}{|-1|} = 1$$

그러므로,

$$(-\upsilon_A)\mathrm{r} = kC_A = k\frac{n_A}{V} = k\frac{n_A^0(1-f_A)}{V^0(1+\varepsilon_A f_A)} = kC_A^0\left[\frac{1-f_A}{1+f_A}\right]$$

가 된다. 물질수지식과 반응속도식을 결합하게 되면 다음의 식이 얻어진다.

$$\tau = \frac{1}{k}\int_0^{0.9}\frac{[1+f_A]}{[1-f_A]}df_A$$

위식을 적분하게 되면

$$k\tau = -2\ln(1-f_A) - f_A$$

이 되고 773 K에서는 k=0.124s^{-1}이므로 f_A =0.9에서는

$$\tau = 29.9 \text{ s}$$

가 된다.

반응에 따른 몰수의 변화를 무시할 수 있다면(즉, $\varepsilon_A=0$), $\tau=18.6$s 이 된다. 반응에 따른 몰수 변화가 계산을 통해 적절히 설명될 경우 τ값에 큰 차이가 발생함에 주목해라. 기체는 반응진척도가 증가함에 따라 팽창되므로 관을 통한 기체의 속도는 증가하게 된다. 따라서 특정 전환율(conversion)을 위한 τ는 증가되어야만 한다. 반응기의 부피와 관의 길이는 다음과 같이 계산될 수 있다.

$$V_R = \tau\, v^0 = (29.9)(0.193) = 5.78 \text{ ft}^3$$

그리고

$$L = V_R/A_C = (5.78 \text{ ft}^3)/(0.0388 \text{ ft}^2) = 149 \text{ ft}$$

예제 3.4.2 1차 반응이 같은 부피의 CSTR (MFR)과 PFR을 통해 등온조건 하에서 일어난다. 만일 두 반응기에서의 공간 시간이 동일하다면 어느 반응기가 가장 큰 공간 시간 수율을 가지는가? 그 이유는?

해 답

반응으로 인한 부피의 변화는 무시할 수 있다고 가정하자.

Reactor	Material balance
MFR	$\tau_m = \dfrac{C_l^0 - C_l}{kC_l}$
PFR	$\tau_p = \int_{C_l^0}^{C_l}\dfrac{dC_l}{kC_l} = \dfrac{1}{k}\ln\left(\dfrac{C_l^0}{C_l}\right)$

만일 $\tau_m=\tau_p$라면

$$\frac{1}{k}\left[\frac{C_l^0 - C_l}{C_l}\right]_m = \frac{1}{k}\ln\left(\frac{C_l^0}{C_l}\right)_p$$

윗 식을 정리하면 다음 식을 얻을 수 있다(C_l^p와 C_l^m은 각각 PFR과 MFR에서의 C_l이 된다.)

$$\frac{C_l^0}{C_l^p} = \exp\left[\frac{C_l^0 - C_l^m}{C_l^m}\right]$$

만일

$$\exp[x] \cong 1 + x + \frac{x^2}{2!} + \cdots$$

과 같은 근사식이 사용되면

$$\frac{C_l^0}{C_l^p} = 1 + \frac{C_l^0 - C_l^m}{C_l^m} + \frac{1}{2}\left(\frac{C_l^0 - C_l^m}{C_l^m}\right)^2 + \cdots$$

또는

$$\frac{C_l^0}{C_l^p} = 1 + \frac{C_l^0}{C_l^m} - 1 + \frac{1}{2}\left(\frac{C_l^0 - C_l^m}{C_l^m}\right)^2 + \cdots$$

이 되므로

$$C_l^p = C_l^m\left[\frac{1}{1 + \frac{1}{2C_l^0 C_l^m}(C_l^0 - C_l^m)^2 + \cdots}\right]$$

가 된다.

괄호안의 항은 항상 1보다 작기 때문에 $C_l^p < C_l^m$이 되며 이는 PFR의 전환율과 공간시간 수율이 항상 CSTR보다 크다는 것을 의미한다.

이에 대한 이유는 규칙 I(r은 시간 또는 반응진척도에 따라 감소한다)을 따르는 반응속도식에 대해서 PFR에서의 속도는 CSTR에서의 속도보다 더 높은 평균값을 유지하기 때문이다. CSTR에서는 공급흐름의 농도(가장 큰 속도를 주는 가장 큰 값)가 순식간에 유출흐름의 값(가장 낮은 속도를 주는 가장 낮은 값)으로 떨어지는[개략도 (b)] 반면 PFR에서는 유체 요소가 반응기를 통과함에 따라 감소가 지속된다[개략도 (a)].

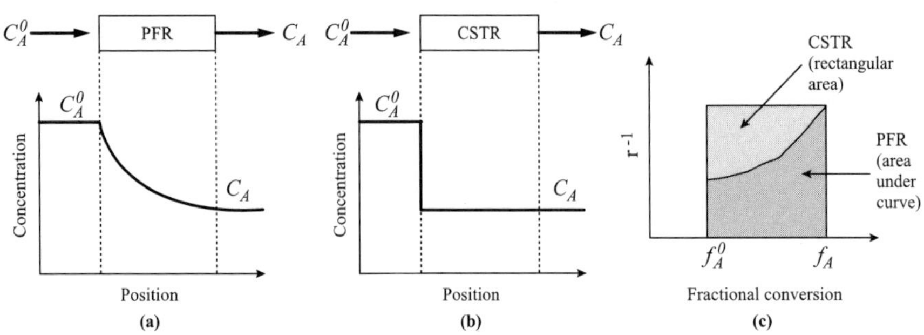

실제로 PFR과 CSTR은 각각 이상적으로 최대와 최소의 공간 시간 수율을 가지는 반응기 조합이다. 이는 PFR과 CSTR에 대한 물질수지식을 개략도 (c)에서 나타낸 것처럼 플롯함으로써 증명할 수 있다. 같은 전환율에 대해서(즉, 동일한 출구 f_A) CSTR은 항상 더 큰 반응기 부피를 요구한다. 즉, 그래프에서의 면적이 PFR에 비해 CSTR이 크다는 것이다.

예제 3.4.3 많은 수의 CSTR을 직렬로 연결하였을 경우의 거동이 PFR의 거동에 근접함을 보여라.

해 답

아래의 그림과 같은 1차 반응을 수행하는 직렬연결 CSTR을 생각해 보자 (반응기 각각의 부피는 동일하다.).

반응기 i 에 대한 물질수지식은 다음과 같다.

$$\tau^i = \tau = \frac{C^{i-1} - C^i}{kC^i} \quad \text{or} \quad \frac{C^{i-1}}{C^i} = 1 + k\tau$$

또는

$$\frac{C^0}{C^N} = \left(\frac{C^0}{C^1}\right)\left(\frac{C^1}{C^2}\right)\cdots\left(\frac{C^{i-1}}{C^i}\right)\cdots\left(\frac{C^{N-1}}{C^N}\right) = [1 + k\tau]^N$$

반응기 부피가 동일할 경우 $\tau^i = \tau$ 이기 때문에 C^0/C^N은 아래와 같이 나타낼 수 있다. 또한

$$C^N/C^0 = 1 - f$$

이므로

$$C^0/C^N = [1 + k\tau]^N = \frac{1}{1 - f}$$

이 된다.

만일 $\tau^T = N\tau$ 라면 C^0/C^N는 다음과 같이 표현된다.

$$C^0/C^N = \left[1 + \frac{k\tau^T}{N}\right]^N = 1 + N\left(\frac{k\tau^T}{N}\right) + \frac{N(N-1)}{2!}\left(\frac{k\tau^T}{N}\right)^2 + \cdots \cong e^{k\tau^T}$$

그러므로 N이 충분히 클 경우 위의 다항식은 지수함수에 근접하므로

$$C^0 / C^N = e^{k\tau^T}$$

또는

$$\tau^T = \frac{1}{k}\ln\left(C^0 / C^N\right)$$

가 되어 이는 PFR에 대한 물질수지와 같게 된다. 이 결과는 아래와 같이 그래프로 나타낼 수 있다. 예제 3.4.2에서는 r^{-1}을 f_A에 관하여 플롯하였다. 이 곡선 아래의 면적이 그림에서 나타낸 것처럼 적분된다는 것을 주목하라.

곡선 아래의 면적을 근사적으로 구하기 위해 사용되는 직사각형의 개수가 많아질수록 오차는 줄어든다. 따라서 각각의 직사각형(예제 3.4.2를 참조)이 하나의 CSTR을 나타낸다고 한다면 직렬연결한 CSTR의 수가 증가할수록 전체적인 거동은 하나의 PFR과 같아진다는 것은 명백해진다.

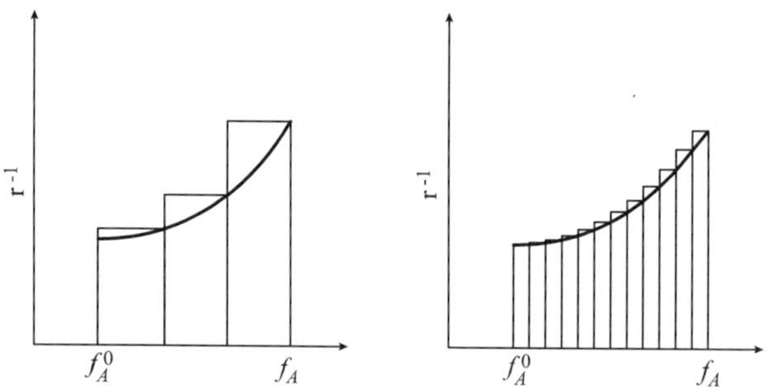

예제 3.4.4 1차 반응을 $k\tau^T=5$로 수행하는 직렬연결 CSTR의 출력 전환율(outlet conversion)을 계산하고 그 결과를 PFR에서 얻어진 것과 비교하여라.

해 답

예제 3.4.3에서 얻은 식에 $k\tau^T=5$를 적용하면 아래의 결과를 얻을 수 있다.

N	$1-f_A$
1	0.1667
5	0.0310
100	0.0076
1000	0.0068
PFR	0.0067

3.5 반응속도의 측정

반응속도 측정에 의해 서술되어야 하는 문제의 유형은 무엇일까? 이 문제에 대한 답은 매우 다양하다. 예를 들어 촉매를 테스트함에 있어서는 어떤 새로운 촉매가 기존 공정에 사용되는 다른 촉매를 대체할 수 있는지 아니면 새로운 공정의 개발 여부에 대한 평가를 해야 할지 모른다. 정확하고 믿을 수 있는 연구실 규모에서의 반응속도 데이터는 그 공정이 새로운 것이든 오래된 것이든 간에 산업적인 반응기 설계에 필요하다. 반응속도 데이터의 필요성에 대한 또 다른 예로서는 큰 규모의 시스템의 거동 예측을 들 수 있다(예, 오존 구멍이 나타나는 것과 스모그의 형성). 이들 모든 환경에 있어서 핵심적인 이슈는 질 높은 반응 속도 데이터의 획득 여부이다. 이를 위해서 연구실 규모의 반응기가 반드시 사용되어야 한다. 연구실 규모의 반응기에서 조차 이상적인 거동과의 차이가 일어난다고 하더라도 가능한 한 이상적인 조건과 가깝게 하기 위한 신중한 노력이 필요하다. 표 3.5.1은 앞에서 서술한 이상 반응기에 대한 물질수지 식을 요약한 것이다. 이와 같은 형태의 반응기가 반응속도 측정을 위해 적용되는 예시는 아래에서

Table 3.5.1 | Rate of reactions in ideal isothermal reactors

Ideal reactor	General equation		Constant density equation	
Batch	$\frac{1}{V}\frac{dn_l}{dt} = \upsilon_l \mathrm{r}$	Equation (3.2.1)	$\frac{dC_l}{dt} = \upsilon_l \mathrm{r}$	
Stirred-flow	$\frac{F_l^0}{V} f_l = (-\upsilon_l)\mathrm{r}$	Equation (3.3.5)	$\frac{C_l^0 - C_l}{(V/\mathrm{v})} = (-\upsilon_l)\mathrm{r}$	Equation (3.3.8)
Tubular	$F_l^0 \frac{df_l}{dV_R} = (-\upsilon_l)\mathrm{r}$	Equation (3.4.3)	$\frac{dC_l}{d(V_R/\mathrm{v})} = \upsilon_l \mathrm{r}$	Equation (3.4.5)

Nomenclature

- C_l Molar concentration of limiting reactant, mol/volume
- C_l^0 Initial value of C_l
- f_l Fractional conversion of limiting reactant, dimensionless
- n_l Number of moles of limiting reactant, mol
- F_l^0 Initial value of the molar flow rate of limiting reactant, mol/time
- r Reaction rate, mol/volume/time
- υ_l Stoichiometric coefficient of limiting reactant, dimensionless
- V Volume of reacting system, volume
- V_R Volume of reactor, volume
- v Volumetric flow rate, volume/time

제시될 것이다. 반응 속도 데이터 측정을 위해서 실험실 규모의 반응기를 선택할 때, 많은 이슈들이 해결되어야 한다. 반응기의 선택은 반응기의 특성과 반응기, 분석 장치, 비용 등과 같은 자원의 가용성 여부와 같은 실제적은 문제를 고려해야 한다. 실험실 규모의 반응기 선택과 관련된 이슈들에 대한 좋은 예시가 Weekman [*AIChE J.*, **20** (1974) 833]에 의해 제시되었다. 표 3.5.1에 제시된 이상 반응기에 근접한 실험실 규모의 반응기로부터 반응 속도 데이터를 얻는 방법에 대해서 지금부터 논의해보자.

3.5.1 회분식 반응기

본래 회분식 반응기는 과도기적 닫힌 계(transient closed system)이다. 실험실 회분식 반응기는 일정한 온도의 항온조 내에 있는 단순한 완전 교반 플라스크 또는 상업적인 실험실 규모의 회분식 반응기가 될 수 있지만 이들 반응기로부터 반응속도의 직접적인 측정은 불가능하다. 관측 가능한 것은 각 성분의 농도들이며 이들로부터 반응속도를 유추해낼 수 있다. 예를 들어 전형적인 회분식 실험에서 반응물과 생성물의 농도는 시간의 함수로 측정된다. 이들 데이터로부터 초기 반응속도(전환율 0에서

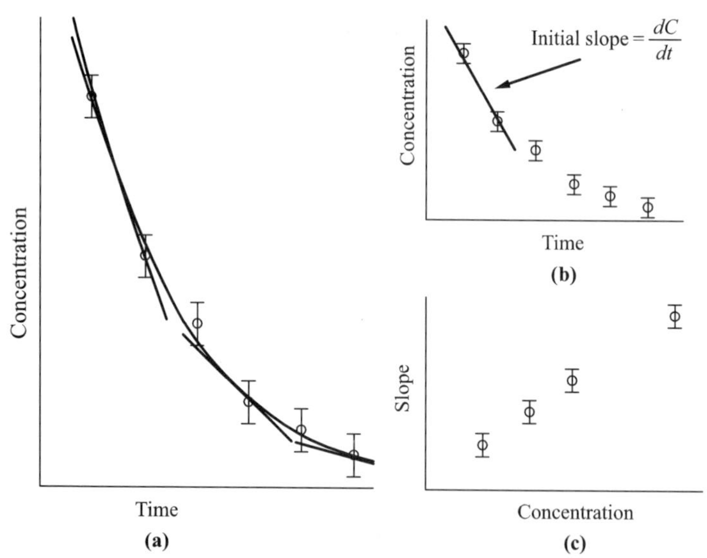

Figure 3.5.1 |
(**a**) Plot of concentration data versus time, a curve for a numerical fit of the data and lines at tangents to the curve at various times, (**b**) plot of the initial slope, (**c**) plot of the slopes of the tangent lines in (**a**) versus concentrations.

의 속도)는 초기 기울기를 계산함으로써 구할 수 있다(그림 3.5.1b). 또한 완전한 데이터 세트는 수치적으로 곡선 맞춤(curve fitting)함으로써 임의의 시간에서의 곡선에 대한 접선의 기울기를 구하게 된다(그림 3.5.1a). 접선의 기울기들은 이들 값을 얻는 농도와 같이 플롯할 수 있다(그림 3.5.1c).

예를 들어 만일 반응속도 함수가 1차일 경우 접선의 기울기(dC/dt)와 농도를 플롯하게 되면 반응속도 상수와 같은 기울기를 가지는 직선이 되어야 한다. 반응속도를 정확하게 결정하기 위해서는 데이터의 정확성(오차막대의 크기)이 결정적이다. 정확성은 보통 사용되는 해석적인 방법에 좌우된다. 또한 데이터의 수가 많을수록 속도를 더 정확하게 계산할 수 있다. 농도 측정을 위한 전형적인 방법은 회분식 반응기로부터 샘플을 취하여 기체 크로마토그래피를 이용하는 것이다. 이러한 과정은 분 단위의 시간 크기로 수행되는 것이 가장 좋다. 만일 반응이 충분히 느리게 일어난다면 이와 같은 방법을 사용할 수 있다. 그러나 각각의 반응진척도 (즉, 매 시간 마다)마다 단지 하나의 데이터 포인트만 얻을 수 있다는 사실을 명심해라. 만일 반응이 샘플을 채취하는 시간 간격에 비해 상대적으로 빠를 경우 회분식 반응기에서 반응과정을 따라가기는 종종 불가능하다.

예제 3.5.1 P. Butler (Honors Thesis, Virginia Polytechnic Institute and State University, Blacksburg, VA, 1984)는 로듐(rhodium) 촉매를 사용하여 아래와 같은 반응에 대한 속도론을 연구하였다.

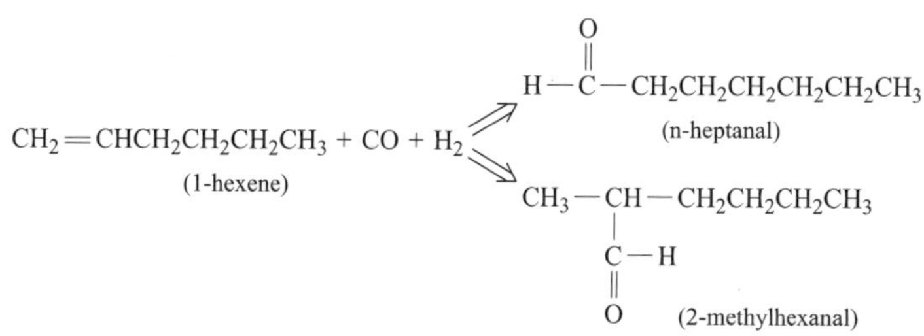

이와 같은 균일 하이드로훠밀화 반응은 회분식 반응기에서 수행되었으며 촉매의 특성으로 인하여 1－헥센이 2－헥센과 3－헥센으로 바뀌는 이성질화 반응, 헥센이 헥산으로 바뀌거나 알데하이드가 알코올로 바뀌는 수소첨가 반응은 최소화된다.

아래의 데이터는 323 K에서 1－헥산의 초기농도가 톨루엔 내에 1 mol/L, 그리고 $P_{CO}=P_{H_2}=P_{N_2}$(비활성)$=0.33$atm 에서 얻었다. 선형 알데하이드 형성에 대한 초기 속도 r_N 과 분지된 알데하이드 형성에 대한 초기 속도 r_B 를 주어진 데이터를 이용하여 구하시오.

t(h)	*n*-heptanal (mol/L)	2-methlhexanal (mol/L)
0.17	0.0067	0.0000
0.67	0.0266	0.0058
1.08	0.0461	0.0109
1.90	0.1075	0.0184
2.58	0.1244	0.0279

해 답

아래와 같이 농도 데이터를 플롯하라.

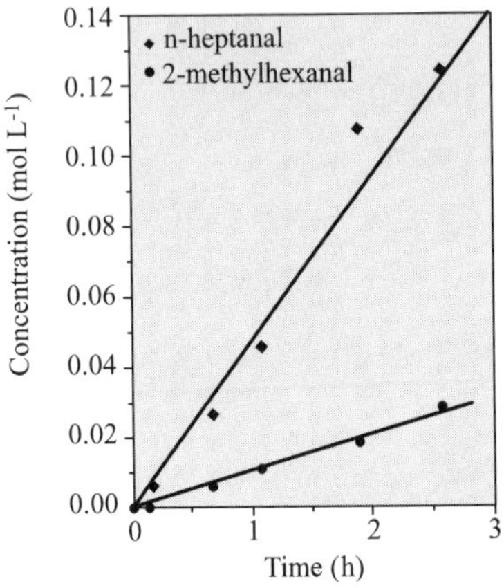

플롯에서 제시된 직선의 기울기로부터 $r_N = 0.0515$ mol/L/h, $r_B = 0.0109$ mol/L/h를 구할 수 있다(선형 회귀분석으로부터).

예제 3.5.2 Butler는 예제 3.5.1에서 제시된 것과 유사한 방법을 통해 아래의 표에서 제시된 초기 속도 데이터를 얻었다. 규칙 III과 IV를 따르는 반응속도식이 이들 데이터를 서술하는데 사용될 수 있음을 보여라.

P_{CO}(atm)	P_{H_2}	$C_{1-hexene}$(mol/L)	T(K)	r_N	r_B
0.50	0.50	1.00	323	0.0280	0.0074
0.33	0.33	1.00	323	0.0430	0.0115
0.66	0.33	1.00	323	0.0154	0.0040
0.33	0.33	1.00	313	0.0156	0.0040
0.33	0.33	1.00	303	0.0044	0.0016
0.33	0.33	0.45	323	0.0312	0.0069
0.33	0.33	1.00	323	0.0410	0.0100

해 답

반응속도에 대한 실험적인 표현(empirical expression)은 다음의 형태를 가진다.

$$r = k\exp[-E/(R_gT)]P_{CO}^{\alpha_1}P_{H_2}^{\alpha_2}C_{1-hexene}^{\alpha_3}$$

그리고 이를 주어진 데이터를 관계시키는데 사용하면

$$r_N = 2.0 \times 10^{13}\exp[-22{,}200/(R_gT)]P_{CO}^{-1.5}P_{H_2}^{0.45}C_{1-hexene}^{0.40}$$
$$r_B = 4.9 \times 10^{10}\exp[-19{,}200/(R_gT)]P_{CO}^{-1.5}P_{H_2}^{0.45}C_{1-hexene}^{0.64}$$

이상적으로는 더 높은 정도의 신뢰성을 갖는 반응 속도 표현식을 얻기 위해서 더욱 더 많은 데이터가 필요하다. 그러나 예제 3.5.1과 3.5.2를 살펴보면 그렇게 하기위해 요구되는 실험적인 작업양이 얼마나 많은지를 알 수 있다. 또한, 이들 속도들은 초기속도이며 적분 전환율(integral conversion)을 위해 사용될 수 없음을 알아야 한다.

3.5.2 흐름 반응기

앞에서 지적했듯이 흐름 반응기의 사용은 반응속도의 직접적인 측정을 가능하게 한다. 정상상태에서는(회분식 반응기와는 달리) 분석과 반응에 대한 시간 크기(time scale)가 분리된다. 추가적으로 같은 조건에서 많은 샘플을 얻을 수 있으므로 데이터의 정확도는 급격히 높아지게 된다.

아래의 문제를 생각해보자. 석유화학 산업에서의 많은 반응들은 발열이 큰 산화반응과 수소첨가반응이다. 따라서 산업용 반응기에서의 온도 제어를 위해서는 반응기들이 열교환 유체에 담겨진 1~2인치의 직경을 갖는 수천개의 관들이 묶여 있는 형태를 취하게 된다. 반응기 부피당 큰 열교환 면적을 가짐으로써 많은 열이 효과적으로 제거된다. 기체상 반응을 수행하기 위한 이러한 형태의 반응기에 새로운 촉매가 최종적으로 사용되기 위해 준비된다고 하자. 이와 같은 상황에서 적절한 반응속도 데이터를 어떻게 얻을 것인가?

우선 관형 반응기를 생각해보자. 물질수지(표 3.5.1)를 살펴보면 물질수지를 풀기 위해서는 함수 형태의 속도 표현식이 제시되어야 한다. 그 이유는 반응기 출구가 반응기 부피에 대한 반응을 적분한 결과이기 때문이다. 그러나, 단지 초기 반응 속도 데이터만 필요하다면 미분기호를 다음과 같이 차분(델타)으로 바꿈으로써 관형반응기를 사용할 수 있다.

예제 3.5.3 일반적인 반응 A ⇒ B에 대해서 초기 속도 데이터와 관련된 다음의 3가지 반응 속도 표현식이 제시되었다. 미분 관형 반응기가 이들 모델을 식별하는데 어떻게 사용될지를 서술하시오.

$$\mathrm{r}_1 = \frac{k_1 C_A}{1 + k_2 C_B}$$

$$\mathrm{r}_2 = \frac{k_3 C_A}{1 + k_4 C_B + k_5 C_A}$$

$$\mathrm{r}_3 = \frac{k_6 C_A}{1 + k_7 C_A}$$

해 답

초기 속도 데이터를 얻을 수 있고 공급 흐름에 B가 없다면, 낮은 전화율에서 B의 농도는 낮게 된다.
따라서 이들 조건에서 속도 표현식은 다음과 같다.

$$\mathrm{r}_1 = k_1 C_A$$

$$\mathrm{r}_2 = \frac{k_3 C_A}{1 + k_5 C_A}$$

$$\mathrm{r}_3 = \frac{k_6 C_A}{1 + k_7 C_A}$$

C_A를 변화시킴에 따라 r_1이 r_2와 r_3와는 명확히 구분될 수 있으므로 r과 C_A의 플롯을 얻을 수 있다. r_1이 데이터를 묘사하지 못한다고 하자. 두 번째 셋트의 실험에서 B는 그 양을 바꾸어 가면서 공급흐름에 첨가될 수 있다. 만일 r_3가 정확한 속도 표현식이라면 측정된 속도는 C_B가 바뀜에 따라 변하지 않아야 한다. 만일 관찰된 속도가 B의 농도와 관련성이 있다면 r_3는 데이터를 묘사할 수 없다.

$$F_l^0 \frac{\Delta f_l}{\Delta V_R} = (-\upsilon_l)\mathrm{r}\Big|_{C_l^0} \tag{3.5.1}$$

따라서, 미분 전환율(즉, 전형적으로 5 %이하)을 주는 작은 관형 반응기는 반응속도에 대한 포인트 값을 만들 수 있다. 이 경우, 반응 속도는 C_l^0에서 계산된다. 실제로 속도는 입구와 출구 농도의 산술평균에 의해 더 잘 계산될 수 있다.

$$C_l = \frac{C_l^0 + C_l^{\text{exit}}}{2}$$

그러나 $C_i^0 \cong C_i^{exit}$이므로 입구농도가 종종 사용된다.

기체상 반응을 위한 새로운 촉매로부터 반응속도 데이터를 얻는 문제로 돌아가서, 만일 반응속도가 반응진척도 전체에 걸쳐 요구된다면 미분 고정층은 이와 같은 목적에 비추어봤을 때 적합한 실험실 반응기가 아니다. 그러나 이상적인 교반 흐름 반응기는 이같은 목적을 달성할 수 있다. τ를 바꾸어 봄으로써 어떤 반응진척도에서의 r을 직접 얻을 수 있다(표 3.5.1참조). 기체상 반응이 가진 문제는 혼합이다. 만일 반응이 액상에서 일어난다면 많은 경우 높은 교반 속도를 통해 완전한 혼합을 이룰 수 있다. 그러나 기체상의 경우는 어렵다. 이를 극복하기 위해 몇몇 반응기 형태가 개발되어 왔고 연구실 규모 반응기의 경우 상업적으로 시판되고 있다.

그림 3.5.2를 보면 Carberry 반응기는 패들(paddle)을 포함하며 반응기 내에는 촉매가 쌓여있다. 패들은 기체상과 촉매사이의 혼합이 잘 이루어지게 하기 위하여 제어 축(control shaft)과 연결되어 빠르게 회전한다. Berty 반응기는 정지층(stationary bed)의 촉매로 구성이 되어 있고 이들은 회전날개(impeller blade)에 의한 기체상의 순환을 통해 접촉한다. 이러한 타입의 배치에서 혼합의 질(quality)은 기체의 밀도와 관련있다. 낮은 밀도(즉, 낮은 압력)에 대해서는 교반이 나쁘다. 그러므로 Berty 타입 내부 순환 반응기는 대기압 이상에서의 반응에 가장 자주 사용된다. 낮은 압력의 기체 순환에 대해서는 펌프에 의한 외부 재순환을 적용시킬 수 있다. 높은 순환에서 이들 반응기들은 CSTR의 거동과 가까워진다.

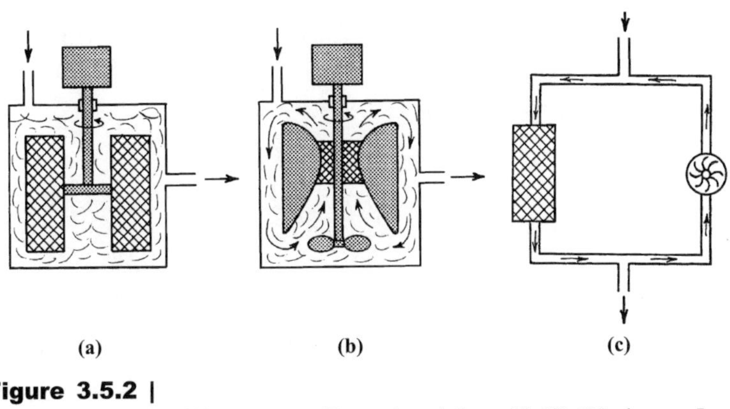

Figure 3.5.2 |
Stirred contained solids reactors. [Reproduced from V. W. Weekman, Jr., *AIChE J.,* **20** (1974) p. 835, with permission of the American Institute of Chemical Engineers. Copyright 1974 AIChE. All rights reserved.] **(a)** Carberry reactor, **(b)** Berty reactor (internal recycle reactor), **(c)** external recycle reactor.

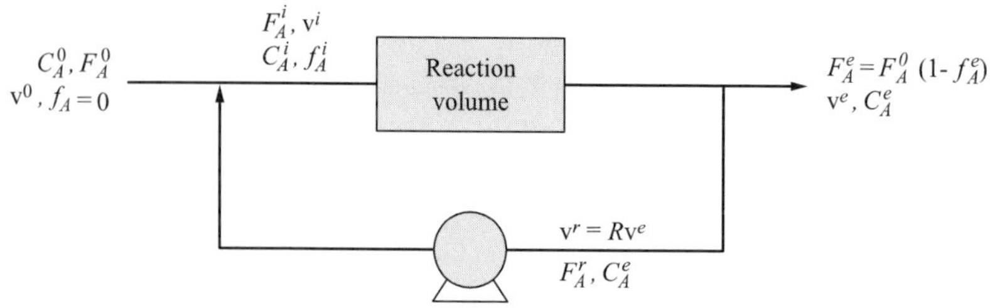

Figure 3.5.3 |
Schematic diagram of a general recycle reactor. Superscripts *i*, *e*, and *r* refer to inlet, exit, and recycle. *R* is the recycle ratio.

이는 아래에서 증명된다. 따라서 이들 타입의 실험실 반응기는 정확한 반응속도 데이터 측정을 위한 석유화학 산업에서의 중요한 역할을 꾸준히 담당해왔다.

그림 3.5.3에 개략적으로 나타난 일반적인 재순환 반응기를 생각해보자. 우선 재순환비(recycle ratio)를 R로 나타내기로 하자. 재순환비는 반응 용기 입구로 되돌아오는 유체의 부피를 반응기를 떠나는 유체의 부피로 나누는 것으로 정의한다. 반응 부피의 입구 앞쪽에 위치한 혼합지점(mixing point)주위에 대한 간단한 물질수지는

$$v^i = v^0 + v^r \tag{3.5.2}$$

그리고

$$C_A^i v^i = C_A^i(v^0 + v^r) = C_A^0 v^0 + C_A^e v^r \tag{3.5.3}$$

이 된다. 만일 유체의 밀도가 일정하다면 $v^e = v^0$이고 $v^r = Rv^0$가 된다. 이들 관계식을 식 (3.5.3)에 적용하면

$$C_A^i(v^0 + Rv^0) = C_A^0 v^0 + C_A^e Rv^0 \tag{3.5.4}$$

또는

$$C_A^i = \frac{C_A^0}{1+R} + \frac{RC_A^e}{1+R} \tag{3.5.5}$$

이 된다.

만일 $R \to \infty$ 라면 $C_A^i \to C_A^e$ 가 되거나 이상적인 CSTR에서 얻어진 결과가 된다. 또한 $R \to 0$ 이면 $C_A^i \to C_A^0$, 즉 반응 부피로의 입구 농도와 동일하게 된다. 따라서 R값을 고정함으로써 재순환 반응기는 마치 두 개의 이상적 제한(ideal limiting)반응기(즉, CSTR과 PFR, 또는 이들 두 제한 사이)처럼 거동할 수 있다. 이를 좀더 자세히 살펴보기 위해 반응기에 대한 완전한 물질수지를 식 (3.4.2)에서 유도할 수 있다.

$$\frac{dF_A}{dV_R} = v_A \mathrm{r} \tag{3.5.6}$$

그러나

$$F_A = \mathrm{v}C_A$$
$$C_A = C_A^0\left(\frac{1 - f_A}{1 + \varepsilon_A f_A}\right)$$
$$\mathrm{v} = \mathrm{v}^e + \mathrm{v}^r = (R + 1)\mathrm{v}^e = (R + 1)\mathrm{v}^0(1 + \varepsilon_A f_A)$$

이 되므로

$$F_A = \mathrm{v}^0 C_A^0(R + 1)(1 - f_A) = F_A^0(R + 1)(1 - f_A)$$
$$-dF_A = F_A^0(R + 1)df_A \tag{3.5.7}$$

식 (3.5.7)을 식 (3.5.6)에 대입하면

$$\frac{V_R}{F_A^0} = (R + 1)\int_{f_A^i}^{f_A^e} \frac{df_A}{(-v_A)\mathrm{r}} \tag{3.5.8}$$

이 된다.

쉽게 측정할 수 있는 매개변수로부터 계산하는 경우에 대하여 f_A^i는 입구와 출구 변수와 관계되어야만 한다. 이를 위하여 다음을 주목하라.

$$C_A^i = \frac{F_A^i}{\mathrm{v}^i} = \frac{F_A^0 + F_A^r}{\mathrm{v}^0 + \mathrm{v}^r} = \frac{F_A^0 + \mathrm{v}^r C_A^e}{\mathrm{v}^0 + \mathrm{v}^r} = \frac{F_A^0 + R\mathrm{v}^e C_A^e}{\mathrm{v}^0 + R\mathrm{v}^e}$$

위 식을 f_A의 항으로 나타내면 C_A^i는 다음과 같다.

$$C_A^i = \frac{F_A^0 + RF_A^0(1 - f_A^e)}{\mathrm{v}^0 + R\mathrm{v}^0(1 + \varepsilon_A f_A^e)} = \frac{F_A^0}{\mathrm{v}^0}\left[\frac{1 + R(1 - f_A^e)}{1 + R(1 + \varepsilon_A f_A^e)}\right]$$

따라서,

$$\frac{C_A^i}{C_A^0} = \frac{1 + R - Rf_A^e}{1 + R + R\varepsilon_A f_A^e} = \frac{1 - f_A^i}{1 + \varepsilon_A f_A^i}$$

이 되며 윗 식을 f_A^i에 대해 풀면 다음과 같아진다.

$$f_A^i = \frac{R\varepsilon_A f_A^e + Rf_A^e}{1 + R + \varepsilon_A + \varepsilon_A R} = \frac{Rf_A^e}{1 + R} \tag{3.5.9}$$

식 (3.5.9)를 식 (3.5.8)에 대입하면 다음과 같은 식을 얻을 수 있다.

$$\frac{V_R}{F_A^0} = (R + 1)\int_{\frac{Rf_A^e}{1+R}}^{f_A^e} \frac{df_A}{(-v_A)\mathrm{r}} \tag{3.5.10}$$

$R \rightarrow 0$이면 식 (3.5.10)은 PFR에 대한 물질수지식이 된다는 것이다. 그러나 식 (3.5.10)이 $R \rightarrow \infty$ 일 때 CSTR에 대한 물질수지식이 된다는 것을 알아채는 것은 간단치 않다. 이를 위해서 적분기호 상의 아래 끝(bottom limit)이 $R \rightarrow \infty$ 일 경우 f_A^e가 되는 것에 주목하라. $R \rightarrow \infty$ 일 경우에 대한 적분값을 얻기 위해서는 다음과 같은 라이프니쯔(Leibnitz)의 규칙이 사용되어야 한다.

$$\frac{d}{d\alpha}\int_{\varphi_1(\alpha)}^{\varphi_2(\alpha)} \overline{H}(x,\alpha)dx = \int_{\varphi_1(\alpha)}^{\varphi_2(\alpha)} \frac{\partial \overline{H}}{\partial \alpha}dx + \overline{H}(\varphi_2,\alpha)\frac{d\varphi_2}{d\alpha} - \overline{H}(\varphi_1,\alpha)\frac{d\varphi_1}{d\alpha}$$

$R \rightarrow \infty$ 일 경우 식 (3.5.10)의 극한을 취하면 다음의 결과가 얻어진다(로피탈의 규칙적용).

$$\lim_{R\to\infty}\left(\frac{V_R}{F_A^0}\right) = \lim_{R\to\infty}\frac{\displaystyle\int_{\frac{Rf_A^e}{1+R}}^{f_A^e}\frac{df_A}{(-\upsilon_A)\mathrm{r}}}{\dfrac{1}{R+1}}$$

분자를 계산하기 위하여 라이프니쯔의 규칙을 사용하면:

$$\frac{d}{dR}\int_{\frac{Rf_A^e}{1+R}}^{f_A^e}\frac{df_A}{(-\upsilon_A)\mathrm{r}} = \int_{\frac{Rf_A^e}{1+R}}^{f_A^e}\frac{\partial}{\partial R}\left[\frac{df_A}{(-\upsilon_A)\mathrm{r}}\right] + \frac{1}{(-\upsilon_A)\mathrm{r}}\bigg|_{f_A^e}\frac{df_A^e}{dR} - \frac{1}{(-\upsilon_A)\mathrm{r}}\bigg|_{\frac{Rf_A^e}{1+R}}\frac{d}{dR}\left(\frac{Rf_A^e}{1+R}\right)$$

우변의 첫 번째 항과 두 번째 항은 0이므로

$$\lim_{R\to\infty}\frac{V_R}{F_A^0} = \frac{-\dfrac{1}{(-\upsilon_A)\mathrm{r}}\bigg|_{\frac{Rf_A^e}{1+R}}\left[\dfrac{f_A^e}{(1+R)^2}\right]}{-\dfrac{1}{(1+R)^2}} = \frac{f_A^e}{(-\upsilon_A)\mathrm{r}|_{f_A^e}}$$

윗 식은 CSTR에 대한 물질수지식임을 주목하라(표 3.5.1참조). 따라서, 반응 속도 데이터 측정을 위해 어떤 재순환 반응기를 사용할 경우 교반속도(재순환 속도를 고정)가 반응진척도에 미치는 영향을 고찰해야 한다. 만일 재순환속도에 따라 출구 조건이 바뀌지 않는다면 재순환 반응기는 마치 CSTR처럼 계산될 수 있다.

예제 3.5.4 Al-Saleh 등 [*Chem. Eng. J.*, **37** (1988) 35]은 Berty 반응기에 알루미나 촉매에 담지된 은(silver) 상에서 에틸렌 산화에 관한 속도론 연구를 수행하였다. 513-515 K 사이의 온도와 21.5 atm의 압력에서 관찰된 반응속도 (CSTR 물질수지를 이용하여 계산)는 350-1000 rpm (분당 회전수) 사이에서는 회전날개의 교반속도와 무관하였다. 데이터는 다음과 같다.

Temperature (K)	v^0[L(h)$^{-1}$]	f_{total}	Reaction rate×10^4 (mol gcat^{-1} h^{-1}) r_{EO}	r_{CO_2}
553	51.0	0.340	3.145	2.229
553	106.0	0.272	5.093	2.676
553	275.0	0.205	9.336	3.564
533	9.3	0.349	0.602	0.692
533	51.0	0.251	2.661	1.379
533	106.0	0.218	4.590	1.582
533	275.0	0.162	8.032	2.215
513	9.3	0.287	0.644	0.505
513	51.0	0.172	1.980	0.763
513	106.0	0.146	3.262	0.902
513	275.0	0.074	3.664	0.989

r_{EO}(에틸렌 옥사이드의 생성 속도)와 r_{CO_2}(CO_2의 생성속도)를 결정하는데 필요한 식들을 유도하시오. 이 예제에서는 부피 유속이 반응에 의해 영향을 받지 않는다고 가정한다.

해 답

식 (3.3.6)으로부터

$$r_p = \upsilon_p r = F_p/V$$

반응속도가 부피가 아닌 촉매의 질량 당 속도로 보고 되므로 V를 W(반응기내의 촉매질량)로 바꾼다. 반응 네트워크는 다음과 같다.

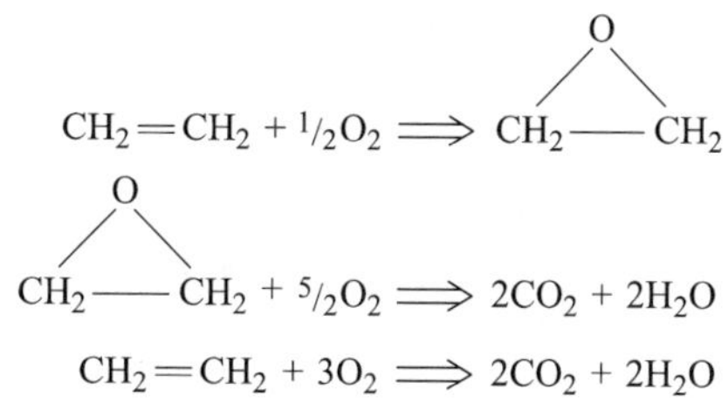

몰 유속에 대해서

$$F_{EO} = F_E^0\left[\frac{C_{EO}^{outlet}}{C_E^0}\right], \quad F_{CO_2} = F_E^0\left[\frac{C_{CO_2}^{outlet}}{C_E^0}\right]$$

여기에서 F_E^0는 에틸렌의 입구 몰 유속이고 C_E^0는 에틸렌의 입구 농도이다. 따라서 물질 수지식은 다음과 같아진다.

$$r_{EO} = \frac{F_E^0}{W}\left[\frac{C_{EO}^{outlet}}{C_E^0}\right], \quad r_{CO_2} = \frac{F_E^0}{W}\left[\frac{C_{CO_2}^{outlet}}{C_E^0}\right]$$

주목할 것은 F_E^0, W, C_E^0가 특정 실험에 대해서는 고정되어 있다는 것이다. 따라서 출구 흐름에서의 농도 측정을 통해 관찰된 속도값을 직접적으로 얻을 수 있게 된다.

예제 3.5.5 예제 3.5.4에서 주어진 데이터를 이용하여 선택도(selectivity)를 계산하시오. 선택도는 소모된 에틸렌 1몰당 생성되는 EO 몰수의 비에 100을 곱한 것으로 정의된다. 아울러 선택도와 전환율을 플롯하시오.

해 답

선택도는 다음과 같이 계산될 수 있다.

$$s_{EO} = \left[\frac{r_{EO}}{r_{EO} + r_{CO_2}}\right] \times 100\%$$

그림에서 알 수 있듯이 전환율에 따른 선택도의 감소폭이 증가되는데 그 이유는 이산화탄소를 생성하는 연소반응 때문이다.

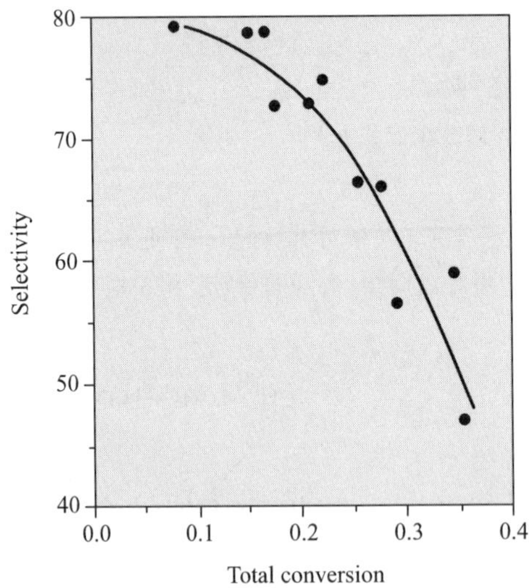

Vignette 3.5.1 에틸렌 옥사이드(EO)는 에틸렌으로부터 가장 많이 생산되는 화학물질중 하나이다. 에틸렌 옥사이드의 중요성은 다른 분자로의 에톡실화(ethoxylation) 능력에 있다. EO의 반응은 물, 알코올, 암모니아, 아민, 카르복실산, 페놀, 또는 머캡탄(mercaptans)과 같은 친핵성 분자에 의한 개환반응(ring opening)에 기초한다. 예를 들어 물과 암모니아에 의한 EO의 개환반응의 경우 에틸렌 글라이콜(ethylene glycol)과 에탄올아민(ethanolamine)이 각각 생성된다는 것이다.

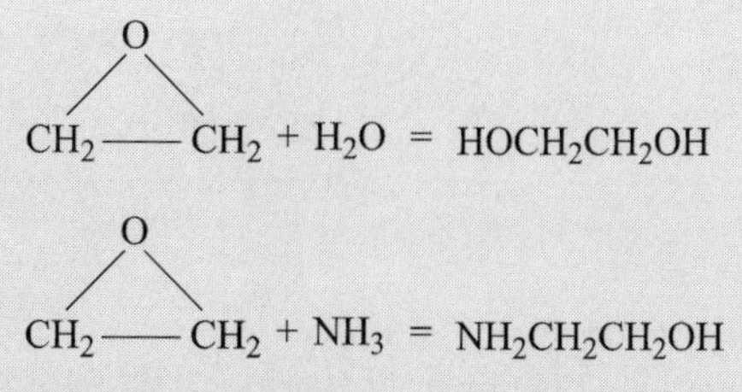

이들 생성물은 대규모로 만들어진다. 예를 들어 에틸렌 글라이콜 생성물은 미국에서만 연간 수 백만톤이 생산되며 이들은 자동차 라디에이터내의 부동액과 같은 열전달 유체로 사용된다. 이와 같은 EO의 대규모 사용과 함께 가능한 EO에 대한 선택성을 높게 유지하는 것이 중요하다. 오늘날 촉매 최적화와 반응기 기술의 발전으로 인해서 상업적인 Ag/Al_2O_3촉매를 이용할 경우 90 % 이상의 선택도를 얻을 수 있다.

여기에서 서술된 실험실 크기의 반응기 이외에도 더욱더 많은 특수한 반응기가 사용된다. 그러나 앞서 언급한 것과 같이 이들 반응기의 성능은 PFR과 CSTR사이에 놓인다. 또한 작은 실험실 반응기를 사용할 경우 종종 이상적인 혼합 조건을 유기하기가 어려우며 사용하기 전에 언제나 혼합상태를 확인해야 한다(더욱더 자세한 것은 8장을 참조). PFR의 거동에 도달하기 위해서는 충분히 큰 유속을 주어야 한다. 그러나, 보편적으로 작은 크기의 실험실 시스템에서 이를 구현하기 어렵다는 점과 흐름이 난류가 아닌 층류(PFR거동을 위해서는 필수적)가 되어야 한다는 점이 문제점으로 나타난다. 그와 같은 경우라면 반응기 반경 방향으로의 속도 프로파일은 일정하지 않고 포물선 모양을 취하게 된다.

연 습 문 제

1. CSTR에서 70 %의 전환율을 달성하기 위해 필요한 공간시간이 3시간이라고 하자. 분당 4 ft^3을 처리하는데 필요한 반응기 부피를 결정하라. 이 시스템의 공간속도는 얼마인가?

2. 아래의 병렬 반응이 CSTR에서 일어난다.

$$A + B \xrightarrow{k_1} \text{Desired Product} \qquad k_1 = 2.0\ \text{L (mol min)}^{-1}$$

$$B \xrightarrow{k_2} \text{Undesired Product} \qquad k_2 = 1.0\ \text{min}^{-1}$$

만약 A의 액상흐름(4 mol L^{-1}, 50 L mol^{-1})과 B의 액상흐름 (2 mol L^{-1}, 50 L mol^{-1})이 100 L의 반응기에 같이 공급된다면 A와 B의 정상상태에서의 유출농도는 얼마인가?

3. 비가역반응 $2A \rightarrow B$가 일정온도의 PFR을 통해 기체상에서 발생한다. 반응물 A와 희석 기체가 같은 몰비로 공급되고 A의 전환율은 85 %이다. 만일 A의 몰 공급속도가 2배가 될 경우 A의 전환율은 얼마인가? 단, 희석기체의 공급속도에는 변화가 없다.

4. 가역 1차 반응 $A = B$가 부피가 $V = 2$ L인 CSTR반응기에서 일어난다고 하자. 반응에서 정반응 속도 상수는 $k_1 = 2.0\ \text{min}^{-1}$이고 역반응 속도 상수는 $k_{-1} = 1.0\ \text{min}^{-1}$이다. 시간 $t = 0$에서 반응기내에서의 A와 B의 농도는 모두 0이다. A의 유입흐름에서 부피 유속은 3 L mol^{-1}이며 $C_A^0 = 2$ mol L^{-1}이다. A와 B의 농도를 시간의 함수로 나타내시오. 이 문제를 풀이하는데 있어서 컴퓨터는 필요 없다.

5. 액상 반응 $A \Rightarrow$ 생성물 이 $r = 0.20\ C_A^2$ 의 반응속도를 가지고 30 L부피의 PFR에서 일어난다고 하자.

(a) PFR을 통과하는 A의 농도(C_A^e)는 얼마인가?

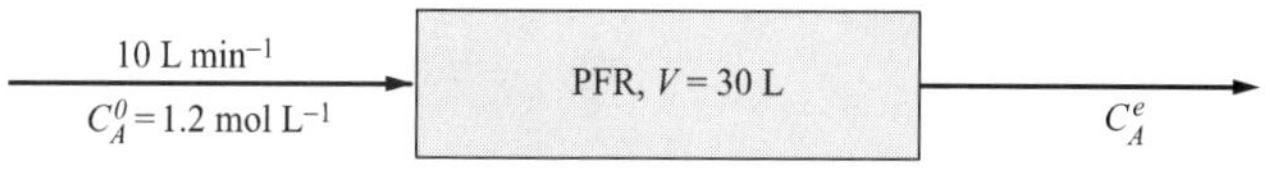

(b) 아래 그림과 같은 재순환을 가진 PFR에서 C_A^e는 얼마인가?

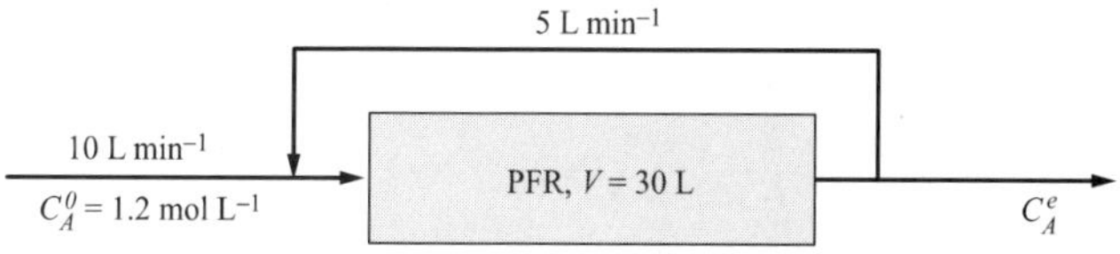

(c) (b)에서 제시된 PFR에 분리장치를 결합시켰다. C_A^e, C_A^R, C_A^i, 그리고 C_A^f를 구하시오. 분리장치에 대해서는 $C_A^R = 5C_A^e$를 가정한다.

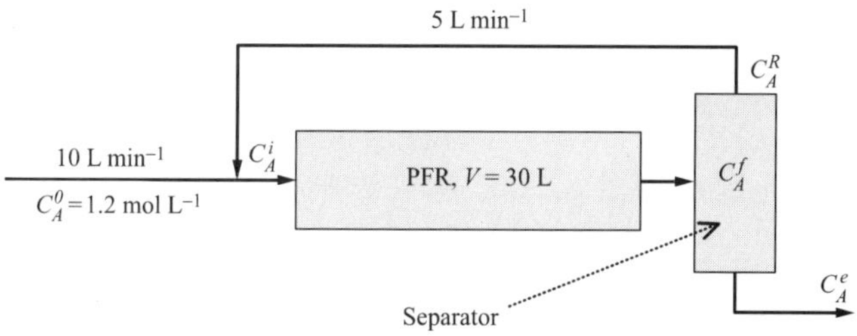

(이 문제는 버지니아대학교의 J. L. Hudson 교수로부터 제공받았다.)

6. (H. S. Fogler, *Element of Chemical Reaction Engineering*, 3rd ed., Prentice Hall, Upper Saddle River, NJ, 1999로부터 적용됨) 순수한 부탄올이 순수한 에틸아세테이트를 포함한 반회분식 반응기에 투입이 되어 다음과 가역반응을 통해 부틸아세테이트와 에탄올로 바뀐다.

$$CH_3COOC_2H_5 + C_4H_9OH = CH_3COOC_4H_9 + C_2H_5OH$$

반응속도는 Guldberg-Waage 형태로 표현될 수 있다. 반응은 300 K에서 등온조건 하에서 이루어진다. 이 온도에서 평형 상수는 1.08이고 정반응 속도 상수는 9.0×10^{-5} L (mol s)$^{-1}$이다. 초기에 반응기내에는 200 L의 에틸아세테이트가 있고 부탄올이 0.050 Ls^{-1}의 속도로 공급된다. 공급액에서 부탄올과 에틸아세테이트의 초기농도는 각각 10.93mol L^{-1}와 7.72mol L^{-1} 이다.

(a) 에틸아세테이트의 평형전환율을 시간의 함수로 플롯하시오.

(b) 에틸아세테이트의 전환율, 반응속도, 그리고 부탄올의 농도를 시간의 함수로 플롯하시오.

7. Dinitrogen pentoxide는 8×10^{-3} min^{-1}의 1차 속도 상수를 가지는 다음의 반응을 통해 35℃에서 분해된다[F. Daniels and E. H. Johnston, *J. Am. Chem. Soc.*, **43** (1921) 53].

$$2\,N_2O_5 \Longrightarrow 4\,NO_2 + O_2$$

그러나, 생성물 NO_2는 빠르게 N_2O_4로 이합체화(dimerize)된다.

$$2NO_2 = N_2O_4$$

만일 분해 반응이 35℃의 정용(constant volume)반응기에서 일어난다면 순수한 N_2O_5가 초기에 0.4 atm으로 채워졌을 경우, 반응기내의 압력 상승을 시간의 함수로 플롯하시오. 이합체화 반응은 즉각적으로 평형에 도달한다고 가정하라. NO_2의 이합체화 반응에 대한 평형 상수는 35℃에서 3.68이다. 이상적인 거동을 가정하라.

8. 에탄올은 다음과 같은 병렬 경로를 통해 분해 될 수 있다.

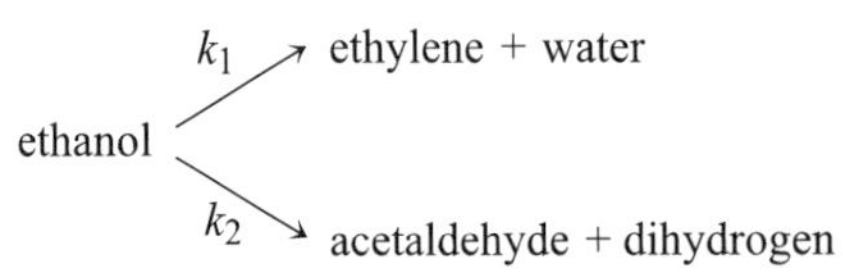

반응속도는 두 반응 모두 에탄올에 대한 1차 반응이며 초기에는 생성물이 존재하지 않는다고 가정하자. 정용시스템에서 100초 후에 30 %의 에탄올이 남아있고 혼합물의 조성은 13.7 %의 에틸렌과 27.4 %의 아세트알데하이드이다. 속도상수 k_1과 k_2를 계산하시오.

9. CSTR에서 성분 *A*가 성분 *B*로 전환된다. 반응속도는 1차이며 반응속도 상수는 20 min^{-1}이다. 성분 *A*는 12 m^3/min(농도 2.0 kmol/m^3)의 유속으로 반응기에 유입된다. 생성물 *B*의 가격은 kmol당 1.5 달러이며 반응기 조업 비용은 입방미터당 1분에 2.5 달러이다. 전환되지 않은 *A*를 공급부(feed)로 재순환 시키는 것은 경제적이지 않다. 최대 이윤을 계산하시오.

10. 동물에 약을 투입했을 때 발생하는 동적인 과정에 대한 매우 간단한 모델을 아래와 같이 제시할 수 있다.

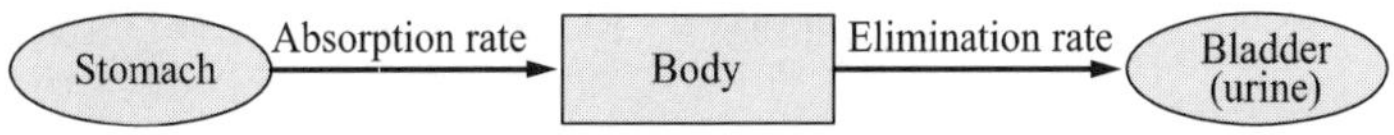

약은 투여되자마자 인체로 흡수 된다. 그 후 약물은 대사물질로 전환되고 물리적으로는 사라지게 된다. 결과적으로 어떤 시간에서 체내 약물의 양은 이들 입력과 출력 과정에 대한 알짜 과도 응답(net transient response)이다.
만일 70 kg의 사람이 맥주 한 캔을 빨리 마셨을 경우 최대 '체내' 알콜 수준과 그때의 시간을 구하시오. 흡수속도와 소멸속도는 1차로 가정한다.
데이터: 맥주 한캔의 질량은 400 g이고 5 wt. %의 알콜을 포함한다.

$$k_{\text{absorption}}/k_{\text{elimination}} = 5$$
$$k_{\text{elimination}} = 0.008\ \text{min}^{-1}$$

11. 타이타늄 다이옥사이드는 도료를 광택내는데 사용된다. 이들은 탄화수소 불꽃에서 $TiCl_4$ 기체의 기체상 산화를 통해 만들어진다. 지배적인 반응은 가수분해이며 반응은 다음과 같다.

$$TiCl_4 + 2H_2O \Rightarrow TiO_2(s) + 4HCl$$

반응속도는 $TiCl_4$에 대한 1차이며 H_2O에 대해서는 0차이다. 반응에 대한 속도 상수는 다음과 같다.

$$k = 8.0 \times 10^4 \exp\left[-\frac{88000\ \text{J/mol}}{R_g T}\right]\text{s}^{-1}$$

반응은 1200 K에서 1 atm (1.01×10^5 Pa)의 기압으로 정압 흐름 반응기에서 발생한다. 반응기 입구에서의 기체 조성은 다음과 같다.

CO_2	8%
H_2O	8%
O_2	5%
$TiCl_4$	3%
N_2	remainder

(a) $TiCl_4$ 가 99 %의 전환율을 가지고 TiO_2로 전환되는데 필요한 공간 시간은?

(b) 반응기의 직경이 0.2 m이고 길이가 1.5 m이다. 반응기가 해당 기간의 80%를 조업한다고 가정할 때 년 간 생산되는 TiO_2의 양은 몇 kg인가? (TiO_2

의 분자량은 80 g/mol이다.)

$$R_g = 8.3144 \text{ J/mol/K}$$

(이 문제는 캘리포니아 공과대학의 Richard Flagan으로부터 제공받았다.)

12. A로부터 Q가 형성되는 자가촉매반응(autocatalytic reaction)은 전환율에 따라 가속되는 반응이다. 이에 대한 예는 다음과 같다.

$$A + Q \xrightarrow{k_1} Q + Q$$

그러나 높은 전환율에서는 반응물 A가 없어짐으로 인해서 반응속도는 감소한다. 반응기로 유입되는 액체는 1 mol L^{-1}의 A와 0.1 mol L^{-1}의 Q를 포함한다.

(a) 가장 작은 반응기 부피에서 A의 전환율이 50%에 도달하기 위해서는 PFR을 사용해야 하는가? 아니면 CSTR을 사용해야 하는가? 적절한 계산을 통해 답에 대한 근거를 제시하시오.

(b) 가장 작은 반응기 부피에서 A의 전환율이 95%에 도달하기 위해서는 PFR을 사용해야 하는가? 아니면 CSTR을 사용해야 하는가? 적절한 계산을 통해 답에 대한 근거를 제시하시오.

(c) 만일 $k_1 = 1$ L (mol s)$^{-1}$이라면 CSTR에서 A의 95%가 전환되는데 필요한 공간시간을 구하시오.

13. 다음과 같은 비가역 1차 기상반응이 정용 회분식 반응기에서 일어난다. 이 반응기에는 압력이 1000 psi를 넘을 경우 안전 디스크가 깨지도록 설계되어 있다. 반응속도 상수가 0.01 s^{-1}이며 순수한 A가 반응기에 500 psi로 채워져 있을 경우 안전 디스크가 깨질 때 까지 소요되는 시간을 구하시오.

14. 만일 당신이 비가역 1차 액상 반응을 수행할 수 있는 CSTR과 PFR (두 반응기의 부피는 동일)을 갖고 있다고 하자. 전환율을 최대로 하기 위해서는 두 반응기를 어떤 순서로 직렬 연결해야 하는가?

15. 다음의 반응에 대해서 동일한 전체 부피를 갖는 PFR에서 달성할 수 있는 5% 이내의 출구 전환율을 달성하기 위한 직렬연결 CSTR의 최소 개수를 구하시오.

(a) A에서 B로의 1차 비가역 반응, $k\tau_{PFR} = 1$

(b) A에서 B로의 2차 비가역 반응, $kC_A^0\tau_{PFR} = 1$

16. Davis는 대기압에서 조업되는 촉매 재순환 반응기에서 에틸렌의 에탄으로의 수소첨가 반응을 연구하였다(R. J. Davis, Ph. D Thesis, Stanford University 1989). 재순환 비는 CSTR의 거동에 근접할 만큼 충분히 크다. 헬륨은 기체의 부분압을 맞추기 위해 희석제(diluent)로 사용되었다. 제시된 데이터로부터 에틸렌과 수소분자에 관한 반응속도 차수를 계산하고 반응에 대한 활성화 에너지를 계산하시오.

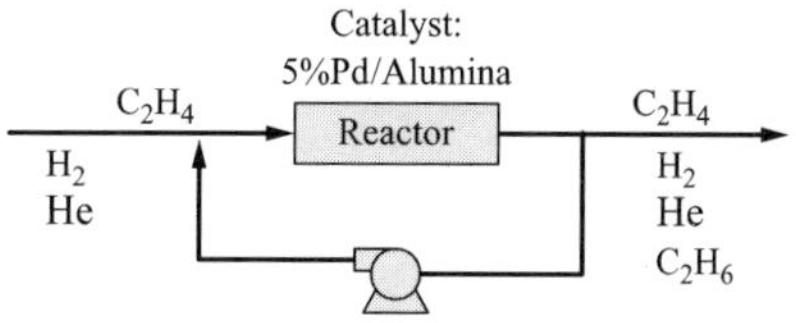

50 mg의 Pd/알루미나 촉매 상에서 에틸렌의 수소첨가 반응

Reaction temperature (K)	Inlet flow C_2H_4 (mL min^{-1} STP)	Inlet flow H_2 (mL min^{-1} STP)	Inlet flow He (mL min^{-1} STP)	Conversion of C_2H_4 (%)
193	1.0	20	80	25.1
193	1.0	10	90	16.2
193	1.0	40	60	35.4
193	2.5	20	78.5	8.55
193	5.0	20	76	4.17
175	1.0	20	80	3.14

CHAPTER 4

정상상태 근사 : 촉매반응

4.1 단일 반응

안정한 분자들 사이의 단일 단계 반응(one-step reaction)은 드물다. 그 이유는 정의에 따르면 안정한 분자는 비반응성이기 때문이다. 오히려 반응물에서 생성물로 바뀔 때 통상적으로 화학결합의 복잡한 재배열이 필요하다. 이것이 의미하는 것은 대부분의 반응이 N_2와 O_2로부터 NO가 형성되는 것과 같은 단일한 기초 단계(elementary step)에서 진행되지 않는다는 것이다.

One-step (not observed)	Sequence-step (observed)
$N_2 + O_2 \Longrightarrow 2NO$	$N_2 + O \rightleftarrows NO + N$
$\begin{matrix} N \cdots O \\ \vert\vert\vert \quad \vert\vert \\ N \cdots O \end{matrix} \Longrightarrow \begin{matrix} NO \\ + \\ NO \end{matrix}$	$N + O_2 \rightleftarrows NO + O$ $N_2 + O_2 = 2NO$

보통 반응물이 반응성 중간체(reactive intermediate)의 형성과 파괴를 통해 생성물로 진행함에 있어 순차적인 기초 단계들이 필요하다(1.1절 참조).

반응성 중간체는 수많은 서로 다른 화학적 형태를 가질 수 있다(예, 자유 라디칼, 자유 이온, 용해된 이온, 고체 표면에서의 복합체, 균일상에서의 복합체, 효소에서의 복합체). 반응에 많은 반응성 중간체가 포함되더라도 반응의 진행은 단일한 매개변수－반응진척도에 의해 서술될 수 있다(1.2절 참조). 만일 이와 같은 경우라면 반응은 단일하다고 말한다. 왜 겉보기에 복잡한 반응이 양론적으로 단순 또는 단일할까? 그리고 그와 같은 반응에 대한 속도론적 취급(treatment)을 어떻게 열거할 수 있는가? 하는 것이 이장에서 말하고자 하는 두 가지 질문이다.

반응물이 반응성 중간체를 거쳐서 생성물로 바뀌는 데는 두 가지 타입의 연속반응이 있다. 첫 번째 타입의 연속반응은 반응성 중간체가 어떤 다른 연속반응의 단계에서 재생산되지 않는 경우를 말한다. 이런 타입의 연속반응을 열린 연속반응(open sequence)이라 한다. 두 번째 타입의 연속반응은 반응성 중간체가 재생산됨에 따라 순환적 반응 패턴이 그 자신을 반복하여 단지 하나의 반응성 중간체로부터 많은 수의 생성물 분자가 만들어지는 경우를 말한다. 이러한 타입의 연속반응을 닫혀있다(closed)라고 하고 촉매적 또는 사슬 반응 사이클로 나타난다. 이 같은 타입의 연속반응은 촉매반응에 대한 가장 좋은 정의이다.

연속반응에 대한 몇 가지 간단한 예시가 표 4.1.1에 제시되어 있다. 반응성 중간체는 굵은 글자체로 인쇄되어 있으며 양론적으로 간단하거나 단일한 반응은 연속반응에서의 기초 단계의 합에 의해 얻어진다. 닫힌 연속반응인 모든 반응을 촉매 반응이라고 말할 수 있다. 반면, 긴 수명을 갖는 촉매로 인해 반응성 중간체가 제공되는 닫힌 연속반응과 계 안에서 생성되고 단지 제한된 수의 사이클동안만 생존할 수 있는 반응성 중간체가 제공하는 닫힌 연속반응과는 두드러진 차이가 있다. 첫 번째 부류의 경우 단어의 좁은 의미로 봤을 때 진정한 촉매 반응(촉매 반응 사이클)을 포함하는 반면 두 번째 부류의 경우 사슬반응(사슬 반응 사이클)을 포함한다. 위의 두 가지 부류는 속도론에 있어 다소간의 차이를 보인다. 그러나 이들 두 가지 부류는 밀접히 연관되어 있어서 이들을 함께 고려하는 것이 개념적으로 간단하다. 특히 이들 두 부류는 다음 절에서 제시될 정상상태 근사를 이용하여 해석할 수 있다.

사슬 반응 사이클과 촉매 반응 사이클은 반응물 분자가 생성물 분자로 진행될 때 에너지적으로 손쉬운 경로를 제공한다. 이 점은 아래에 제시된 두 가지 타입의 사이클을 통해 설명된다. 수소 분자와 염소분자가 염산을 생성하는 반응을 생각해보자. 이 반응은 반응물에 빛을 쪼여줌으로써 기체상에서 일어날 수 있다. 흡수된 광자당 10^6개 이상의 염소 분자를 형성할 수 있는 것으로 알려져 있다. 반응은 아래와 같이 진행된다.

$$Cl_2 \xrightarrow{\text{light}} 2Cl \qquad \text{(개시)}$$

$$Cl + H_2 \longrightarrow HCl + H \qquad \text{(전개)}$$

$$H + Cl_2 \longrightarrow HCl + Cl \qquad \text{(전개)}$$

$$2Cl \longrightarrow Cl_2 \qquad \text{(종결)}$$

염소 원자가 생성 되면(개시) 염소 원자의 재결합 (종결) 이전에 전개 단계는 수없이 반복될 수 있는(예, 10^6) 닫힌 사이클을 제공한다.

사슬 반응 사이클이 수소분자와 염소분자의 직접적 반응을 지배하는 이유는 쉽게 이해할 수 있다. H_2와 Cl_2사이의 직접 반응은 200 kJ/mol이상의 활성화 에너지를 갖는 반면 두 개의 전개 단계에 대한 활성화 에너지는 모두 30 kJ/mol 보다 낮다(그림 4.1.1 참조). 따라서 어려운 반응 단계는 개시단계이며 이 경우 광자를 쪼여줌으로써 극복될 수 있다.

촉매 반응 사이클에서 무슨 일이 일어나는지를 살펴보자. 설명을 위해서 오존의 분해를 예로 들어보자. 산소 원자의 존재 하에서 오존은 다음의 기초 반응을 통해 분해 된다.

$$O + O_3 \rightarrow 2O_2$$

직접 반응에 대한 속도는 다음과 같이 쓸 수 있다.

$$r_d = k[O][O_3] \tag{4.1.1}$$

여기에서 r_d는 molecule/cm^3/s의 단위를 가지며 [O]와 [O_3]는 각각 O와 O_3에 대한 수밀도(molecule/cm^3)이다. k는 cm^3/s/molecule의 단위를 가지며 다음과 같다.

$$k = 1.9 \times 10^{-11} \exp[-2300/T]$$

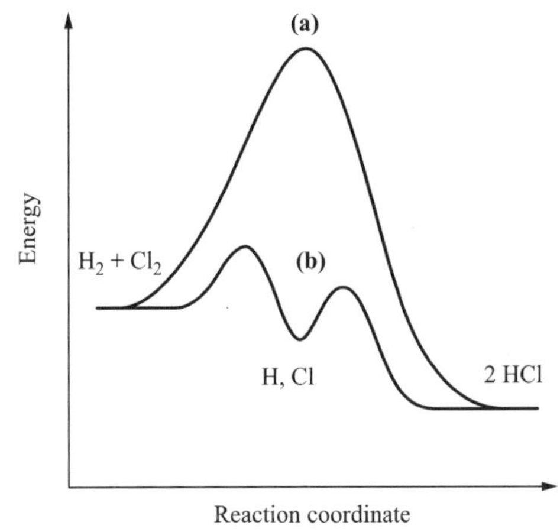

Figure 4.1.1 |
Energy versus reaction coordinate for **(a)** direct reaction, **(b)** propagation reactions for photon assisted pathway.

Table 4.1.1 | Sequences and reactive intermediates.[1]

Sequence	Type	Reactive intermediates
$O_3 \longrightarrow O_2 + \mathbf{O}$ $\mathbf{O} + O_3 \longrightarrow O_2 + O_2$ $2O_3 \Longrightarrow 3O_2$	open	oxygen atoms in the gas phase
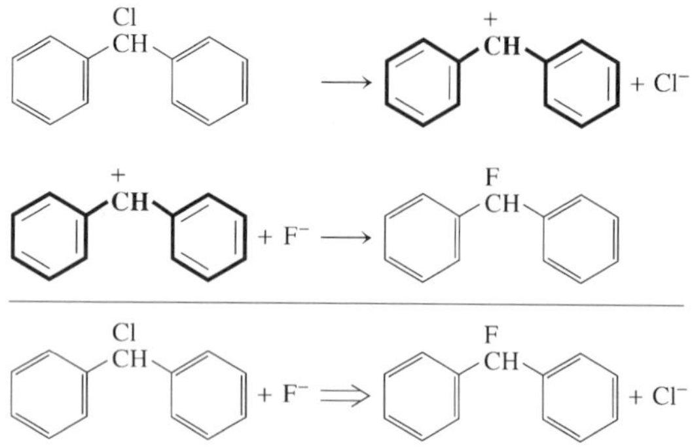	open	solvated (in liquid SO_2) benzhydryl ions
$\mathbf{O} + N_2 \longrightarrow NO + \mathbf{N}$ $\mathbf{N} + O_2 \longrightarrow NO + \mathbf{O}$ $N_2 + O_2 \Longrightarrow 2NO$	chain	oxygen and nitrogen atoms in the gas phase
$\mathbf{SO_3^-} + O_2 \longrightarrow \mathbf{SO_5^-}$ $\mathbf{SO_5^-} + SO_3^{2-} \longrightarrow SO_5^{2-} + \mathbf{SO_3^-}$ $SO_5^{2-} + SO_3^{2-} \longrightarrow 2SO_4^{2-}$ $2SO_3^{2-} + O_2 \Longrightarrow 2SO_4^{2-}$	chain	free radical ions $\mathbf{SO_3^-}$ and $\mathbf{SO_5^-}$
$* + H_2O \longrightarrow H_2 + \mathbf{O^*}$ $\mathbf{O^*} + CO \longrightarrow CO_2 + *$ $H_2O + CO \Longrightarrow H_2 + CO_2$	catalytic	sites * on a catalyst surface and the surface complex $\mathbf{O^*}$
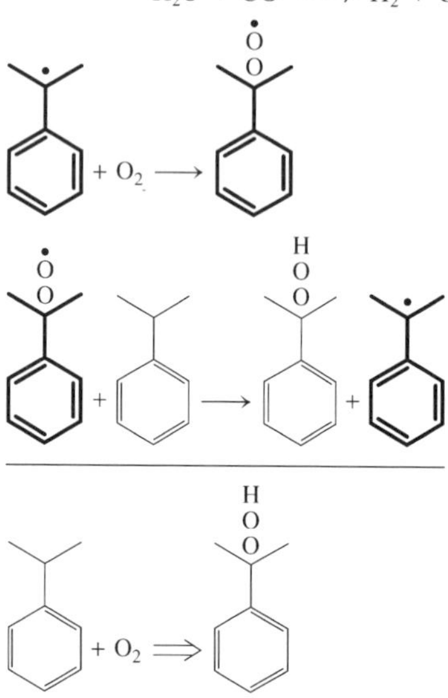	chain	cumyl and cumylperoxy free radicals in a solution of cumene

[1]Adapted from M. Boudart, *Kinetics of Chemial Process*, Butterworth-Heinemann, 1991, pp. 61−62

Vignette 4.1.1

오존은 성층권에서 동적 평형상태로 존재한다.

$$O_2 + \text{light}(< 242\text{ nm}) \rightarrow 2O \quad (\text{형성})$$
$$O + O_2 \rightarrow O_3$$
$$O_3 + \text{light}(< \sim 300\text{ nm}) \rightarrow 2O \quad (\text{파괴})$$
$$O + O \rightarrow O_2$$

오존은 행성에 존재하는 생명체의 생존을 위해서 성층권 (15～55 km)에 포함된 중요한 성분이다. 왜냐하면 오존은 유해한 자외복사선 (UV-B, 280～320 nm)을 흡수하기 때문이다. 지난 몇 년에 걸쳐 매년 9월이 되면 남극 성층권에서 오존의 큰 손실(오존 구멍)이 있어왔다 (15～20 km 사이의 고도에서는 거의 100 % 손실). 손실양은 4～6주의 기간동안 지구 전체에 공급되는 성층권 오존의 약 3 %에 해당하는 것이다. 남극오존 손실에 대한 1차적인 이유는 성층권 염소의 증가에 있다. 예를 들어, 전체 유기염소 농도의 변화 추이를 보면 1950년에는 0.8 ppbv 였던 것이 1974년에는 1.8 ppbv, 1990년에는 4.0 ppbv 로 바뀌어 왔는 반면 유일한 천연 유기 염소 종인 CH_3Cl은 지난 15년동안 0.6 ppbv로 유지되어 왔다(ppbv는 부피를 기준으로 10억분의 1을 뜻함). 그렇다면 다른 염소들은 어디에서 비롯된 것일까? 염소는 염화불화탄소(chlorohydrocarbon, CFCs)로부터 발생한다.

CFC-12(CF_2Cl_2), CFC-11($CFCl_3$), 그리고 CFC-113($CF_2ClCFCl_2$)와 같은 CFCs는 냉매, 발포제, 그리고 세정제로 각각 사용된다. CFC를 기초로 한 제품은 연간 280억 달러 이상 생산된다. 지난 20년간 대기로 방출되는 전체 양은 CFC-12가 400 kt/year, CFC-11이 250 kt/year, 그리고 CFC-113이 300 kt/year로 추산된다. CFCs는 불활성이 강해서 (이와 같은 물성은 CFCs의 다양한 응용을 가능하게 한다) 대기 중에서 작은 부분을 차지함에도 불구하고 파괴되지 않은 채 성층권에서 수십 년간 지속될 수 있다. 성층권에서는 CFCs가 분해되어 염소 원자를 제공하게 된다.

$$CF_2Cl_2 + \text{light}(< 220\text{ nm}) \rightarrow Cl + CF_2Cl$$

염소가 지구 표면 근처에서 형성되지 않는 이유는 성층권 하부에서 O_2와 O_3에 의해 UV 복사선이 흡수되기 때문이다. 염소 원자가 생성되면 4.1절에서 제시된 것처럼 오존 분해에 대한 촉매로 작용할 수 있다. 염소 촉매의 존재로 인해 오존은 빠르게 없어진다. 현재 전 세계적으로 이와 같은 영향을 줄이기 위해서 많은 노력들이 이루어지고 있다.

여기에서 T의 단위는 켈빈(K)이다. 명백하게도 대기압에서(절대온도(캘빈)로 200 도 아래의 온도)의 오존의 분해는 상당히 느리다.

오존의 분해는 염소원자(촉매)의 존재 하에서는 급격히 변화한다.

$$\begin{array}{c} Cl + O_3 \xrightarrow{k_1} O_2 + ClO \\ ClO + O \xrightarrow{k_2} O_2 + Cl \\ \hline O + O_3 \Rightarrow 2O_2 \end{array}$$

여기에서

$$k_1 = 5 \times 10^{-11} \exp(-140/T) \quad cm^3/s/molecule$$
$$k_2 = 1.1 \times 10^{-10} \exp(-220/T) \quad cm^3/s/molecule$$

이다.

정상상태(다음 절에서 전개될 정상상태 근사를 사용)에서 촉매반응속도 r_c는

$$r_c = \frac{k_1 k_2 [O][O_3]([Cl] + [ClO])}{k_1[O_3] + k_2[O]} \tag{4.1.2}$$

그러나 $[O] \ll [O_3]$이고 $k_1 \cong k_2$이므로

$$r_c = k_2[O]([Cl] + [ClO]) \tag{4.1.3}$$

이고

$$\frac{r_c}{r_d} = \frac{k_2([Cl] + [ClO])}{k[O_3]} \tag{4.1.4}$$

이며 만일

$$\frac{[Cl] + [ClO]}{[O_3]} \cong 10^{-3}$$

이면(대기압에서의 어떤 조건에 대한 전형적인 값) 다음과 같아진다.

$$\frac{r_c}{r_d} = \frac{k_2}{k} \times 10^{-3} = 5.79 \times 10^{-3} \exp(2080/T) \tag{4.1.5}$$

$T = 200$ K에서 $\frac{r_c}{r_d} = 190$ 이다. 속도의 상승은 촉매(Cl)에 의한 결과이다. 그림 4.1.2에서 제시된 에너지 다이어그램을 보면 촉매의 존재는 활성 문턱(activation barrier)을 낮춰준다. Cl촉매는 처음에 O와 반응하여 반응성 중간체 ClO를 형성하게 되고 이후 O_3와 반응하여 O_2와 Cl을 생성하게 된다. 따라서 촉매는 많은 반응 사이클을 수행할 수 있게 된다.

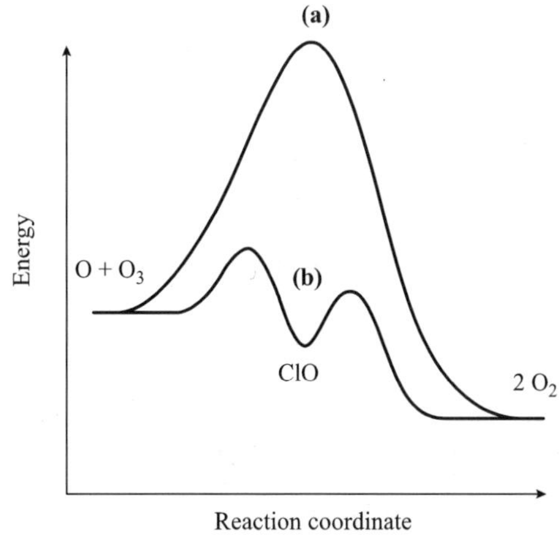

Figure 4.1.2 |
Energy versus reaction coordinate for ozone decomposition.
(a) direct reaction, **(b)** Cl catalyzed reaction.

4.2 정상상태 근사

반응속도 상수 k_1과 k_2를 가진 두 개의 1차 비가역(한방향) 기초 반응으로 구성된 닫힌 계를 생각해보자.

$$A \xrightarrow{k_1} B \xrightarrow{k_2} C$$

만일 C_A^0가 시간 $t=0$에서 A의 농도이고 $C_B^0 = C_C^0 = 0$라고 하면 이 계에 대한 물질 수지식은 다음과 같다.

$$\frac{dx}{dt} = -k_1 x \qquad \frac{dy}{dt} = k_1 x - k_2 y \quad \frac{dw}{dt} = k_2 y \tag{4.2.1}$$

여기에서 $x = C_A / C_A^0$, $y = C_B^0 / C_A^0$, 그리고 $w = C_C / C_A^0$가 된다. 시간 $t=0$에서 $x=1$, $y=0$, $w=0$ 라고 했을 때 식 (4.2.1)을 적분하게 되면 다음의 결과를 얻을 수 있다.

$$\left.\begin{aligned} x &= \exp(-k_1 t) \\ y &= \frac{k_1}{k_2 - k_1}[\exp(-k_1 t) - \exp(-k_2 t)] \\ w &= 1 - \frac{k_2}{k_2 - k_1}\exp(-k_1 t) + \frac{k_1}{k_2 - k_1}\exp(-k_2 t) \end{aligned}\right\} \tag{4.2.2}$$

예제 4.2.1 식 (4.2.2)에서 $y(t)$에 관한 식을 어떻게 얻었는지를 증명하시오(1.5절 참조).

해 답

$x(t)$에 대한 식 즉, $x(t)=\exp(-k_1 t)$를 $\frac{dy}{dt}$에 관한 식에 대입하게 되면

$$\frac{dy}{dt}+k_2 y = k_1\exp(-k_1 t) \qquad y=0 \text{ at } t=0$$

위와 같은 1차 초기값 문제는 적분인자법(integration factor method)을 사용하여 쉽게 풀 수 있다. 즉,

$$d(ye^{k_2 t}) = k_1\exp[(k_2-k_1)t]dt$$

또는 적분한 이후의 형태인

$$ye^{k_2 t} = \frac{k_1\exp[(k_2-k_1)t]}{k_2-k_1}+\gamma$$

를 이용하는 것이다.

$t=0$에서 $y=0$이므로

$$\gamma = -\frac{k_1}{k_2-k_1}$$

이 된다.

γ에 대한 위의 식을 $y(t)$에 관한 식에 대입하면 다음의 식을 얻을 수 있다.

$$ye^{k_2 t} = \frac{k_1}{k_2-k_1}[\exp[(k_2-k_1)t]-1]$$

또는

$$y = \frac{k_1}{k_2-k_2}[\exp(-k_1 t)-\exp(-k_2 t)]$$

물질 보존식에 의해 다음의 관계식들이 얻어진다.

$$x+y+w=1 \tag{4.2.3}$$

또는

$$\frac{dx}{dt}+\frac{dy}{dt}+\frac{dw}{dt}=0 \tag{4.2.4}$$

A의 농도는 단조감소하는 반면 B의 농도는 최대값을 통과하게 된다 (예로써 그림 4.2.1b를 참조). C_B는 아래의 시간에서

$$t_{\max} = \frac{1}{(k_2 - k_1)}\ln(k_2/k_1) \qquad (4.2.5)$$

다음과 같은 최대값을 가진다(예제 1.5.6).

$$C_B^{\max} = C_A^0\left(\frac{k_1}{k_2}\right)^{\left[\frac{k_2}{k_2-k_1}\right]} \qquad (4.2.6)$$

$t_{\max}$에서 t에 관한 C_C의 곡선은 변곡점 즉, $(d^2w)/(dt^2) = 0$이 되는 점을 보여준다.

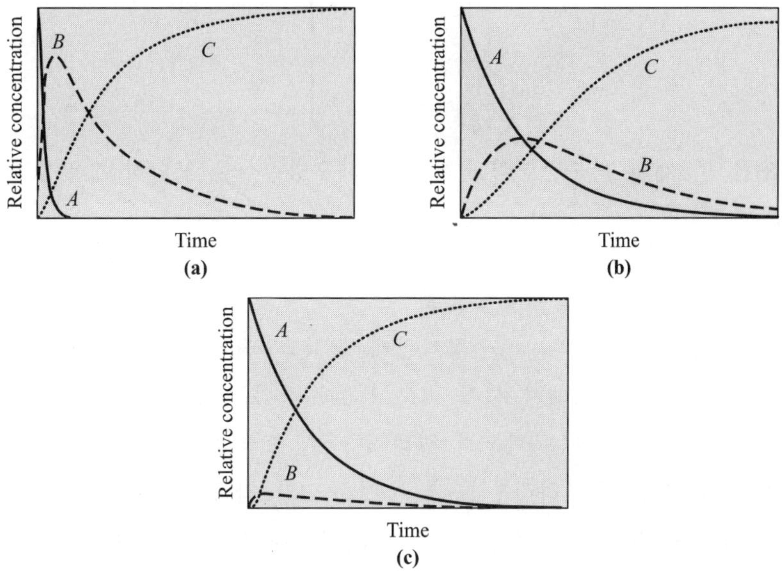

Figure 4.2.1 |
Two first-order reactions in series.

$$A \xrightarrow{k_1} B \xrightarrow{k_2} C$$

(a) $k_2 = 0.1\ k_1$, **(b)** $k_2 = k_1$, **(c)** $k_2 = 10\ k_1$.

만일 B가 중간 생성물은 아니지만 반응성이 있는 중간생성물이라고 가정하자 (1.1절 참조). 속도론적으로 이것이 의미하는 것은 $k_2 \gg k_1$이라는 것이다. 이같은 경우에 식 (4.2.1)에 대한 해 즉, 식 (4.2.2)에는 어떤 변화가 있을까? $k_1/k_2 \to 0$가 됨에 따라 식 (4.2.2)는 다음과 같이 된다.

$$\left.\begin{aligned} x &= \exp(-k_1 t) \\ y &= \frac{k_1}{k_2}\exp(-k_1 t) \\ w &= 1 - \exp(-k_1 t) \end{aligned}\right\} \qquad (4.2.7)$$

덧붙여서, y_{max}는 $t_{max} \to 0$일 때 발생한다(그림 4.2.1을 참조하고 $k_1/k_2 \to 0$일 경우와 비교). 따라서 C_B가 그것의 최대 농도로 도달하는데 필요한 시간 또한 매우 작아질 것이다. 또한, 시간에 대한 C_C의 곡선에서 변곡점이 원점 방향으로 이동된다.

식 (4.2.7)은 식 (4.2.8)에 대한 해가 된다.

$$\left.\begin{aligned} \frac{dx}{dt} &= -k_1 x \\ 0 &= k_1 x - k_2 y \\ \frac{dw}{dt} &= k_2 y \end{aligned}\right\} \tag{4.2.8}$$

식 (4.2.8)은 두 개의 미분방정식과 하나의 대수방정식을 포함하고 있음에 주목하라. 대수 방정식은

$$\frac{dy}{dt} = 0 \tag{4.2.9}$$

가 되는 경우를 말한다. 이것을 정상상태 근사의 해석적 표현이라고 한다. 즉, 반응성 중간체의 농도에 대한 시간 미분이 0과 같다는 것이다. 식 (4.2.9)는 적분해서는 안되는데 그 이유는 적분의 결과가 y=상수 라는 잘못된 결과를 낳기 때문이다 [식 (4.2.7)을 참조하라.]. 중요한 것은 B가 암묵적으로 A를 통해 시간에 따라 변화하므로 결국 A(안정한 반응물)의 변화에 따라 변하게 된다는 것이다. 정상상테 근사를 서술하는 다른 방법은 다음과 같다 [식 (4.2.4)에서 $dy/dt = 0$로 둔 경우].

$$\frac{dx}{dt} = -\frac{dw}{dt} \tag{4.2.10}$$

따라서 반응성 중간체를 통해 진행되는 연속적인 반응에서 각 단계에 대한 반응속도는 같다. 식 (4.2.10)으로부터 반응은 다소 복잡하지만 단일한 매개변수 즉, 반응진척도에 의해 서술될 수 있다는 결론을 얻을 수 있다 (1.2절 참조):

$$\Phi(t) = \frac{n_i(t) - n_i^0}{v_i} \tag{1.2.4}$$

따라서

$$\frac{d\Phi}{dt} = \frac{1}{v_1}\frac{dn_1}{dt} = \cdots = \frac{1}{v_i}\frac{dn_i}{dt} \tag{4.2.11}$$

단순 반응 $A \Rightarrow C$에 대해서 식 (4.2.11)은 식 (4.2.10)으로 단순화 될 수 있다.

정상상태 근사는 다음의 서로 다른 세 가지 방식으로 서술될 수 있다.

1. 반응성 중간체 농도의 시간에 대한 미분은 0이다 [식 (4.2.9)].
2. 반응 중간체의 정상상태 농도는 작다. 왜냐하면 $k_1 / k_2 \ll 1$가 됨에 따라 $t_{max} \rightarrow 0$와 $C_B^{max} \rightarrow 0$가 되기 때문이다.
3. 반응물, 생성물, 중간체를 포함한 모든 반응 단계에 대한 속도는 동일하다 [식 (4.2.10)].

연속 반응에 대해 정상상태 근사를 올바로 적용하기 위해서는 위의 조건들이 만족되어야만 한다. 백금 표면상에서 ethylidyne(에틸렌의 화학흡착으로부터 발생하는 CCH_3)과의 H－D 교환을 생각해보자. 만일 반응이 과도한 중수소(deuterium) 하에서 진행된다면 역방향으로의 반응은 무시할 수 있다. 흡착된 ethylidyne의 농도는 2차 이온 질량 분광기(secondary ion mass spectroscopy, SIMS) 기술을 이용하여 모니터 되어 왔다. 표면상에 있는 각 성분들이 하나의 질량단위만큼 서로 다르기 때문에 각 성분 농도를 질량 분석기를 통해 결정할 수 있다. Creighton 등 [*Surf. Sci.*, **138** (1984) L137]은 처음 300초 동안에 반응성 중간체의 농도를 모니터하고 그 데이터들을 3개의 구성 반응(consecutive reaction)에서 예상되는 것들과 일치시켰다. 그 결과는 그림 4.2.2에 제시되었다.

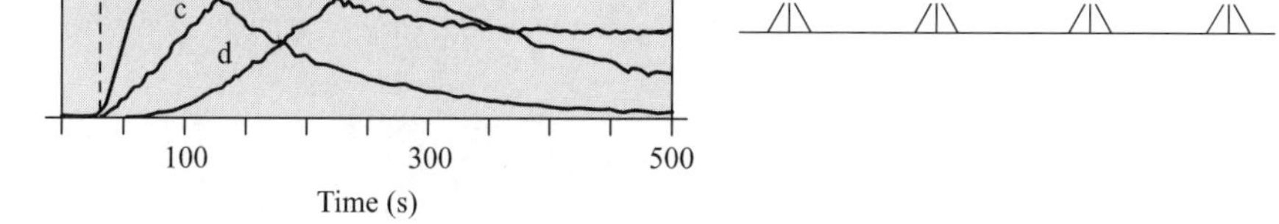

Figure 4.2.2 |
Display of the data of Creighton et al. (Left) reprinted from *Surface Science,* vol. 138, no. 1, J. R. Creighton, K. M. Ogle, and J. M. White, "Direct observation of hydrogen-deuterium exchange in ethylidyne adsorbed on Pt(111)," pp. L137-L141, copyright 1984, with permission from Elsevier Science. Schematic of species observed (right).

예제 4.2.2 식 (4.1.2)가 정상상태 근사를 통해 어떻게 얻어지는지를 증명하시오.

해 답

$$Cl + O_3 \xrightarrow{k_1} O_2 + ClO$$
$$ClO + O \xrightarrow{k_2} O_2 + Cl$$
$$O + O_3 \Rightarrow 2O_2$$

위의 사이클에 대한 반응 속도 표현은 다음과 같다.

$$\frac{d[O_3]}{dt} = -k_1[Cl][O_3]$$
$$\frac{d[ClO]}{dt} = k_1[Cl][O_3] - k_2[ClO][O]$$
$$\frac{d[O_2]}{dt} = k_1[Cl][O_3] + k_2[ClO][O]$$

반응성 중간체에 대한 정상상태 근사를 사용하면 [ClO]는 다음과 같이 나타낼 수 있다.

$$\frac{d[ClO]}{dt} = 0$$

따라서 다음의 관계가 성립하게 된다.

$$k_1[Cl][O_3] = k_2[ClO][O]$$

또한 염소의 전체 양은 일정하므로 다음의 등식이 성립한다.

$$[Cl]_0 = [Cl] + [ClO]$$

염소에 관한 물질수지와 [ClO]에 대한 정상상태에서의 물질수지를 결합하면 다음의 관계식이 얻어진다.

$$[ClO] = \frac{k_1[Cl][O_3]}{k_2[O]} = \frac{k_1[O_3]}{k_2[O]}\{[Cl]_0 - [ClO]\}$$

윗 식을 다시 정리하면

$$[ClO] = \frac{k_1[O_3][Cl]_0}{k_2[O]\left\{1 + \dfrac{k_1[O_3]}{k_2[O]}\right\}} = \frac{k_1[Cl]_0[O_3]}{k_2[O] + k_1[O_3]}$$

이 된다. 아래의 식을 생각해보자.

$$r_c = \frac{1}{V}\frac{d\Phi}{dt} = \frac{1}{\upsilon_i}\frac{d[A_i]}{dt} = -\frac{d[O_3]}{dt} = \frac{1}{2}\frac{d[O_2]}{dt}$$

따라서 오존과 산소 분자에 대한 속도식 표현에 의하면,

$$2k_1[\mathrm{Cl}][\mathrm{O_3}] = k_1[\mathrm{Cl}][\mathrm{O_3}] + k_2[\mathrm{ClO}][\mathrm{O}]$$

또는

$$k_1[\mathrm{Cl}][\mathrm{O_3}] = k_2[\mathrm{ClO}][\mathrm{O}]$$

가 된다. 오존 분해 속도는 다음과 같이 쓸 수 있다.

$$\mathrm{r}_c = k_1[\mathrm{Cl}][\mathrm{O_3}]$$

또는

$$\mathrm{r}_c = k_2[\mathrm{ClO}][\mathrm{O}]$$

[ClO]에 대한 식을 위식에 대입하면 다음의 식 또는 식 (4.1.2)를 얻을 수 있다.

$$\mathrm{r}_c = \frac{k_1 k_2[\mathrm{Cl}]_0[\mathrm{O}][\mathrm{O_3}]}{k_2[\mathrm{O}] + k_1[\mathrm{O_3}]}$$

예제 4.2.3 303 K에서 톨루엔내에 $Zr(C_6H_5)_4$가 존재하는 경우 스타이렌의 중합에 대한 초기 속도가 $Zr(C_6H_5)_4$의 농도와 선형적인 관계를 갖고 있는 이유를 설명하시오[D. G. H. Ballard, *Adv. Catal.* **23** (1988) 285에서 실험적으로 관찰됨].

해 답

4.1절에서 살펴보았듯이 중합반응은 개시, 전개, 그리고 종결 단계로 이루어진다. 스타이렌 중합을 서술하기 위한 간단한 반응 네트워크는 다음과 같다.

$$\mathrm{Zr(C_6H_5)_4} + \text{styrene} \xrightarrow{k_i} \mathrm{(C_6H_5)_3Zr\underset{\substack{|\\ C_6H_5}}{C}HCH_2C_6H_5} \qquad \text{(i)}$$

$$\mathrm{(C_6H_5)_3\underset{\substack{|\\ C_6H_5}}{Zr}(polymer)_n} + \text{styrene} \xrightarrow{k_p} \mathrm{(C_6H_5)_3\underset{\substack{|\\ C_6H_5}}{Zr}(polymer)_{n+1}} \qquad \text{(ii)}$$

$$\mathrm{(C_6H_5)_3\underset{\substack{|\\ C_6H_5}}{Zr}(polymer)_n} \xrightarrow{k_t} \mathrm{(C_6H_5)_3Zr + C_6H_5(polymer)_n} \qquad \text{(iii)}$$

여기에서

$$\mathrm{(C_6H_5)_3\underset{\substack{|\\ C_6H_5}}{Zr}(polymer)_{n=1}}$$

은 식(i)의 오른쪽에 나타난 성분이다. 식 (i~iii)은 각각 개시, 전개, 종결 반응(β−수소의 전달은 고분자 사슬의 성장을 종결시킨다)이다. 반응속도식은 다음과 같이 쓸 수 있다.

$$r_i = k_i C_z C_s \qquad \text{(개시)}$$

$$r_p = k_p C_s\left(\sum_{i=1}^{n} C_i\right) \qquad \text{(전개)}$$

$$r_t = k_t\left(\sum_{i=1}^{n} C_i\right) \qquad \text{(종결)}$$

여기에서 C_Z는 $Zr(C_6H_5)_4$의 농도이고 C_S는 스타이렌의 농도이며 C_i는 (고분자)$_{n=i}$를 포함하는 Zr 종의 농도이다. 간단하게 하기 위해서 전개와 종결 반응에 대한 속도 상수는 고분자 사슬 길이와 무관하다고 가정한다(즉, n값과 무관하다).

만일 정상 상태 가정을 이용하면 $r_i = r_t$ 가 되거나

$$k_i C_z C_s = k_t\left(\sum_{i=1}^{n} C_i\right)$$

가 된다. 반응성 중간체의 합에 대해서 풀게 되면 다음과 같다.

$$\sum_{i=1}^{n} C_i = \left(\frac{k_i}{k_t}\right) C_z C_s$$

위 식을 $r_p = k_p C_S\left(\sum_{i=1}^{n} C_i\right)$에 대입하면

$$r_p = \left(\frac{k_i k_p}{k_t}\right) C_z C_s^2$$

단량체의 중합속도는 개시단계와 전개단계가 조합된 속도이다. 긴 사슬 근사는 전개 반응의 속도가 개시 단계에 비해서 무척 빠를 때 적용될 수 있다. 만일 긴 사슬 근사가 여기에 사용된다면 중합속도는 r_p와 같아진다. 주목할 것은 r_p가 $Zr(benzyl)_4$의 농도와 선형적인 관계에 있다는 것과 이 때 얻어진 폴리스타일렌(폴리스타일렌은 컵 등을 만들 때 사용되는 스티로폼을 형성하는데 사용된다.)은 분자량 (사슬 길이) 분포를 가진다는 것이다. 즉, 식 (iii)에서 C_6H_5(고분자)n은 높은 값의 n을 갖는다. 중합도는 사슬당 구조 단위의 평균수를 말하며 분자량 및 분자량 분포의 제어는 고분자의 산업적인 생산에 있어 중요하다.

따라서 연속반응은 다음과 같이 쓸 수 있다.

$$D_2 \rightleftarrows 2D$$
$$Pt \equiv C - CH_3 + D \rightarrow Pt \equiv C - CH_2D + H$$
$$Pt \equiv C - CH_2D + D \rightarrow Pt \equiv C - CHD_2 + H$$
$$Pt \equiv C - CHD_2 + D \rightarrow Pt \equiv C - CD_3 + H$$
$$2H \rightleftarrows H_2$$

만일 $D_2 - H_2$ 교환 속도가 위의 연속 반응에 대해 조사된다면

$$-\frac{dC_{D_2}}{dt} = \frac{dC_{H_2}}{dt}$$

가 되며 모든 표면 ethylidyne 종에 대한 시간 미분은 정상상태 근사에 의해 0으로 둘 수 있다.

정상 상태 근사는 이완 시간(relaxation time) t_r이후에만 적용된다. 이완 시간이란 반응성 중간체가 정상상태의 농도에 도달하는데 필요한 시간을 말한다. 정상상태 근사는 이완 시간을 지나게 되더라도 여전히 근사이긴 하지만 보통은 만족스러운 결과를 준다. 이완시간에 대한 더욱더 정량적인 서술을 아래에 제시하고 있다.

만일 $A \xrightarrow{k_1} B \xrightarrow{k_2} C$의 반응에서 성분 B의 실제 농도 C_B는 정상상태의 농도 C_B^*와 $\bar{\varepsilon}$만큼 차이를 보인다고 하자.

$$C_B = C_B^*(1 + \bar{\varepsilon}) \qquad (4.2.12)$$

B에 대해서

$$\frac{dC_B}{dt} = k_1 C_A - k_2 C_B \qquad (4.2.13)$$

와 같은 표현식에 식 (4.2.12)의 시간에 대한 미분을 취하여 적용하면 다음의 식을 얻을 수 있다.

$$\frac{dC_B}{dt} = C_B^* \frac{d\bar{\varepsilon}}{dt} + (1 + \bar{\varepsilon}) \frac{dC_B^*}{dt} \qquad (4.2.14)$$

정상상태 근사에 의하면 [식 (4.2.8)을 참조]

$$C_B^* = \frac{k_1}{k_2} C_A \qquad (4.2.15)$$

이 되고 $dC_A/dt = -k_1 C_A$가 되므로

$$\frac{dC_B^*}{dt} = -\frac{k_1^2}{k_2} C_A \qquad (4.2.16)$$

가 된다. 식 (4.2.13)과 (4.2.14)의 우변을 같다고 두고 식 (4.2.15)와 (4.2.16)으로부터 각각 C_B^*와 dC_B^*/dt에 대한 값을 대입하면 다음의 식을 얻게 된다.

$$\frac{d\bar{\varepsilon}}{dt} + (k_2 - k_1)\bar{\varepsilon} - k_1 = 0 \tag{4.2.17}$$

$t=0$에서 $\bar{\varepsilon}=-1$의 조건 하에서 위의 초기값 문제를 적분하면 다음과 같아진다.

$$\bar{\varepsilon} = -\frac{1}{(\bar{K}-1)}\{\bar{K} - \exp[(\bar{K}-1)k_2 t]\} \tag{4.2.18}$$

여기에서 $\bar{K}=k_1/k_2$이다.

B가 반응성 중간체이므로 $\bar{K}$는 1보다 작아야 한다. 이와 같은 정량화를 가지고 '충분히 큰 값'의 시간에서는

$$\bar{\varepsilon} = \bar{K} \tag{4.2.19}$$

가 된다. '충분히 큰 값'의 시간이 의미하는 것은 $\bar{K} \ll 1$일 때 식 (4.2.18)을 살펴보면 쉽게 이해할 수 있다. 이 경우 식 (4.2.18)은

$$\bar{\varepsilon} = -e^{-k_2 t} \tag{4.2.20}$$

이 된다.

이완 시간은 그것의 원래 값에 대해 $1/e$의 비율로 없어지는데 필요한 시간이다. 지금 제시된 예의 경우 $t_r=1/k_2$이다. 직관적으로, 이완시간(때로는 유도시간(induction time)이라고도 부른다.)은 전환시간(turnover time)과 같은 크기 자리수(order of magnitude)를 갖는다. 즉, 전환빈도(turnover frequency)의 역수가 된다(1.3절 참조). 앞서 언급했듯이 전환빈도는 보통 $1\ s^{-1}$이다. 이 경우 유도 시간은 짧다. 그러나 전환빈도가 $10^{-3}\ s^{-1}$이라면 유도시간은 매우 길다. 따라서 유도 시간이 짧다고 우선적으로 가정해서는 안 된다.

이제 촉매의 중요한 부류인 효소에 대해 생각해보자. 효소는 천연촉매이고 단백질로 구성되어 있다. 1차 구조는 펩타이드 결합(아래에 그려져 있음)을 통해 연결된 아미노산의 배열이 단백질 고분자 사슬을 만드는 것이다.

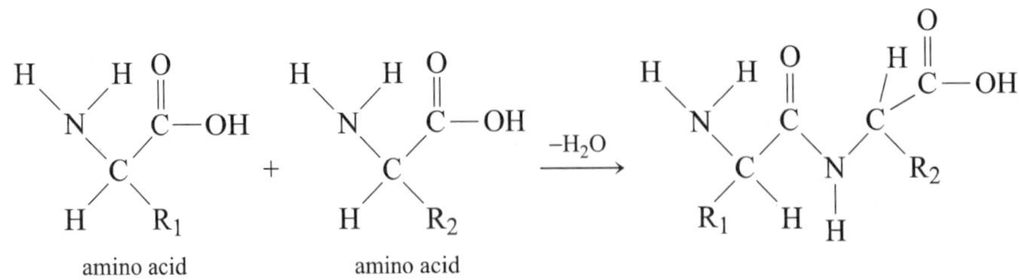

1차 구조는 더 높은 수준의 구조 (2차, 3차, 4차)를 일으키며 모든 효소는 고분자 사슬(또는 사슬들)의 3차원적 접힘(folded)구조를 가진다. 이와 같은 3차 구조는 아미노산 기의 일정한 배열을 형성시켜 이들이 촉매 반응에 대한 중심(활성점으로 정의한다.)으로 작용할 수 있게 한다. 효소 내의 활성점이 화학 반응을 수행하는 방법은 Vignette 4.2.1에 서술되어 있다.

Vignette 4.2.1

효소 반응성이란 말은 합성 촉매 물질에서의 반응성과는 다소 차이가 있다. 에밀 피셔(Emil Fischer)가 제안한 효소의 특이성에 대한 고전적인 자물쇠-열쇠 이론(rock and key theory)으로부터 코쉬랜드(Koshland)의 유발 맞춤 이론(induced fit model)에 이르기 까지 효소 촉매 반응은 다른 모든 촉매적 변형과 비교될 수 있는 표준을 정한다.

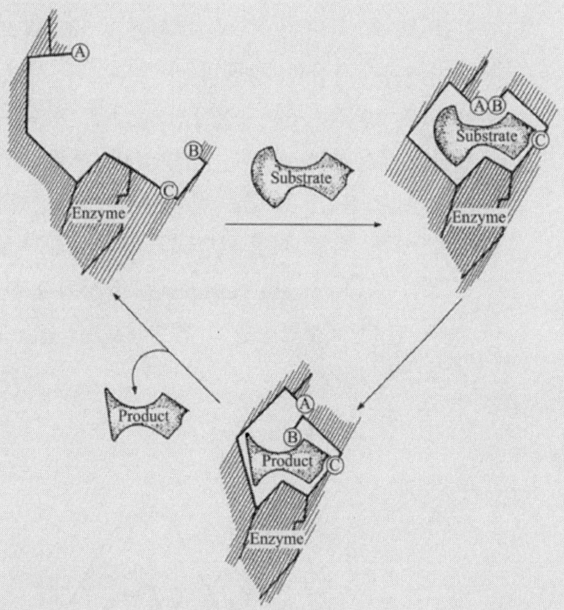

Figure 4.2.3 | Schematic model of the induced fit mechanism for enzyme catalysis. *A, B,* and *C* are particular functional groups in the enzyme binding site that must be properly aligned with the bound substrate for reaction to occur. The substrate binding induces a conformational change in the enzyme after which reaction of the bound complex takes place. Other conformational changes occur during the reaction of the substrate to produce the bound product. Desorption of the product returns the enzyme to its unbound conformation. [Adapted from D. E. Koshland, Jr., *Angew. Chem. Int. Ed. Engl.,* **33** (1994) 2375, with permission of WILEY-VCH Verlag GmbH and the author.]

코쉬랜드의 유발 맞춤 이론은 그림 4.2.3에 나타나 있다. 이 이론의 핵심적인 사항은 다음과 같다. (1) 촉매 반응이 일어날 수 있도록 아미노산 작용기의 정확한 3차원적 배치를 통해 적절한 반응물(기질)과 상호작용해야 한다. (2) 반응물의 결합(화학흡착)은 활성점에 있는 아미노산의 3차원적 형태에 적절한 변형을 가한다. (3) 기질결합에 의해 발생된 단백질 구조에서의 변화는 단백질 작용기와 기질 간의 적절한 배열을 유발하여 촉매 반응이 일어날 수 있게 한다. 비기질(nonsubstrate)은 결합할 수 있음에도 불구하고 반응할 수는 없는데 그 이유는 적절한 상호작용의 잘못된 배열 때문이다. 따라서 코쉬랜드가 말한 대로 이 과정은 '자물쇠－열쇠'맞춤이 아닌 유연성을 허용하는 '글러브안의 손'('hand-in glove')맞춤이다.

실제로 모든 효소는 결합하자마자 형태적 변화를 나타낸다. 기질이 효소의 특정 지역(영역)에 결합했을 때 열적 요동(fluctuation)은 두 번째 영역을 결합된 기질과 접촉하도록 하고 새롭게 형성된 상호작용이 소위 '닫힌' 또는 '결합된'형태를 안정화 시킨다.

단백질－기질 상호작용은 다양하며 연동된 염다리(interlocking salt bridge), 수소결합, 그리고 반데르발스 상호작용의 조합으로 구성되어 있으며 이를 통해 이들 상태의 안정성과 특이성을 설명할 수 있다. 이들 영역 폐쇄(domain closures)는 활성점으로부터 수분을 배척하게 된다. 이는 많은 효소반응들이 친핵체로서 물을 사용하지 않은 체 수용상

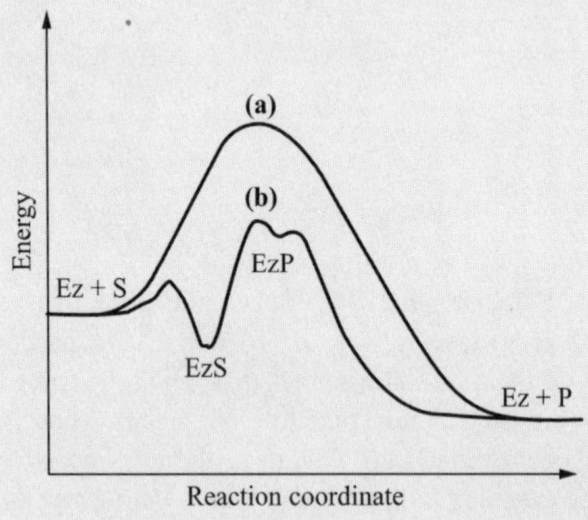

Figure 4.2.4 | Energy versus reaction coordinate. **(a)** Direct reaction, **(b)** enzyme catalyzed reaction.

에서 발생할 수 있는지에 대한 논거를 제공한다. '닫힌'상태는 물을 배제하고 촉매기의 적절한 위치를 제공할 뿐만 아니라 기질을 제한하고 반응 중간체의 이탈을 방지한다. 영역폐쇄는 빨리 이루어져야 한다. 왜냐하면 '열린'상태와 '닫힌'상태사이의 에너지 문턱이 크지 않기 때문이다. 또한 이들 상태는 단지 에너지에 있어서만 약간의 차이를 보이는 동적 평형상태에 있다. 이 개념에 있어서 중요한 점은 촉매 기와 결합기의 배열이 전이상태에 대해서 최적화된다는 것과 기질 결합 에너지가 공급되지 않는 경우 이러한 상태에 도달하는 것이 에너지측면에서 이롭지 못하다는 것이다.

그림 4.2.4는 단일-기질, 효소(*Ez*)-매개 반응에 대한 에너지 다이어그램을 개략적으로 나타낸 것이다. 적절한 기질 결합은 결합된(닫힌) 상태(*EzS*)가 자유 기질과 동적 평형을 이루게 한다. 영역 폐쇄가 이루어지게 되면 촉매 반응은 결합된 상태(*EzS*)를 단백질과 결합된 분자사이의 인력에 기여하는 단백질의 열린 상태(*EzP*)보다 에너지적으로 덜 안정한 상태로 이동시킬 수 있게 된다. 그러므로 촉매 반응에 대한 상한선이 영역 이동 속도에 의해 고정이 된다는 것이다. 열린 상태가 에너지 측면에서 더욱더 바람직하기 때문에 생성물은 탈착되어 효소를 열린 상태로 되돌릴 것이다.

라이너스 폴링에 의해 발전된 이론에 따르면 효소는 전이상태로의 활성화 에너지 문턱을 낮춤으로써 반응을 가속한다(그림 4.2.4참조). 이것이 이루어지는 방법은 앞서 설명한 복잡한 과정들을 포함한다. 초기에는 진화가 효소의 결합된(닫힌) 상태에 대하여 최적화된 효소를 선택해 왔다고 추측했었다. 그러나 코쉬랜드는 유발맞춤모델을 통해서 진화가 닫힌 열린상태와 닫힌상태 모두를 최적화할 수 있는 단백질을 선택해 왔다고 결론지었다. 효소 촉매반응에 대해 앞서 말한 것이 설명의 목적을 위해 단순화 되었다고는 하지만 필수적인 파라다임을 얻을 수 있다. 따라서 명백한 것은 극도로 복잡한 일련의 과정들을 통해 효소 촉매가 높은 활동도와 선택도를 가지게 되었다는 것이다.

Vignette 4.2.2

설탕(수크로즈)은 과당(과일에서 발견), 포도당(옥수수에서 발견), 그리고 유당(우유에서 발견)과 같은 자연에서 유래한 당 중의 하나이다. 현재 과당은 촉매반응으로 인하여 더욱더 맛이 달게 되었다.

포도당 이성질화 효소는 d-포도당을 d-과당으로 전환하는 효소이다.

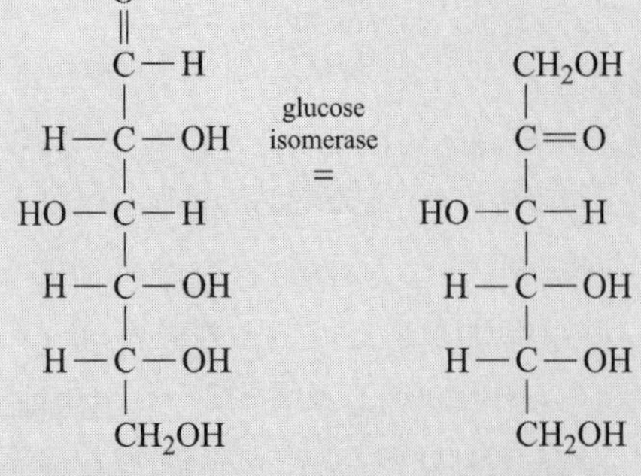

d-glucose **d-fructose**

포도당, 과당, 그리고 설탕은 모두 당이지만 모두 같은 당도를 갖지 않는다. 만일 설탕의 당도를 100으로 한다면 과당은 173이고 포도당은 74에 불과하다. 그러므로 코카콜라나 펩시콜라와 같은 제품은 현재 첨가물로서 과당을 사용한다. 이러한 과당은 옥수수로부터 생산된다. 옥수수 전분은 '디폴리머라이즈(depolymerized)' 되어 포도당 수용액을 만들고 이들은 포도당 이성질화효소에 의해 과당으로 전화된다. 이 효소는 세라믹 지지체에 고정화 되어 있다. 이 같은 불균질 효소는 촉매 1톤당 18톤 이상의 프룩토즈를 생산할 수 있게 한다.

효소가 촉매하는 반응에 대한 속도론을 서술하기 위하여 아래의 연속반응을 생각해보자.

$$Ez + S \underset{k_{-1}}{\overset{k_1}{\rightleftarrows}} EzS \underset{k_{-2}}{\overset{k_2}{\rightleftarrows}} EzP \xrightarrow{k_3} Ez + P$$

여기에서 Ez는 효소, S는 기질(반응물), EzS와 EzP는 효소가 결합된 복합체이며 P는 생성물이다. 이 연속반응에 대한 에너지 다이어그램은 그림 4.2.4에 제시되어 있다. 이 연속 반응을 서술하는데 사용되는 속도식은 다음과 같다.

$$\left.\begin{aligned} \frac{dC_S}{dt} &= -k_1 C_{Ez} C_S + k_{-1} C_{EzS} \\ \frac{dC_{EzS}}{dt} &= k_1 C_{Ez} C_S - k_{-1} C_{EzS} - k_2 C_{EzS} + k_{-2} C_{EzP} \\ \frac{dC_{EzP}}{dt} &= k_2 C_{EzS} - k_{-2} C_{EzP} - k_3 C_{EzP} \\ \frac{dC_P}{dt} &= k_3 C_{EzP} \end{aligned}\right\} \tag{4.2.21}$$

정상상태 근사를 반응성 중간체 C_{EzS}와 C_{EzP}에 적용하고 다음의 식을 이용하자.

$$C^0_{Ez} = C_{Ez} + C_{EzS} + C_{EzP} \tag{4.2.22}$$

여기에서 C^0_{Ez}는 기질이 없는 상태에서의 효소의 농도이다. 따라서 반응속도는

$$r = \frac{k_2k_3C^0_{Ez}C_S}{(k_2 + k_{-2} + k_3)\left[C_S + \dfrac{k_{-1}k_{-2} + k_{-1}k_3 + k_2k_3}{k_1(k_2 + k_{-2} + k_3)}\right]} \tag{4.2.23}$$

이 된다. 만일 생성물이 효소로부터 빠르게 해리된다면(즉, k_3가 k_2와 k_{-2}에 비해서 크다면) 간략화된 연속반응을 얻을 수 있다. 이는 효소 촉매 반응의 속도론을 모사하는데 가장 보편적으로 사용되는 반응식이다. 이 경우에 대해서는

$$Ez + S \underset{k_{-1}}{\overset{k_1}{\rightleftarrows}} EzS \xrightarrow{k_3} Ez + P$$

가 되고 이때 사용되는 속도식은 다음과 같다.

$$\left.\begin{aligned} \frac{dC_S}{dt} &= -k_1C_SC_{Ez} + k_{-1}C_{EzS} \\ \frac{dC_{EzS}}{dt} &= k_1C_SC_{Ez} - k_{-1}C_{EzS} - k_3C_{EzS} \\ \frac{dC_P}{dt} &= k_3C_{EzS} \end{aligned}\right\} \tag{4.2.24}$$

여기에서

$$C^0_{Ez} = C_{Ez} + C_{EzS} \tag{4.2.25}$$

이다. C_{EzS}에 대해서 정상상태 근사를 적용하면

$$C_{EzS} = \frac{k_1C_SC_{Ez}}{(k_{-1} + k_3)} = \frac{C_SC_{Ez}}{K_m} \tag{4.2.26}$$

가 되고 이때

$$K_m = \frac{k_{-1} + k_3}{k_1} \tag{4.2.27}$$

이 된다. K_m을 마이켈리스 상수(Michaelis constant)라고 하며 이는 효소에 대한 기질의 친화력을 측정하는 수단이 된다. 만일 $k_{-1} \gg k_3$일 경우 $K_m = k_{-1}/k_1$ 또는 효소에 대한 해리상수가 된다. 식 (4.2.25)를 식 (4.2.26)과 연립하여 사용하면 C_{EzS}를 측정가능한 양인 C^0_{Ez}와 C_S의 항으로 표현할 수 있다.

$$C_{EzS} = \frac{C^0_{Ez}C_S - C_{EzS}C_S}{K_m}$$

또는

$$C_{EzS} = \frac{C^0_{Ez} C_S}{K_m + C_S} \tag{4.2.28}$$

식 (4.2.28)을 dC_P / dt에 대한 식에 대입하면

$$\frac{dC_P}{dt} = \frac{k_3 C^0_{Ez} C_S}{K_m + C_S} \tag{4.2.29}$$

가 된다. 만일 $r_{max} = k_3 C^0_{Ez}$ 라고 하면 식 (4.2.29)는 다음과 같이 쓸 수 있다.

$$\frac{dC_P}{dt} = -\frac{dC_S}{dt} = \frac{r_{max} C_S}{K_m + C_S} \tag{4.2.30}$$

이와 같은 형태의 속도식을 마이켈리스－멘텐(Michaelis-Menten) 형태라고 하며 효소가 촉매하는 반응을 서술하는데 널리 사용된다. 아래의 예제는 실험적인 속도 데이터로부터 r_{max}과 K_m을 얻기 위한 선형회귀분석의 적용 사례에 대해 설명하고 있다.

예제 4.2.4 Para와 Baratti[*Biocatalysis*, **2** (1988) 39]는 고분자 젤에 고정화된 *E. herbicola*로부터 세포를 취하여 카테콜(catechol)을 *L*－도파(*L*-dopa)로 만드는 반응을 촉진하였다.

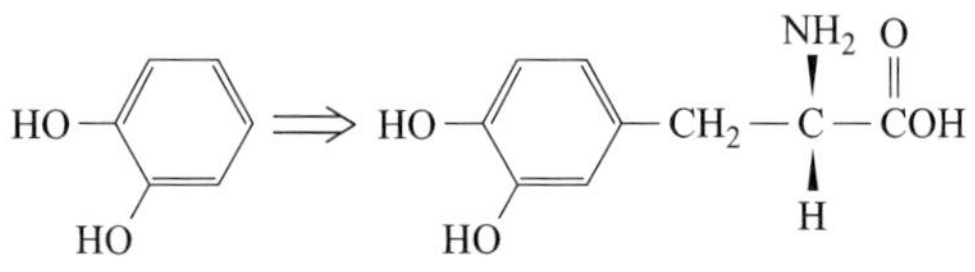

Catechol　　*L*-dopa (levodopa)

아래의 데이터가 마이켈리스－멘텐 모델에 적합한가?

데이터 : 카테콜의 초기 농도는 0.0270 M이며 데이터는 다음과 같다.

Time (h)	Catechol conversion (%)
0.00	0.00
0.25	11.10
0.50	22.20
0.75	33.30
1.00	44.40
1.25	53.70
1.50	62.60
2.00	78.90
2.50	88.10
3.00	94.80
3.50	97.80
4.00	99.10
4.50	99.60
5.00	99.85

해 답

다음에 주목하라.

$$\left[-\frac{dC_S}{dt}\right]^{-1} = \frac{K_m}{\mathrm{r}_{\max}C_S} + \frac{1}{\mathrm{r}_{\max}}$$

만일 $\left[-\frac{dC_S}{dt}\right]^{-1}$ 을 $1/C_S$의 함수로서 도시하면 데이터는 기울기 = $K_m/\mathrm{r}_{\max}$ 와 y절편 = $1/\mathrm{r}_{\max}$인 직선이 되어야 한다. 이런 타입의 플롯을 린위버-버크 플롯(Lineweaver-Burk plot)이라 부른다. 우선, 아래의 데이터로부터 시간에 대한 C_S (카테콜) 데이터를 도시한다. [$C_S = C_S^0(1-f_S)$임을 주목.]

Time (h)	C_S(M)
0.00	0.027000
0.25	0.024003
0.50	0.021006
0.75	0.018009
1.00	0.015012
1.25	0.012501
1.50	0.010098
2.00	0.005697
2.50	0.003213
3.00	0.001404
3.50	0.000594
4.00	0.000243
4.50	0.000108
5.00	0.000041

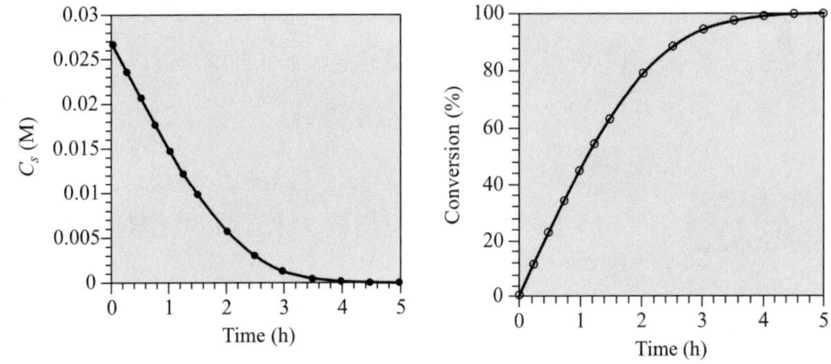

시간에 대한 C_S데이터로부터 dC_S/dt가 계산될 수 있으며 아래와 같이 도시될 수 있다. 추가적으로 린위버-버크 플롯이 구성될 수 있으며 다음과 같이 나타내었다.

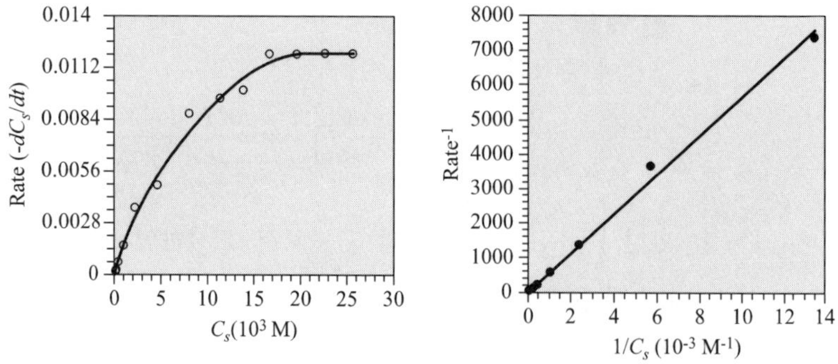

린위버-버크 플롯으로부터 주어진 데이터는 마이켈리스-멘텐 속도 규칙을 따름을 알 수 있으며 기울기와 절편으로부터 다음의 값을 알 수 있다.

$$K_m = 6.80 \times 10^{-3}\ \frac{\text{kmol}}{\text{m}^3} \quad \text{and} \quad r_{max} = 1.22 \times 10^{-2}\ \frac{\text{kmol}}{\text{m}^3\text{-hr}}$$

위의 예제는 린위버-버크 플롯의 사용법을 설명하였다. 린위버-버크 해석에 있어 K_m과 r_{max}를 결정하기 위한 많은 데이터들은 높은 전환율에서의 농도로부터 비롯됨을 알 수 있다. 이들 데이터는 보편적으로 사용되는 분석 기술(예, 크로마토그래피, UV-흡광도)을 이용하여 결정하기 어려우므로 낮은 전환율에서 얻어진 데이터보다 큰 오차를 포함한다. 이런 타입의 데이터를 해석하기 위한 더 좋은 방법은 변환되지 않는 데이터에 대한 비선형 회귀분석을 하는 것이다(비선형 회귀분석에 대해서는 부록 B에 간략하게 소개되어 있다). 비선형 회귀분석을 위한 많은 컴퓨터 프로그램과 소프트웨어 패키지를 구할 수 있다. 이 방법을 린위버-버크 플롯을 대신할 수 있는 방법으로 제시한다. 비선형 근사를 사용과 관련된 사항에 대해서는 다음 예제에서 설명한다.

예제 4.2.5 예제 4.2.4에 주어진 데이터를 사용하여 비선형 회귀분석을 통해 K_m과 r_{max}를 구하시오.

해 답

마이켈리스-멘텐 모델에 대한 비선형 최소 자승 맞춤에 대한 결과는 아래에 제시되어 있다.

비선형 최소 자승법을 수행하기 위해서는 초기값 추측(initial guesses)이 필요하므로 세 가지 서로 다른 초기값 추측을 시도하였다.

Fitting method	Initial values r_{max} (kmol/m^3-hr)	Initial values K_m (kmol/m^3)	Result r_{max} (kmol/m^3-hr)	Result K_m (kmol/m^3)	Relative error[1]
Non-linear fitting	0	0	$(1.68\pm0.09)\times10^{-2}$	$(8.51\pm1.19)\times10^{-3}$	5.4%
Non-linear fitting	1	1	$(1.68\pm0.09)\times10^{-2}$	$(8.51\pm1.19)\times10^{-3}$	5.4%
Non-linear fitting	1.22×10^{-2}	6.80×10^{-3}	$(1.68\pm0.09)\times10^{-2}$	$(8.51\pm1.19)\times10^{-3}$	5.4%
Lineweaver-Burk	—	—	1.22×10^{-2}	6.80×10^{-3}	15.2%

[1]Relative error $= \sqrt{\sum\left(\text{rate} - \dfrac{r_{max}C_s}{K_m + C_s}\right)^2 \Big/ \sum(\text{rate})^2}$

(1) (0,0), (2) (1,1), 그리고 (3) 은 예제 4.2.4에서 얻은 린위버－버크 플롯에서 얻은 값을 사용하였다. 세가지 초기값 추측을 통해 얻은 결과는 모두 같았다(그러므로 같은 상대오차를 가짐). 비선형 분석으로부터 얻은 값과 선형회귀분석으로부터 얻은 값에는 큰 차이가 있음을 알 수 있다. 만일 해가 아래에서 제시된 실험 데이터와 플롯된다면 린위버－버크 해석법은 데이터를 잘 맞출 수 없다.

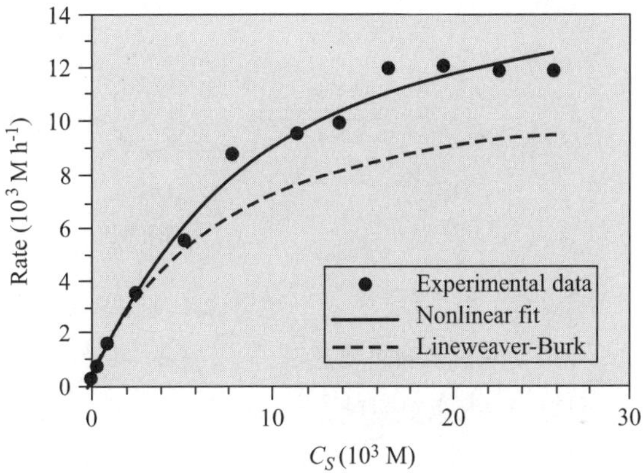

그러나 해가 (속도)가 아닌 (속도)$^{-1}$으로 플롯된다면 그 결과는 다음과 같다

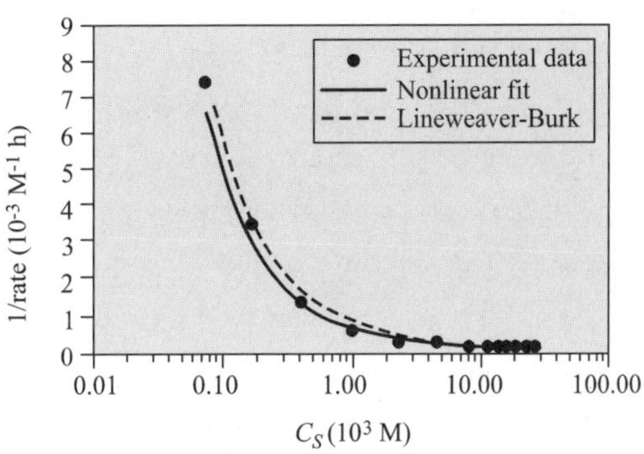

따라서 린위버-버크 방법은 (속도)가 아닌 (속도)$^{-1}$의 거동을 서술한다. 이 예제는 비선형 최소 자승법의 사용법과 얻어진 해에 대한 어떤 신뢰성을 제공하기 위하여 초기값 추측이 어떻게 이루어지는지를 보여준다. 또한 이 예제는 린위버-버크 방법과 관련된 문제를 설명한다.

Vignette 4.2.3

파킨슨씨병은 중추신경계 질환으로써 자율운동이 느려지고 떨리는 증상을 수반한다. 이 병의 원인은 신경전달체인 *L*-노르에피네프린(norepinephrine)과 관련되어 있다. 신경세포에서 *L*-도파는 도파민(dopamine)으로 전환된 후 아래의 두 가지 효소 촉매를 사용하여 *L*-노르에피네프린으로 바뀐다.

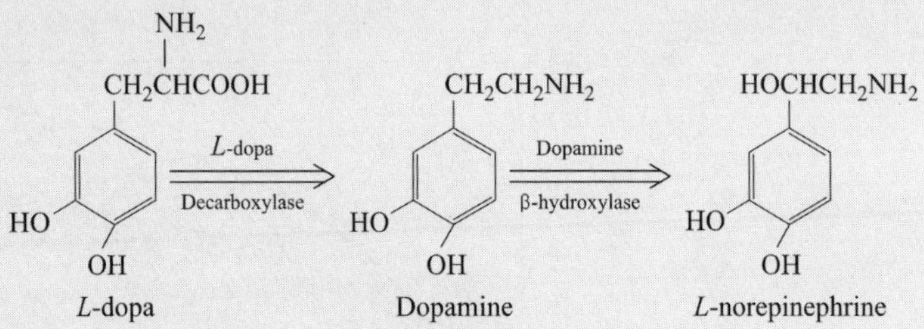

신경사이의 시냅스(접합부위)와 신경과 근육의 접합부위에서 신경 자극은 *L*-노프에피네프린의 방출을 자극하여 수용체에 결합된 접합부위를 통해 확산된다.

그 후 결합 작용은 다른 신경자극이나 근육운동(수축 또는 이완)을 자극하게 된다. 파킨슨씨병을 가진 환자는 도파민이 부족하다고 알려져 있다. 그러나 도파민은 혈액-뇌 차단층(blood-brain barrier)을 통과할 수 없기 때문에 파킨슨씨병의 증상을 밝히기 위한 측정수단으로서 인정될 수 없다. 도파민이 혈액-뇌 차단층을 통과할 수 없지만 *L*-도파는 통과할 수 있다. 이러한 *L*-도파의 특성으로 인해 파킨슨씨 병 치료를 위한 *L*-도파의 필요성이 발생한다.

L-도파는 하나의 키랄 중심(chiral center)을 가진다. 1970년대 까지 단지 효소만이 키랄 분자를 생산할 수 있었다. 1970년대에 몬산토사에서 근무하는 사람들이 최초로 키랄 분자의 합성을 위한 비생물 촉매를 개발하였다. 몬산토 그룹은 아래에 있는 촉매가 다음의 수소첨가 반응을 촉진할 수 있음을 보였다.

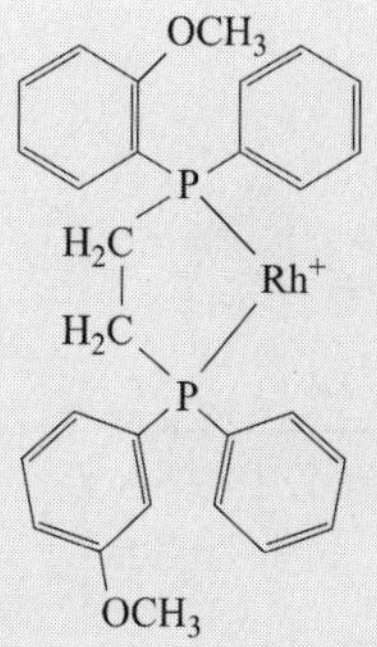

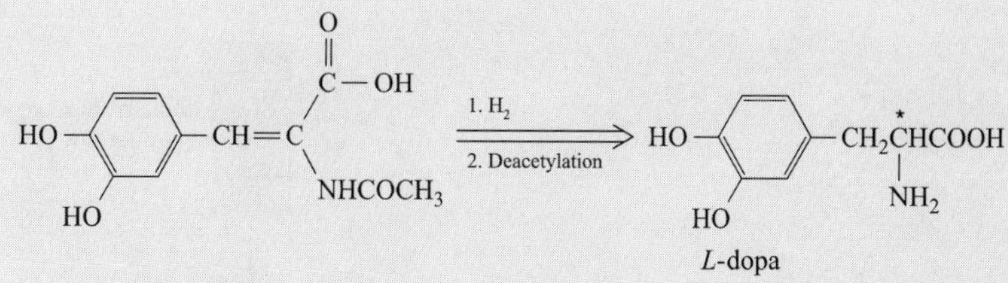

여기에서 $\overset{*}{C}$ 원자는 키랄 중심 이다. 따라서 합성 촉매는 최종적으로 키랄 반응을 수행할 수 있게 된다. 촉매 과학과 기술에 있어 이와 같은 커다란 발견은 현재 파킨슨 씨 병을 치료하는데 전 세계적으로 널리 사용되고 있는 L－도파의 합성공정에 기여하였다.

4.3 이완 방법

앞 절에서 정상상태 근사를 정의하고 설명하였다. 이와 같은 근사는 살펴보고자 하는 특정 계에 대한 특성이 되는 이완시간 이후에 성립된다는 것을 보였다. 계를 교란하고 회복시간을 관찰함으로써 연속 반응에 대한 속도론적 매개변수를 얻을 수 있다. 예를 들어, $A \xrightarrow{k_1} B \xrightarrow{k_2} C$ 에서 $k_1 \ll k_2$일 때 이완시간은 k_2^{-1}임을 알 수 있다. 따라서 이완 방법은 특정 연속반응에서의 속도론적 매개변수를 결정하는데 있어 매우 유용하다.

다음과 같은 간단한 경우를 생각해보자.

$$\mathrm{A} \underset{k_{-1}}{\overset{k_1}{\rightleftarrows}} B \tag{4.3.1}$$

$A \to B \to C$에 대해서 앞 절에서 설명한 방법을 적용하면 식 (4.3.1)에서의 네트

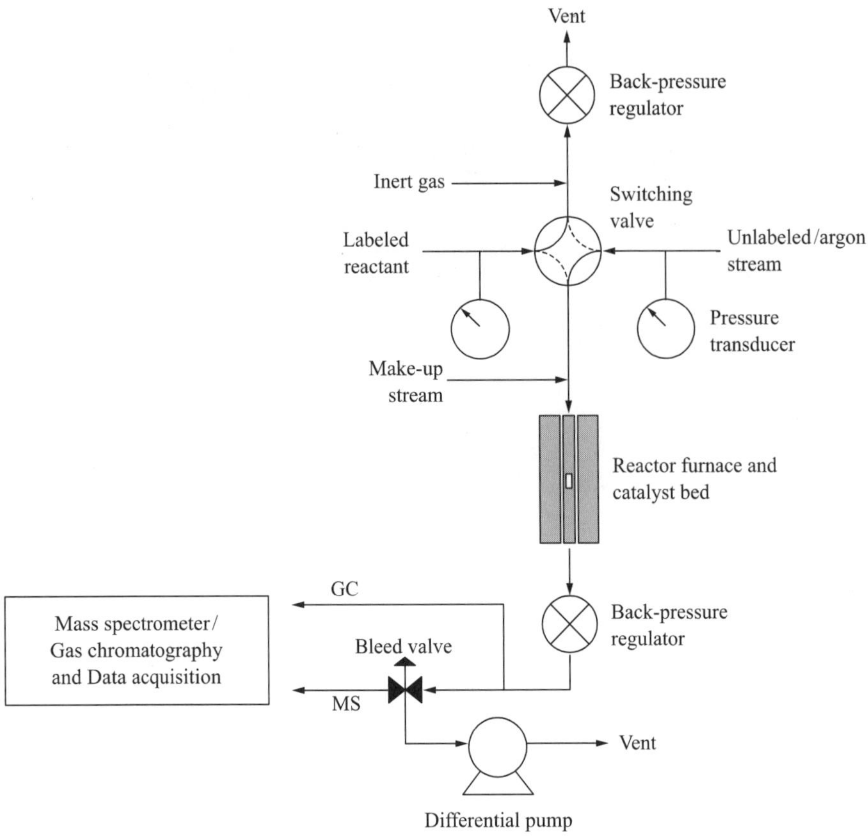

(a)

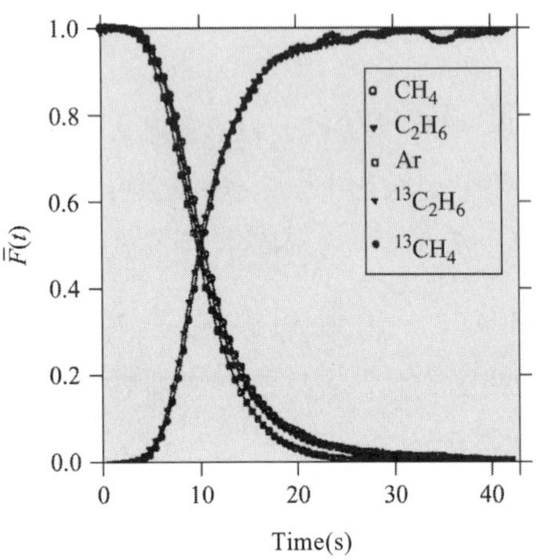

(b)

Figure 4.3.1 |
(a) Schematic of apparatus used for isotopic transient kinetic analysis and **(b)** transients during ethane hydrogenolysis on Ru/SiO_2 at 180C. (Figure from "Isotopic Transient Kinetic Analysis of Ethane Hydrogenolysis on Cu modified Ru/SiO_2" by B. Chen and J. G. Goodwin in *Journal of Catalysis,* vol. 158:228, copyright 1996 by Academic Press, reproduced by permission of the publisher and the author.) (t) in **(b)** represents the concentration of a species divided by its maximum concentration at any time.

워크에 대한 이완시간은 다음과 같다.

$$\frac{1}{t_r} = k_1 + k_{-1} \qquad (4.3.2)$$

평형으로부터 A 또는 B의 농도에 교란을 주게 되면 계가 다시 평형으로 돌아오기 위한 이완이 발생한다. 왜냐하면

$$K_a = k_1/k_{-1} \qquad (4.3.3)$$

이고 K_a는 A와 B에 대한 깁스 함수(Gibbs function)로부터 계산될 수 있으므로 t_r을 실험적으로 결정하게 되면 식 (4.3.2)와 (4.3.3)을 이용하여 k_1과 k_{-1}을 알 수 있게 된다. t_r의 크기 자리 수에 따라서 실험하는 사람은 t_r보다 작은 분석에 대한 시간 상수를 갖는 분석 기술을 선택해야 한다. 매우 빠른 반응의 경우 이것이 문제가 될 수 있다.

이완시간을 결정하기 위한 특별히 유용한 방법 중에는 흐름 반응기의 사용이나 표지된 성분(labeled compound)을 사용하는 방법이 있다. 예를 들어 아래의 반응이 고체 촉매 상에서 진행된다고 하자.

$$CO + 3H_2 \Rightarrow CH_4 + H_2O$$

정상상태 조건에서 모든 다른 공정변수들(예를 들어 온도, 유속)을 일정하게 유지시킨 상태에서 ^{12}CO를 ^{13}CO로 바꿀 수 있다. 반응기의 출구쪽은 질량 분광기를 이용하여 연속적으로 모니터할 수 있다.

$^{12}CH_4$농도의 감소와 $^{13}CH_4$농도의 증가는 이 계에 대한 속도론적 매개변수를 제공할 수 있다. 이 방법이 바로 전형적인 '동위원소 전이 속도론 해석법'(isotopic transient kinetic analysis)이다.

그림 4.3.1a는 Ru / SiO_2촉매반응 상에서 에탄의 수소첨가분해반응(hydrogenolysis)에 대한 정상상태 동위원소 전이 속도론 해석법을 수행할 수 있는 장치의 개략도를 보여주고 있다.

$$CH_3CH_3 + H_2 \Rightarrow 2CH_4$$

이 실험에서 얻을 수 있는 데이터의 형태에 대한 예시가 그림 4.3.1b에 제시되어 있다. 속도론적 상수는 단순 가역 1차계에 대하여 앞에서 제시된 해석법을 이용하여 이들 데이터로부터 계산될 수 있다 [식 (4.3.1)].

연 습 문 제

1. N_2O_5는 다음과 같이 분해 된다.

$$2N_2O_5 \Rightarrow 4NO_2 + O_2$$

반응속도는 실험적으로 다음과 같다.

$$r = \frac{d[O_2]}{dt} = k[N_2O_5]$$

아래의 연속반응이 실험에서 관찰된 속도식 표현과 동일함을 보여라.

$$N_2O_5 \underset{k_{-1}}{\overset{k_1}{\rightleftharpoons}} NO_2 + NO_3$$

$$NO_2 + NO_3 \xrightarrow{k_2} NO_2 + O_2 + NO$$

$$NO + NO_3 \xrightarrow{k_3} 2NO_2$$

2. 자유 라디칼 사슬 반응에 대한 예로서 아세트알데하이드(CH_3CHO)가 메탄과 일산화탄소로의 분해를 들 수 있다. 전체 반응은 아래의 연속 반응 단계를 통해 발생하는 것으로 알려져 있다.

$$CH_3CHO \xrightarrow{k_i} CH_3\bullet + CHO\bullet$$

$$CH_3CHO + CH_3\bullet \xrightarrow{k_2} CH_4 + CH_3CO\bullet$$

$$CH_3CO\bullet \xrightarrow{k_3} CO + CH_3\bullet$$

$$CH_3\bullet + CH_3\bullet \xrightarrow{k_t} C_2H_6$$

자유라디칼 종은 ·로 표시하였다. 이 경우에, 첫 번째 반응에서 형성된 자유 라디칼 CHO·는 속도론적으로 별로 중요하지 않다. 아세트알데하이드의 분해에 대한 타당한 속도 표현식을 유도하시오. 풀이과정에 필요한 모든 가정들도 서술하시오.

3. 자유 라디칼 중간체를 통해 진행되는 화학반응은 연속반응중에서 분지 단계(branching step)가 존재할 경우 폭발할 수 있다. 개시제 ***I***와 자유라디칼 ***R***의 1차

종결을 가진 $A \Rightarrow B$의 전체반응을 생각해보자.

$$I \xrightarrow{k_1} \boldsymbol{R} \qquad \text{(개시)}$$
$$\boldsymbol{R} + A \xrightarrow{k_2} B + \boldsymbol{R} \qquad \text{(전개)}$$
$$\boldsymbol{R} + A \xrightarrow{k_3} B + \boldsymbol{R} + \boldsymbol{R} \qquad \text{(분지)}$$
$$\boldsymbol{R} \xrightarrow{k_4} \text{side product} \qquad \text{(종결)}$$

분지 단계에서는 하나의 자유라티칼이 소비됨에 따라 두 개의 자유라티칼이 생성됨을 주목하라.

(a) 폭발이 일어나는 A의 농도를 구하시오.

(b) 만일 반응이 폭발 한계 아래에서 진행될 경우 전체 반응에 대한 속도 표현식을 유도하시오.

4. 공급물 내에 존재하는 분자들은 효소에 의해 촉진되는 어떤 반응을 저해한다. 이 문제에서는 저해에 대한 속도론을 살펴본다(M. L. Shuler and F. Kargi, *Bioprocess Engineering, Basic Concepts,* Prentice Hall, Englewood Cliffs, NJ, 1992로부터).

(a) 경쟁적 저해재(competative inhibitor)는 종종 기질과 유사하므로 효소의 활성점에 대해 기질과 경쟁 관계에 있다. 기질 S와 저해제 I의 결합이 평형에 있다고 가정할 때 관련된 반응은 아래와 같이 요약할 수 있다.

$$Ez + S \overset{K_m}{\rightleftarrows} EzS \xrightarrow{k_2} Ez + P$$
$$Ez + I \overset{K_i}{\rightleftarrows} EzI$$

생성물 형성 속도가 다음과 같이 됨을 증명하시오.

$$\mathrm{r} = \frac{\mathrm{r}_{\max} C_S}{K_m\left[1 + \dfrac{C_I}{K_i}\right] + C_S}$$

(b) 비경쟁적 저해재(uncompetitive inhibitor)는 자유 효소와는 결합하지 않지만 효소-기질 복합체와 반응하게 된다. 비경쟁적 저해재에 대한 다음의 반응을 생각해보자.

$$Ez + S \overset{K_m}{\rightleftarrows} EzS \xrightarrow{k_2} Ez + P$$
$$EzS + I \overset{K_i}{\rightleftarrows} EzSI$$

생성물 형성 속도가 다음과 같이 됨을 증명하시오.

$$r = \frac{\dfrac{r_{max}}{\left(1 + \dfrac{C_I}{K_i}\right)} C_S}{\dfrac{K_m}{\left(1 + \dfrac{C_I}{K_i}\right)} + C_S}$$

(c) 반경쟁적 저해재(noncompetitive inhibitor)는 효소의 활성점이 아닌 곳에 결합하여 효소의 기질에 대한 친화도를 떨어트린다. 반경쟁적 효소 저해는 다음의 반응들에 의해 서술될 수 있다.

$$Ez + S \underset{}{\overset{K_m}{\rightleftharpoons}} EzS \xrightarrow{k_2} Ez + P$$

$$Ez + I \overset{K_i}{\rightleftharpoons} EzI$$

$$EzS + I \overset{K_i}{\rightleftharpoons} EzSI$$

$$EzI + S \overset{K_m}{\rightleftharpoons} EzSI$$

마이켈리스 상수 K_m은 저해재 I로 인해서 영향 받지 않는다고 가정한다. 마찬가지로 K_i도 기질 S로 인한 영향은 없다고 가정한다. 생성물 형성에 대한 속도식이 다음과 같음을 보이시오.

$$r = \frac{r_{max}}{\left(1 + \dfrac{C_I}{K_i}\right)\left(1 + \dfrac{K_m}{C_S}\right)}$$

(d) 높은 기질 농도는 효소 반응을 저해할 수 있다. 기질저해에 대한 반응이 아래와 같이 주어져 있다.

$$Ez + S \overset{K_m}{\rightleftharpoons} EzS \xrightarrow{k_2} Ez + P$$

$$EzS + S \overset{K_{Si}}{\rightleftharpoons} EzS_2$$

생성물 형성에 대한 속도식이 다음과 같음을 보이시오.

$$r = \frac{r_{max} C_S}{K_m + C_S + \dfrac{C_S^2}{K_{Si}}}$$

5. 효소는 두 개의 기질에 의한 반응을 통해 생성물을 형성하는 반응에 더 보편적으로 관련된다. 이 문제에서 다음과 같은 비가역 효소 전환에 대한 '핑퐁 바이바이(ping pong bi bi)' 메커니즘의 특별한 경우에 대해 해석하시오 [W. W. Cleland, *Biochim. Biophys. Acta*, **67** (1963) 104].

$$A + B \Longrightarrow P + W$$

위 반응은 다음과 같이 단순화된 연속 반응을 통해 일어난다.

$$Ez + A \underset{}{\overset{K_{mA}}{\rightleftarrows}} EzA \xrightarrow{k_2} Ez' + P$$

$$Ez' + B \underset{}{\overset{K_{mB}}{\rightleftarrows}} Ez'B \xrightarrow{k_4} Ez + W$$

여기에서 Ez'는 기질 A가 효소와 결합하여 생성물 P를 만들어낸 후에도 A의 일부를 여전히 포함하고 있는 효소를 말한다. 자유 효소는 생성물 W를 만들어낸 후에 재생된다. 정상상태 근사를 사용하여 생성물 형성에 대한 속도식이 다음과 같음을 증명하시오.

$$r = \frac{r_{max} C_A C_B}{C_A C_B + K_\alpha C_A + K_\beta C_B}$$

여기에서 K_α, K_β, 그리고 r_{max}은 적절한 상수들이다.

힌트 : $C_{Ez}^0 = C_{Ez} + C_{EzA} + C_{Ez'} + C_{Ez'B}$이고 $dC_P/dt = dC_W/dt$이다.

6. Mensah 등은 라이페이즈(lipase) 효소를 이용하여 프로피온산(P)과 아이소아밀 알콜(A)을 아이소아밀 프로피오네이트와 물로 에스테르화 시키는 연구를 하였다 [P. Mensah, J. L. Gainer, and G. Carta, *Biotechnol. Bioeng.*, **60** (1998) 434]. 생성물 에스터는 유쾌한 과일향을 가지고 있으며 향수나 화장품에 사용된다. 이와 같은 효소 촉매 반응은 아래와 같다.

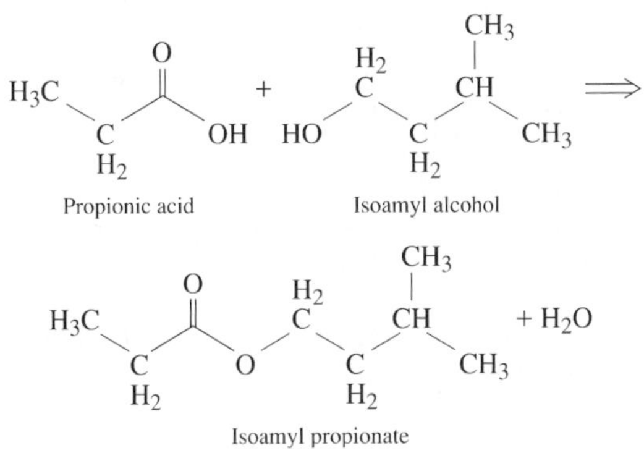

이 반응은 기질 저해를 가진 핑퐁 바이 바이 메커니즘을 통해 진행된다. 정방향 반응속도에 대한 속도 표현은 다음과 같다.

$$r = \frac{r_{max} C_P C_A}{C_P C_A + K_1 C_P \left(1 + \frac{C_P}{K_{Pi}}\right) + K_2 C_A}$$

아래에 제시된 초기 속도 데이터를 가지고 비선형 회귀분석을 하여 r_{max}, K_1, K_2, 그리고 K_{Pi}값을 구하시오. 회귀분석을 함에 있어 서로 다른 초기 값을 사용하여 확인하시오. 실험데이터와 모델을 비교하는 적절한 플롯을 제시하시오.

Initial rate data for esterification of propionic acid and isoamyl alcohol in hexane with Lipozyme-IM (immobilized lipase) at 24℃.

C_P(mol L^{-1})	C_A(mol L^{-1})	Rate(mmol h^{-1} g^{-1})
0.15	0.10	1.19
0.15	0.20	1.74
0.15	0.41	1.92
0.15	0.60	1.97
0.15	0.82	2.06
0.15	1.04	2.09
0.33	0.10	0.90
0.33	0.11	1.00
0.33	0.20	1.29
0.33	0.41	1.63
0.33	0.60	1.88
0.33	0.81	1.94
0.33	1.01	1.97
0.60	0.13	0.80
0.60	0.13	0.79
0.60	0.20	1.03
0.60	0.42	1.45
0.60	0.62	1.61
0.60	0.83	1.74
0.60	1.04	1.89
0.72	0.14	0.73
0.72	0.20	0.90
0.72	0.41	1.27
0.72	0.61	1.51
0.72	0.82	1.56
0.72	0.85	1.69
0.72	1.06	1.75
0.93	0.21	0.70
0.93	0.42	1.16
0.93	0.65	1.37
0.93	0.93	1.51
0.93	1.13	1.70

From P. Mensah, J. L. Gainer, and G. Carta, *Biotechnol. Bioeng.*, **60** (1998) 434.

7. 연소 시스템은 대기 오염물질의 주요한 배출원이다. 탄화수소 연료의 산화는 종종 2000K이 넘는 온도에서 빠르게(수 밀리초 이내) 그리고 단열조건에서 진행되어 H/C/O종(CO_2, H_2O, O_2, CO, H, OH, O 등)간의 평형을 이루게 된다. 이와 같이 높은 온도에서는 상당한 발열을 수반한 N_2의 산화가 중요하게 대두된다.

$$N_2 + O_2 = 2NO \qquad \Delta H_r = 180.8\ (\text{kJ mol}^{-1})$$

위와 같은 산화 반응이 발생하는 반응 메커니즘의 시작은 O가 N_2와 만나면서 시작된다.

$$N_2 + O \underset{k_{-1}}{\overset{k_1}{\rightleftarrows}} NO + N$$

여기에서 반응속도 상수는 다음과 같다.

$$k_1 = 1.8 \times 10^8 e^{-38400/T} \qquad (\text{m}^3\ \text{mol}^{-1}\text{s}^{-1})$$
$$k_{-1} = 3.8 \times 10^7 e^{-425/T} \qquad (\text{m}^3\ \text{mol}^{-1}\text{s}^{-1})$$

산소 라디칼은 주요한 연소 생성물과 함께 평형농도에서 존재한다. 즉

$$1/2\ O_2 \ominus O \qquad K_O = 2170\ e^{-30000/T}\ (\text{atm}^{1/2})$$

반응성이 매우 큰 N은 O_2와 반응한다.

$$N + O_2 \underset{k_{-2}}{\overset{k_2}{\rightleftarrows}} NO + O$$

$$k_2 = 1.8 \times 10^4\ Te^{-4680/T} \qquad (\text{m}^3\ \text{mol}^{-1}\text{s}^{-1})$$
$$k_{-2} = 3.8 \times 10^3\ Te^{-20800/T} \qquad (\text{m}^3\ \text{mol}^{-1}\text{s}^{-1})$$

(a) 탄화수소 연료에 비해 과도한 공기가 존재하는 조건하에서 연소가 이루어질 경우 연소 생성물 중 NO의 생성에 대한 속도식을 유도하시오. 이 반응속도식을 NO와 주요한 성분(O_2와 N_2)의 농도 항으로 표현하시오.

(b) 기체가 오랜 시간동안 고온으로 유지된다면 얼마나 많은 NO가 형성되었는가? 이 때 NO의 농도는 평형농도와 어떤 관계가 있는가?

(c) 점근(asymptotic) 농도에 도달하기 위해 요구되는 시간은 얼마인가?
(캘리포니아 공대의 Richard Flagan이 제공하였음)

8. 자유 라디칼이 포함된 다음과 같은 일련의 기초 반응단계를 통해 H_2와 Br_2가 반응하여 HBr을 형성한다.

$$\mathrm{Br} + \mathrm{H_2} \underset{k_{-1}}{\overset{k_1}{\rightleftarrows}} \mathrm{HBr} + \mathrm{H}$$

$$\mathrm{H} + \mathrm{Br_2} \xrightarrow{k_2} \mathrm{HBr} + \mathrm{Br}$$

$$\mathrm{Br_2} \overset{K_3}{\rightleftharpoons} 2\mathrm{Br}$$

브롬 라디칼이 Br_2과 평형을 이루고 있다는 사실을 이용하여 아래와 같은 속도 표현식을 유도하시오.

$$r = \frac{\bar{\alpha}_1[\mathrm{Br_2}]^{1/2}[\mathrm{H_2}]}{1 + \bar{\alpha}_2\left(\dfrac{[\mathrm{HBr}]}{[\mathrm{Br_2}]}\right)}$$

9. 연습문제 8의 연속으로서 대기압, 600K, 그리고 50 %의 전화율에서 HBr반응이 진행되는 동안 존재하는 H라디칼의 농도를 계산하시오. 각 기초 반응 단계에 대한 반응속도 상수와 평형 상수는 600K에서 다음과 같이 주어져있다.

$$k_1 = 1.79 \times 10^7 \ \mathrm{cm^3\ mol^{-1}\ s^{-1}}$$
$$k_{-1} = 8.32 \times 10^{12} \ \mathrm{cm^3\ mol^{-1}\ s^{-1}}$$
$$k_2 = 9.48 \times 10^{13} \ \mathrm{cm^3\ mol^{-1}\ s^{-1}}$$
$$K_3 = 8.41 \times 10^{-17} \ \mathrm{mol\ cm^{-3}}$$

10. B가 반응 중간체로 있는 다음의 직렬반응을 생각해보자.

$$A \xrightarrow{k_1} B \xrightarrow{k_2} C$$

본 교재에서 논의했던 대로, 정상상태 근사는 반응 중간체와 관련된 이완 시간 이후에만 적용할 수 있다. 여러 k_1 / k_2값 (0.5, 0.1, 0.05)과 $k_2 = 0.1\mathrm{s}^{-1}$에 대하여 $\bar{\varepsilon}$(정상상태 값으로부터 중간체 농도를 뺀 것) 의 시간에 대한 관계를 플롯하시오.

(a) $k_1 = k_2$일 때, 그리고 (b) $k_1 > k_2$일 때 무슨 일이 발생하는가?

CHAPTER 5

비균일계 촉매반응

5.1 서 론

촉매반응(또는 촉매작용)(catalysis) 이라는 것은 그 자신이 소모되지 않고 화학반응을 촉진하는 물질의 특성을 기술하기 위하여 1835년에 Baron J. J. Berzelius에 의해서 만들어진 용어이다. 넓은 의미에서 촉매반응의 정의는 반응 속도를 늦춰주는 물질에 대해서도 적용된다. 촉매는 반응속도에 큰 영향을 주지만 반응물과 생성물의 평형조성은 여전히 열역학적 성질에 의해서만 결정된다. 비균일계 촉매(*nonheterogeneou*s catalysts)는 반응 동안에 또 다른 상(phase)이 존재한다는 점에서 균일계 촉매(*homogeneous* catalysts)와 차이가 난다. 균일계 촉매는 반응물과 생성물이 존재하는 상과 같은 상에(주로 액상) 존재하는 반면, 비균일계 촉매는 다른 상에 존재한다(주로 고체상). 비균일계 촉매를 사용할 경우, 주요한 장점은 촉매를 생성물로부터 분리하기 쉽다는 것이며 이것은 연속 화학반응 공정을 가능하게 해준다. 또한 비균일계 촉매는 균일계 촉매계에 비해서 극단적인 운전조건에 더 잘 견딘다.

비균일계 촉매 반응은 유체상(fluid phase)으로부터 고체 표면으로의 반응물의 흡착, 흡착된 성분들의 표면 반응, 생성물의 유체상으로부터의 탈착을 수반한다. 촉매는 목표하는 화학반응을 이루기 위하여 촉매가 없을 때와는 다른 기초반응 단계들의 순서(sequence of elementary steps)를 제공한다. 만약 촉매반응 경로의 에너지 장벽이 비촉매 반응 경로의 에너지 장벽보다 훨씬 낮다면 촉매를 사용함으로써 반응이 상당히 빨라질 수 있다. 앞 장에서 Cl의 촉매작용에 의한 오존의 분해작용과 효소의 촉매작용에 의한 기질의 전환을 설명함으로써 이러한 개념에 대해서는 이미 소개하였다(그림 4.2.4). 균일계 촉매반응에 대해서도 유사한 반응 프로파일을 만들 수 있다.

예를 들어, G. Ertl(*Catalysis : Science and Technology*, J. R. Anderson and M. Boudart, Eds., vol. 4, Springer-Verlag, Berlin, 1983, p. 245)은 그림 5.1.1에서 보듯이 백금이 촉매작용을 하는 전체 반응이 $CO + ½O_2 \Rightarrow CO_2$ 인 일산화탄소의 산화에 대해서 열화학적 속도 프로파일(thermochemical kinetic profile)을 제안하였다. 이 프로파일에서 첫 번째 단계는 일산화탄소와 분자산소(dioxygen)의 촉매 흡착을 나타내고 있다. 이 경우에, 분자산소의 흡착은 백금 표면에서 분자산소의 개별 산소 원자로의 해리(dissociation)도 포함한다. 흡착되어 있는 일산화탄소 분자(CO_{ads})에 흡착된 산소 원자 (O_{ads})를 더함으로써 생성물이 만들어진다. 이 촉매 반응의 마지막 단계는 흡착되어 있는 이산화탄소(CO_{2ads})가 기체상으로 탈착하는 것이다. 백금촉매는 분자산소의 해리와 생성물 형성에 낮은 에너지 경로를 제공함으로써 반응을 촉진시킨다. 그림 5.1.1에서 보듯이 비촉매 경로(noncatalytic route)는 분자산소의 안정성 때문에 보통의 온도에서는 매우 느리다.

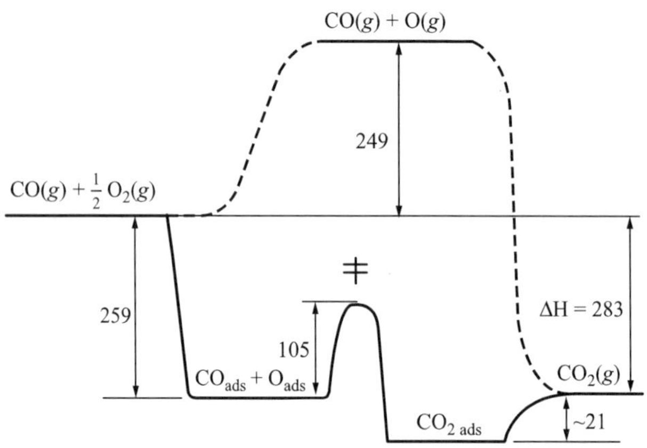

Figure 5.1.1 |
Schematic energy diagram for the oxidation of CO and a Pt catalyst. (From data presented by G. Ertl in *Catalysis: Science and Technology,* J. R. Anderson and M. Boudart, Eds., vol. 4, Springer-Verlag, Berlin, 1983, p. 245.) All energies are given in kJ mol^{-1}. For comparison, the heavy dashed lines show a noncatalytic route.

Vignette 5.1.1

현대 표면과학의 위대한 업적 중의 하나는 담지된(supported) 전이금속 입자에서의 촉매반응 속도가 매우 잘 정의된 단결정(single crystals) 표면에서 재현될 수 있다는 것이다. 단결정 상에서 촉매화학에 대해 질문을 던질 수 있게 된 것은 원자 구조의 촉매활성에 대한 영향을 체계적으로 연구할 수 있도록 해준다[C. M. Friend, *Scientific American*, **268** (1993) 74]. 특정한 원자 배열(configuration)을 갖는 저에너지 표면이 노출되도록 단결정을 자르고 가공할 수도 있다. 이러한 표면 원자들의 다양한 배열은 삼차원적인 결정의 주기적인 성질로 이해할 수 있다. 결정과 관련 있는 전이금속의 세 가지 결정 구조는 면심입방체(face-centered cubic), 체심입방체(body-centered cubic) 그리고 육방정체(hexagonal)이다 (그림 5.1.2 참조).

단결정 표면(surfaces)은 그림 5.1.2에서 보인 단위격자(unit cells)의 평면(planes)과 관련 있고 단위격자 파라미터와 관련된 지수(indices)로써 표현된다. 면심입방체에서 낮은 지수를 갖는 몇 가지 표면 평면을 그림 5.1.3에 보이고 있다.

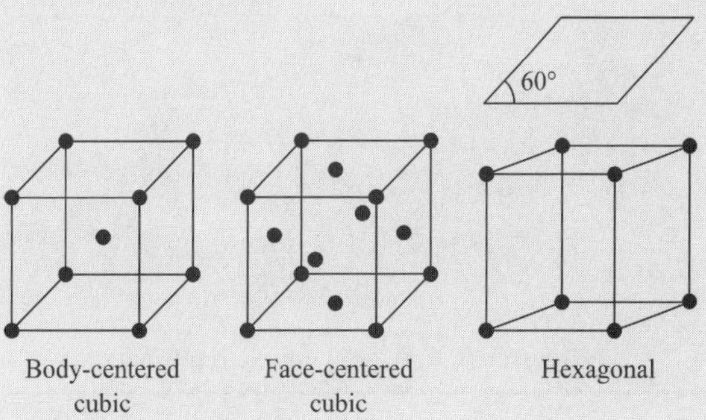

Figure 5.1.2 | Crystal structures of catalytically relevant transition metals.

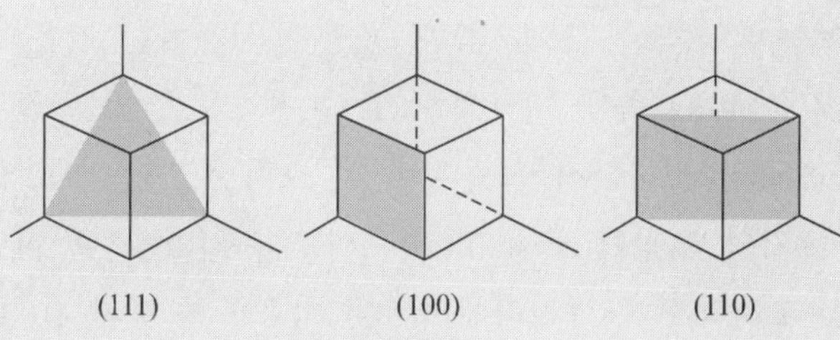

Figure 5.1.3 | Atomic arrangements of the low-index surface planes of an FCC crystal. (Adapted from R. Masel, *Principles of Adsorption and Reaction on Solid Surfaces,* Wiley, New York, copyright 1996, p. 38, by permission of John Wiley & Sons, Inc.)

실제의 단결정 표면 위에서 원자의 위치들은 이완효과(relaxation effects)와 원자크기 정도의 결함들에 의해서 이상적인 표면 평면에서의 위치와 다를 수 있다. 따라서 굴곡(kinks)이 있는 원자크기의 계단(steps)이나 돌출부(ledges)에 의해서 분리된 견고한 평면의 테라스로 이루어진 단결정 표면을 생각하는 것이 더 정확하다. 또한, 원자 빈자리(atomic vacancies)나 표면 흡착원자(adatoms)와 같은 다양한 점결함(point defects)이 존재할 수도 있다. 단결정 표면의 개략적인 묘사를 그림 5.1.4에 나타내었다. 재미있는 것은 전이금속의 견고한 평면에서의 표면 원자의 수밀도(number density)는 결정면과 상관없이 약 10^{15} cm^{-2}이라는 것이다. 이 표면 원자 밀도 값은 금속 표면에서의 흡착 자리(adsorption sites)나 활성 자리(active sites)를 추정하는데 좋은 출발점이 된다.

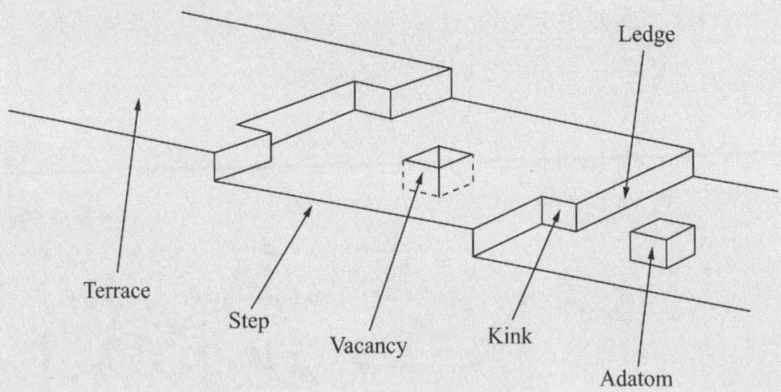

Figure 5.1.4 | Schematic representation of a single crystal surface.

벌크 금속이나 금속산화물 표면의 원자 수는 그 내부의 원자 수에 비하면 극히 적기 때문에, 벌크 재료를 촉매 공정에 사용하는 것은 비용이 많이 든다. 전이금속과 같은 비싼 촉매 재료의 유효 표면적을 늘리는 한 가지 방법은 그 물질을 담체(support)에 분산시키는 것이다. 그림 5.1.5는 Rh 금속이 실리카 담체에 나노미터 크기의 결정자(crystallites)로서 담지되었을 때 어떻게 보이는가를 나타내고 있다. 고해상도 투과전자현미경을 사용하면 단지 10 나노미터에 불과한 금속 결정자들이 지수가 낮은 면을 노출하고 있음을 알 수 있다. 보통 지수가 낮은 면은 일반적으로 단결정과 관련이 있다. 그러나 담지된 입자들의 부피 대 표면 비율은 같은 양의 벌크 금속에 비해 차수가 많이 높다. 실제로 1나노미터 크

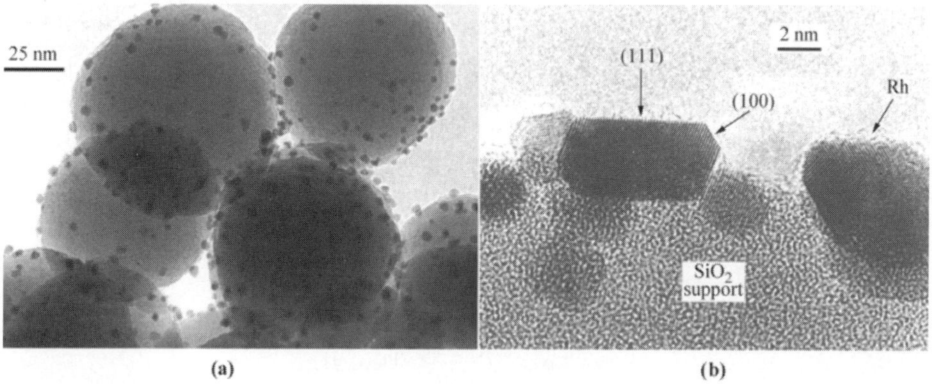

Figure 5.1.5 |
(a) Rhodium metal particles supported on silica carrier. **(b)** High-resolution electron micrograph shows how small supported Rh crystallites expose low-index faces. (Top photo courtesy of A. K. Datye. Bottom photo from "Modeling of heterogeneous catalysts using simple geometry supports" by A. K. Datye in *Topics in Catalysis,* vol. 13:131, copyright 2000 by Kluwer Academic, reproduced by permission of the publisher and the author.)

기의 금속 입자를 가진 촉매를 사용하는 것이 그다지 드문 것은 아니다. 그 금속 입자에서는 거의 모든 원자들이 반응 환경에 노출될 수 있다.

금속 단결정의 경우에 기하학적 표면적을 측정할 수 있고 표면 원자들의 수밀도(number density)는 결정 구조로부터 얻을 수 있기 때문에 노출된 금속 원자의 숫자를 추정하는 것은 다소 수월하다.

담지된 금속 촉매에 대해서는 단순하게 계산할 수 있는 것이 없다. 금속 결정자 크기를 직접 측정하거나 표면 금속 원자들에 대한 적정(titration)이 필요하다(예제 1.3.1 참조). 담지된 결정자의 크기를 알아내는 두 가지 일반적인 방법은 투과전자현미경이나 엑스선 회절 선폭증가(X-ray diffraction line broadening) 분석이다. 투과전자현미경은 그림 5.1.5에서 보여주듯이 결정자의 형상화(imaging)에 탁월하다. 그러나 담체와의 명암대비 정도에 따라 매우 작은 결정자들은 탐지되지 않을 수도 있다. 엑스선 회절은 2 나노미터 이하의 매우 작은 크기를 측정하는데는 보통 효과적이지 않다. 노출된 금속 원자의 수밀도를 측정하는 가장 일반적인 방법은 아마도 H_2, CO, CO_2와 같은 탐침분자(probe molecule)의 선택적 화학흡착(*chemicsorption*) 일 것이다.

선택적 화학흡착에서는 담체 재료와는 크게 상호작용하지 않지만 담지된 결정자의 표면 금속 원자들과는 매우 강한 화학결합을 형성하는 탐지분자를 사용한다. 화학흡착은 5.2 절에서 더 상세히 논의될 것이다. 분자수소(dihydrogen)는 노출된 금속 원자 분율을 측정하는데 사용되는 가장 일반적인 탐지분자이다. 백금 위에 H_2의 화학흡착 예를 아래에 보여 주고 있다.

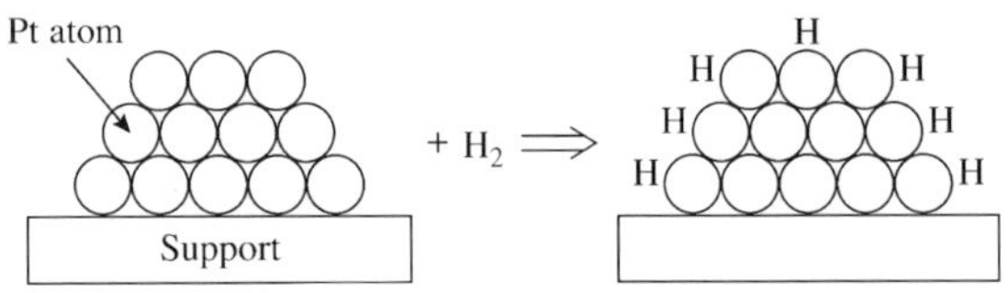

$$2Pt_{surface} + H_2 \Longrightarrow 2Pt_{surface}H$$

Pt-H 표면복합체 (surface complex)의 정확한 화학양론계수(stoichiometry)는 그것이 금속 입자 크기에 의존하기 때문에 논쟁의 여지가 있다. 담지된 많은 백금 촉매의 경우에 있어서, 하나의 백금 표면 원자에 하나의 수소 원자가 흡착한다는 가정은 일반적으로 유효하다. 화학흡착으로부터 얻은 결과들은 백금의 분산을 계산하거나, 아래 식에 따라서 노출된 금속 원자들의 분율을 계산하는데 사용될 수 있다.

$$\text{Fraction exposed} = \text{Dispersion} = \frac{2 \times (H_2 \text{ molecules chemisorbed})}{\text{Total number of Pt atoms}}$$

만약 금속 입자의 어떤 한 형태를 가정한다면, 그것의 크기는 화학흡착 데이터로부터 추정할 수 있다. 예를 들면, 구형 입자에 대한 유용한 경험법칙 중 하나는 나노미터 크기로 입자의 지름을 얻기 위해서 분산의 역수를 취하는 것이다.

$$\text{Particle diameter (nm)} = \frac{1}{\text{Dispersion}}$$

표 5.1.1은 두개의 다른 탐지분자의 화학흡착, 엑스선 회절, 전자현미경에 의해서 측정된 알루미나에 담지된 백금 입자들의 평균 지름을 비교하고 있다.

Table 5.1.1 | Determination of metal particle size on Pt/Al_2O_3 catalysts by chemisorption of H_2 and CO, X-ray diffraction, and transmission electron microscopy.

% Pt	Diameter of Pt particles (nm)			
	H_2	CO	X-ray diffraction	Electron microscopy
0.6[a]	1.2	1.3	1.3	1.6
2.0[a]	1.6	1.8	2.2	1.8
3.7[a]	2.7	2.9	2.7	2.4
3.7[b]	3.9	—	4.6	5.3

[a] Pretreatment temperature of 500℃.
[b] Pretreatment temperature of 800℃.
Source: Renouprez et al., *J. Catal.*, **34** (1974) 411.

Vignette 5.1.2

Dumesic과 그의 동료들은 흐름 반응기 (flow reactor)에서 다양한 백금촉매를 대상으로 에틸렌 25 torr, 수소가스 150 torr, 헬륨 585 torr로 에틸렌 수소첨가 반응속도를 측정하였다 [R. D. Cortright, S. A. Goddard, J. E. Rekoske and J. A. Dumesic, *J. Catal.*, **127** (1994) 342].

$$CH_2 = CH_2 + H_2 \Rightarrow CH_3 - CH_3$$

그 촉매 중 세 가지는 Cab-O-Sil 실리카 겔에 담지된 백금 입자들이었고 네 번째 것은 벌크 백금선이었다. 분자수소의 화학흡착에 의해서 측정된 담지된 촉매의 노출된 백금 분율은, 1.2 wt % 백금을 가진 촉매에서는 0.7 이었고 적게 로딩된 백금 촉매에서는 1 이었다. 백금선 표면의 백금 원자의 수는 기하학적 표면적으로부터 추정되었다. 그림 5.1.6은 동일한 조건에서 전환빈도와 온도의 관계를 보여준다. 전환빈도는 전체 온도범위에서 금속의 분산과는 관련이 없는 것으로 나타났다. 벌크 백금선에서 측정된 전환빈도는 담지된 1 나노미터 백금 클러스터와 실제적으로 같다. 전환빈도가 분산에 의존하지 않는 반응을 구조에 둔감하다(structure insensitive)라고 부른다.

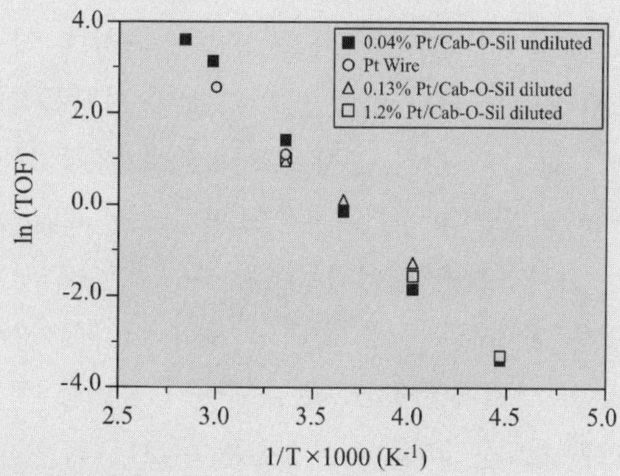

Figure 5.1.6 | Arrhenius-type plot of the turnover frequency for ethylene hydrogenation on bulk and supported Pt catalysts. (Figure from "Kinetic Study of Ethylene Hydrogenation" by R. D. Cortright, S. A. Goddard, J. E. Rekoske, and J. A. Dumesic, in *Journal of Catalysis,* Volume 127:342, copyright 1991 by Academic Press, reproduced by permission of the publisher and the authors.)

모델로 사용된 백금 촉매의 특성을 밝히기 위해 사용된 여러 기술들이 보여준 결과가 상당히 일치한다는 사실은 화학흡착을 이용한 입자 크기 측정법의 유효성을 말해준다.

촉매에서 노출된 금속 원자들의 수를 측정하는 이유는, 반응 속도를 활성 성분의 양으로 표준화시켜주기 때문이다. 1장에서 정의하였듯이 활성자리(active site) 당으로 표현된 속도는 전환빈도(turnover frequency, r_t)로 알려져 있다. 전환빈도는 활성자리의 숫자에 바탕하고 있으므로 반응기 안에 혹은 담체에 얼마나 많은 금속이 로딩 되었는지의 여부에 실제로 전환빈도를 사용하여 전 세계 다른 연구실에서 각기 다른 촉매를 이용한 반응 속도를 서로 비교하는 것이 가능하다.

5.2 기초반응 단계의 속도론 : 흡착, 탈착, 표면 반응

비균일 촉매반응에서 필요한 첫 번째 단계는 반응물이 촉매 표면에 흡착함으로써 활성화되는 것이다. 활성화 단계라는 것은 촉매 표면과 매우 강한 화학적 결합을 형성하는 것을 의미한다. 이 상태의 흡착을 화학흡착이라고 하는데 보통 80 kJ mol^{-1} 이상의 엔탈피 변화를 수반하는 특징을 가지고 있으며 때로는 400 kJ mol^{-1} 이상의 엔탈피가 수반되기도 한다. 화학결합은 그 촉매 표면과 이루어지므로 본질적으로 화학흡착은 특이성(specific)을 가지며 이것은 단지 특정한 피흡착질-흡착제 조합만 가능하다는 것을 의미한다. 화학흡착에서는 흡착되는 모든 원자 혹은 분자가 표면과 강한 결합을 이루므로 흡착되는 분자는 단지 한 층, 혹은 단층(*monolayer*)만을 이룬다. 사용할 수 있는 표면 자리가 채워지고 나면 분자의 추가적인 화학흡착은 일어나지 않는다.

모든 분자들은 반 데르 발스 힘에 의해서 어떠한 고체 표면과도 약한 상호작용을 할 수 있다. 물리흡착(*physisorption*)이라 불리는 이러한 약한 흡착에 수반되는 엔탈피 변화는 보통 40 kJ mol^{-1} 혹은 이보다 작으며 이 값은 화학결합 형성에 수반되는 엔탈피보다 훨씬 낮다. 비록 물리흡착된 분자들이 촉매작용을 위해 활성화되지 않는다 하더라도 화학흡착된 분자들의 전구체(precursor)로서 작용할 수도 있다. 단지 반 데르 발스 상호작용만 관여하므로 표면 위에 한 층 이상의 분자들이 물리흡착할 수 있다. 흡착된 분자의 단면적을 안다면, 표면 위에 단층을 형성하고 있는 물리흡착된 분자들의 수를 이용하여 그 표면의 기하학적 표면적을 계산할 수 있다.

수소 원자가 니켈에 화학흡착하는 것에 대한 퍼텐셜 에너지 다이아그램을 그림 5.2.3에 도식적으로 나타내었다. 분자 수소는 표면에 접근할수록 물리흡착 상

Vignette 5.2.1

표면적을 알아내기 위한 BET 법

미국이 합성 암모니아 산업을 일으키는 것을 돕기 위해 1919년 와싱턴 D.C 에 Fixed Nitrogen Laboratory가 설립되었다. 이것은 질소비료와 폭약의 믿을만한 원료공급처를 확보하기 위한 것이었다. Stephen Brunauer와 Paul Emmet가 오늘날 암모니아 합성 반응기에서 흔히 사용되는 촉매인 활성 철 위에 분자질소(dinitrogen)의 흡착을 함께 연구한 것이 바로 이 연구실에서였다. 자신들의 연구를 좀 더 정량적인 토대에 두기 위해서는 촉매 표면의 측정이 필요하다는 것이 명확해졌다. 그 당시 조지와싱턴 대학의 교수였던 Edward Teller의 도움으로 Brunauer와 Emmett는 약하게 흡착된 분자들의 다층흡착(multilayer adsorption) 현상을 매우 간단한 항으로 기술할 수 있었다. 그림 5.2.1은 파우더 형태의 촉매 표면에 N_2의 전형적인 물리 흡착 등온선을 보여주고 있다.

흡착된 N_2가 완전한 단층을 형성함으로 인해 발생한다고 말할 수 있는 뚜렷한 전이현상이 등온선에 없었다. Braunauer, Emmett 와 Teller는 N_2와 같은 분자들은 한 층이 완성되고 나면 또 한 층이 형성되는 방식이 아니라 하나의 완전한 단층이 형성되기 전에 다층 형성이 시작되기 때문이라고 설명하였다. 이러한 형태의 흡착을 그림 5.2.2에 도식적으로 보였다. 다음의 중요한 가정들이 그 문제에 대한 해답을 준다.

1. 층들은 빼곡히 채워져 있다.
2. 첫 번째 층의 흡착열(heat of adsorption)은 두 번째와 그 이후의 층보다 크다.

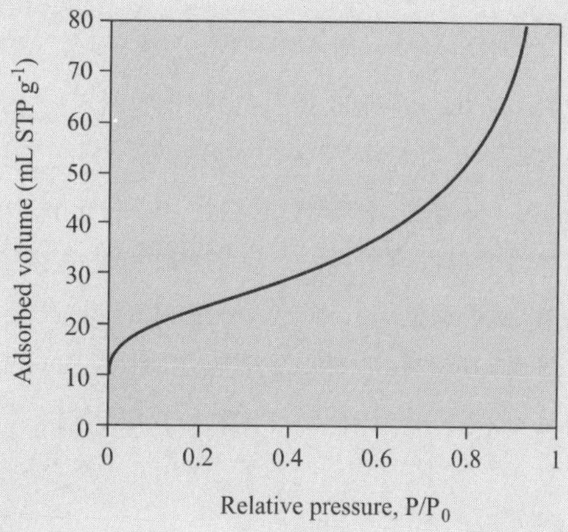

Figure 5.2.1 | Adsorption of N_2 at 77.3 K on γ-alumina.

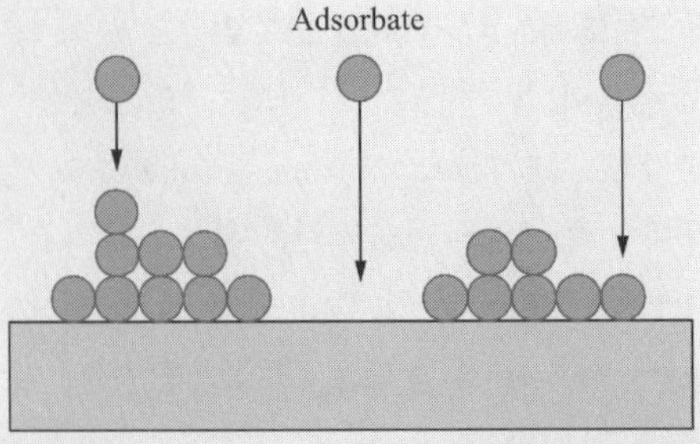

Figure 5.2.2 | Illustration of multilayer adsorption.

3. 첫 번째 층에서 흡착열은 모든 분자들에 대해서 같다.
4. 두 번째와 그 이후의 층에 대한 흡착열은 액화열과 같다.

다층 흡착에 대한 식 유도는 S. Brunauer, P. H. Emmett 와 E. Teller 의 기념비적인 논문 [*J. Am. Chem. Soc.*, **60**(1938) 309]에 나와 있으나 본 책에서는 다루지 않는다. 이 세 사람에 의해서 개발된 흡착 등온식의 선형 버전은 그들 이름의 첫머리를 따서 지금 그 유명한 "BET식"이 되었다.

$$\frac{P}{V_{\text{ads}}(P_0 - P)} = \frac{1}{cV_m} + \left(\frac{c-1}{cV_m}\right)\frac{P}{P_0} \tag{5.2.1}$$

여기서 P는 표면과 기체의 평형압력, P_0는 포화증기압, V_{ads}는 샘플에 의해서 흡착된 기체 부피(STP에서), V_m은 하나의 단층 형성에 해당하는 기체 부피(STP), c 는 맞춤(fitted) 상수이다. 식 5.2.1에서 P/P_0에 대해서 식 왼쪽편을 플롯하면 기울기 $(c\text{-}1)/(cV_m)$과 절편 $1/(cV_m)$을 갖는 직선이 나온다. 그러면 한 단층의 기체 부피인 V_m은 기울기와 절편으로부터 계산할 수 있다. 실험 데이터의 가장 좋은 핏팅은 (P/P_0)가 0.05에서 0.3 사이에서 얻어진다. 표면적을 구하기 위해서는 한 단층에 흡착된 분자의 수에 흡착되는 기체의 단면적을 곱해야 한다. N_2의 경우 분자 단면적은 0.162 nm^2이다. 다층흡착에 대한 BET 식은 1930대 후반에 개발되었으며 아주 정확하지는 않은 몇 개의 가정이 포함하고 있다. 그럼에도 불구하고 표면적을 측정하기 위한 이 방법의 보편적인 적용성으로 인해 오늘날까지도 이 식은 계속 사용되고 있다. 사실 분말 촉매상의 표면적은 대부분 여전히 BET 방법으로 측정되고 있다. 많은 상업적 기기들은 소위 원포인트 BET법(one-point BET method)을 수행한다. 그렇게 함에 있어서 c 값은 매우 크다는 가정을 하게 되며 식 (5.2.1)은 다음과 같이 된다.

$$\frac{P}{V_{ads}(P_0 - P)} = \left(\frac{1}{V_m}\right)\frac{P}{P_0} \qquad (5.2.2)$$

V_m은 식 (5.2.2)를 사용함으로써 하나의 데이터 포인트(V_{ads}, P/P_0)로부터 얻을 수 있음을 명심하자. 이 방법과 관련된 문제점은 식 (5.2.2)가 타당하다고 할 만큼 c 값이 충분히 크지 않을 수도 있다는 것이며 또한 c 값은 일반적으로 알려져 있지 않은 선험적인 값이라는 것이다. 따라서 원포인트 방법은 보통 c 값이 결정된 알려진 조성의 많은 샘플들의 분석에 유용하다.

태와 연관된 얕은 퍼텐셜 에너지 골(shallow potential energy well)에 빠지게 되는데, 그 골은 물리흡착 엔탈피 ΔH_p를 가지고 있다. 표면과 더 가까운 곳에서 발견되는 엔탈피 ΔH_c를 갖는 더 깊은 골은 니켈에 화학흡착된 수소 *원자*와 관련이 있다. 물리흡착된 분자로부터 화학흡착된 상태에 도달하기 위해서는 반드시 넘어야 하는 화학흡착 활성 장벽(activation barrier) E가 있을 수 있다. 어떤 분자 수소는 화학흡착되는 수소 원자들을 형성하기 위해서 해리되는데 이러한 현상을 해리적 화학흡착(*dissociative chemisorption*)이라고 한다.

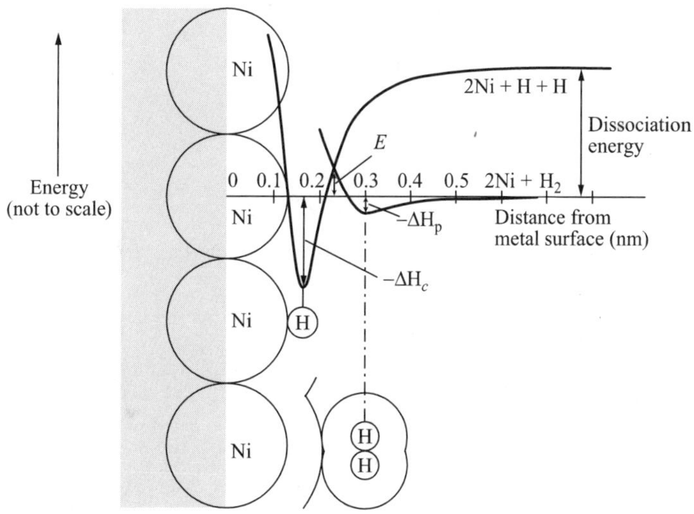

Figure 5.2.3 |
Potential energy diagram for the chemisorption of hydrogen on nickel.

비균일계 촉매 반응의 속도는 화학흡착된 분자들의 양에 의존하기 때문에 반응물의 유체상 농도를 각 반응물의 고체 표면 덮힘율(coverages)과 관련시킬 필요가 있다. 단순화하기 위해 다음의 논의에서는 반응물은 단일 유체상에 존재하고 (예를 들어, 액상 혹은 기체상), 모든 표면 자리들은 흡착을 위해서 같은 에너지를 가지며 흡착된 분자들끼리는 상호작용하지 않는다고 가정한다. 고체 촉매상의 화학흡착을 위한 활성 자리는 *로 표시되며 표면에서의 농도는 [*]로 표시한다. A 물질의 흡착은 다음과 같이 표시될 수 있다.

$$A + * \underset{k_{des}}{\overset{k_{ads}}{\rightleftarrows}} A*$$

여기서 $A*$는 표면 자리에 화학흡착된 A에 해당하며 k_{ads} 와 k_{des}는 각각 흡착과 탈착 속도를 나타낸다. 따라서 순흡착속도(net rate of adsorption)는 다음과 같다.

$$\mathrm{r} = k_{ads}[A][*] - k_{des}[A*] \tag{5.2.3}$$

평형에서는 순흡착속도는 영(0)이므로, 평형관계식은 다음과 같다.

$$K_{ads} = \frac{k_{ads}}{k_{des}} = \frac{[A*]}{[A][*]} \tag{5.2.4}$$

덮힘분율 θ_A는 전체 표면 흡착 자리 중에서 A가 차지한 부분으로 정의된다. 만약 $[*]_0$가 촉매 표면에서 총 흡착자리(비어있는 것과 채워져 있는 것)의 수밀도(number density)를 나타낸다면,

$$[*]_0 = [*] + [A*] \tag{5.2.5}$$

그리고,

$$\theta_A = \frac{[A*]}{[*]_0} \tag{5.2.6}$$

식 (5.2.4 ~ 5.2.6)을 연립하면 [*]에 대한 식이 주어지며 θ_A는 측정할 수 있는 양인 $[A]$와 K_{ads}로 주어진다.

$$[*] = \frac{[*]_0}{1 + K_{ads}[A]} \tag{5.2.7}$$

$$[A*] = \frac{K_{ads}[A][*]_0}{1 + K_{ads}[A]} \tag{5.2.8}$$

$$\theta_A = \frac{K_{ads}[A]}{1 + K_{ads}[A]} \tag{5.2.9}$$

식 (5.2.9)는 랭미어 흡착 등온식(*Langmuir Adsorption Isotherm*)으로 알려져 있

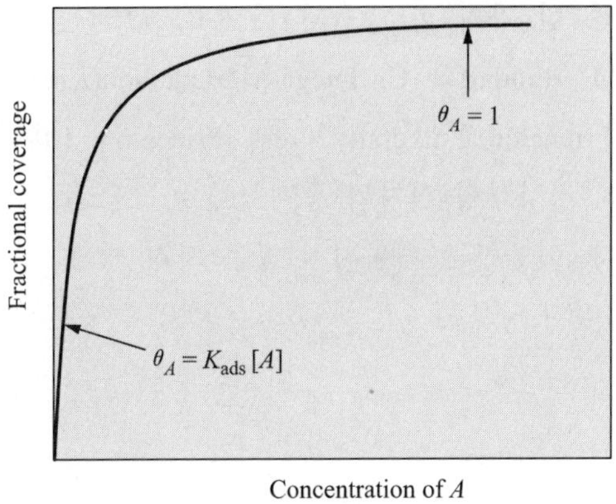

Figure 5.2.4 |
Langmuir Adsorption Isotherm: Fractional coverage θ_A versus fluid phase concentration of A.

으며 이것을 그림 5.2.4에 나타내었다. 낮은 농도의 A에서 표면 덮힘분율은 비례상수 K_{ads}를 가지면서 $[A]$에 비례하고 높은 농도의 A에서는 표면 덮힘분율은 1이며 $[A]$에는 무관하다(즉, 사용 가능한 자리들이 포화됨).

한 가지 타입 이상의 분자들이 촉매 표면에 흡착될 때는 비어있는 자리에 대한 경쟁을 반드시 고려해야 한다. 흡착하고 있는 분자 B가 존재할 때 분자 A의 흡착에 대한 자리 수지식(site balance)은 다음과 같다.

$$[*]_0 = [*] + [A*] + [B*]$$

그리고 θ_A, θ_B는 다음과 같이 나타낼 수 있다.

$$\theta_A = \frac{K_{adsA}[A]}{1 + K_{adsA}[A] + K_{adsB}[B]} \qquad (5.2.10)$$

$$\theta_B = \frac{K_{adsB}[B]}{1 + K_{adsA}[A] + K_{adsB}[B]} \qquad (5.2.11)$$

여기서 평형상수들은 A 혹은 B의 흡착/탈착과 관련이 있다.

위에서 언급하였듯이, H_2, O_2와 같은 분자들은 흡착할 때 두 개의 표면 자리에 해리적으로 흡착할 수 있다. 역반응은 결합탈착(associative desorption)이라 알려져 있다. 이러한 경우에 흡착속도는 다음과 같이 이용할 수 있는 흡착 자리 쌍(*pairs*)의 수에 의존한다.

$$A_2 + ** \underset{k_{des}}{\overset{k_{ads}}{\rightleftarrows}} A{**}A$$

여기서 **는 이웃하는 빈 자리 한 쌍을 나타내고, *A**A*는 채워진 이웃하는 자리 한 쌍을 나타낸다. M. Boudart와 G. Djega-Mariadassou(*Kinetics of Heterogeneous Catalytic Reactions,* Princeton University Press, Princeton, 1984.)는 그림 5.2.5와 같이 부분적으로 채워진 정사각형 격자의 통계학에 바탕을 두고 [**] 와 [*A**A*]에 대한 표현을 제안하였다. 이웃하는 채워지지 않은 자리 쌍과 채워진 자리 쌍의 표면 농도는 각기 다음과 같다.

$$[**] = \frac{2[*]^2}{[*]_0} \tag{5.2.12}$$

$$[A**A] = \frac{2[A*]^2}{[*]_0} \tag{5.2.13}$$

따라서 해리적 흡착의 순속도는 다음과 같이 된다.

$$\mathrm{r} = k_{\mathrm{ads}}[A_2][**] - k_{\mathrm{des}}[A**A]$$

그리고 식 (5.2.12)와 식 (5.2.13)으로 [**]와 [A**A]를 각각 대체하면 다음과 같은 식이 된다.

$$\mathrm{r} = \frac{2k_{\mathrm{ads}}}{[*]_0}[A_2][*]^2 - \frac{2k_{\mathrm{des}}}{[*]_0}[A*]^2 \tag{5.2.14}$$

식 (5.2.14)에서 각 속도상수 앞의 2값은 어느 정사각형 격자의 한 흡착자리에 가장 가까운 이웃들의 숫자를 포함하는 통계적 인자이며 구별할 수 없는 이웃하

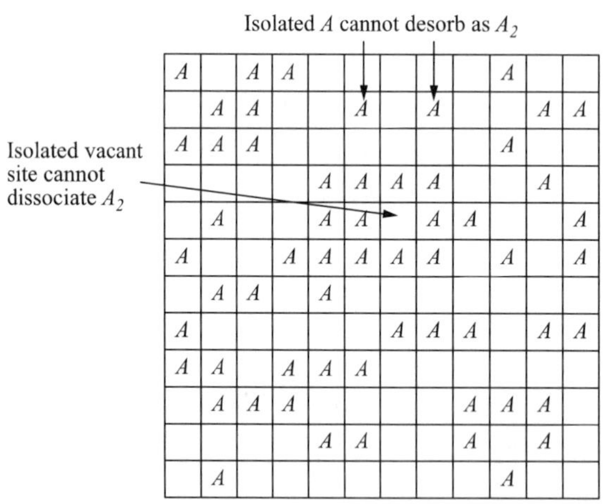

Figure 5.2.5 |
Schematic depiction of a square lattice populated by *A* atoms. Empty squares represent vacant surface sites.

는 자리들은 두 번 계산되어서는 안된다는 사실을 나타내준다. 단순화시키기 위해서, 이 통계적 인자는 이분자속도 상수(bimolecular rate constant)에 합쳐져서 해리적 흡착에 대한 다음의 속도식을 만들어 낸다

$$r = \frac{k_{ads}}{[*]_0}[A_2][*]^2 - \frac{k_{des}}{[*]_0}[A*]^2 \tag{5.2.15}$$

표면 흡착 자리의 전체 수는 이 기초 흡착 단계(elementary adsorption step)에 대한 속도식에서 이제 확연하게 나타난다. 자리 수지는 이전 (식 5.2.5)과 같으므로 평형 흡착 등온식은 위에서 설명한 방식으로 계산될 수 있다.

$$K_{ads} = \frac{k_{ads}}{k_{des}} = \frac{[A*]^2}{[A_2][*]^2} \tag{5.2.16}$$

$$[*] = \frac{[*]_0}{1 + (K_{ads}[A_2])^{1/2}} \tag{5.2.17}$$

$$[A*] = \frac{(K_{ads}[A_2])^{1/2}[*]_0}{1 + (K_{ads}[A_2])^{1/2}} \tag{5.2.18}$$

$$\theta_A = \frac{(K_{ads}[A_2])^{1/2}}{1 + (K_{ads}[A_2])^{1/2}} \tag{5.2.19}$$

낮은 A_2 농도에서 표면 덮힘분율은 $[A_2]^{1/2}$ 에 비례하는데 이것은 위에서 유도한 해리가 없는 경우의 흡착 등온식과는 매우 다르다. 표면덮힘분율로 나타내면 해리적 흡착의 순속도는 다음과 같다.

$$r = k_{ads}\,[*]_0\,[A_2](1 - \theta_A)^2 - k_{des}[*]_0\,\theta_A^2 \tag{5.2.20}$$

기대했던대로 그 속도는 전체 흡착 자리 $[*]_0$에 비례한다.

촉매반응 싸이클에서 반응물 분자의 흡착 다음 단계는 표면반응인데 이 반응의 가장 간단한 형태는 흡착된 물질이 생성물 분자로 단분자적 전환(unimolecular conversion)이 되는 것이다. 예를 들어 다음의 두 단계 과정은 A가 비가역적 표면반응을 통하여 생성물로 전환되는 것을 나타낸다.

(1)	$A + * \rightleftarrows A*$	(reversible adsorption)
(2)	$A* \xrightarrow{k_2}$ products + *	(surface reaction)
	$A \Longrightarrow$ products	(overall reaction)

표면반응은 비가역적이므로 (한방향이므로), 그 속도식을 유도하는데 생성물의 형성과 탈착에 대한 상세한 매카니즘이 필요하지는 않다. 전체 반응의 속도는 다음과 같다.

$$r = k_2[A^*] = k_2[*]_0\,\theta_A \qquad (5.2.21)$$

만약 A의 흡착이 거의 평형상태라면, θ_A를 알아내는데 랭미어 흡착 등온식이 사용될 수 있을 것이며 최종 속도식은 다음과 같이 간단하게 나타낼 수 있다.

$$r = \frac{k_2 K_{ads}[*]_0[A]}{1 + K_{ads}[A]} \qquad (5.2.22)$$

예제 5.2.1 식 (5.2.22)에 주어진 속도식을 유도하기 위해서 정상상태근사법(steady-state approximation)을 이용하시오.

$$\begin{array}{llll} (1) & A + * \underset{k_{des}}{\overset{k_{ads}}{\rightleftarrows}} A^* & & \text{(reversible adsorption)} \\ (2) & A^* \xrightarrow{k_2} \text{products} + * & & \text{(surface reaction)} \\ \hline & A \Longrightarrow \text{products} & & \text{(overall reaction)} \end{array}$$

해답

속도식은 다음과 같다.

$$r = k_2[A^*] \qquad (5.2.23)$$

이 문제를 해결하기 위해서, 자리수지를 이용하여 $[A^*]$와 $[*]$를 구해야 한다.

$$[*]_0 = [A^*] + [*] \qquad (5.2.24)$$

그리고 정상상태 근사법은 다음과 같이 표현된다.

$$\frac{d[A^*]}{dt} = 0 = k_{ads}[A][*] - k_{des}[A^*] - k_2[A^*] \qquad (5.2.25)$$

식 (5.2.24)와 (5.2.25)를 동시에 풀면 반응성 중간체 농도에 대해서 다음 식이 나온다.

$$[A^*] = \frac{\left(\dfrac{k_{ads}}{k_{des}}\right)[A][*]_0}{1 + \left(\dfrac{k_{ads}}{k_{des}}\right)[A] + \dfrac{k_2}{k_{des}}} \qquad (5.2.26)$$

비율 k_{ad}/k_{des} 는 단순히 흡착 평형상수 K_{ads}이다. 따라서 식 (5.2.23)에서 속도식은 식 (5.2.26)과 K_{ads}를 사용함으로써 다음과 같이 다시 쓸 수 있으며 분모의 마지막 항을 제외하면 식 (5.2.22)와 같다.

$$r = \frac{k_2 K_{ads}[A][*]_0}{1 + K_{ads}[A] + \dfrac{k_2}{k_{des}}} \qquad (5.2.27)$$

비율 k_2/k_{des} 는 A^*가 표면에서 단순히 탈착하는 것에 대해 A^*가 반응하여 생성물을 형성하는 경향을 나타낸다. 식 (5.2.22)은 A의 흡착은 거의 평형이라는 가정에 근거하고 있는데 이것은 k_{des}가 k_2보다 매우 크다는 것을 의미한다. 따라서 이러한 경우에 식 (5.2.27)의 분모에서 k_2/k_{des}를 무시할 수 있다.

앞에서 반응물의 흡착이 거의 평형상태에 있는(유사 평형인) 2 단계 연속반응(two-step sequence)에 대해서 논의하였다. 유사 평형흡착단계와 관련된 자유에너지 변화는 표면반응단계의 자유에너지 변화에 비해서 무시할 만하다. 전체 반응에서의 자유에너지 변화는 거의 대부분 표면반응 단계와 관련되기 때문에 표면반응을 속도결정단계(*rate-determining step*, RDS)라고 부른다. 일반적으로 속도결정단계가 존재하면 촉매 연속반응에서 다른 모든 단계들은 유사평형상태라고 가정한다. 앞에서 논의한 2단계 연속반응을 1장에서 개략적으로 살펴본 표시법으로 나타내면 다음과 같다.

(1)	$A + * \rightleftarrows A^*$ (⊖)	(quasi-equilibrated)
(2)	$A^* \rightarrow$ (+) products + *	(rate-determining step)
	$A \Longrightarrow$ products	(overall reaction)

활성 자리에서 촉매 싸이클이 1회전 할 때의 고유 속도를 촉매 반응의 전환빈도(*turnover frequency*, r_t)라고 부르며 1장 식 (1.3.9)에 다음과 같이 정의되어 있다.

$$r_t = \frac{1}{\overline{S}} \frac{dn}{dt} \tag{5.2.28}$$

여기서 $\overline{S}$는 실험에서 활성자리의 수이다. 앞에서 언급하였듯이 표면 위의 활성자리를 정량화하는 것은 어렵다. 금속과 금속산화물을 가지고 우리가 할 수 있는 최선책은 $[*]_0$의 근사값을 구하기 위해 단위표면적 당 노출된 표면원자의 전체 수를 세는 것이다. 따라서 식 (5.2.22)에 의해서 표현된 반응속도의 전환빈도는 단순히 그 속도를 $[*]_0$로 나눔으로써 계산할 수 있다.

$$r_t = \frac{r}{[*]_0} = \frac{k_2 K_{ads}[A]}{1 + K_{ads}[A]} \tag{5.2.29}$$

실제 촉매 상의 표면 원자들은 노출된 결정의 평면에 따라 다양한 배위환경(coordination environment)에 놓이며(그림 5.1.3 참조) 주어진 반응에서 촉매활성이 다르게 나타날 수 있다. 따라서 $[*]_0$에 기초한 전환빈도는 촉매활성의 평균값이 될 것이다. 계산된 전환빈도는 실제 활성의 하한값인데 왜냐하면 전체 표면 원자의 일정 부분만이 반응속도에 참여하기 때문이다. 그럼에도 불구하고 균일한 표면에서 전환빈도 개념은 금속 단결정, 금속 박막, 담지 된 금속 입자에서 측정된 반응속도를 설명하는데 매우 유용한 것으로 입증되어왔다.

Vignette 5.2.2

Ladas 등은 445 K, 1.2×10^{-4} Pa에 해당하는 CO 압력, $P_{O_2}/P_{CO} = 1.1$ 조건에서 Al_2O_3에 담지된 다양한 백금촉매에서 O_2에 의한 CO의 산화반응 속도를 측정하였다[S. Ladas, H. Poppa, and M. Boudart, *Surf. Sci.*, **102** (1981) 151]. 알루미나는 평평한 단결정인데 그 위에 금속증발법(metal evaporation method)에 의해서 백금 입자들이 증착되었다. 그 결과 얻어진 백금 입자의 크기를 투과전자현미경을 이용하여 측정하였다.

Table 5.2.1 | Turnover rates[a] of ammonia synthesis at 678 K, stoichiometric feed, 1 atm.

Catalyst	Particle size (nm)	r_t ($\times 10^3$ S^{-1})
1 % Fe/MgO	1.5	1.0
5 % Fe/MgO	4.0	9.0
40 % Fe/MgO	30.0	35.0

[a] Rates measured at constant conversion (15% of equilibrium).
Source: J. A. Dumesic, H. Topsoe, and M. Boudart, *J. Catal.*, **37** (1975) 513.

Ladas 등은 노출된 백금 원자(CO의 화학흡착에 의해서 결정)로부터 구한 전환빈도는 $0.012s^{-1}$이라는 것과 1.5에서 8 나노미터 사이에서는 백금입자 크기와 상관없다는 것을 발견하였다. 따라서 CO 산화는 구조에 둔감한(*structure insensitive*) 반응으로서 분류된다.

담지된 철 입자가 암모니아 합성에서 촉매로 작용할 때 매우 다른 결과가 발견된다. 표 5.2.1에 있는 결과는 암모니아 합성에서 철 입자 크기가 1.5에서 30 나노미터로 변할 때 전환빈도가 한 차수 이상으로 변한다는 것을 보여주고 있다. 전환빈도는 입자 크기에 따른 변화가 크기 때문에 철에서의 암모니아 합성은 구조에 민감한(*structure sensitive*) 반응이라고 불린다. 반응속도는 표면 금속 원자의 수에 비례적으로 커지는 것이 아니기 때문에 활성 자리는 특정한 형태로 배열된 표면 원자의 그룹(혹은 *ensemble* 앙상블)으로 구성되어 있다. N_2(H_2 나 CO를 대신하여)의 선택적 화학흡착은 철 입자 위의 이러한 특정한 앙상블의 수를 세는데 사용될 수 있다. 활성자리 밀도를 N_2의 화학흡착으로부터 구할 경우 철 입자 크기에 대한 전환 빈도의 상관관계는 없어진다[H. Topsoe, N. Topsoe, H. Bohlbro, and J. A. Dumesic, *Proc. 7th Int. Cong. Catalysis*, T. Seiyama and K. Tanabe, Eds. (Kodansha: Tokyo) 1981, p. 247].

촉매독(poison)이나 합금물질(alloy)의 존재는 구조민감 반응의 관찰속도를 상당히 변화시킬 수 있다. 반면에 구조둔감 반응은 영향을 훨씬 덜 받는다. Sinfelt 등은 다양한 Ni-Cu 합금을 대상으로 메탄을 만드는 에탄 수소화분해반응(구조 민감 반응)과 벤젠을 만드는 싸이클로헥산의 탈수소반응(구조 둔감 반응)을 연구하였다 [J. H. Sinfelt, J. L. Carter, and D. J. C. Yates, *J. Catal.*, **24** (1972) 283]. 니켈은 이 두 반응 모두에서 활성 성분이다. 그림 5.2.6에 제시된 데이터는 Ni 속에 Cu를 넓은 조성 범위에 걸쳐 합금시켜도 싸이클로헥산의 탈수소화반응 속도는 매우 적은 영향을 받는 것을 보여준다. 이와는 대조적으로 에탄의 수소분해반응은 구리를 조금 넣는 것으로 인해 몇 차수가 감소하였다.

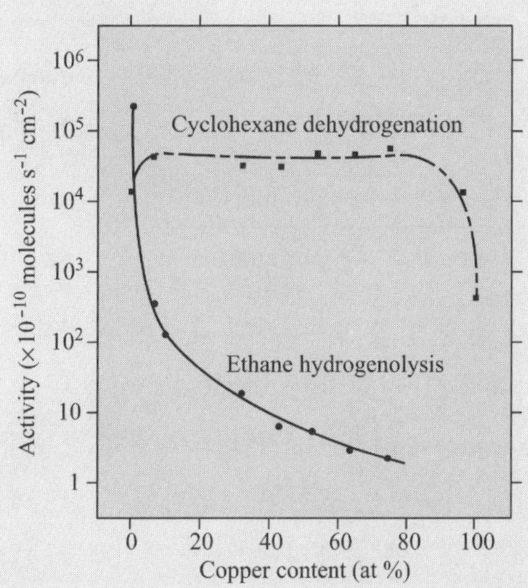

Figure 5.2.6 | Effect of alloy composition on the rates of ethane hydrogenolysis and cyclohexane dehydrogenation on Ni-Cu catalysts. (Figure from "Catalytic Hydrogenolysis and Dehydrogenation Over Copper-Nickel Alloys" by J. H. Sinfelt, J. L. Carter, and D. J. C. Yates in *Journal of Catalysis,* Volume 24:283, copyright © 1972 by Academic Press, reproduced by permission of the publisher.)

만약 에탄의 수소분해에서 활성자리를 만들기 위해서 다수의 니켈 표면 원자로 이루어진 앙상블이 필요하다면 이러한 결과들을 쉽게 이해할 수 있다. 표면 안에서 활성이 있는 니켈 원자들이 활성이 없는 구리원자들에 의해서 희석되면서 활성 있는 앙상블의 농도는 급격히 감소한다. 이 금속 촉매(bimetalic catalysts)가 어떻게 화학반응에 영향을 주는지에 대한 추가적인 정보는 Sinfelt의 훌륭한 논문에서 찾아볼 수 있다(J. H. Sinfelt, *Bimetallic Catalysts : Discoveries, Concepts, and Applications*, Wiley, New York, 1983).
금속 단결정이 촉매 작용을 하는 구조민감 반응의 속도는 또한 노출된 면의 함수이다. 그림 5.1.3에서 제시하였듯이, 일반적인 결정 구조의 낮은 지수 평면들은 서로 다른 표면원자 배열을 보이고 있다. 따라서 단결정에서 측정된 구조민감 반응의 속도를 담지 된 금속 입자에서 구한 속도와 비교할 때는 유의해야 한다.

앞에서 논의된 개념의 확장으로서, A와 B가 반응하여 생성물을 만드는 반응에 대한 속도식은 비가역, 속도결정단계, 이분자 표면반응을 가정함으로써 얻을 수 있다.

(1)	$A + * \rightleftarrows A*$	(quasi-equilibrated adsorption of A)
(2)	$B + * \rightleftarrows B*$	(quasi-equilibrated adsorption of B)
(3)	$A* + B* \xrightarrow{k_2} \text{products} + 2*$	(surface reaction, RDS)
	$A + B \Longrightarrow \text{products}$	(overall reaction)

A와 B는 반응하기 전에 양쪽 모두 촉매 표면에 흡착되어야 한다. 그 다음은 흡착된 중간체의 반응을 통해서 진행되는 단계이며 이것을 흔히 랭미어-힌쉘우드 단계(*Langmuir-Hinshelwood* step)라고 부른다. 이분자 반응에 대한 속도식은 촉매 표면에 흡착된 B 분자에 이웃하는 흡착된 A분자의 수밀도에 의존한다. 이 경우는 서로 다른 두 가지 원자가 표면에 존재하는 것을 제외하고는, 이원자 기체의 재결합 탈착에 대해 앞에서 전개한 것(식 5.2.20에서 역반응 단계)과 유사하다. 이분자 반응에 대해서 단순화된 속도 표현식은 다음과 같다.

$$r = k_3\,[A*][B*]/[*]_0 = k_3[*]_0\,\theta_A\,\theta_B \tag{5.2.30}$$

여기서 θ_A와 θ_B 각각을 식 (5.2.10)과 (5.2.11)에 나타난 A와 B의 경쟁적인 흡착

Table 5.2.2 | Pre-exponential factors for selected unimolecular surface reactions.

Reaction	Surface	Pre-exponential factor (s^{-1})
$CO_{ads} \rightarrow CO_g$	Cu (001)	10^{14}
$CO_{ads} \rightarrow CO_g$	Ru (001)	$10^{19.5}$
$CO_{ads} \rightarrow CO_g$	Pt (111)	10^{14}
$Au_{ads} \rightarrow Au_g$	W (110)	10^{11}
$Cu_{ads} \rightarrow Cu_g$	W (110)	$10^{14.5}$
$Cl_{ads} \rightarrow Cl_g$	Ag (110)	10^{20}
$NO_{ads} \rightarrow NO_g$	Pt (111)	10^{16}
$CO_{ads} \rightarrow CO_g$	Ni (111)	10^{15}

Adapted from R. Masel, *Principles of Adsorption and Reaction on Solid Surfaces,* Wiley, New York, 1996, p. 607.

에 대한 랭미어 등온식의 형태로 나타낼 수 있으며, k_3은 세 번째 단계에 대한속도상수이다. 따라서 A와 B의 전체반응은 다음과 같이 나타낼 수 있다.

$$r = \frac{k_3 K_{adsA} K_{adsB}[*]_0[A][B]}{(1 + K_{adsA}[A] + K_{adsB}[B])^2} \tag{5.2.31}$$

이분자 표면 반응에 대해서는 분모가 제곱이라는 것을 명심하자. 일반적으로 분모의 지수는 속도결정 표면 촉매반응에 참여하는 자리의 수와 같다. 삼분자 표면 반응은 거의 없으므로 분모의 지수가 2를 넘는 경우는 드물다.

단순 표면 반응 속도상수의 지수앞인자(pre-exponential factors)값과 전이상태이론(transition state theory)에 의해서 예측된 값을 비교해 보자. 2장에서 전이상태를 만들기 위한 엔트로피 변화를 무시할 만할 때 지수앞인자 $\overline{A}$는 $\overline{k}T/h = 10^{13}s^{-1}$였다는 것을 떠올려 보자. 단순한 단분자 흡착반응에 대한 지수앞인자 값이 표 5.2.2에 나와 있다. 그 값들은 대부분 $10^{13}s^{-1}$의 몇 차수 이내이다. 매우 큰 지수앞인자 값들은 전이상태를 형성할 때 엔트로피가 크게 증가한 것 때문으로 보인다. 이분자 표면 반응도 같은 방식으로 다뤄진다. 그러나 속도식에서 표면자리의 전체 숫자를 분명히 고려해야 한다. 위에서 논의하였듯이 H_2의 정사각형 격자로부터의 결합탈착의 속도식은 다음과 같이 쓸 수 있다.

$$r_{des} = \frac{2k_{des}[H^*]^2}{[*]_0} \tag{5.2.32}$$

여기서, 이웃하는 자리에서 일어나는 반응을 적절히 고려하기 위해서 속도상수의 지수앞인자에 $2/[*]_0$가 곱해진다. $[*]_0 = 5 \times 10^{14}cm^{-2}$ 값을 갖는 정사각형 격자인 텅스텐

Table 5.2.3 | Pre-exponential factors for $2H_{ads} \rightarrow H_{2\,g}$ on transition metal surfaces.

Surface	Pre-exponential factor[a] (s^{-1})
Pd (111)	10^{12}
Ni (100)	$10^{13.5}$
Ru (001)	$10^{14.5}$
Pd (110)	$10^{13.5}$
Mo (110)	10^{13}
Pt (111)	10^{12}

[a] The values have been normalized by [*]0.
Adapted from R. Masel, *Principles of Adsorption and Reaction on Solid Surfaces,* Wiley, New York, 1996, p. 607.

(W, 100) 표면으로부터 H_2가 탈착의 경우 지수앞인자가 550 K에서 $4.6 \times 10^{-2} cm^2 s^{-2}$로 예상된다. 보고된 실험값은 $4.2 \times 10^{-2} cm^2 s^{-1}$인데 이것은 전이이론에 의해서 예측된 값과 매우 비슷하다 (M. Boudart and G. Djega-Mariadassou, *Kinetics of Heterogeneous Catalytic Reactions*, Princeton University Press, Princeton, 1984, p. 71). 다른 전이금속 표면으로부터 분자수소의 결합탈착에 대한 지수앞인자 측정값들(표면 자리 밀도에 의해서 정규화되었음)이 표 5.2.3에 요약되어 있다. 표 5.2.3의 값들은 전이상태이론에 잘 부합한다.

흔히 *Rideal-Eley* 단계라고 부르는 A와 B 사이의 매우 드문 기초반응은 다음에 보이는 순서에 따라 기체상 B가 흡착된 A와 직접 반응함으로써 일어난다.

$$A + * \rightleftarrows A* \qquad \text{(reversible adsorption of } A\text{)}$$
$$A* + B \longrightarrow \text{products} \qquad \text{(Rideal-Eley step)}$$
$$A + B \Longrightarrow \text{products} \qquad \text{(overall reaction)}$$

이론적으로 볼 때, 만약 반응이 Rideal-Eley 혹은 랭미어-힌쉘우드 어느 단계에 의해서도 진행될 수 있다면, 매우 짧은 기체-표면 충돌 시간 (피코초) 때문에 랭미어-힌쉘우드 경로를 훨씬 더 선호하게 된다. 그러나 Rideal-Eley 단계의 속도론은 극한 조건에서는 중요할 수 있다. 예를 들어, 전자재료의 플라스마 공정에 관여하는 반응들은 Rideal-Eley 단계를 거쳐서 일어나는 것으로 생각된다. 반도체 성장의 전형적인 조건은 Rideal-Eley 기초반응 단계를, 촉매반응의 조건들은 흔히 랭미어-힌쉘우드 단계를 선호한다. 이 점은 R. Masel에 의해서 자세히 논의되었다 (*Principles of Adsorption and Reaction on Solid Surface*, Wiley, New York, 1996, pp. 444-448)

예제 5.2.2 Bronsted acid site(혹은 H^+)가 촉매작용을 하는 반응에 고체산을 투입하면 종종 속도가 빨라진다. 이온교환 수지, 제올라이트, 혼합 산화금속과 같은 재료들은 부식성 있는 액체산(예를 들어, H_2SO_4, HF)의 고체 유사체(analogues)로 작용하며 산촉매로서 사용될 수 있다. 예를 들면, 강한 산성 고체 고분자 촉매인 가교결합된 poly(styrene-sulfonic acid)에서 아이소뷰틸렌(IB)은 그 자신들끼리 반응하여 이합체(dimer)를 형성한다. 헥산 용매 내에서 서로 다른 두 초기 IB 농도에 대한 IB의 이합체반응의 속도론을 그림 5.2.7에 제시하였다. 높은 농도의 IB에서는 [IB]에 로그를 취한 것을 반응시간에 대해서 플롯한 것이 선형이므로 1차 반응으로 나타났다. 그러나 낮은 농도에서는 1/[IB]가 시간에 대해 선형이므로 2차 반응이다. 이러한 결과에 부합하는 반응속도식은 아래와 같다.

$$r = \frac{\bar{\alpha}_1[\mathrm{IB}]^2}{1 + \bar{\alpha}_2[\mathrm{IB}]} \tag{5.2.33}$$

여기서 $\bar{\alpha}_1$과 $\bar{\alpha}_2$는 상수이다. 이 반응에 대해서 이러한 형태의 반응속도식이 어떻게 유도되었는지를 보이시오.

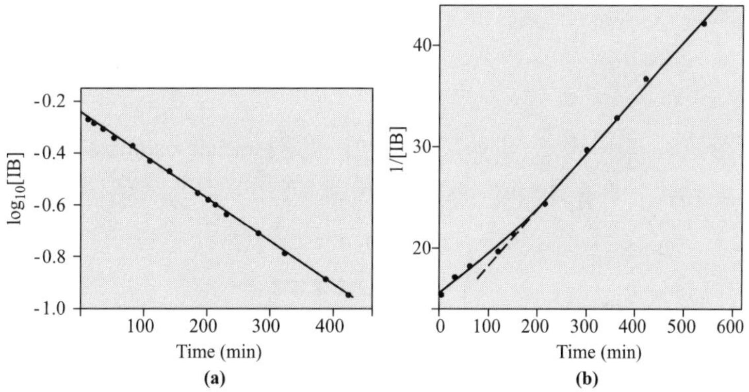

Figure 5.2.7 | Kinetics of liquid phase oligomerization of isobutylene catalyzed by poly(styrene-sulfonic acid) at 20℃ in hexane solvent. **(a)** Corresponds to high initial concentration of isobutylene. **(b)** Corresponds to low initial concentration of isobutylene. [Figures from W. O. Haag, *Chem. Eng. Prog. Symp. Ser.*, **63** (1967) 140. Reproduced with permission of the American Institute of Chemical Engineers. Copyright 1967 AIChE. All rights reserved.]

해답

IB의 이합체화반응에 대하여 다음의 2 단계 촉매 싸이클을 제안하였다.

(1) $\mathrm{IB} + * \rightleftarrows \mathrm{IB}*$ (adsorption of IB on solid acid)

(2) $\mathrm{IB}* + \mathrm{IB} \xrightarrow{k_2} (\mathrm{IB})_2 + *$ (Rideal-Eley reaction)

$2\,\mathrm{IB} \Longrightarrow (\mathrm{IB})_2$ (overall dimerization reaction)

이 경우에 *는 하나의 표면 산 자리(surface acid site)를 나타내고 IB*는 흡착된 t-butyl 양이온을 나타낸다. 두번째 단계는 흡착된 반응물과 액체상에 존재하는 반응물간의 결합을 포함하고 있음을 잘 알아두자. 속도식은 다음과 같이 된다.

$$\mathrm{r} = k_2[\mathrm{IB}^*][\mathrm{IB}] \tag{5.2.34}$$

첫 번째 단계에 대한 평형 관계식과 전체적인 자리수지를 결합함으로써 흡착된 IB의 농도를 다음과 같이 얻을 수 있다

$$[\mathrm{IB}^*] = \frac{K_{\mathrm{ads}}[*]_0[\mathrm{IB}]}{1 + K_{\mathrm{ads}}[\mathrm{IB}]} \tag{5.2.35}$$

여기서 $[*]_0$는 촉매표면의 총 산자리 (acid sites) 수를 나타내고, K_{ads}는 IB의 흡착평형상수이다. 식(5.2.35)를 식 (5.2.34)에 대입하면 최종 속도식이 나온다.

$$\mathrm{r} = \frac{k_2K_{\mathrm{ads}}[*]_0[\mathrm{IB}]^2}{1 + K_{\mathrm{ads}}[\mathrm{IB}]} \tag{5.2.36}$$

식 (5.2.33)에서 $\bar{\alpha}_1 = k_2K_{ads}[*]_0$ α-2=K_{ads}이라두면 윗 식과 같은 함수형태를 갖게 되며 이 식은 5.2.7에 보인대로 실험 데이터와 일치한다.

생성물의 탈착속도 또한 표면촉매 반응(surface-catalyzed reaction)의 속도론에 영향을 준다. 다음과 같은 단순한 촉매 싸이클을 생각해 보자.

$$\begin{array}{c} A + * \rightleftarrows A^* \\ A^* \rightleftarrows B^* \\ B^* \rightleftarrows B + * \\ \hline A \Longrightarrow B \end{array}$$

만약 표면으로부터의 B의 탈착이 속도결정단계라면 탈착에 앞선 모든 기초반응 단계들은 유사평형이라고 가정한다.

$$\begin{array}{ll} (1) & A + * \overset{K_1}{\rightleftarrows} A^* \\ (2) & A^* \overset{K_2}{\rightleftarrows} B^* \\ (3) & B^* \xrightarrow{k_3} B + * \\ \hline & A \Longrightarrow B \end{array}$$

정방향만 있는 것의 총괄 속도는 다음과 같이 주어진다.

$$\mathrm{r} = \mathrm{r}_3 = k_3[B^*] \tag{5.2.37}$$

적절한 평형관계식을 통하여 물질의 표면 농도를 제거함으로써 속도식은 단순해진다.

(2) 단계에 따라,

$$[B^*] = K_2[A^*] \tag{5.2.38}$$

이며 따라서 아래와 같이 된다.

$$\mathrm{r} = k_3K_2[A^*] \tag{5.2.39}$$

$[A^*]$를 구하기 위해서 평형흡착관계식이 사용된다.

$$K_1 = \frac{[A^*]}{[A][*]} \qquad [A^*] = K_1[A][*] \tag{5.2.40}$$

이렇게 해서 다음식이 얻어진다.

$$\mathrm{r} = k_3K_2K_1[A][*] \tag{5.2.41}$$

표면의 빈 자리 농도는 전체 자리수지로부터 유도된다.

$$[*]_0 = [*] + [A^*] + [B^*]$$
$$[*]_0 = [*] + [A^*] + K_2[A^*]$$
$$[*]_0 = [*] + K_1[A][*] + K_2K_1[A][*]$$
$$[*] = \frac{[*]_0}{1 + (K_1 + K_2K_1)[A]} \tag{5.2.42}$$

식 (5.2.42)를 식 (5.2.41)에 대입하면 다음과 같은 최종 속도식이 얻어진다.

$$\mathrm{r} = \frac{k_3K_2K_1[A][*]_0}{1 + (K_1 + K_2K_1)[A]} \tag{5.2.43}$$

이 경우에 있어서 속도식은 생성물 농도와 관련이 없음을 명심하자.

5.3 전체 반응에 대한 속도론

표면촉매 반응을 구성하는 기초반응 단계의 전체적인 순서를 생각해보자. 이들 순서는 반응물의 흡착, 표면반응, 마지막으로 생성물의 탈착으로 구성되어 있다. 만약 표면이 균일하고(예를 들어, 모든 표면 자리들이 동력학적으로나 열역학적으로도 동일) 흡착된 물질끼리의 상호작용이 무시할만하다면 전체반응속도식의 유도는 다소 수월하다.

예를 들어, 암모니아를 합성하기 위한 분자질소분자와 분자수소분자의 반응이 다음의 기초반응 단계 순서에 따라서 어떤 촉매상에서 진행된다고 가정해 보자.

Step		$\bar{\sigma}_i$
(1)	$N_2 + 2^* \rightleftarrows 2N^*$	1
(2)	$N^* + H^* \rightleftarrows NH^* + *$	2
(3)	$NH^* + H^* \rightleftarrows NH_2^* + *$	2
(4)	$NH_2^* + H^* \rightleftarrows NH_3 + 2^*$	2
(5)	$H_2 + 2^* \rightleftarrows 2H^*$	3
	$N_2 + 3H_2 = 2NH_3$	

여기서 $\bar{\sigma}_i$는 기초반응 단계 i 의 화학양론 수(stoichiometric number)이며, 전체 반응에서 한번의 촉매 싸이클을 완성하기 위해서 반드시 일어나야 하는 어떤 기초반응 단계의 횟수로 정의된다. 위에서 $\bar{\sigma}_2 = 2$라는 것은 첫 단계에서 분자질소가 해리적으로 한번 흡착할 때마다 두 번째 단계는 두 번 일어나야 한다는 것을 의미한다. 전체반응에 대한 순속도는 적절한 화학양론 수가 가중된(weighted) 어느 하나의 기초반응 단계 속도 항으로 쓸 수 있다.

$$r = \frac{r_i - r_{-i}}{\bar{\sigma}_i} \tag{5.3.1}$$

식 (5.3.1)로부터 구한 최종적인 반응속도식의 형태는 반응성 중간체 농도를 제거하기 위해 반복 적용된 정상상태근사법에 의해 유도된다.

그러나 많은 경우에 속도론적으로 연관 있는 일련의 기초반응 단계를 두 단계로 줄일 수 있다(M. Boudart and G. Djega-Mariadassou, *Kinetics of Heterogeneous Catalytic Reaction*, Princeton University Press, Princeton, 1984, p. 90). 예를 들어, 위에서 주어진 암모니아 합성에 대한 연속반응에서 첫 번째 단계가 속도결정단계이며 그 외 다른 모든 단계들이 평형에 있다고 가정함으로써 상당히 단순화시킬 수 있다. 이 두 단계는 다음과 같이 된다.

		$\bar{\sigma}_i$	
(1)	$N_2 + 2^* \underset{k_{-1}}{\overset{k_1}{\rightleftarrows}} 2N^*$	1	(rate-determining step)
(2)	$N^* + 3/2\ H_2 \overset{K_2}{\Leftrightarrow} NH_3 + *$	2	(quasi-equilibrated reaction)

두 번째 단계는 기초반응단계가 아니라 분자질소 흡착 이후에 반드시 일어나야 하는 모든 유사평형 단계들의 합이라는 것을 명심하자. 이 압축된 연속반응에 따르면 촉매표면의 유일한 물질은 N*이다. 비록 다른 물질(H*, NH* 등)이 존재

한다 할지라도 본 예시의 가정에 따라 N*만이 자리수지에 참여한다.

$$[*]_0 = [N^*] + [*] \tag{5.3.2}$$

단지 하나의 물질만이 표면위에 상당한 농도로 존재하는 경우에 그 물질을 가장 풍부한 반응성 중간체(most abundant reaction intermediate) 혹은 *mari*라고 부른다. 전체 반응속도는 N_2의 해리흡착 속도로 표현된다.

$$r = r_1 - r_{-1} = \frac{k_1[N_2][*]^2}{[*]_0} - \frac{k_{-1}[N^*]^2}{[*]_0} \tag{5.3.3}$$

여기서 [*]와 [N*]은 두 번째 단계에 대한 아래의 평형관계식과 자리수지에 의해서 결정된다.

$$r = r_1 - r_{-1} = \frac{k_1[N_2][*]^2}{[*]_0} - \frac{k_{-1}[N^*]^2}{[*]_0} \tag{5.3.3}$$

여기서 상수 K_2는 [N*]가 클 때 그 값 역시 크다. 식 (5.3.2)와 (5.3.4)를 [*]와 [N*]에 대해서 각각 풀면 다음과 같다.

$$[*] = \frac{[*]_0}{1 + K_2\left(\dfrac{[NH_3]}{[H_2]^{3/2}}\right)} \tag{5.3.5}$$

$$[N^*] = \frac{K_2\left(\dfrac{[NH_3]}{[H_2]^{3/2}}\right)[*]_0}{1 + K_2\left(\dfrac{[NH_3]}{[H_2]^{3/2}}\right)} \tag{5.3.6}$$

식 (5.3.5)와 (5.3.6)을 식 (5.3.3)에 대입하면 반응에 대해서 다음과 같은 속도식이 얻어진다.

$$r = \frac{k_1[*]_0[N_2] - k_{-1}K_2^2[*]_0\left(\dfrac{[NH_3]^2}{[H_2]^3}\right)}{\left[1 + K_2\left(\dfrac{[NH_3]}{[H_2]^{3/2}}\right)\right]^2} \tag{5.3.7}$$

매우 낮은 전환율에서는(평형에서 먼) 역반응은 무시할 만하며 따라서 반응속도식은 다음과 같이 단순화된다.

$$r = \frac{k_1[*]_0[N_2]}{\left[1 + K_2\left(\dfrac{[NH_3]}{[H_2]^{3/2}}\right)\right]^2} \tag{5.3.8}$$

예제 5.3.1 암모니아 합성에 사용가능한 촉매로서 루테늄(ruthenium)이 많은 실험실에서 연구되었다. 최근에 Becue 등은 [T. Becue, R. J. Davis, and J. M. Garces, *J. Catal.*, **179** (1998) 129] 루테늄 금속에서 암모니아 합성의 정반응속도 (평형에서 먼)는 20 bar의 전체압력, 623 K에서 분자질소에 대해서는 1차이고 분자수소에 대해서는 역 1차라고 보고하였다. 그 정반응속도는 암모니아에 의해서는 매우 약하게 저해를 받는다. 이 촉매반응에 대해서 타당한 반응 단계를 제안하고 실험결과와 잘 부합하는 속도식을 유도하시오.

해답

식 (5.3.8)을 유도할 때 분자질소의 해리흡착이 속도결정 단계라고 가정하였는데 이 가정의 결과 속도식이 분자질소에 대해 1차의 관계를 가지는 것으로 나타냈다. 여기서도 같은 단계가 속도결정단계라고 가정한다. 그러나 식 (5.3.8)에서의 속도식은 분자수소에 대해서 전체적으로 양의 차수를 갖는다. 따라서 식 (5.3.8) 유도에 사용되는 가정의 일부는 수정되어야 한다. 루테늄을 이용한 암모니아 합성에서 분자수소에 대해 음의 차수가 관찰된 것은 수소 원자들이 그 표면의 상당한 부분을 차지하고 있음을 의미한다. 만약 H*가 이 표면에서 가장 풍부한 반응성 중간체라고 가정한다면, 분자수소의 흡착을 나타내는 기초반응 단계가 분명하게 포함되어야 한다. 아래의 단계를 생각해보자.

(1) $N_2 + 2^* \xrightarrow{k_1} 2N^*$ (rate-determining step)

(2) $H_2 + 2^* \overset{K_2}{\rightleftarrows} 2H^*$ (quasi-equilibrated)

위 단계들에 이어서 많은 표면 반응들이 뒤따르며 다음과 같이 표현되는 총괄 평형 반응이 주어지게 된다.

(3) $N^* + 3H^* \rightleftarrows NH_3 + 4^*$ (quasi-equilibrated)

앞에서처럼 반응의 정반응 (평형과는 거리가 먼)은 속도결정단계로 표현할 수 있다.

$$r = r_1 = \frac{k_1[N_2][^*]^2}{[^*]_0} \tag{5.3.9}$$

식 (5.3.9)에서 [*]를 제거하기 위해서, 자리수지와 결합되어 있는 두 번째 단계에 대한 평형관계식을 사용하자. 따라서 다음 식들을 동시에 풀면,

$$K_2 = \frac{[H^*]^2}{[*]^2[H_2]} \tag{5.3.10}$$

$$[*]_0 = [H^*] + [*] \tag{5.3.11}$$

다음의 식을 얻을 수 있다.

$$[*] = \frac{[*]_0}{1 + K_2^{1/2}[H_2]^{1/2}} \tag{5.3.12}$$

식 (5.3.12)를 식 (5.3.9)에 대입하면 다음의 최종 속도식이 나온다.

$$r = \frac{k_1[*]_0[N_2]}{(1 + K_2^{1/2}[H_2]^{1/2})^2} \tag{5.3.13}$$

만약 흡착된 H 원자에 의해서 표면이 거의 덮여 있다면 다음과 같이 된다.

$$K_2^{1/2}[H_2]^{1/2} >> 1 \tag{5.3.14}$$

따라서 속도식은 다음과 같이 간단해진다.

$$r = \left(\frac{k_1[*]_0}{K_2}\right)\frac{[N_2]}{[H_2]} \tag{5.3.15}$$

이 속도식은 실험 결과에 잘 부합한다. 이 예제에서 세 번째 단계로 나타낸 반응평형은 문제를 해결하는데 전혀 사용되지 않는다. 왜냐하면 가장 풍부한 반응성 중간체가 H*라고 가정하였기 때문이다 (평형인 두 번째 단계에서 고려됨). 따라서 기초반응 단계들의 복잡한 세트는 속도론적으로 의미 있는 두 개의 반응으로 줄어든다.

Pt/Al_2O_3 개질 촉매(reforming catalyst)를 이용하여 메틸싸이클로 헥산을 톨루엔으로 탈수소화시키는 반응을 고찰함으로써, 다단계 반응을 속도론적으로 중요한 두 개의 단계로 줄일 수 있다는 개념을 다시 한번 보여준다 [J. H. Sinfelt, H. Hurwitz and R. A. Shulman, *J. Phys. Chem.*, **64** (1960) 1559]

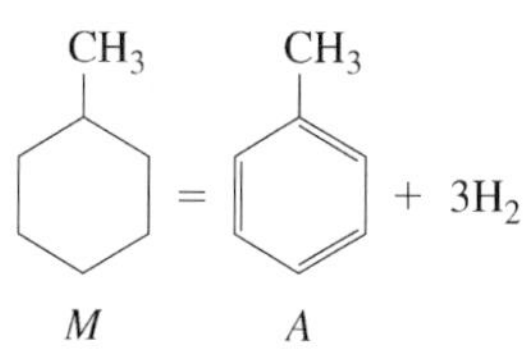

평형과 거리가 먼 상태에서 진행되는 반응에 대한 관찰속도식은 다음과 같은 형태로 나타낼 수 있다.

$$r = \frac{\overline{\alpha}_1[M]}{1 + \overline{\alpha}_2[M]} \tag{5.3.16}$$

이 반응은 M의 흡착, M*와 부분적으로 탈수소화된 M*의 표면 반응, 최종적으로 H_2와 톨루엔의 탈착을 포함하는 기초반응 단계들의 복잡한 시컨스를 통해서 일어난다. 그러나 이 다단계 과정을 단순화시키는 것이 가능할 수도 있다. M^*를 포함하는 다음의 두 단계 시컨스를 *mari*라고 생각해 보자.

$$(1) \qquad M + * \overset{K_1}{\rightleftarrows} M^* \qquad \text{(quasi-equilibrated adsorption)}$$

$$(2) \qquad M^* \overset{k_2}{\rightarrow} \cdots \qquad \text{(rate-determining step)}$$

자리수지식과 랭미어 흡착 등온식은 정반응 속도식을 유도하기 위해서 사용된다.

$$\mathrm{r} = \mathrm{r}_2 = k_2[M^*] = \frac{k_2K_1[*]_0[M]}{1 + K_1[M]} \tag{5.3.17}$$

이 속도식은 관찰속도식 (5.3.16)과 같은 형태를 갖는다. 이 부분에 있어서 주의가 요망된다. 제안된 순서가 관찰된 속도론과 부합한다고 해서 반응이 실제로 그런 경로로 일어난다는 것은 아니다. 실제로 위 반응에 대해서 다른 연속반응이 제안될 수도 있다.

$$(1) \qquad M + * \xrightarrow{k_1} \cdots \qquad \text{(irreversible adsorption)}$$

$$\text{------------------} \qquad \text{(surface reactions)}$$

$$(2) \qquad A^* \xrightarrow{k_2} * + A \qquad \text{(irreversible desorption)}$$

유사평형상태 근사법과 자리수지를 적용하면 (A^*가 *mari*라고 가정하고) 그 반응속도에 대해서 다음의 식이 나온다.

$$\mathrm{r} = \mathrm{r}_2 = k_2[A^*] = \frac{k_2(k_1/k_2)[*]_0[M]}{1 + (k_1/k_2)[M]} = \frac{k_1[*]_0[M]}{1 + (k_1/k_2)[M]} \tag{5.3.18}$$

속도식 (5.3.18)의 함수 형태가 식 (5.3.17)과 같은데, 이런 사실은 전혀 다른 두 세트의 가정 모두 실험결과에 부합하는 속도식을 줄 수 있다는 것을 보여준다. 두 경우를 구분하려면 더 많은 정보가 필요하다. 추가적인 실험을 통해서 유입되는 메틸싸이클로헥산에 첨가한 벤젠이 속도를 단지 조금만 저해한다는 것을 알게 되었다. 첫 번째 경우에서는 M은 표면과 평형이므로 벤젠은 사용가능한 표면자리를 놓고서 메틸싸이클로헥산과 경쟁할 것으로 예상되었다. 두 번째 경우에서 M은 표면과 평형상태에 있지 않으며, 톨루엔 탈착의 비가역성은 톨루엔의 표면 덮힘율이 평형에서의 값보다 훨씬 높다는 것을 의미한다. 유입물에 첨가되는 벤젠은 톨루엔을 표면으로부터 효과적으로 떼어내지 못한다. 왜냐하면 벤젠은 평형에서의 양만큼만 표면을 덮을 것이기 때문이다. 유입물에 벤젠을 투입하여 얻은 추가적인 정보는 두 번째 경우가 선호되는 경로라는 것을 말해준다.

가장 풍부한 반응 중간체(*mari*)를 가정할 수 있으면 단일경로 반응의 처리 방법을 일반화하는 것이 가능하다. M. Boudart와 G. Djega-Mariadassou (*Kinetics of Heterogeneous Catalytic Reactions*, Princeton University Press, Princeton, 1984, p. 104)에 따르면 세 가지 법칙이 만들어질 수 있다.

1. 어떤 연속반응에서 속도결정단계가 *mari*를 생성하거나 혹은 없앤다면, 그 연속반응은 흡착평형 단계와 속도결정 단계의 두 단계로 줄일 수 있으며 다른 모든 단계들은 속도론적으로 의미가 없다.
2. 만약 모든 단계들이 실제적으로 비가역이며 하나의 *mari*가 존재한다면, 그 *mari*의 흡착단계와 반응(혹은 탈착) 단계 등 오직 두 단계만 고려하면 된다. 다른 모든 단계들은 속도론적으로 의미가 없다. 사실 그 단계들은 부분적으로 혹은 전체적으로 가역일 수 있다.
3. *mari*를 만들어내는 속도결정단계 다음에 오는 모든 평형 단계들은 하나의 총괄 평형 반응으로 뭉쳐질 수 있다. 마찬가지로, 그 *mari*를 소모하는 속도결정단계에 앞서는 모든 평형 단계들은 하나의 단일 총괄 평형 반응으로 나타낼 수 있다.

두 단계 연속반응으로부터 속도식을 유도하는 것 또한 일반화할 수 있다. 첫째, 만약 속도결정단계가 *mari*를 소모한다면, 후자의 농도는 사용가능한 평형관계식으로부터 얻을 수 있다. 두 번째, 만약 두 단계 연속반응의 단계들이 실제적으로 비가역이라면 정상상태 근사법으로 해를 구할 수 있다.

촉매 표면에서의 반응 특성을 설명하기 위해서는 이러한 단순화를 위한 가정들이 어느 정도 적용되어야 한다. 예제 5.3.1에서 설명한 담지된 루테늄에서의 암모니아 합성의 예는 속도결정단계가 *mari*를 포함하지는 않는다는 것을 제외하고는 법칙 1과 유사하다. 그럼에도 불구하고 그 문제의 해를 구하는 것이 가능했다. 예제 5.3.2는 비슷한 시나리오를 포함한다. 만약 *mari*를 가정할 수 없다면 반응성있는 중간체의 농도를 제거하기 위해서 정상상태 근사법의 반복적인 사용을 통해서 속도식이 유도될 수 있다.

예제 5.3.2 팔라듐(palladium) 단결정에서 낮은 압력(10^{-8} 과 10^{-6} torr 사이), 450-500 K 온도에서 일산화탄소의 산화는 O_2에 대해서는 1차 CO에 대해서는 역 1차의 반응속도식을 따른다. 적절한 일련의 기초반응 단계는 다음과 같다.

(1)	$CO + * \rightleftarrows CO*$	(quasi-equilibrated adsorption)
(2)	$O_2 + * \longrightarrow O*O$	(irreversible adsorption)
(3)	$O*O + * \longrightarrow 2O*$	(surface reaction)
(4)	$CO* + O* \longrightarrow CO_2 + 2*$	(surface reaction/desorption)

CO*를 mari라고 가정하고 속도식을 유도하시오.

해답

반응속도는 연속반응의 어느 단일 단계에 적절한 화학양론 수를 곱한 것이다. 따라서 다음의 반응에 대해서,

$$CO + {}^1\!/_2 O_2 = CO_2$$

속도는 다음과 같이 나타낼 수 있다.

$$r = (r_1 - r_{-1}) = 2r_2 = 2r_3 = r_4 \tag{5.3.19}$$

가장 단순한 해는 2 단계 연속반응으로 되어 있다.

$$CO + * \underset{}{\overset{K_1}{\rightleftarrows}} CO* \quad \text{(quasi-equilibrated adsorption)}$$

$$O_2 + * \xrightarrow{k_2} O*O \quad \text{(irreversible adsorption)}$$

여기서,

$$r = 2r_2 = 2k_2[O_2][*] \tag{5.3.20}$$

CO*를 mari라 하고, 자리수지를 적용하면 다음과 같다.

$$[*]_0 = [*] + [CO*] \tag{5.3.21}$$

그리고 CO 흡착에 대한 랭미어 등온식은 다음과 같이 쓸 수 있다.

$$K_1 = \frac{[CO*]}{[CO][*]} \tag{5.3.22}$$

식 (5.3.21)과 (5.3.22)를 식 (5.3.20)에 대입하면,

$$r = \frac{2k_2[*]_0[O_2]}{1 + K_1[CO]} \tag{5.3.23}$$

높은 표면 덮힘율 즉, $K_1[CO] \gg 1$에서 속도식은 다음과 같이 간단해진다.

$$r = \frac{2k_2[*]_0[O_2]}{K_1[CO]} \tag{5.3.24}$$

이것은 관찰된 속도 법칙과 부합한다.

이 반응의 속도 상수는 두 개의 항 $2k_2$ 와 K_1^{-1}로 이루어져 있다. 따라서 겉보기 활성화 에너지는 다음 식에서 보는 바와 같이 O_2 흡착에 대한 속도 상수와 CO 흡착에 대한 평형상수 값으로부터 구한다.

$$E_{app} = E_2 - \Delta H_{adsCO} \quad (5.3.25)$$

O_2의 흡착은 본질적으로 활성화되지 않으므로, CO 산화에 대한 겉보기 활성화 에너지는 단순히 CO의 팔라듐 흡착 엔탈피의 음수 값이다. 이러한 결과가 실험적으로 관찰되었다 [M. Boudart, *J. Mol. Catal. A: Chem.*, **120** (1997) 271]

예제 5.3.2는 반응 분자의 흡착열이 어떻게 표면촉매 화학반응의 속도론에 상당한 영향을 주는지를 보여준다. 실험적으로 측정된 겉보기 속도상수($2k_2/K_1$)는 온도에 대해서 지수적으로 증가하므로 전형적인 아레나우스 타입의 거동을 보여준다. 그 반응의 겉보기 활성화 에너지는 단순히 $E_{app} = E_2 - \Delta H_{adsCO} \cong -\Delta H_{adsCO}$ (예제 5.3.2 참조)인데 이것은 양의 값이다. 총괄 활성화 에너지가 음인 경우가 있을 수 있는데 이 경우 관찰속도식이 온도가 증가함에 따라 감소한다. 이 같은 뜻밖의 현상은 표면 촉매 반응의 다단계 매카니즘으로 이해될 수 있다. 속도 결정 단계인 표면반응에서 일어나는 A의 전환 속도를 앞에서 기술한대로 생각해보자.

$$r = \frac{k_2 K_{ads}[*]_0[A]}{1 + K_{ads}[A]} \quad (5.3.26)$$

실험 조건이 $1 \gg K_{ads}[A]$ 이라면 반응속도는 다음과 같이 간단해진다.

$$r = k_2 K_{ads}[*]_0[A] \quad (5.3.27)$$

여기서 k_2K_{ads}는 겉보기 속도상수이다. 겉보기 활성화 에너지는 이제 다음과 같이 된다.

$$E_{app} = E_2 + \Delta H_{ads} \quad (5.3.28)$$

흡착 엔탈피는 거의 대부분 음이므로 겉보기 활성화에너지는 E_2와 ΔH_{ads}의 크기에 따라 양 혹은 음일 수 있다.

산성 제올라이트인 H-ZSM-5에서 n-알칸의 크래킹은 겉보기 활성화 에너지가 어떻게 흡착 엔탈피에 의해서 상당히 큰 영향을 받는지를 분명하게 보여준다. 탄소수 8에서 20개를 갖는 n-알칸에 대한 유사 1차 속도 상수 ($k^* = k_2K_{ads}$)에 대한

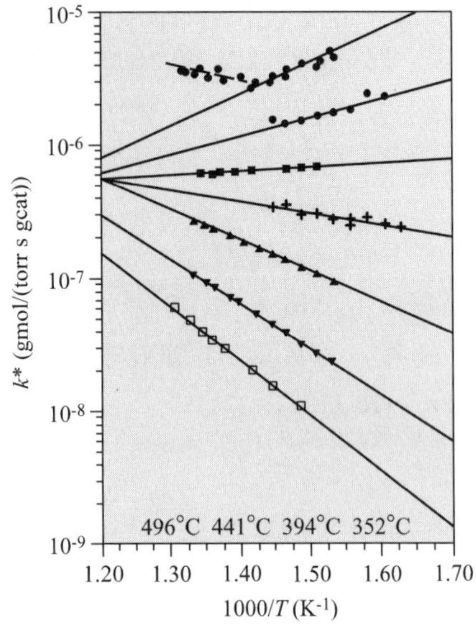

Figure 5.3.1 |
Temperature dependence of the cracking of n-alkanes. [Reprinted from J. Wei, "Adsorption and Cracking of N-Alkanes over ZSM-5: Negative Activation Energy of Reaction," *Chem. Eng. Sci.*, **51** (1996) 2995, with permission from Elsevier Science.] Open square—C_8, inverted triangle—C_{10}, triangle—C_{12}, plus—C_{14}, filled square—C_{16}, diamond—C_{18}, circle—C_{20}.

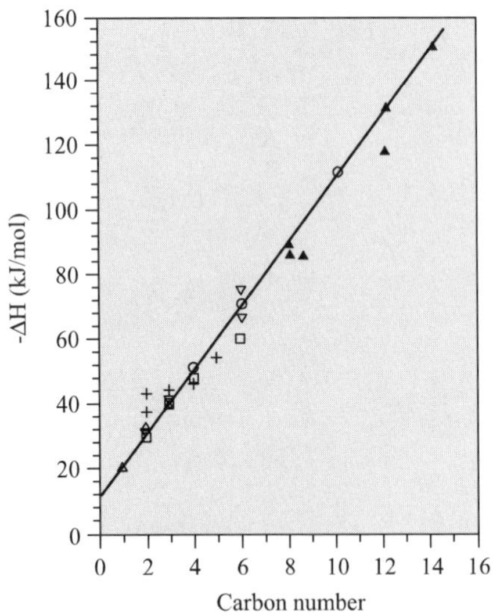

Figure 5.3.2 |
Heats of adsorption of n-alkanes on ZSM-5. [Reprinted from J. Wei, "Adsorption and Cracking of N-Alkanes over ZSM-5: Negative Activation Energy of Reaction," *Chem. Eng. Sci.*, **51** (1996) 2995, with permission from Elsevier Science.]

아레니우스 플롯을 그림 5.3.1에 나타내었다. 작은 탄소수의 알칸(C_8-C_{14})의 반응에서는 사슬 길이가 길수록 줄어드는 양의 겉보기 활성화 에너지를 갖는 반면, 탄소수가 큰 알칸(C_{18}, C_{20})의 반응에서는 사슬 길이가 길수록 음의 값이 커지는 음의 겉보기 활성화 에너지를 갖는다. 흥미롭게도 C_{16}의 반응은 온도에 따라 거의 변하지 않았다. 그림 5.3.2의 선형관계는 흡착 엔탈피가 알칸의 탄소수에 비례한다는 것을 보여준다. 따라서 만약 표면반응 단계의 활성화 에너지(E_2)가 사슬 길이에 민감하지 않다면, 식 (5.3.28)은 겉보기 활성화 에너지가 알칸의 길이가 늘어날수록 줄어들 것이라는 것을 예측해 준다. C_{16} 크래킹에 대한 유사 1차 속도 상수가 온도에 따라 변하지 않는 것은 ΔH_{ads}에 의해서 E_2가 소거되기 때문이다. 일정한 온도에서 k^* 값은 평형흡착 상수에 영향을 주는 탄소사슬 길이에 의해 매우 크게 영향을 받는 것도 알아두자.

실제로 그림 5.3.3은 k^*이 알칸 분자의 크기에 대해 지수적으로 의존하고 있음을 보여준다. 사슬이 긴 알칸의 흡착 엔탈피가 높다는 것은 긴 사슬 알칸들의 표면 덮힘이 짧은 사슬 분자에 의한 덮힘보다 훨씬 더 크다는 것을 의미하는데 이것은 매우 높은 반응속도로 나타난다.

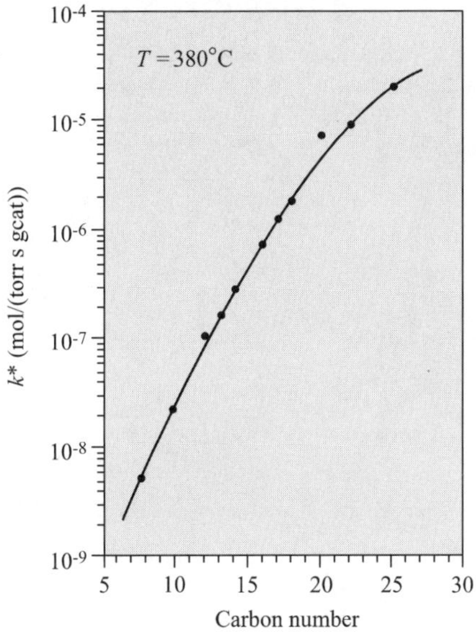

Figure 5.3.3 |
The apparent first-order rate constant of n-alkane cracking over ZSM-5 at 380℃. [Reprinted from J. Wei, "Adsorption and Cracking of N-Alkanes over ZSM-5: Negative Activation Energy of Reaction," *Chem. Eng. Sci.*, **51** (1996) 2995, with permission from Elsevier Science.]

Vignette 5.3.1

제올라이트는 산업적 촉매로 넓게 사용되고 있는 상당한 다공성의 결정성 알루미노규산염 (aluminosillicates)이다. 1756년 스웨덴의 광물학자인 A. F. Cronstedt는 광물인 속비석(束沸,石 stilbite)이 가열되었을 때 스팀을 내는 것을 관찰한 후에 끓는다는 것을 의미하는 그리스 말 "zeo" 와 돌을 뜻하는 "lithos"에서 따와 zeolite라는 용어를 만들었다. 오늘날 제올라이트는 이웃 사면체(tetrahedron)와 공유하는 꼭지점 산소 원자(apical oxygen atom)를 가진 TO_4 사면체 (T = 사면체 원자, 예를 들면 Si, Al)로 만들어진다고 알려져 있다.

촉매반응에서 제올라이트의 기능을 이해하기 위해서는 제올라이트 골격(framework)과 관련한 결정화학을 먼저 설명하는 것이 필요하다. 실리콘의 원자가로 인해, 실리콘 원자들은 사면체에 있는 네 개의 이웃하는 원자들과 결합하는 것을 일반적으로 선호한다. 만약 하나의 독립적인 SiO_4를 따로 떼어낼 수 있다면, 실리콘의 전하는 +4이고 산소 음이온은 −2이므로 그것의 형식전하(formal charge)는 −4가 될것이다. 그러나 결점이 없는 순수한 SiO_2 골격은 어떠한 전하도 가지고 있지 않는데 그것은 산소 원자가 두 개의 실리콘과 연결되어 있으면서 그것들과 전자 밀도를 공유하기 때문이다. 만약 알루미늄이 골격안에서 네 개의 산소원자와 사면으로 배위결합되어 있다면 알루미늄 전자가는 +3이므로 알짜(net) 형식전하는 −1 이다. 실리콘과 알루미늄을

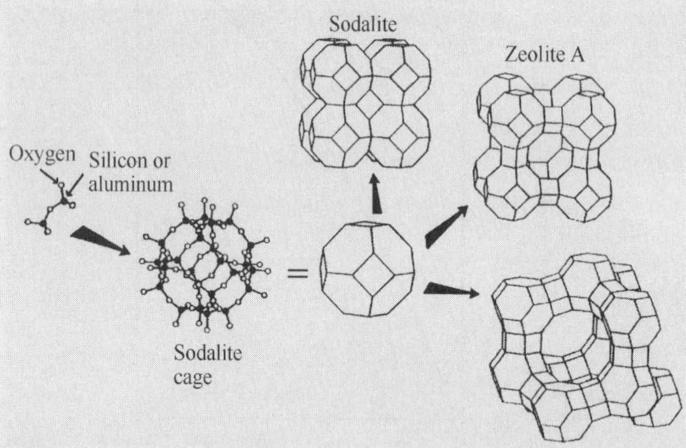

Figure 5.3.4 | Schematic of zeolite frameworks. The synthetic faujasites are NaX and NaY (difference between NaX and NaY is the ratio of Si to Al: NaX ~ 1.1, NaY ~ 2.4). These constructions do not represent how the materials are synthesized but rather their structural features alone. [Reprinted with permission from M. E. Davis, *Ind. Eng. Chem. Res.*, **30** (1991) 1676. Copyright 1991 American Chemical Society.]

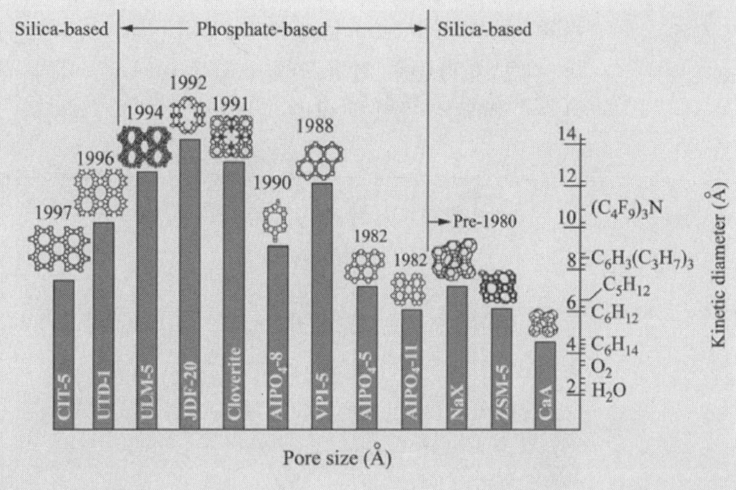

Figure 5.3.5 | Correlation between pore size of molecular sieves and the diameter of various molecules. [Reprinted from M. E. Davis, "Zeolite-Based Catalysts for Chemicals Synthesis," *Microporous and Mesoporous Mater.*, **21** (1998) 179, with permission of Elsevier Science.]

포함하고 있는 사면체들이 서로 연결되어 알루미노규산염 골격을 형성했을 때, 각 알루미늄 원자와 관련된 하나의 마이너스 전하가 있으며 그것은 하나의 양이온과 균형을 이뤄 전기적으로 중성이 된다. 전형적인 양이온에는 알칼리 금속(예를 들어, Na^+, K+), 알칼리토금속(예를 들어, Ca^{2+}, Ba^{2+}), 양성자 H^+가 있다. 그림 5.3.4는 소다라이트(sodalite)라고 알려진 보통의 케이지 구조 예를 보여주고 있으며 그것이 어떻게 실리콘, 알루미늄, 산소원자들로 구성되는지를 보여준다. 그림 5.3.4는 또한 여러 개의 다른 제올라이트들이 어떻게 이러한 소다라이트 케이지들에 의해서 구성되는지를 보여준다. 그림에서 각 선은 연결되어 있는 산소원자를 나타내며, 교점은 실리콘 혹은 알루미늄 원자 위치를 나타내준다.

많은 제올라이트 구조가 존재한다. 자연 제올라이트, 자연 제올라이트의 합성 유사체(analogues), 자연에는 없는 합성 제올라이트가 있다. 전체적으로 100가지 이상의 구조가 있다. 그림 5.3.5는 다양한 크기의 기공을 갖는 전형적인 골격 투영도를 보여준다. 기공 크기가 약 4 Å에서 12 Å이며 그 구조는 채널 그리고/혹은 케이지를 가질 수 있음을 기억하자. 제올라이트의 독특한 점은 그들의 기공 크기가 일정하다는 것과(그림 5.3.6 참조) 그 기공들이 작은 분자 크기 범위에 있다는 것이다(그림 5.3.5 참조). 따라서 제올라이트는 분자들을 크기에 따라 분리해주므로 분자체(molecular sieve)라고 할 수 있다. 그 기공 크기보다 작은 분자들은 결정 안쪽까지 들어갈 수 있게 되지만 (흡착되지만) 큰 것들은 그렇지 않다.

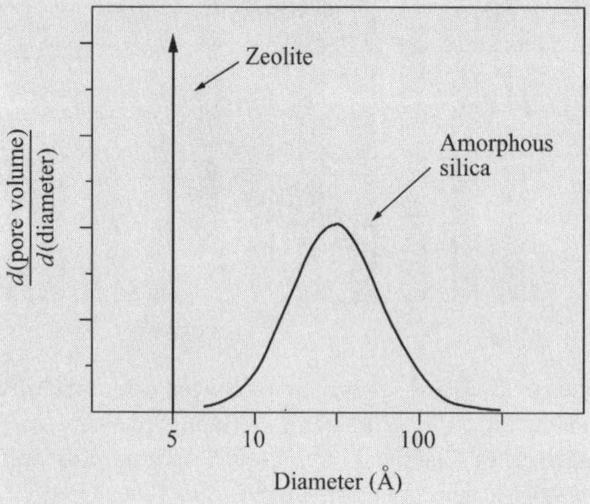

Figure 5.3.6 | Pore size distribution of zeolite compared to amorphous silica. [Reprinted with permission from M. E. Davis, *Ind. Eng. Chem. Res.*, **30** (1991) 1677. Copyright 1991 American Chemical Society.]

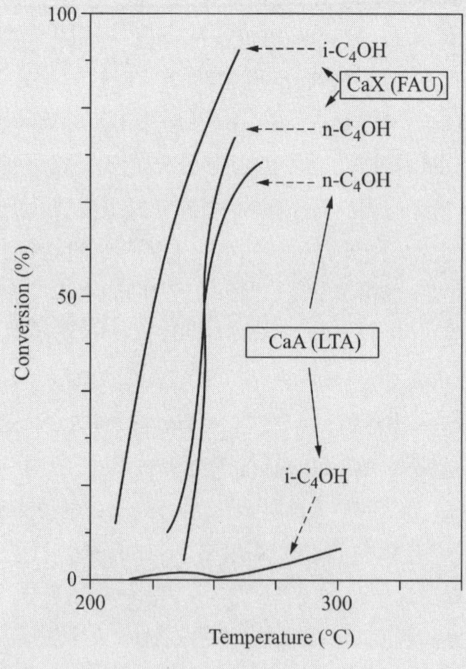

Figure 5.3.7 | Dehydration of alcohols by zeolites. [Reprinted with permission from M. E. Davis, *Ind. Eng. Chem. Res.*, **30** (1991) 1677. Copyright 1991 American Chemical Society.]

어느 제올라이트에서 전하의 균형을 맞춰주는 양이온이 H^+라면, 그 제올라이트는 기공 구조 내부에 산성의 양성자가 갇혀 있기 때문에 형상 선택 특성(shape selective properties)을 보여주는 고체 산이다. 형상 선택적인 산촉매의 한 예가 그림 5.3.7에 나와 있다. 여기서는 기공 구조 속에 양성자를 가진 CaX와 CaA 제올라이트에서 노말 부탄올과 아이소부탄올이 탈수된다. 이 1차 그리고 2차 알콜들 모두 X 제올라이트에서 탈수되는 반면, 단지 1차 알콜만이 A 제올라이트에서 반응하였다. 2차 알콜은 CaA의 기공 속으로 확산되어 가기에는 너무 크기 때문에 그것은 CaA 결정 내부의 활성자리에 닿을 수가 없었다.
ZSM-5 제올라이트에서 헥산의 크래킹 속도를 양성자 함량의 함수(골격 속의 Al 함량을 변화시킴으로써 가능하였다)로 측정하였다. 이때 양성자 함량을 10^4배까지 변화시켰다(그림 5.3.8 참조). 그 속도가 양성자 함량과 정확히 비례하는 것으로 나타나므로 이 촉매 자리들은 확실히 서로 동일하고 서로간의 상호작용이 없다고 할 수 있다. W. O. Haag는 잘 정의되고, 균일한 활성을 갖는 미리 결정된 숫자만큼의 활성자리를 갖는 제올라이트 촉매의 합성이 비균일계 촉매계에서는 유례가 없는 일이라고 결론을 내렸다(W. O. Haag in "Zeolites and Related Microporous Materials : State of the Art 1994", J. Weitkamp et al., Eds., *Studies in Surface Science and Catalysis*, Vol. 84B, Elsevier Science B. V., 1994, p.1375).

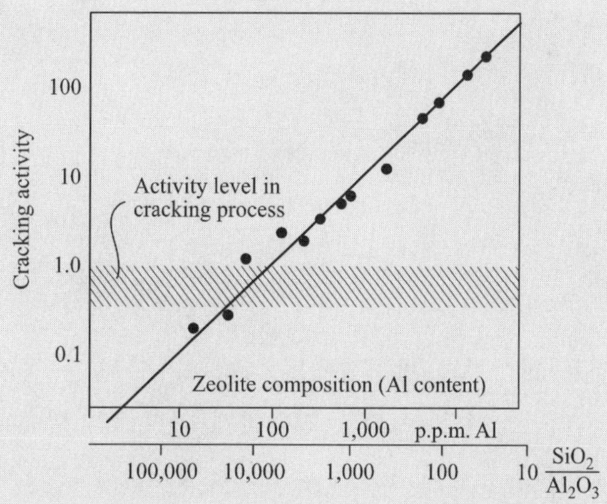

Figure 5.3.8 | Variation in the hexane cracking activity with aluminum content in ZSM-5. [Reprinted with permission from W. O. Haag, R. M. Lago, and P. B. Weisz, *Nature*, **309** (1984) 589.]

지금까지의 논의는 단지 한 종류의 활성 자리만이 반응에 참여하는 균일한 표면에서의 촉매반응 속도론에 집중되어 왔다. 양기능성 촉매(bifunctional catalysts)는 동일한 고체 위에 다른 두 종류의 활성 자리를 사용함으로써 작동한다. 예를 들어, 자동차 연료를 개선하기 위해서 사용되는 탄화수소 개질 반응은 산성화된 알루미늄에 담지된 백금 입자에 의해서 수행된다. Pt/Al_2O_3의 금속성 기능이 탄화수소의 수소첨가/탈수소에 촉매작용하는 반면 그 담체의 산성 기능은 알칸 뼈대의 이성질화(isomerization)을 촉진시킨다는 것이 많은 연구를 통해 밝혀졌다. 두 가지 기능을 갖는 Pt/Al_2O_3 촉매와 관련한 속도론적 연속반응을 보여주기 위해 노말 펜탄(N)의 아이소펜탄(I)으로의 이성질화반응을 이용하였다.

$$\underset{\text{n-pentane (N)}}{CH_3-CH_2-CH_2-CH_2-CH_3} \xrightarrow{Pt/Al_2O_3} \underset{\text{isopentane (I)}}{CH_3-\overset{\overset{\displaystyle CH_3}{|}}{C}H-CH_2-CH_3}$$

이 연속반응은 백금 입자에서 노말 펜탄의 탈수소화를 포함하는데 이 반응은 중간체인 노말 펜텐($N^=$)을 만들고 이것은 속도결정 단계에서 산성의 알루미늄으로 옮겨가 반응하여 아이소펜텐($I^=$)이 된다. 이 아이소펜텐은 연이어 백금 입자로 되돌아가며 여기서 수소가 첨가되어 아이소펜탄이 만들어진다. 아래의 연속반응이 이러한 과정을 보여준다(여기서 *는 알루미늄 위의 산성 자리를 나타낸다.).

$$
\begin{array}{llll}
(1) & N \overset{K_1}{\rightleftharpoons} N^= + H_2 & & \text{(Pt-catalyzed)} \\
(2) & N^= + * \overset{K_2}{\rightleftharpoons} N^=* & & \\
(3) & N^=* \overset{k_3}{\rightarrow} I^=* & & \\
(4) & I^=* \rightleftharpoons I^= + * & & \\
(5) & I^= + H_2 \rightleftharpoons I & & \text{(Pt-catalyzed)} \\
\hline
 & N \Longrightarrow I & &
\end{array}
$$

흥미로운 것은 화학양론 방정식에는 나타나지도 않은 분자수소에 의해서 속도가 저해를 받는다는 것이다. 속도를 간단하게 나타내면 다음과 같다.

$$r = r_3 = k_3[N^=*] \tag{5.3.29}$$

첫 번째와 두 번째 단계의 평형 관계식은 다음과 같이 된다.

$$[N^{=}*] = K_2[N^{=}][*] \tag{5.3.30}$$

$$[N^{=}] = K_1\frac{[N]}{[H_2]} \tag{5.3.31}$$

알루미늄에서의 자리수지 ($N^{=*}$가 *mari* 라고 가정, 평형과는 거리가 멈)는 아래와 같다.

$$[*]_0 = [*] + [N^{=}*] \tag{5.3.32}$$

그리고 이 식과 식 (5.3.30), (5.3.31)을 함께 사용함으로써 정반응에 대한 속도식을 다음과 같이 나타낼 수 있게 된다.

$$r = \frac{K_1K_2k_3[*]_0[N]}{[H_2] + K_1K_2[N]} \tag{5.3.33}$$

따라서, 펜탄의 이성화에서 H_2의 저해작용은 백금 촉매 위에서 일어나는 첫 번째 단계의 평형 탈수소반응에 의해서 발생한다.

5.4 속도론 매개변수 값 구하기

속도 데이터는 특정한 촉매반응의 속도론적 연속반응을 추정하는데 사용될 수 있다. 일반적인 방법은 일련의 기초반응 단계들을 화학양론 반응과 부합하도록 우선 제안하는 것이다. 정상상태근사법을 다른 가정(속도결정 단계, 가장 풍부한 반응성 중간체 등등)과 함께 이용함으로써 속도식을 유도하고 속도 데이터와 비교한다. 데이터의 함수 관련성이 제안된 속도식과 유사하다면 기초반응 단계들의 순서는 타당한 것으로 간주된다. 그렇지 않다면 제안된 연속반응을 버리고 새로운 것을 제안해야 한다.

평형과 거리가 먼 *A*분자의 이성질화를 생각해보자.

$$A \Rightarrow B$$

이것은 다음과 같은 일련의 기초반응 단계를 통해서 일어나는 것으로 가정된다.

$$(1)\qquad A + * \rightleftarrows A*$$

$$(2)\qquad A* \rightleftarrows B*$$

$$(3)\qquad B* \rightleftarrows B + *$$

경우 1. 만약 흡착 속도가 속도결정단계라면 반응의 정반응은 두 단계로 단순화될 수 있다.

$$(1) \qquad A + * \xrightarrow{k_1} A*$$

$$(2a) \qquad A* \overset{K_{2a}}{\rightleftharpoons} B + *$$

여기서 단계 2a 는 표면반응 그리고 생성물의 탈착과 관련된 총괄 평형을 나타낸다. 이러한 가정들에 부합하는 속도식은 (앞에서 기술한 방법에 따라 유도하였음) 다음과 같다.

$$\mathrm{r} = \mathrm{r}_1 = k_1[A][*] \tag{5.4.1}$$

$$K_{2a} = \frac{[A*]}{[B][*]} \tag{5.4.2}$$

$$[*]_0 = [*] + [A*] \tag{5.4.3}$$

$[A*]$가 클 때 평형상수 K_{2a} 도 크게 나타난다. 식 (5.4.1−5.4.3)을 결합하면 정반응 속도에 대해서 다음과 같은 식을 얻을 수 있다.

$$\mathrm{r} = \frac{k_1[*]_0[A]}{1 + K_{2a}[B]} \tag{5.4.4}$$

경우 2. 만약 표면반응이 속도결정단계라면 정반응에 대해서 다음의 연속반응이 적절할 것이다.

$$(1) \qquad A + * \overset{K_1}{\rightleftharpoons} A*$$

$$(2) \qquad A* \xrightarrow{k_2} B*$$

$$(3) \qquad B* \overset{K_3}{\rightleftharpoons} B + *$$

이 같이 특정한 연속반응 $A*$와 $B*$ 모두 속도론적으로 의미 있는 양만큼 표면에 존재한다고 가정하였다. 이 경우에 대한 속도식은 다음과 같다.

$$\mathrm{r} = \mathrm{r}_2 = k_2[A*] \tag{5.4.5}$$

$$K_1 = \frac{[A*]}{[A][*]} \tag{5.4.6}$$

$$K_3 = \frac{[B*]}{[B][*]} \tag{5.4.7}$$

$$[*]_0 = [*] + [A*] + [B*] \tag{5.4.8}$$

$$\mathrm{r} = \frac{k_2[*]_0[A]}{1 + K_1[A] + K_3[B]} \tag{5.4.9}$$

경우 3. 마지막 경우로 생성물의 탈착이 속도결정단계이다. 첫 번째 경우와 유사하게 두개의 기초반응 단계들이 하나의 총괄 평형반응으로 묶여질 수 있다.

$$\text{(1a)} \qquad A + * \overset{K_{1a}}{\rightleftharpoons} B*$$

$$\text{(3)} \qquad B* \xrightarrow{k_2} B + *$$

따라서 정반응 속도에 대한 표현식이 다음과 같이 유도된다.

$$\mathrm{r} = \mathrm{r}_3 = k_3[B*] \tag{5.4.10}$$

$$K_{1a} = \frac{[B*]}{[A][*]} \tag{5.4.11}$$

$$[*]_0 = [*] + [B*] \tag{5.4.12}$$

$$\mathrm{r} = \frac{k_3 K_{1a}[*]_0[A]}{1 + K_{1a}[A]} \tag{5.4.13}$$

이 세 경우를 구별할 수 있는 일반적인 방법은 반응물 농도의 함수로 된 초기속도를 측정하는 것이다. 반응 초기에는 *B*가 존재하지 않기 때문에, *A*흡착이 속도결정단계일 때 초기 속도는 *A*농도에 비례하여 변할 것이다 (그림 5.4.1).

표면반응이 속도결정단계인 두 번째 경우와 생성물 탈착이 속도결정 단계인 세 번째 경우의 초기속도 거동도 비슷한 방법으로 그림 5.4.2에 플롯하였다. *B*가 존재하지 않을 때 두 번째와 세 번째의 속도식의 함수적 형태가 같기 때문에 이 두 경우를 구별하기 위해서는 추가적인 실험이 필요하다. 공급물(feed)에 상당히 많은 양의 생성물 *B*를 넣으면 속도론적 매카니즘의 차이를 관찰할 수 있다. 그림 5.4.3에서 보듯이, *B*의 탈착이 속도결정 단계일 때는 공급물에 생성물이 존재한다고 해서 초기속도가 저해를 받지는 않는다. 만약 흡착된 *A*의 표면반응이 속도결정단계라면, 공급물 속의 *B*가 표면자리를 놓고 실제적으로 경쟁하고, *A*를 촉매로부터 떼어내고 그리고 총괄속도를 낮추게 된다.

속도식이 실험적 관찰과 부합한 것으로 나타나면 속도상수와 평형상수는 정량적인 속도데이타로부터 얻어진다. 랭미어-힌쉘우드 속도식에서 상수들의 값을 얻는 방법 중 하나는 속도식의 역을 취하는 것이다. 두 번째 경우에 있어서 다음의 속도식은,

$$\mathrm{r} = \frac{k_2[*]_0[A]}{1 + K_1[A] + K_3[B]} \tag{5.4.14}$$

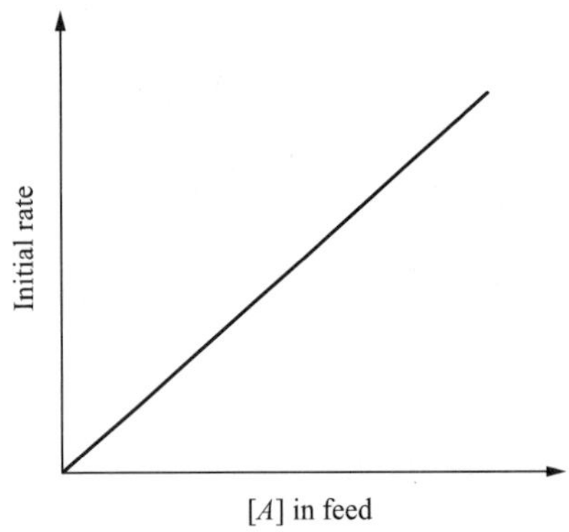

Figure 5.4.1 |
Results from Case 1 where adsorption isthe rate-determining step.

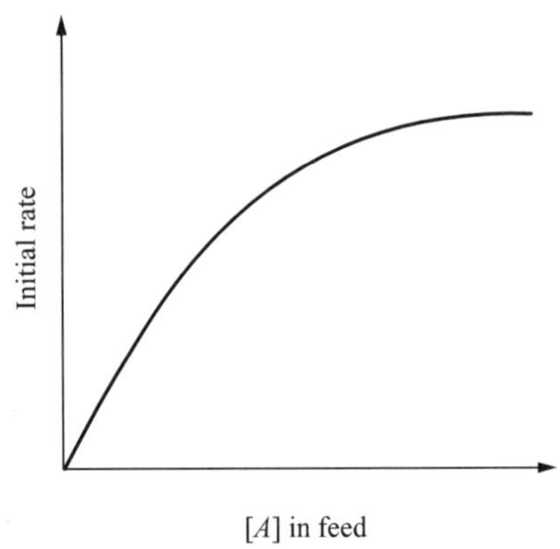

Figure 5.4.2 |
Results from Cases 2 and 3 where surface reaction or product desorption is the rate-determining step.

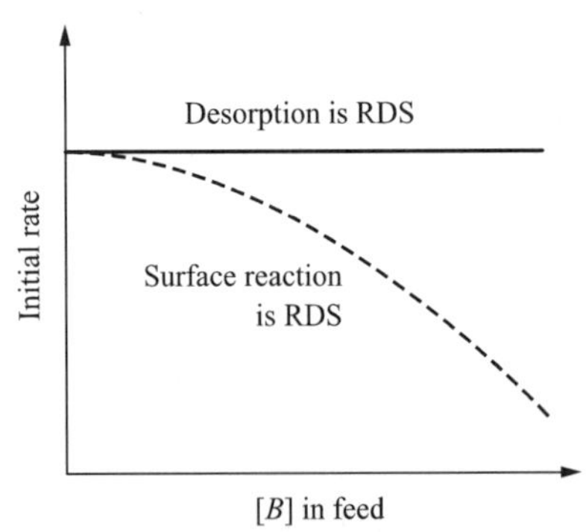

Figure 5.4.3 |
The influence of extra B on the initial rate(at constant $[A]$) for cases with different rate-determining steps (RDS).

다음과 같이 된다.

$$\frac{1}{\mathrm{r}} = \frac{1}{k_2[*]_0[A]} + \frac{K_1[A]}{k_2[*]_0[A]} + \frac{K_2[B]}{k_2[*]_0[A]} \tag{5.4.15}$$

$[A]$를 곱하면 선형최소자승법(linear least square analysis)으로 계산할 수 있는 상수집단들이 있는 식이 주어진다.

$$\frac{[A]}{\mathrm{r}} = \frac{1}{k_2[*]_0} + \frac{K_1}{k_2[*]_0}[A] + \frac{K_2}{k_2[*]_0}[B] \tag{5.4.16}$$

위의 식은 다음과 같은 형태가 된다.

$$y = \bar{\alpha}_1 + \bar{\alpha}_2[A] + \bar{\alpha}_3[B]$$

여기서

$$y = \frac{[A]}{\mathrm{r}}, \quad \bar{\alpha}_1 = \frac{1}{k_2[*]_0}, \quad \bar{\alpha}_2 = \frac{K_1}{k_2[*]_0}, \quad \bar{\alpha}_3 = \frac{K_2}{k_2[*]_0}$$

만약 화학흡착으로부터 $[*]_0$의 독립적인 측정이 가능하다면 상수 k_2, K_1, K_2는 선형회귀로부터 구할 수 있다. 속도론을 연구하는 많은 사람들이 속도상수를 얻기 위하여 더 이상 선형화된 형태의 속도식을 사용하지 않는다는 것을 명심할 필요가 있다. 속도식의 역을 취하는 것은 데이터 세트에서 가장 낮게 측정된 속도에 통계적으로 너무 큰 중요성을 부여한다. 가장 낮은 속도는 일반적으로 정확도가 가장 낮기 때문에 보통의 속도식을 사용한 전체 데이터 세트의 비선형최소자승법이 선호된다.

가능하다면 속도상수와 평형상수가 열역학적으로 부합되는지 체크해 봐야 한다. 예를 들면, K_{ads}의 온도 의존성으로부터 유도한 흡착열 ΔH_{ads}는 음의 값이어야 한다. 왜냐하면 흡착반응 거의 대부분이 발열반응이기 때문이다. 마찬가지로 비해리적 흡착에 대한 엔트로피 변화 ΔS_{ads}는 음의 값이어야 한다. 왜냐하면 모든 기체상 분자들은 흡착되자마자 병진(translational) 엔트로피를 상실하기 때문이다. 실제로, 한 분자는 그것이 기체상태일 때 가졌던 원래의 엔트로피보다 더 많은 엔트로피를 잃을 수는 없기 때문에 $|\Delta S_{ads}| < S_g$ (여기서 S_g는 기체상 엔트로피임)를 만족해야 한다. 이러한 기본적인 원리를 만족시키지 않는 흡착속도 상수나 그리고/혹은 평형상수를 만들어내는 속도론적 연속반응은 폐기하거나 의문을 가지고 살펴봐야 한다.

예제 5.4.1 활성탄 촉매에서 $CO + Cl_2 \Rightarrow COCl_2$ 반응이 연구되었으며 표면반응이 속도결정단계로 나타났다. 다음의 데이터와 부합하는 속도식을 만드시오.

Rate ($\times 10^3 \frac{mol}{gcat\text{-}h}$)	P_{CO} (atm)	P_{Cl_2} (atm)	P_{COCl_2} (atm)
4.41	0.406	0.352	0.226
4.4	0.396	0.363	0.231
2.41	0.310	0.320	0.356
2.45	0.287	0.333	0.376
1.57	0.253	0.218	0.522
3.9	0.610	0.113	0.231
2.0	0.179	0.608	0.206

해답

이 문제를 해결하기 위한 전략은 타당한 일련의 기초반응 단계을 먼저 제안하고, 속도식을 유도하며 데이터의 회귀분석으로부터 속도론적 파라미터들을 구하는 것이다. 풀이의 첫 번째 시도로서, Cl_2와 CO 양쪽 모두(비해리적으로) 촉매에 흡착하고 랭미어-힌쉘우드 단계에서 흡착된 생성물이 만들어진다고 가정하자. 이것을 첫 번째 경우라고 하자. 또 다른 가능한 시컨스는 Cl_2가 흡착한 후(비해리적으로) Rideal-Eley 단계에서 CO와 반응하여 흡착된 생성물이 만들어 지는 것이다. 이 시나리오를 두 번째 경우라고 하자.

첫 번째 경우

$$Cl_2 + * \overset{K_1}{\rightleftarrows} Cl_2*$$

$$CO + * \overset{K_2}{\rightleftarrows} CO*$$

$$CO* + Cl_2* \overset{k_2}{\longrightarrow} COCl_2* + *$$

$$COCl_2* \overset{K_4}{\rightleftarrows} COCl_2 + *$$

흡착된 세 가지 물질 모두 상당한 양이 존재한다고 가정하고 1, 2, 4 단계에 대한 평형 관계식으로부터 유도된 속도식은 다음과 같다.

$$r = \frac{k_3 K_2 K_1 [*]_0 [CO][Cl_2]}{(1 + K_1[Cl_2] + K_2[CO] + K_4[COCl_2])^2}$$

데이터는 위의 식에 잘 들어맞는다. 그러나 어떤 상수들은 음의 값을 가지는데 (어떤 것들이 그러한지는 제시되지 않았음) 이것은 비현

실적이다. 따라서 첫 번째 경우는 폐기된다.

두 번째 경우

$$Cl_2 + * \overset{K_1}{\rightleftarrows} Cl_2^*$$

$$CO + Cl_2^* \xrightarrow{k_2} COCl_2^*$$

$$COCl_2^* \overset{K_1}{\rightleftarrows} COCl_2 + *$$

단지 Cl_2*와 $COCl_2$*만이 표면에 존재한다고 가정하면 다음의 속도식이 유도된다.

$$r = \frac{k_2 K_1 [*]_0 [CO][Cl_2]}{1 + K_1[Cl_2] + K_3[COCl_2]}$$

데이터를 위의 식에 맞춰보면 다음의 속도식이 나온다.

$$r = \frac{1.642[CO][Cl_2]}{1 + 124.4[Cl_2] + 58.1[COCl_2]} \quad \left(\frac{\text{mol}}{\text{gcat-h}}\right)$$

여기서 농도들은 atm으로 표기한 실제 분압이다. 모든 속도론적 매개변수들이 양수이며 데이터 세트와 잘 맞는다 하더라도 해답이 실제적인 속도론적 연속반응을 나타낸다고 보장해주지는 않는다. 반응 속도론이 매카니즘과 부합할 수도 있지만 그것을 증명할 수가 없다. 그와 같은 속도론적 모델을 확신하기 위해서는 많은 다른 모델을 만들어 봐야 하고 상호간 테스트를 해봐야 한다(이 절의 앞부분에서 보였듯이).

연 습 문 제

1. (a) 완전한 BET 식과 원포인트 BET 식을 이용하여 Sample 1에 대해서 1그램 고체당 표면적을 계산하시오. 이 값들은 같은가? BET 상수는 무엇인가?

   (b) 완전한 BET 식과 원포인트 BET 식을 이용하여 Sample 2에 대해서 1그램 고체당 표면적을 계산하시오. 이 값들은 같은가? BET 상수는 무엇이며 (a)에서 구한 것과 비교하면 어떠한가?

	Volume adsorbed (cm^3/g)	
P/P_0	Sample 1	Sample 2
0.02	23.0	0.15
0.03	25.0	0.23
0.04	26.5	0.32
0.05	27.7	0.38
0.10	31.7	0.56
0.15	34.2	0.65
0.20	36.1	0.73
0.25	37.6	0.81
0.30	39.1	0.89

2. 실리카 위의 0.5 wt. % 백금 촉매를 이용한 H_2의 수착(sorption)에 대해서 아래와 같은 데이터를 얻었다. Run 1이 완료되자마자 시스템을 비우고 Run 2가 수행되었다. 백금 입자의 분산과 평균 입자 크기를 구하시오. **힌트** : Run 1은 수소의 전체 수착(가역 + 비가역)을 측정한 것이고 Run 2는 가역 수소 흡착값만 준 것이다. 화학흡착(비가역)된 수소를 기준으로 분산을 계산하시오.

Run 2		Run 1	
Pressure (torr)	H/Pt	Pressure (torr)	H/Pt
10.2	1.09	10.7	1.71
12.9	1.30	14.2	2.01
16.1	1.60	18.2	2.33
20.4	1.93	23.2	2.73
25.2	2.30	28.9	3.17
30.9	2.75	35.9	3.71
37.9	3.30	44.4	4.38
46.5	3.96	55.2	5.22
57.2	4.79	66.2	6.05
68.2	5.64	77.2	6.90
79.2	6.49	88.3	7.72
90.2	7.32	99.3	8.57
101	8.18	110	9.42
112	9.03	121	10.3
123	9.87	132	11.1
134	10.7	143	12.0
145	11.6	154	12.8
156	12.4		

3. A. Peloso 등은 [*Can. J. Chem. Eng.*, **57** (1979) 159] $CuO/Cr_2O_3/SiO_2$ 촉매에 대해서 아래 반응에 대한 속도론을 225~285℃에서 관찰하였다.

$$\underset{(Et)}{CH_3CH_2OH} = \underset{(Ad)}{CH_3CHO} + \underset{(DH)}{H_2}$$

이 데이터를 설명해주는 가능한 속도식은 다음과 같다.

$$r = \frac{k[P_{Et} - (P_{Ad}P_{DH})/K_e]}{[1 + K_{Et}P_{Et} + K_{Ad}P_{Ad}]^2}$$

이 속도식을 제시할 수 있는 연속반응식을 쓰시오.

4. J. Franckaerts와 G. F. Froment [*Chem. Eng. Sci.*, **19** (1964) 807]은 $CuO/CoO/Cr_2O_3$ 촉매를 사용하여 동일한 온도 범위에서 3번 문제에서 보인 반응을 관찰하였다. 이렇게 얻은 속도식은 다음과 같다.

$$r = \frac{k[P_{Et} - (P_{Ad}P_{DH})/K_e]}{[1 + K_{Et}P_{Et} + K_{Ad}P_{Ad} + K_{DH}P_{DH}]^2}$$

이러한 형태의 속도식을 주는 연속반응식을 쓰시오. 3번 문제에서의 연속반응과 어떤 차이가 있는가?

5. 다음과 같은 산화반응이 고체 촉매에서 일어난다.

$$\underset{(IP)}{CH_3CH(OH)CH_3} + \underset{(DO)}{{}^1/_2\, O_2} = \underset{(At)}{CH_3C(=O)CH_3} + \underset{(W)}{H_2O}$$

만약 아세톤은 흡착될 수 없으며, 흡착된 이소프로판올과 흡착된 산소간의 표면 반응이 속도결정단계라면 다음과 같은 속도식은 어떤 연속반응으로부터 얻을 수 있는가?

$$r = \frac{k[IP][DO]^{\frac{1}{2}}}{(1 + K_1[IP] + K_2[W])(1 + K_3[DO]^{\frac{1}{2}})}$$

6. 아래와 같은 반응에 대하여,

$$CO + Cl_2 = COCl_2$$

다음의 반응속도식이 얻어질 수 있다.

$$r = \frac{kP_{CO}P_{Cl_2}}{[1 + K_1P_{Cl_2} + K_2P_{COCl_2}]^2}$$

분모의 지수는 무엇을 의미하며 분모에서 K_3P_{CO}가 없다는 것은 무엇을 의미 하는가?

7. 고체 촉매에서 A가 B로 되는 반응에 대하여 반응속도식은 다음과 같다.

$$r = \frac{kK_AP_A}{(1 + K_AP_A + K_BP_B)^2}$$

그러나 촉매표면에 쉽게 흡착된다고 알려진 과량의 불활성 물질이 유입되는 반응물에 존재한다. 이것이 A에 대한 반응 차수에 어떤 영향을 줄까?

8. G. Thodor 와 C. F. Stutzman [*Ind. Eng. Chem.*, **50** (1958) 418]은 메탄 존재하에 산화지르코니움-실리카겔 촉매에서 다음과 같은 반응을 관찰하였다.

$$C_2H_4 + HCl = C_2H_5Cl$$

만약 반응조건 하에서 이 반응에 대한 평형상수가 35라면, 다음과 같은 데이터를 보일 수 있는 반응속도식을 찾으시오.

$r \times 10^4$ (mol/h/(lb cat))	Partial pressure (atm)			
	CH_4	C_2H_4	HCl	C_2H_5Cl
2.66	7.005	0.300	0.370	0.149
2.61	7.090	0.416	0.215	0.102
2.41	7.001	0.343	0.289	0.181
2.54	9.889	0.511	0.489	0.334
2.64	10.169	0.420	0.460	0.175
2.15	8.001	0.350	0.250	0.150
2.04	9.210	0.375	0.275	0.163
2.36	7.850	0.400	0.300	0.208
2.38	10.010	0.470	0.400	0.256
2.80	8.503	0.500	0.425	0.272

9. 암모니아 합성은 다음과 같은 순서에 따라 철촉매 위에서 일어난다고 생각된다.

$$N_2 + 2^* \rightleftharpoons 2N^* \qquad (1)$$

$$H_2 + 2^* \rightleftharpoons 2H^* \qquad (2)$$

$$N^* + H^* \rightleftharpoons NH^* + * \qquad (3)$$

$$NH^* + H^* \rightleftharpoons NH_2^* + * \qquad (4)$$

$$NH_2^* + H^* \rightleftharpoons NH_3 + 2^* \qquad (5)$$

전체적인 반응식이 $N_2 + 3H_2 = 2NH_3$ 이 되려면, 첫 번째 단계가 한 번 일어날 때마다 두 번째 단계는 3번, 3~5번째 단계는 두 번씩 일어나야 한다. 실험적으로 첫 번째 단계가 속도결정단계라는 것이 알려졌으며 이것은 다른 모든 단계는 하나의 총괄 유사평형 반응으로 나타낼 수 있다는 것을 의미한다. 또 다른 실험 결과는 질소가 표면 위에 상당한 농도를 갖는(가장 풍부한 반응성중간체) 유일한 표면 물질임을 보여주었다. 따라서 $[*]_0 = [*] + [N^*]$이다. 식 (5.3.7)은 위의 가정에 부합하는 속도식을 제시해준다.

(a) 속도결정단계가 실제적으로는 다음과 같다고 가정하자.

$$N_2 + * \not\rightleftharpoons N_2^* \quad \text{(associative adsorption of } N_2\text{)}$$

여기서 N_2^*는 가장 풍부한 반응성중간체이다. 암모니아의 가역적 형성에 대한 속도식을 유도하시오.

(b) 앞의 (a)에서 유도된 속도식과 식 (5.3.7)에 주어진 식을 실험을 통하여 구별할 수 있을까 ?

10. 산화세륨(ceria) 처리된 로듐(rhodium) 촉매 존재하에 아산화질소(nitrous oxide)는

일산화탄소와 반응하여 분자질소와 이산화탄소를 형성한다. 이 반응에 대하여 그럴듯한 하나의 연속반응이 아래에 주어져 있다.

$$
\begin{array}{ll}
(1) & N_2O + * \rightleftarrows N_2O^* \\
(2) & N_2O^* \longrightarrow N_2 + O^* \\
(3) & CO + * \rightleftarrows CO^* \\
(4) & CO^* + O^* \longrightarrow CO_2 + 2^* \\
\hline
 & N_2O + CO \Longrightarrow N_2 + CO_2
\end{array}
$$

(a) 다음 형태의 속도식을 유도하기 위해서 산소 원자에 의한 표면 덮힘이 매우 적다고 가정하자.

$$r = \frac{K_1 P_{N_2O}}{1 + K_2 P_{N_2O} + K_3 P_{CO}}$$

여기서 K 값들은 적당한 상수들이다. 속도결정단계를 가정하지는 마시오.

(b) 앞의 (a)에서 속도식은 반응물에 대하여 선형적인 형태로 다시 쓸 수 있다. 속도론적 매개변수인 K_1, K_2, K_3 값을 구하기 위하여 다음의 표에 나오는 데이터를 가지고 선형회귀를 하시오.

Rates of N_2O + CO reaction at 543 K

P_{CO} (torr)	P_{N_2O} (torr)	Turnoverrate (s^{-1})
30.4	7.6	0.00503
30.4	15.2	0.00906
30.4	30.4	0.0184
30.4	45.6	0.0227
30.4	76	0.0361
7.6	30.4	0.0386
15.2	30.4	0.0239
45.6	30.4	0.0117
76	30.4	0.00777

Source: J. H. Holles, M. A. Switzer, and R. J. Davis, *J. Catal.*, **190** (2000) 247.

(c) 속도론적 매개변수들을 얻기 위하여 (b)에 나오는 데이터를 가지고 비선형 회귀를 하시오. 해답들을 비교하면 어떠한가 ?

(d) N_2O와 CO 중 어느 물질이 표면에 더 많이 존재하는가 ?

11. 스팀(steam)과 일산화탄소의 반응으로 이산화탄소와 분자수소를 만들어내는 반응

을 WGS(water gas shift) 반응이라 하며 분자수소, 암모니아, 여러 벌크 화학제품을 만드는데 중요한 반응이다. 총괄적인 반응은 다음과 같다.

$$CO + H_2O = CO_2 + H_2$$

철을 기본으로 하는 고체들이 360~530℃의 WGS 반응에서 촉매작용을 한다.

(a) 가능한 연속반응 중 하나는 촉매표면의 산화와 환원을 포함하는 Rideal-Eley 형태이다. 이것은 다음의 단계들로 표현된다.

$$H_2O + * \rightleftharpoons H_2 + O^*$$
$$CO + O^* \rightleftharpoons CO_2 + *$$

속도식을 유도하시오.

(b) WGS 반응의 또 다른 가능한 시컨스는 흡착된 표면 물질의 반응을 포함하는 랭미어-힌쉘우드 형태이다. 아래의 단계에 대해서,

$$CO + * \rightleftharpoons CO^* \qquad (1)$$
$$H_2O + 3^* \rightleftharpoons 2H^* + O^* \qquad (2)$$
$$CO^* + O^* \rightleftharpoons CO_2 + 2^* \qquad (3)$$
$$2H^* \rightleftharpoons H_2 + 2^* \qquad (4)$$

속도식을 유도하시오 (두번째 단계는 총괄 평형 반응임을 명심하자). 어느 한 물질이 가장 풍부한 반응성중간체라고 가정하지 마시오.

12. 담지된 니켈 촉매에서 프로피온알데하이드(CH_3CH_2CHO)의 프로판올($CH_3CH_2CH_2OH$)로의 수소화에 대해서, 속도결정 단계는 프로피온알데하이드의 가역적 화학 흡착이며 분자수소가 해리적으로 니켈 표면에 흡착된다고 가정하자.

(a) 총괄반응과 부합하는 합리적인 일련의 반응단계를 제안하시오.

(b) 프로피온알데하이드의 소모 속도에 대한 속도식을 유도하시오. 여기서, 단일 mari를 가정하지는 마시오.

(c) 어떤 조건하에서 속도식이 아래의 실험적으로 관찰된 함수로 줄여질 수 있을까(여기서 prop는 프로피온알데하이이며 P는 부분압이다.)?

$$r = \frac{kP_{prop}}{P_{H_2}^{0.5}}$$

13. 바나듐과 몰리브덴의 산화물이 탄화수소의 선택적 산화에 촉매 작용을 하여 유용한 화학중간체를 만들어 낸다. Mars와 van Krevelen 이 제안한 반응 경로(10.5절 참조)에서, 탄화수소는 가장 먼저 격자(lattice) 산소 원자와 반응하여 산화금속의 표면을 환원시킨다. 결과적으로 생긴 표면의 빈자리는 기체 O_2에 의해 재산화된다. 이 공정의 기초반응 단계들이 아래에 나와 있다. 이 반응의 산화환원 성질을 보여주기 위해서 전자들이 연속반응에 첨가되었다.

$$\underset{\text{hydrocarbon}}{RH_2} + \underset{\text{lattice oxygen}}{2O^{-2}} \longrightarrow \underset{\text{product}}{RO} + H_2O + \underset{\text{surface vacancy}}{2\square} \ (+\,4e^-)$$

$$O_2 + 2\square\ (+\,4e^-) \longrightarrow 2O^{-2}$$

$$RH_2 + O_2 \Longrightarrow RO + H_2O$$

위의 연속반응에 부합하는 속도식을 유도하시오. 본 문제에서, 빈자리는 표면에서 이동하지 않는다고 가정하자. 따라서 $2O^{-2}$ 와 $2\square$는 각각 채워진 그리고 채워지지 않은 하나의 표면 자리로 생각할 수 있다. 속도식이 다음 형태로 변형될 수 있음을 보이시오.

$$\frac{1}{r} = \frac{1}{K_1[RH_2]} + \frac{1}{K_2[O_2]}$$

여기서 K 값들은 적절한 상수들이다.

CHAPTER 6

고체촉매 반응속도에 대한 전달 제한의 영향

6.1 서 론

상업적인 운전에서 촉매를 가장 효과적으로 이용하기 위해서 흔히 전달 속도와 거의 비슷하게 반응속도를 맞춘다. 만약 산업용 반응기 속의 촉매 입자가 매우 낮은 전환빈도로 운전된다면, 물질의 촉매 표면으로의 확산전달과 촉매표면으로부터의 확산전달은 측정속도에 아무런 영향을 주지 못할 것이다. 이러한 "반응 제한된(reaction limited)" 상황은 고유 반응 속도론(intrinsic reaction kinetics)을 결정하는데 이상적이지만 공정을 운전하는 데는 비효율적이다. 마찬가지로 만약 촉매 입자가 대단히 높은 전환빈도를 나타내는 조건에서 운전되고 있다면, 촉매표면으로 반응물이 충분하게 전달되지 못하여 총괄 관찰반응속도는 낮아질 것이다. 때때로 반응속도와 전달속도 사이의 균형을 잡는 것이 촉매 반응을 운전하는데 가장 효율적인 방법으로 여겨진다. 산업용 반응기에서 전형적인 공정의 경우를 보면, 속도가 1 μmol/(cm^3-s)의 차수를 갖도록 반응조건을 조절함으로써 이러한 균형을 얻을 수 있다 [P. B. Weisz, *CHEMTECH*, (July 1982) 424]. 이 반응속도는 많은 촉매의 경우에 있어서 약 1 s^{-1}의 전환빈도에 해당한다 (R. L. Burwell, Jr. and M. Boudart, in "Investigations of Rates and Mechanisms of Reactions", Part 1, Ch. 12, E. S. Lewis, Ed., John Wiley, New York, 1974)

그림 6.1.1은 촉매 입자 근처에서 반응물의 농도 프로파일을 보여준다. Region 1에서는 입자를 둘러싸고 있는 정체경계층(stagnant boundary layer)을 통하여 반응물이 확산된다. 이 지역에서 전달현상은 촉매 입자의 바깥부분에서 일어나기 때문

에 외부(external) 혹은 상계면(interphase) 전달 효과라고 부른다. Region 2에서는 반응물이 입자의 기공 속으로 확산되며 이 지역에서의 전달현상은 내부(internal) 혹은 상내부(intraphase) 전달효과라고 부른다. 외부와 내부 전달효과 모두 촉매반응에서 중요하며 다음의 절들에서 따로 논의하게 된다. 물질전달효과에 더해서 촉매입자와 정체경계층 전체에 걸친 열전달은 관찰반응속도에 매우 큰 영향을 준다.

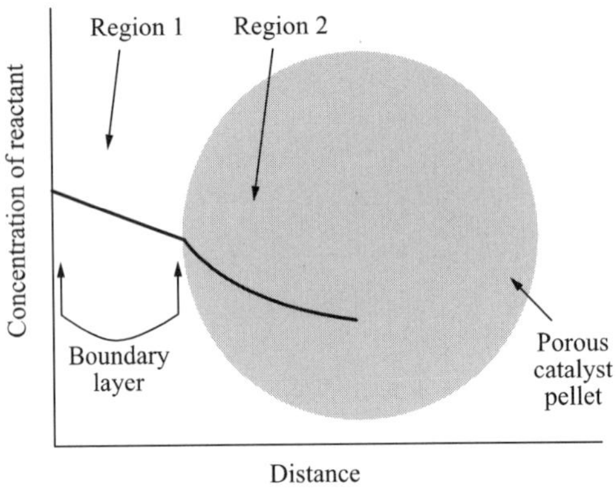

Figure 6.1.1 |
Concentration profile of a reacting species in the vicinityof a porous catalyst particle. Distances are not to scale.

6.2 외부 전달 효과

고체촉매 반응이 일어나기 위해서는 유체 속의 반응물이 촉매 입자를 둘러싸고 있는 정체경계층을 통하여 우선 확산되어야 한다. 이러한 전달 모드는 스테판-맥스웰(Stefan-Maxwell) 식에 의해 (1차 공간 차원으로)기술되어 있다 (더 자세한 것은 부록 C 참조).

$$\nabla X_i = \sum_{\substack{j=1 \\ j \neq i}}^{n} \frac{1}{C\, D_{ij}} (X_i N_j - X_j N_i) \qquad (6.2.1)$$

여기서 X_i는 성분 i의 몰분율이고 C는 전체 농도, N_i는 성분 i의 플럭스이며, D_{ij}는 j 안에서 i 성분의 확산계수(diffusivity)를 나타낸다. 일정한 압력(전체 농도가 일정)에서 이성분 혼합물 안의 A 의 확산에 대한 다음의 관계식은 스테판-맥스웰 식을 단순화시킴으로써 얻을 수 있다.

$$\nabla C_A = \frac{1}{D_{AB}}(X_A N_B - X_B N_A) \tag{6.2.2}$$

혼합물에는 단지 2가지 성분만이 존재하기 때문에, $X_B = 1 - X_A$이며 위의 표현을 다음과 같이 나타낼 수 있다.

$$\nabla C_A = \frac{1}{D_{AB}}[X_A(N_A + N_B) - N_A] \tag{6.2.3}$$

같은 몰 상대 확산(equimolar counterdiffusion, $N_A = -N_B$)을 가정하는 경우가 많은데 그렇게 함으로써 식을 더 단순화시킬 수 있다.

$$\nabla C_A = \frac{-N_A}{D_{AB}} \tag{6.2.4}$$

농도가 매우 낮아서 $X_A(N_A+N_B)$를 무시할 수 있다고 가정함으로써 위와 같은 식이 또한 유도될 수 있다. 식 (6.2.3)은 픽의 첫 번째 법칙(Fick's First Law) 으로 알려져 있고 다음과 같이 나타낼 수 있다.

$$N_A = -D_{AB}\nabla C_A \quad \text{(equimolar counterdiffusion and/or dilute concentration of } A) \tag{6.2.5}$$

기체와 액체의 확산계수는 일반적으로 각각 $10^{-1}\ cm^2s^{-1}$과 $10^{-5}\ cm^2s^{-1}$크기를 갖는다. 기체의 확산계수는 $T^{1.5}$에 비례하고 압력에 반비례한다. 반면 액체의 확산계수는 온도에 비례하고 점도($\overline{\mu}$)에 반비례한다(점도는 온도에 크게 관계될 수 있다).

촉매입자를 둘러싸고 있는 정체경계층을 통한 반응물 A의 플러스를 얻기 위하여 적절한 경계 조건과 함께 식 (6.2.5)를 풀어야 한다. 만약 경계층 두께 $\overline{\delta}$가 촉매 입자 곡률(curvature) 반지름에 비해서 작다면, 이 문제는 그림 6.2.1에 묘사한대로 1차원으로 풀 수 있다. 이 경우에는 픽의 법칙이 다음과 같이 된다.

$$N_{Ax} = -D_{AB}\frac{dC_A}{dx} \tag{6.2.6}$$

A의 플럭스는 정체경막(stagnant film) 전체에서 일정하기 때문에(질량 보존의 법칙에 따라), 경막 내부에서 거리에 따른 플럭스의 미분값은 0이 되어야 한다.

$$\frac{dN_{Ax}}{dx} = 0 \tag{6.2.7}$$

식 (6.2.6)를 미분하고(확산계수가 일정하다고 가정하면서) 식 (6.2.7)을 결합하면 정체경막을 통한 확산을 나타내는 다음과 같은 미분 방정식이 나온다.

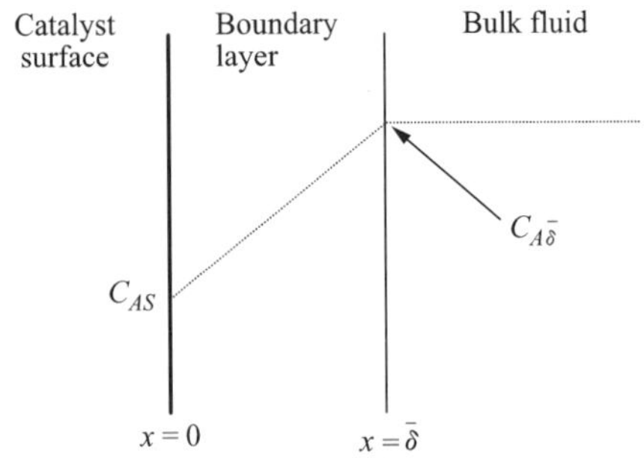

Figure 6.2.1 |
Concentration profile of reactant A in the vicinity of a catalyst particle.

$$\frac{d^2C_A}{dx^2} = 0 \tag{6.2.8}$$

여기서 경계조건은 아래와 같다.

$$C_A = C_{AS} \qquad \text{at } x = 0 \tag{6.2.9}$$

$$C_A = C_{A\bar{\delta}} \qquad \text{at } x = \bar{\delta} \tag{6.2.10}$$

식 (6.2.8)의 해는 경계층에서 선형 농도 프로파일을 보인다.

$$C_A = C_{AS} + (C_{A\bar{\delta}} - C_{AS})\frac{x}{\bar{\delta}} \tag{6.2.11}$$

그리고 그 경막을 통한 A의 몰플럭스는 단순히 다음과 같다.

$$N_{Ax} = \frac{-D_{AB}}{\bar{\delta}}(C_{A\bar{\delta}} - C_{AS}) \tag{6.2.12}$$

비록 반응하는 물질의 확산을 확산계수와 경계층 두께로 나타낼 수 있다고 하더라도, $\bar{\delta}$의 크기는 알 수 없다. 따라서 물질전달계수(mass-transfer coefficient)가 보통 사용된다. 즉, 벌크 유체에서 고체 표면으로의(그림 6.2.1에서는 $-x$ 방향) 평균 몰 플럭스는 아래와 같다.

$$N_A = k_c(C_{A\bar{\delta}} - C_{AS}) \tag{6.2.13}$$

여기서 $\bar{k}_c$는 입자 표면적에 대한 물질전달계수이다. 이 물질전달계수는 상관관계식으로부터 얻어지며 입자를 지나는 유체 속도의 함수이다. 유체가 잘 섞여 있다고 가정한다면 정체 경계층의 가장자리에서 A의 농도는 벌크 유체에서의 농도 C_{AB}와 같으며 식 (6.2.13)은 다음과 같이 쓸 수 있다.

$$N_A = \bar{k}_c(C_{AB} - C_{AS}) \tag{6.2.14}$$

정상상태에서 A의 플럭스는 반응속도와 같으며 A가 축적되거나 고갈되지 않는다. 단순한 1차 반응의 경우, 속도론은 표면 속도 상수 k_s와 그 표면에서 A의 농도와 관계된다.

$$\mathrm{r} = k_S C_{AS} = \bar{k}_c \left(C_{AB} - C_{AS}\right) \tag{6.2.15}$$

C_{AS}에 대해서 풀면 아래와 같다.

$$C_{AS} = \frac{\bar{k}_c C_{AB}}{k_S + \bar{k}_c} \tag{6.2.16}$$

C_{AS}에 대한 위의 식을 식 (6.2.15)에 대입하면 속도식은 측정할 수 있는 양인 벌크 유체에서의 반응물의 농도 C_{AB}로 표현된다.

$$\mathrm{r} = \frac{k_S k_c}{k_S + \bar{k}_c} C_{AB} = \frac{C_{AB}}{\dfrac{1}{k_S} + \dfrac{1}{\bar{k}_c}} \tag{6.2.17}$$

총괄 관찰속도 상수는 k_s와 $\bar{k}_c$로 정의될 수 있다.

$$\frac{1}{k_{\text{obs}}} = \left(\frac{1}{k_S}\right) + \left(\frac{1}{\bar{k}_c}\right) \tag{6.2.18}$$

따라서 관찰할 수 있는 양들로 표현된 속도식은 다음과 같이 쓸 수 있다.

$$\mathrm{r}_{\text{obs}} = k_{\text{obs}} C_{AB} \tag{6.2.19}$$

농도에 대한 비정수 또는 복소함수 형태로 표현되는 속도식의 경우, 반응속도와 같게 둔 플럭스식의 시행착오해(trial and error solution)를 통하여 C_{AS} 값을 구한다. 관찰반응속도에 대한 확산 저항의 영향은 특히 매우 빠른 표면 반응에서 확연히 나타난다. 이러한 경우에는 반응물의 표면 농도는 벌크 유체에서의 농도에 비해서 매우 작다. 따라서 관찰속도는 식 (6.2.15)에 따라 쓸 수 있고 C_{AS}를 무시하면 다음과 같다.

$$\mathrm{r}_{\text{obs}} = k_c C_{AB} \tag{6.2.20}$$

표면반응에 적용될 수 있는 고유 속도식과는 상관없이, 관찰속도는 벌크 반응물 농도에 대해서 1차로 나타날 것이다. 이것은 외부 확산이 촉매반응의 고유 속도론을 어떻게 감추는지(mask)를 분명하게 보여주는 예이다. 촉매 반응기가 물질전달 제한 상황에서 운전될 때, 식 (6.2.20)을 적절한 반응기 모델과 합침으로써 출구에서의 전환율을 계산할 수 있다.

물질전달 제한조건에서 반응기 문제를 풀기 위해서는 적절한 물질전달계수를 예측하는 것이 필요하다. 다행히도 물질전달계수를 결정하는데 도움이 되도록 물질전달 상관식들이 개발되었다. 예를 들어, Sherwood 수(Sh)는 물질 A의 물질전달계수를 그것의 확산계수, 촉매 입자의 반지름(R_p)과 연관시켜준다.

$$Sh = \frac{\bar{k}_c(2R_p)}{D_{AB}} \tag{6.2.21}$$

구형 입자 주위를 지나는 흐름에 대해서 Sherwood 수는 Schmidt 수(Sc) 및 Reynolds 수(Re)와 다음과 같이 관련된다.

$$Sh = 2 + 0.6Re^{1/2}Sc^{1/3} \tag{6.2.22}$$

$$Sc = \frac{\bar{\mu}}{\rho D_{AB}} \tag{6.2.23}$$

$$Re = \frac{u\rho(2R_p)}{\bar{\mu}} \tag{6.2.24}$$

여기서 $\bar{\mu}$는 점도(kg m^{-1}s^{-1})이며 ρ는 유체 밀도(kgm^{-3}), v는 유체 선속도(ms^{-1})이다. 그러나 대부분의 물질전달 결과들은 Colburn J 인자로 서로 관련된다.

$$J = \frac{Sh}{Sc^{1/3}Re} \tag{6.2.25}$$

이것은 Reynolds 수의 함수로서 플롯이 된다. 이러한 J 인자 플롯은 물질전달에 대한 대부분의 교과서에서 볼 수 있다. 만약 유체 밀도, 속도, 점도, 확산계수와 촉매입자 크기를 예측할 수 있다면, 물질전달계수에 대한 적절한 근사값을 구할 수 있다.

쉽게 조절할 수 있는 공정 변수들이 물질전달계수에 어떠한 영향을 주는지를 알아보는 것은 유익하다. 식 (6.2.21 ~ 6.2.24)를 묶으면 물질전달계수의 함수 관계가 나온다.

$$\bar{k}_c \propto \frac{D_{AB}Sh}{R_p} \propto \frac{D_{AB}}{R_p}Re^{1/2}Sc^{1/3} \propto \frac{D_{AB}}{R_p}\left(\frac{R_p u\rho}{\bar{\mu}}\right)^{1/2}\left(\frac{\bar{\mu}}{\rho D_{AB}}\right)^{1/3} \propto \frac{(D_{AB})^{2/3}u^{1/2}\rho^{1/6}}{(R_p)^{1/2}(\bar{\mu})^{1/6}}$$

또는

$$\bar{k}_c \propto \frac{(D_{AB})^{2/3}u^{1/2}\rho^{1/6}}{(R_p)^{1/2}(\bar{\mu})^{1/6}} \tag{6.2.26}$$

식 (6.2.26)은 촉매입자의 크기를 줄이고 유체 속도를 빠르게 하면 물질전달계수를 상당히 증가시킬 수 있음을 보여준다. 이러한 간단한 변수들은 관찰반응속도에 대한 외부 물질전달 제한의 영향을 줄이는데 공정 "핸들"로서 사용될 수도 있을 것이다.

외부 물질전달 제한의 중요성을 신속히 알아보기 위해서, 관찰속도와 물질전달

계수로부터 경계층에서의 농도 변화 크기를 계산할 수 있다.

$$r_{obs} = \bar{k}_c\left(C_{AB} - C_{AS}\right) \qquad \frac{r_{obs}}{\bar{k}_c} = \Delta C_A \tag{6.2.27}$$

만약 $\Delta C_A \ll C_{AB}$라면, 외부 물질전달 제한은 관찰속도에 큰 영향을 주지는 않을 것이다.

열전달의 영향은 물질전달의 영향과 매우 유사하다. 그림 6.2.1에 보인 정체경계층에서의 열플럭스 q는 다음과 같이 온도 차이, 열전달계수 h_t와 관련되어 있다.

$$q = h_t\,(T_B - T_S) \tag{6.2.28}$$

정상상태에서는 열플럭스와 반응으로 인한 열 발생 (혹은 열 소모)이 같아야 한다.

$$r_{obs}\left(\Delta H_r\right) = h_t\left(T_B - T_S\right) \tag{6.2.29}$$

여기서 ΔH_r은 전환되는 A의 1몰당 반응열이다. 관찰속도에 대한 열전달 제한의 영향을 알아보기 위하여, 관찰 열발생 (혹은 열 소모) 속도와 열전달 계수(물질전달계수의 경우와 비슷하게 J 인자 상관관계식으로부터 얻어짐.)를 예측함으로써 경막내에서의 온도 변화를 구한다.

$$r_{obs}(\Delta H_r) = h_t(T_B - T_S), \qquad \frac{r_{obs}(\Delta H_r)}{h_t} = \Delta T \tag{6.2.30}$$

만약 $|\Delta T| \ll T_B$라면, 관찰속도에 대한 외부 열전달 제한의 영향은 무시할 수 있다. 식 (6.2.30)은 또한 경막내에서 최대 온도 변화를 구하는데 사용될 수 있다. 관찰속도를 제거하기 위해 식 (6.2.15)를 사용하여 얻어지는 결과식은 경막내에서의 농도 변화와 온도변화를 연관시켜준다.

$$\bar{k}_c(C_{AB} - C_{AS})\Delta H_r = h_t(T_B - T_S) \tag{6.2.31}$$

경막내에서의 온도 변화는 C_{AS}가 0에 가까울 때 최대가 되며 이것은 관찰될 수 있는 최대 속도에 해당한다. $C_{AS} = 0$으로 두고, ΔT_{max}에 대해서 식 (6.2.31)을 풀면 다음과 같은 식이 나온다.

$$\Delta T_{max} = \frac{\bar{k}_c \Delta H_r}{h_t} C_{AB} \tag{6.2.32}$$

이 식은 실험과 관계없이 어느 반응에 대해서도 항상 계산할 수 있다. 만약 외부 열전달과 물질전달 둘 다 반응속도에 영향을 준다면 수지식들을 동시에 풀어야 한다.

6.3 내부 전달 효과

많은 고체촉매는 흡착과 반응에 사용될 비표면적(specific surface area)을 증가시키기 위하여 기공을 가지고 있는데 때로는 그 비표면적이 $10^3\ m^2/g$에 이른다. 상당히 다공성인 고체에서 촉매적으로 활성있는 거의 모든 자리들은 기공 네트워크 속에 존재하기 때문에, 제한된 공간 안에서 분자들의 확산은 반응의 관찰속도에 매우 중요한 역할을 한다.

앞 절에서는 유체 매질(medium)에서의 물질전달 매커니즘은 분자간의 충돌에 의해 좌우된다고 가정하였다. 그러나 기체의 평균 자유 경로(mean free path)는 고체 촉매의 작은 기공 크기를 넘어서는 경우가 많다. *Knudsen* 확산이라고 불리는 이러한 상황에서, 분자들은 다른 분자와의 충돌보다 더 빈번하게 기공벽과 충돌한다. 식 (6.3.1)에 따라 성분 A의 Knudsen 확산계수 D_{KA}는 $T^{1/2}$에 비례하지만 압력이나 다른 물질 존재에는 영향을 받지 않는다.

$$D_{KA} = (9.7 \times 10^3) \cdot R_{\text{pore}} \cdot \left(\frac{T}{M_A}\right)^{1/2} \quad \text{cm}^2\ \text{s}^{-1} \tag{6.3.1}$$

여기서 R_{pore}는 cm 크기의 기공 반지름이고, T는 켈빈으로 표현한 절대온도, M_A는 A의 분자량이다. 분자 확산에 대한 확산계수 D_{AB}는 압력과 다른 물질의 존재와 관련 있지만 기공 반지름과는 관계없음을 상기하자. 분자간의 충돌과 분자와 기공벽과의 충돌 모두가 중요한 경우에는 분자 확산계수나 Knudsen 확산계수 어느 것도 단독으로는 전달현상을 적절히 나타낼 수 없다. 이성분계 혼합물의 같은몰 상대확산에서 성분 A의 전이 확산계수(transition diffusivity) D_{TA}의 근사값을 Bosanquet 식(식 유도는 부록 C 참조)으로부터 구할 수 있다.

$$\frac{1}{D_{TA}} = \frac{1}{D_{AB}} + \frac{1}{D_{KA}} \tag{6.3.2}$$

Vignette 6.3.1

다공성 촉매에서 분자의 확산은 기공의 크기와 크게 관련된다. 그림 6.3.1은 기체상 확산계수의 전형적인 값을 기공 크기의 함수로 보여주고 있다. 매우 큰 기공 내에서의 분자 전달은 본질적으로 분자 확산의 지배를 받는다. 왜냐하면 다른 분자들 간의 충돌이 기공벽과의 충돌보다 훨씬 더 빈번하기 때문이다. Knudsen 영역에서는 분자와 벽간의 충돌이 더 지배적이고 확산계수는 기공이 작을수록 줄어든다. 일반적인 제올라이트 기공 정도로 기공 크기를 더 줄이게 되면 분자

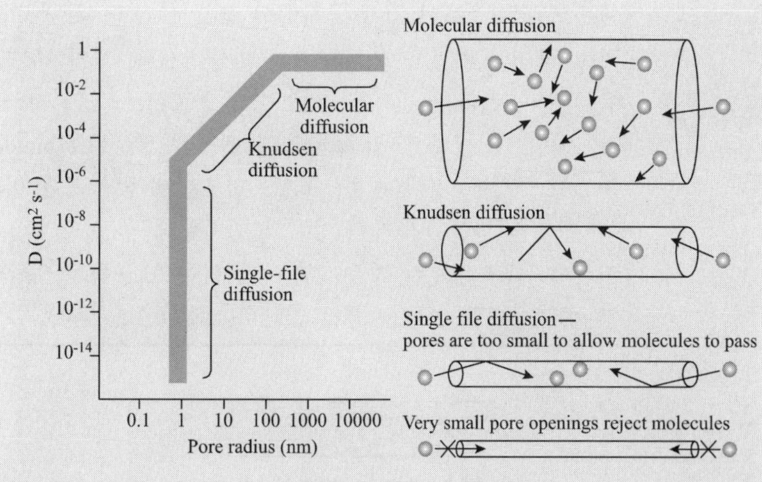

Figure 6.3.1 | Influence of pore size on diffusivity of gas-phase molecules.

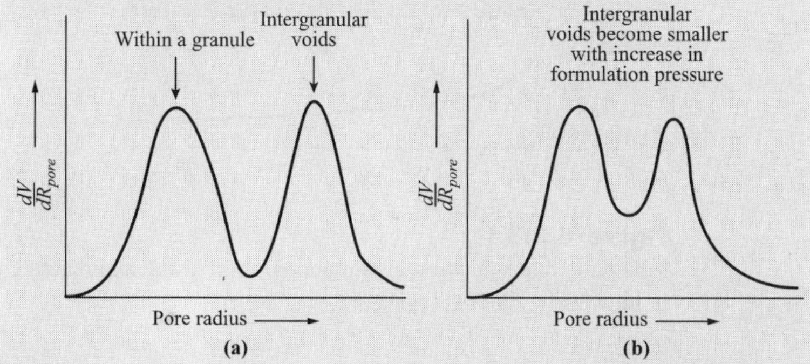

Figure 6.3.2 | Influence of pelletizing conditions on pore size distribution in a bimodal pore network. **(a)** Small pores (micropores) are associated with the catalyst powder whereas large pores (macropores) result from the voids between granules in compressed catalyst pellets. **(b)** Decrease in pore size associated with intergranular voids as pellet in **(a)** is compressed as higher pressure.

들이 한 줄 확산(single file diffusion)을 하기 때문에 확산계수가 극적으로 줄어든다. 이러한 현상을 배열확산(configurational diffusion)이라고도[P. B. Weisz, *CHEMTECH*, (Aug. 1973) 498] 부르며 수학적으로 독특한 방식으로 기술된다. 기공 구멍보다 큰 분자는 기공의 내부에 들어갈 수 없다.

미세 세공(micropores)이라고 불리는 작은 기공들은 표면적이 큰 촉매 파우더에서 흔히 발견된다. 산업용 충진층 반응기에서 압력강하가 너무 크지 않도록 이러한 파우더를 압축하여 펠렛으로 만든다. 그러나 파우더를 압축하면 알갱이 사이의 틈으로 인한 큰 세공(macropores)이라고 불리는 새로운 기공구조를 만들어낸다. 만약 촉매 파우더가 처음 단봉분포(unimodal)의 기공 크기 분포(pore size distribution, PSD)를 가지고 있었다면, 압축된 촉매 펠렛은 쌍봉분포(bimodal)를 보이는 PSD를 가졌을 것이다(그림 6.3.2 참조). 빈틈에 의한 이 기공의 크기는 펠렛을 만들 때 가한 압력의 함수인데 높은 압력은 작은 공간을 만든다. 대조적으로 촉매 파우더의 작은 세공들은 압축 공정에 의해서 상대적으로 영향을 받지 않는다(그림 6.3.2 참조).

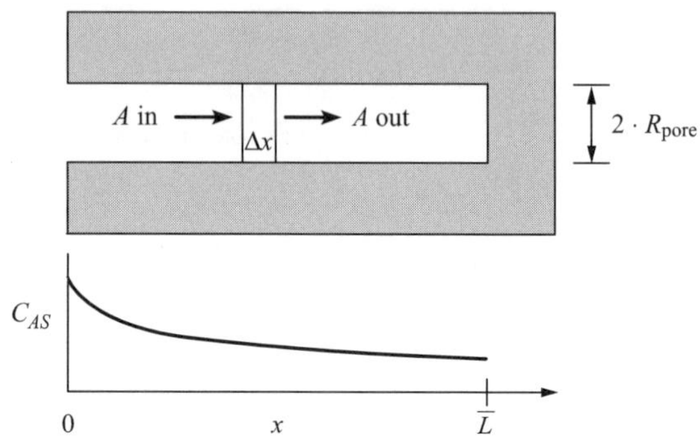

Figure 6.3.3 |
Schematic representation of component A diffusing and reacting in an idealized cylindrical pore.

그림 6.3.3에 묘사된 것처럼 고체 촉매 평판 안에 이상적인 실린더 모양의 기공을 생각해보자. 기공 벽에서 A로부터 B가 만들어지는 등온, 등압의 1차 반응의 경우에, Δx의 두께를 갖는 기공 절편(slice)에서 몰수지는 다음과 같다.

$$\text{(Rate of input } A) - \text{(Rate of output } A) + \text{(Rate of generation } A) = 0 \tag{6.3.3}$$

$$\pi R_{\text{pore}}^2 N_A|_x - \pi R_{\text{pore}}^2 N_A|_{x+\Delta x} - k_s C_A (2\pi R_{\text{pore}})(\Delta x) = 0 \tag{6.3.4}$$

여기서 N_A는 절편 양쪽에서 측정된 A의 플럭스, k_s는 촉매 표면적당으로 표현되는 1차 속도상수(부피/{표면적}/시간)이며 $2\pi R_{pore}(\Delta x)$는 촉매 절편에서의 기공벽의 면적이다. 식 (6.3.4)를 재정렬하고 Δx가 0에 접근하는 극한을 취하면 몰수지에 대해서 다음과 같은 미분방정식이 얻어진다.

$$-\frac{dN_A}{dx} = \frac{2k_s}{R_{\text{pore}}} C_A \tag{6.3.5}$$

스테판-맥스웰 방정식을 통해 A의 몰 플럭스와 농도구배가 다음 식으로 됨을 생각해 보자.

$$\nabla C_A = \sum_{\substack{j=1 \\ j \neq A}}^{n} \frac{1}{D_{Aj}} \left(X_A N_j - X_j N_A \right) \tag{6.3.6}$$

벌크흐름이 없는 상황에서 1차 확산은 아래와 같다.

$$\frac{dC_A}{dx} = -\frac{N_A}{\left(\dfrac{1}{D_{AB}} + \dfrac{1}{D_{KA}} \right)^{-1}} \tag{6.3.7}$$

이 식은 픽의 첫 번째 법칙에 해당하며 다음과 같이 나타낼 수 있다.

$$N_A = -D_{TA} \frac{dC_A}{dx} \tag{6.3.8}$$

여기서 D_{TA}는 식 (6.3.2)로 정의된다. 픽의 법칙을 몰수지인(식 6.3.5)에 대입하면 다음과 같은 2차 미분방정식이 얻어진다.

$$\frac{d}{dx}\left(D_{TA} \frac{dC_A}{dx} \right) = \frac{2k_s}{R_{\text{pore}}} C_A \tag{6.3.9}$$

D_{TA}가 상수라고 가정하면 다음과 같다.

$$\frac{d^2 C_A}{dx^2} - \frac{2k_s}{D_{TA} R_{\text{pore}}} C_A = 0 \tag{6.3.10}$$

실린더 형태 기공의 부피 대 면적의 비율을 이용하면 표면속도상수를 부피 기준으로 나타낼 수 있다.

$$\frac{\text{Area}}{\text{Volume}} = \frac{2\pi R_{\text{pore}} \bar{L}}{\pi R_{\text{pore}}^2 \bar{L}} = \frac{2}{R_{\text{pore}}} \tag{6.3.11}$$

그리고,

$$k = \frac{2k_s}{R_{\text{pore}}} \tag{6.3.12}$$

몰수지식을 간단히 하기 위해서 아래와 같이 두어서

$$\chi = \frac{x}{\bar{L}} \tag{6.3.13}$$

$$\phi = \bar{L} \sqrt{\frac{k}{D_{TA}}} \tag{6.3.14}$$

이들을 식 (6.3.10)에 대입하면 다음과 같다.

$$\frac{d^2 C_A}{d\chi^2} - \phi^2 C_A = 0 \tag{6.3.15}$$

몰수지를 풀기 위해서는 기공의 각 끝에서 경계조건이 필요하다. $x=0$에서 (기공 입구에서), A의 농도는 C_{AS}와 같다. 기공 끝에서 농도구배는 0이 된다. 즉, 기공 끝에서는 플럭스가 없다. 이러한 조건들은 다음과 같이 나타낼 수 있다.

$$C_A = C_{AS} \quad \text{at } \chi = 0 \tag{6.3.16}$$

$$\frac{dC_A}{d\chi} = 0 \quad \text{at } \chi = 1 \tag{6.3.17}$$

식 (6.3.16)과 (6.3.17)로 주어진 경계조건을 이용하면 식 (6.3.15)의 해는 다음과 같다.

$$C_A = C_{AS}\frac{\cosh\left[\phi\left(1 - \frac{x}{\bar{L}}\right)\right]}{\cosh[\phi]} \tag{6.3.18}$$

여기서 씨일레 계수(*Thiele modulus*)로 알려진 ϕ는 특성반응속도(kC_{AS})를 특성확산속도 $\left(\frac{D_{TA}C_{AS}}{\bar{L}^2}\right)$로 나눈 후 제곱근을 씌운 무차원수이다. 씨일레 계수는 어느 과정이 속도제한단계인가를 말해준다. 그림 6.3.4는 기공 안에서 반응물질 A의 농도 프로파일을 다양한 씨일레 계수에 대하여 보여주고 있다. ϕ 값이 작을 때 확산저항은 반응속도를 제한할 정도로 충분하지는 않으며 촉매 입자 안에서 농도는 거의 C_{AS}로 유지될 수 있다. 그러나 ϕ 값이 클 때는 상당한 확산 저항으로

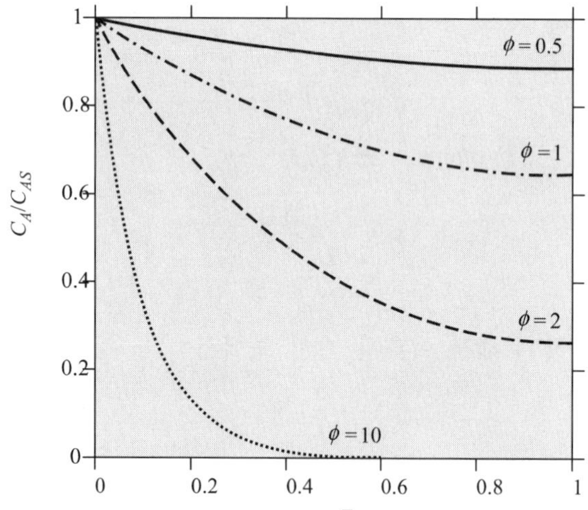

Figure 6.3.4 |
Effect of Thiele modulus on the normalized concentration profiles in a catalyst pore with first-order surface reaction.

인해 촉매 입자 내부에서 A 농도가 일정하게 유지될 수 없게 되며 따라서 관찰 속도가 낮아진다.

이제 "지그재그(zig-zag)" 기공을 갖는 무작위적인 구조의 촉매 펠렛을 생각해 보자. 펠렛의 표면은 고체부분과 기공으로 이루어져 있다. 플럭스 N_A가 기공의 면적에만 기초하고 있다는 사실을 감안하면 앞에서 유도한 플럭스 방정식을 수정해야 한다. 펠렛의 공극율(porosity)이라고 불리는 $\bar{\varepsilon}_p$를 이용하여 단위 펠렛 표면적(고체부분과 기공을 포함한) 당 확산되는 A의 몰수로 다음과 같이 플럭스를 표현할 수 있다.

$$N_A = \bar{\varepsilon}_p N_A(\text{based on pore}) = -\bar{\varepsilon}_p D_{TA}\frac{dC_A}{dx}$$

많은 고체 촉매의 공극율은 0.3과 0.7 사이의 값을 가지므로 실험데이타가 없을 때 합리적인 $\bar{\varepsilon}_p$ 값은 0.5이다. 플럭스를 수정하기 위한 두번째 매개변수는 굴곡율(tortuosity) $\bar{\tau}$인데 이것은 기공의 경로길이(path length) 편차를 고려한 것이다. 농도구배는 펠렛의 기하학적 형태에 기초하기 때문에 기공 안에서 분자들이 실제로 이동하는 거리를 반영하여 플럭스식을 수정해야 한다. 굴곡율은 기공에서 "직선길이" 대비 "지그재그 길이"의 비이다. $\bar{\tau}$는 1과 같거나 크다. 예를 들어 이상적인 실린더형태 기공의 $\bar{\tau}$값은 1이며 무작위적인 방향으로 된 실린더 모양의 기공들은 약 3의 값을 갖는다. 이 "실제(true)" 확산경로 길이를 고려하여 플럭스식은 다음과 같이 나타낼 수 있다.

$$N_A(\text{pellet}) = -\frac{\bar{\varepsilon}_p}{\bar{\tau}} D_{TA}\frac{dC_A}{dx}$$

많은 고체 촉매의 굴곡율은 2와 7사이이기 때문에 실험적 데이터가 없을 때 적당한 $\bar{\tau}$값은 4이다. 단봉분포의 기공 시스템에서 확산계수는 다음 식과 같이 반응물의 펠렛 속으로의 플럭스로 정의된다.

$$N_A(\text{pellet}) = \frac{\bar{\varepsilon}_p}{\bar{\tau}} N_A(\text{pore}) = -\frac{\bar{\varepsilon}_p}{\bar{\tau}} D_{TA}\frac{dC_A}{dx} = -D^e_{TA}\frac{dC_A}{dx} \qquad (6.3.19)$$

여기서 상첨자 e는 유효 확산계수를 나타낸다. 또 *유효*확산계수는 다음과 같이 쓸 수 있다.

$$D^e_{KA} = \frac{\bar{\varepsilon}_p}{\bar{\tau}} D_{KA} \qquad (6.3.20)$$

$$D^e_{AB} = \frac{\bar{\varepsilon}_p}{\bar{\tau}} D_{AB} \qquad (6.3.21)$$

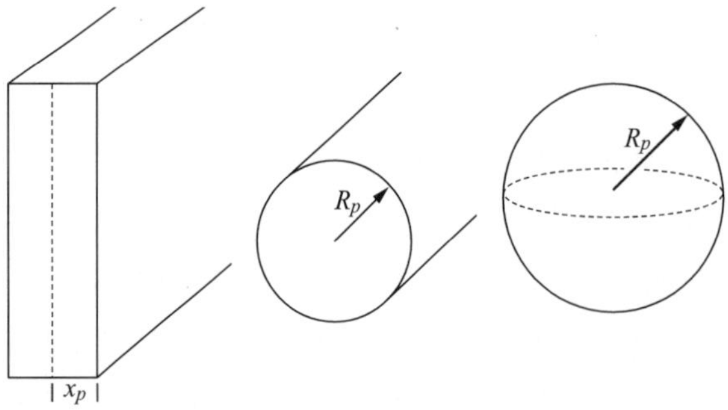

Figure 6.3.5 |
Schematic representations of ideal catalyst pellet geometries.
(a) Infinite slab. **(b)** Infinite right cylinder. **(c)** Sphere.

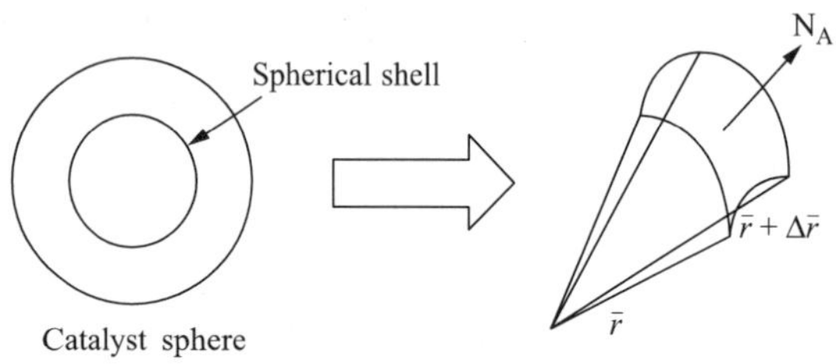

Figure 6.3.6 |
Schematic of the shell balance on a spherical catalyst

이제 그림 6.3.5에 보인 것과 같은 다공성 촉매 펠렛의 몇 가지 이상적인 기하학적 형태를 생각해 보자. 첫 번째 펠렛은 $2x_p$의 두께를 갖는 무한평판이다. 그러나 대칭성으로 인해 기공은 평판 양쪽 면에 입구를 가지고 있기 때문에 평판 특성길이는 두께의 반인 x_p이다. 두 번째 펠렛은 반지름 R_p를 갖는 무한 실린더이며 세 번째 펠렛은 반지름이 R_p인 구형이다. 평판과 실린더에서는 말단효과 혹은 모서리효과(end effects or edge effects)는 무시한다.

한 예로서 구형 촉매 펠렛에서 확산과 반응이 동시에 일어나는 경우를 아래에서 자세히 기술하였다. 그 결과는 다른 모양의 펠렛으로 일반화되었다. 대부분의 고체촉매들은 높은 열전도도(thermal conductivity)를 가지기 때문에 펠렛 내부에서 온도는 거의 일정하므로 등온반응이라고 가정한다. 추가적으로 등압반응이라고 가정하는데 이것은 반응에서 몰 변화는 무시할만하다는 것을 의미한다. 전환에 따른 상당한 몰 변화가 있는 반응에서는 상당한 과량의 불활성 물질의 존재가 반응 물질이 전체압력에 주는 영향을 감소시킬 수 있다. 따라서 등압 조건은 반응 양론과 상관없이 다양한 촉매 반응에서 가능하다.

구에서 A 성분의 확산과 1차 반응을 동시에 고려한 쉘수지(Shell balance)가 그림 6.3.6에 제시되었다. 구형 쉘에서의 물질수지는 다음과 같이 주어진다.

(Rate of input A) − (Rate of output A) + (Rate of generation A) = 0

$$4\pi\bar{r}^2N_A|_{\bar{r}} - 4\pi\bar{r}^2N_A|_{\bar{r}+\Delta\bar{r}} - kC_A 4\pi\bar{r}^2\Delta\bar{r} = 0 \qquad (6.3.22)$$

식 (6.3.22)에서 세 번째 항은 $\bar{r}$과 $\bar{r}+\Delta\bar{r}$사이에서 정의된 미분 부피(differential volume)에서의 A 성분 소모속도를 나타낸다. 식 (6.3.22)를 간단히 하고 $\Delta\bar{r}$이 0으로 가는 극한을 취하면 다음과 같은 미분 방정식을 얻는다.

$$-\frac{d(\bar{r}^2N_A)}{d\bar{r}} - \bar{r}^2kC_A = 0 \qquad (6.3.23)$$

A의 플럭스는 픽의 법칙에 따라 이성분계 시스템에 대한 농도로 표현될 수 있다(구형 좌표계로).

$$N_A = -D_{TA}^e\frac{dC_A}{d\bar{r}} \qquad \text{(equimolar counterdiffusion)} \qquad (6.3.24)$$

식 (6.3.24)를 (6.3.23)에 대입하면 아래와 같다.

$$-\frac{d\left[\bar{r}^2\left(-D_{TA}^e\frac{dC_A}{d\bar{r}}\right)\right]}{d\bar{r}} - \bar{r}^2kC_A = 0$$

$$D_{TA}^e\left[\bar{r}^2\frac{d^2C_A}{d\bar{r}^2} + 2\bar{r}\frac{dC_A}{d\bar{r}}\right] - \bar{r}^2kC_A = 0$$

$$D_{TA}^e\left[\frac{d^2C_A}{d\bar{r}^2} + \frac{2}{\bar{r}}\frac{dC_A}{d\bar{r}}\right] - kC_A = 0 \qquad (6.3.25)$$

위 식은 다음과 같이 치환하여 무차원으로 만들 수 있다.

$$\psi = \frac{C_A}{C_{AS}} \qquad (6.3.26)$$

$$\omega = \frac{\bar{r}}{R_p} \qquad (6.3.27)$$

여기서 C_{AS}는 외부표면에서 A의 농도이며 R_p는 구형 입자의 반지름이다. 식 (6.3.25)를 무차원 농도와 반지름으로 바꾸어 나타내면 아래와 같다.

$$\frac{d^2\psi}{d\omega^2} + \frac{2}{\omega}\frac{d\psi}{d\omega} - \frac{(R_p)^2k}{D_{TA}^e}\psi = 0 \qquad (6.3.28)$$

구형에 대해서 씨일레 계수 ϕ는 다음과 같이 정의되므로

$$\phi = R_p\sqrt{\frac{k}{D_{TA}^e}} \tag{6.3.29}$$

그래서 식 (6.3.28)은 다음과 같이 되며,

$$\frac{d^2\psi}{d\omega^2} + \frac{2}{\omega}\frac{d\psi}{d\omega} - \phi^2\psi = 0 \tag{6.3.30}$$

아래와 같은 경계 조건을 갖는다.

$$\psi = 1 \qquad \text{at } \omega = 1 \quad \text{(surface of sphere)} \tag{6.3.31}$$

$$\frac{d\psi}{d\omega} = 0 \qquad \text{at } \omega = 0 \quad \text{(center of sphere)} \tag{6.3.32}$$

중심에서 플럭스가 없는 조건(zero-flux condition)은 구형의 대칭성으로부터 온 것이다. 언급한 경계조건을 가지고 위의 미분방정식을 풀면 그 해는 다음과 같다.

$$\psi = \frac{C_A}{C_{AS}} = \frac{\sinh(\phi\omega)}{\omega\sinh(\phi)} \tag{6.3.33}$$

그림 6.3.7은 구형 촉매 펠렛 안에서 씨일레 계수의 농도 프로파일에 대한 영향을 보여준다.

유효인자(*effectiveness factor*) η는 내부 확산제한이 없을 경우 관찰되는 속도 (r_{max})에 대한 관찰속도 (r_{obs})의 비로 정의될 수 있다.

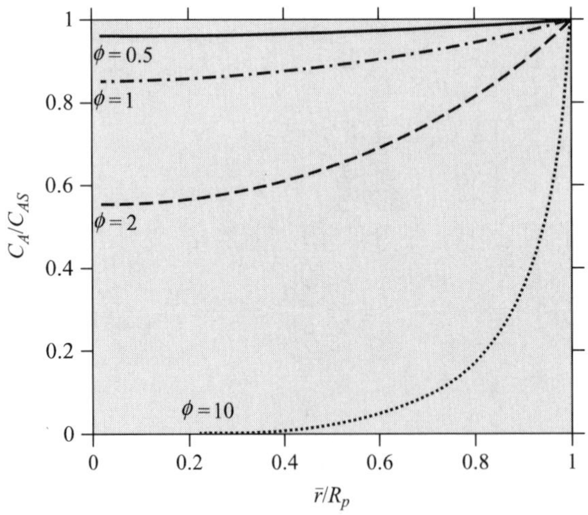

Figure 6.3.7 |
Effect of Thiele modulus on the normalized concentration profiles in a spherical catalyst particle with first-order reaction. The external surface of the particle is located at $\bar{r}/R_p = 1$.

$$\eta = \frac{r_{obs}}{r_{max}} = \frac{\int_0^{V_p} r(C_A)dV}{V_p r(C_{AS})} = \frac{\int_0^{R_p} r(C_A)4\pi\bar{r}^2 d\bar{r}}{V_p r(C_{AS})} = \frac{S_p \int_0^{R_p} r(C_A)\left(\frac{\bar{r}}{R_p}\right)^2 d\bar{r}}{V_p r(C_{AS})} \quad (6.3.34)$$

여기서 V_p는 촉매 펠렛의 부피이고 S_p는 펠렛의 외부 표면적이며, $r(C_A)$은 농도 C_A에서 측정된 반응속도이다. 식 (6.3.34)의 분모는, 반응물의 농도가 외부표면 농도 C_{AS}와 같다고 가정할 때 촉매 펠렛 안에서의 반응속도이다. 구형 입자 1차 반응에서 확산제한이 없을 때 관찰되는 속도는 다음과 같다.

$$r_{max} = \frac{4}{3}\pi (R_p)^3 kC_{AS} \quad (6.3.35)$$

정상상태에서 펠렛에 들어가는 A의 플럭스는 펠렛 내에서 A의 순소모 속도(net rate of consumption)와 같아야 한다. 따라서 구에 들어가는 플럭스는 확산제한이 있을 때 관찰속도를 결정하는데 사용된다.

$$r_{obs} = 4\pi (R_p)^2 D_{TA}^e \left.\frac{dC_A}{d\bar{r}}\right|_{\bar{r}=R_p} \quad (6.3.36)$$

식 (6.3.35)와 (6.3.36)을 (6.3.34)에 대입하면 다음과 같다.

$$\eta = \frac{r_{obs}}{r_{max}} = \frac{4\pi (R_p)^2 D_{TA}^e \left.\frac{dC_A}{d\bar{r}}\right|_{\bar{r}=R_p}}{\frac{4}{3}\pi (R_p)^3 kC_{AS}} = \frac{3}{R_p}\frac{D_{TA}^e}{k}\frac{\left.\frac{dC_A}{d\bar{r}}\right|_{\bar{r}=R_p}}{C_{AS}} \quad (6.3.37)$$

위의 식을 식 (6.3.26)과 (6.3.27)에서 정의한 것으로 치환하면 무차원이 된다.

$$\eta = \frac{3}{\phi^2}\left.\frac{d\psi}{d\omega}\right|_{\omega=1} \quad (6.3.38)$$

미분식은 (6.3.33)의 농도프로파일로부터 구할 수 있다.

$$\eta = \frac{3}{\phi^2}\left.\frac{d\psi}{d\omega}\right|_{\omega=1} = \frac{3}{\phi^2}\frac{d}{d\omega}\left[\frac{\sinh(\phi\omega)}{\omega\sinh(\phi)}\right]\Bigg|_{\omega=1}$$

$$\eta = \frac{3}{\phi^2}\left[\frac{1}{\sinh(\phi)}\left(\frac{\phi}{\omega}\cosh(\phi\omega) - \frac{1}{\omega^2}\sinh(\phi\omega)\right)\right]\Bigg|_{\omega=1}$$

$$\eta = \frac{3}{\phi^2}\left[\frac{\phi}{\tanh(\phi)} - 1\right] = \frac{3}{\phi}\left[\frac{1}{\tanh(\phi)} - \frac{1}{\phi}\right] \quad (6.3.39)$$

그림 6.3.8은 구형 촉매 펠렛에서 유효인자와 씨일레계수 사이의 관계를 나타낸다.

작은 씨일레계수 값은 확산저항이 적은 결과이다. 이러한 경우에 유효인자는 거의 1이다(ϕ 값들은 보통 1보다 작다). 큰 딜레계수 값들은 1보다 작은 유효인자를 갖는 확산제한 반응의 특성이다. $\phi \gg 1$ 인 경우, 구에서 유효인자 값은 그림 6.3.8에서 보듯이 $3/\phi$에 근접한다.

농도 프로파일과 유효인자는 확실히 촉매 입자 형태에 의존한다. 표 6.3.1은 세 가지 일반적인 형태의 촉매 입자에 대한 결과를 요약한 것이다.

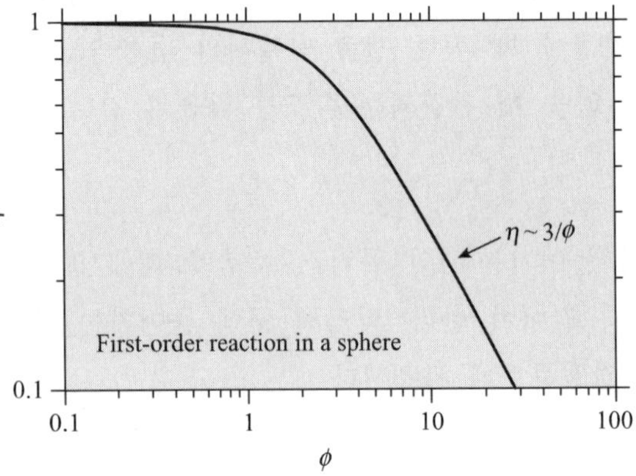

Figure 6.3.8 |
Effectiveness factor for a first-order reaction in a sphereas a function of the Thiele modulus.

Table 6.3.1 | Influence of catalyst particle geometry on concentration profile and effectiveness factor for a first-order, isothermal, isobaric reaction.

	Slab ($\omega = x/x_p$)	Cylinder[(a)] ($\omega = \bar{r}/R_p$)	Sphere ($\omega = \bar{r}/R_p$)
ϕ	$x_p\sqrt{\frac{k}{D^e_{TA}}}$	$R_p\sqrt{\frac{k}{D^e_{TA}}}$	$R_p\sqrt{\frac{k}{D^e_{TA}}}$
$\psi = C_A/C_{AS}$	$\frac{\cosh(\phi\omega)}{\cosh(\phi)}$	$\frac{I_0(\phi\omega)}{I_0(\phi)}$	$\frac{\sinh(\phi\omega)}{\omega\sinh(\phi)}$
η	$\frac{\tanh(\phi)}{\phi}$	$\frac{2I_1(\phi)}{\phi I_0(\phi)}$	$\frac{3}{\phi}\left[\frac{1}{\tanh(\phi)} - \frac{1}{\phi}\right]$

(a) I_i is a modified Bessel function of order i.

Table 6.3.2 | Characteristic length parameters of commonpellet shapes.

	L_p
Slab	Length of pore, x_p
Cylinder	$R_p/2$
Sphere	$R_p/3$

Aris는 ϕ의 길이 파라미터가 펠렛의 외부 표면적 S_p 대 펠렛 부피 V_p의 비라면, 다른 형태의 펠렛 유효인자는 씨일레계수 단일 함수에 의해 근사적으로 구할 수 있다는 것을 처음으로 지적하였다 [R. Aris, *Chem. Eng. Sci.*, **6** (1957) 262].

$$L_p = \frac{V_p}{S_p} \tag{6.3.40}$$

그리고 씨일레계수는 다음과 같이 정의된다.

$$\phi_0 = L_p\sqrt{\frac{k}{D^e_{TA}}} \tag{6.3.41}$$

여기서 표 6.3.2는 일반적인 기하학적 형태에 대한 특성 길이 파라미터를 요약한 것이다.

위의 정의에 따라, 앞에서 언급한 어떤 모양에 대한 유효인자라도 촉매 입자 안에서 반응과 확산이 동시에 일어나는 것을 적절히 표현할 수 있다. 표 6.3.1에서 보듯이 평판에서 유효인자 식이 가장 단순하다. 이 식은 적절한 씨일레계수를 갖는 모든 펠렛 형태에 대해서 사용될 것이다.

$$\eta = \frac{\tanh(\phi_0)}{\phi_0} \tag{6.3.42}$$

이러한 관계가 그림 6.3.9에 도시되었다. 촉매 입자 안에서 심하게 확산제한된 반응에 대한 유효인자는 씨일레계수의 역수와 가까워진다.

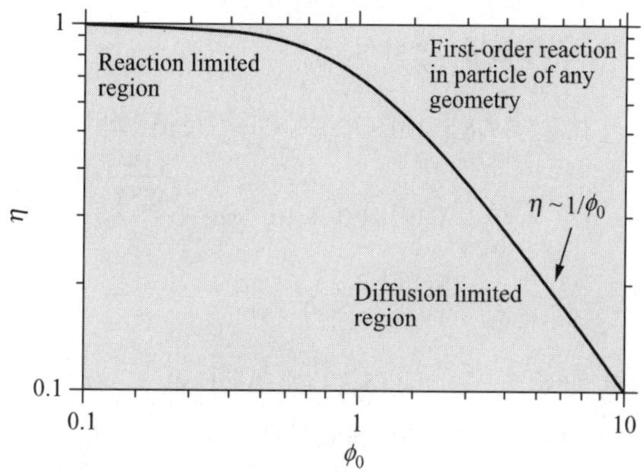

Figure 6.3.9 |
Effectiveness factor [$\eta = \tanh(\phi_0)/\phi_0$] for a first-order reaction in a catalyst as a function of the Thiele modulus with generalized length parameter.

예제 6.3.1 150℃ 상압에서 알루미나에 담지된 로듐(rhodium) 입자를 갖는 실험실용 반응기에서 1-헥센에서 2-헥센으로의 이중결합 이성질화 반응(isomerization)을 연구하였다.

$$H_2C=CH-CH_2-CH_2-CH_2-CH_3 \Rightarrow H_3C-CH=CH-CH_2-CH_2-CH_3$$

이 반응은 1-헥센에 대해서 1차반응이며 속도상수는 $0.14\ s^{-1}$ 이었다. 산업용 반응기에서 최대 속도의 70 퍼센트를 얻을 수 있는 가장 큰 펠렛 크기는 얼마인가? 알루미나의 기공 반지름은 10 nm 이며 D_{AB}는 $0.050\ cm^2s^{-1}$ 이다.

해답

이 문제는 내부 유효인자가 0.7이 되는 입자 크기를 찾는 것이다. 어떤 기하학적 형태이든 씨일레계수는 다음 식으로부터 결정된다.

$$\eta = \frac{\tanh(\phi_0)}{\phi_0} = 0.70$$

$$\phi_0 = 1.18$$

반지름 R_p를 갖는 구형 촉매 펠렛을 가정하면, 씨일레계수는 아래와 같다.

$$\phi_0 = 1.18 = \frac{V_p}{S_p}\sqrt{\frac{k}{D_{TA}^e}} = \frac{R_p}{3}\sqrt{\frac{k}{D_{TA}^e}}$$

속도상수를 알기 때문에, 유효 확산계수를 추정하면 입자 반지름을 계산할 수 있다. 실험데이터가 없을 때는 공극율과 굴곡율은 각각 0.5와 4로 가정한다. 따라서,

$$D_{KA} = (9.7 \times 10^3)\cdot R_{\text{pore}}\cdot\sqrt{\frac{T}{M_A}} \quad (cm^2\ s^{-1})$$

$$D_{KA} = (9.7 \times 10^3)(1.0 \times 10^{-6}cm)\sqrt{\frac{423K}{84}} = 0.022\ cm^2\ s^{-1}$$

$$D_{KA}^e = \frac{0.5}{4}\cdot 0.022 = 0.0027\ cm^2\ s^{-1}$$

Knudsen 확산계수는 식 (6.3.1)에 따라 온도, 기공 반지름, 헥센의 분자량($84\ g\ mol^{-1}$)으로부터 계산된다.

$$\frac{1}{D_{TA}^e} = \frac{1}{D_{AB}^e} + \frac{1}{D_{KA}^e}$$

$$D_{TA}^e = 0.0019\ cm^2\ s^{-1}$$

유효 전이 확산계수는 동몰 맞확산을 가정하는 Bosanquet 식으로부

터 계산되는데, 이성질화 반응에 대해서는 다음과 같다.

$$R_p = 3 \cdot 1.18 \cdot \sqrt{\frac{0.0019}{0.14}} = 0.41 \text{ cm}$$

위에서 구한 값들을 딜레계수에 대한 식에 대입하면 구형 촉매 펠렛의 반지름이 나온다.

$$R_p = 3 \cdot 1.18 \cdot \sqrt{\frac{0.0019}{0.14}} = 0.41 \text{ cm}$$

따라서, 지름이 약 1/3 인치인 구형 입자는 유효인자가 0.70인 값을 갖는다.

매우 일반적인 촉매 펠렛 형태인 유한 실린더에서, 하나의 특성 길이 파라미터가 반응/확산을 어떻게 타당하게 잘 기술할 수 있는지를 살펴보는 것은 가치가 있다. 여기서 보인 펠렛은 실린더 길이가 $2x_p$ 이고 반지름이 R_p이다.

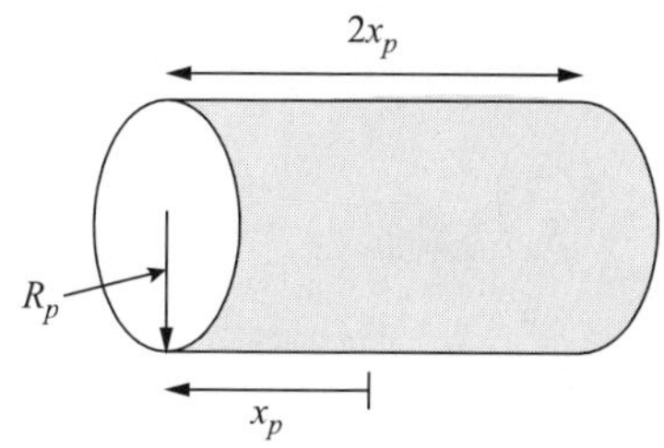

펠렛 안에서 1차 반응인 A의 물질수지는 다음과 같이 주어진다.

$$D^e_{TA}\left[\frac{\partial^2 C_A}{\partial \bar{r}^2} + \frac{1}{\bar{r}}\frac{\partial C_A}{\partial \bar{r}} + \frac{\partial^2 C_A}{\partial x^2}\right] = kC_A \qquad (6.3.43)$$

여기서 축방향과 반지름 방향으로의 플럭스는 각각 다음과 같다.

$$N_A = -D^e_{TA}\frac{dC_A}{d\bar{r}} \quad \text{(radial)} \qquad (6.3.44)$$

$$N_A = -D^e_{TA}\frac{dC_A}{dx} \quad \text{(axial)} \qquad (6.3.45)$$

적절한 경계조건으로 푼 이 방정식의 해는 유한 실런더에 대한 농도 프로파일과 유효인자를 제공해준다. 앞에서 논의하였듯이 유효인자의 근사값은 다음과 같다.

$$\eta = \frac{\tanh(\phi_0)}{\phi_0} \qquad (6.3.42)$$

이 식은 씨일레계수가 표면대 부피의 비로 정의되는 특성 길이에 기초하는 한 어떠한 기하학적 모양에도 사용될 수 있다. 유한 실린더 펠렛의 부피와 표면적은 단순히 다음과 같다.

$$V_p = \pi(R_p)^2 \cdot 2x_p \tag{6.3.46}$$

$$S_p = 2\pi (R_p)^2 + \left(2\pi R_p \cdot 2x_p\right) \tag{6.3.47}$$

따라서, 유한 실린더의 특성 길이는,

$$\frac{V_p}{S_p} = \frac{\pi (R_p)^2 \cdot 2x_p}{2\pi (R_p)^2 + \left(2\pi R_p \cdot 2x_p\right)} = \frac{R_p}{\dfrac{R_p}{x_p} + 2} \tag{6.3.48}$$

그리고 식 (6.3.42)에 사용되는 씨일레계수는 아래와 같다.

$$\phi_0 = \frac{V_p}{S_p}\sqrt{\frac{k}{D_{TA}^e}} = \left[\frac{R_p}{\dfrac{R_p}{x_p} + 2}\right]\sqrt{\frac{k}{D_{TA}^e}} \tag{6.3.49}$$

비교를 위해서, "등가(equivalent)" 구형 입자의 "반지름 $R_{p(\text{sphere})}$"은 둘의 표면대 부피의 비가 같다고 둠으로써 계산할 수 있다.

$$\left(\frac{V_p}{S_p}\right)_{\text{finite cylinder}} = \left(\frac{V_p}{S_p}\right)_{\text{sphere}}$$

$$\frac{R_p}{\dfrac{R_p}{x_p} + 2} = \frac{R_{p(\text{sphere})}}{3}$$

따라서, "등가" 구형의 반지름은 다음과 같이 된다.

$$R_{p(\text{sphere})} = 3\left(\frac{R_p}{\dfrac{R_p}{x_p} + 2}\right) \tag{6.3.50}$$

이것은 씨일레수와 유효인자를 구하는데 사용할 수 있다. 그림 6.3.10에서는 유한 실린더에 대한 물질수지의 완전한 해로부터 유도된 유효인자(개별적인 점)와 표면 대 부피의 비에 기초한 구의 "등가" 반지름을 사용한 근사해를 비교해주고 있다. 그리고 같은 (V_p/S_p)를 갖는 무한 실린더에 대한 해도 역시 보여주고 있다. 이러한 결과들이 일치하는 것은 씨일레계수의 특성길이를 (V_p/S_p)로 대치하는 것이 실제 해를 구하기 위한 훌륭한 근사법이라는 것을 확인시켜준다.

반응과 확산이 촉매 펠렛 안에서 동시에 일어나는 것에 대한 물질수지는 더

복잡한 반응들로 확장될 수 있다. 예를 들어, n차 비가역 반응에 대한 일반화된 씨일레계수는,

$$\phi_0 = \frac{V_p}{S_p}\sqrt{\frac{n+1}{2}\frac{kC_{AS}^{n-1}}{D_{TA}^e}} \qquad n > -1 \tag{6.3.51}$$

식 (6.3.51)에서 정의된 일반화된 씨일레계수는 그림 6.3.9에서처럼 ϕ_0 값이 클 때 유효인자가 대략 $1/\phi_0$이 되도록 정규화 되었다.

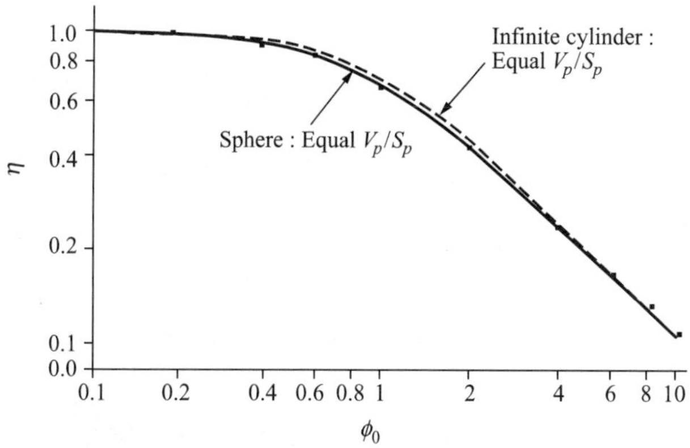

Figure 6.3.10 |
Effectiveness factors for sphere, infinite cylinder, and finite cylinder pellet geometries where the Thiele modulus is based on equal V_p/S_p. Individual points correspond to the numerical solutions of the material balance on a finite cylinder.

예제 6.3.2 실리카-알루미나 촉매에서의 큐멘(Cumene)의 1차 크래킹의 속도상수는 실험실 반응기에서 0.80 $cm^3/(s \cdot gcat)$로 측정되었다.

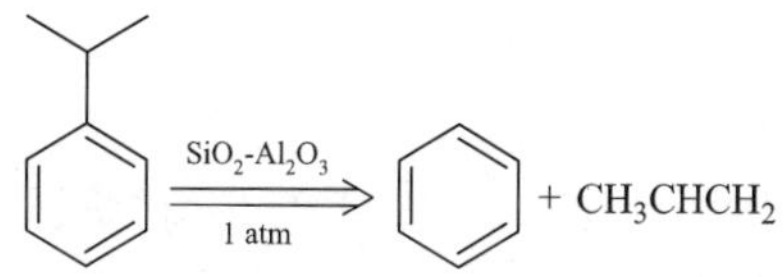

관찰속도 상수는 참(true) 속도 상수인가 혹은 기공 확산의 영향이 있는가 ?

추가적인 데이터는 다음과 같다.

$$R_p = 0.25 \text{ cm}$$
$$\rho = 1.2 \text{ gcat cm}^{-3}$$
$$D_{TA}^e = 1.0 \times 10^{-3} \text{ cm}^2 \text{ s}^{-1}$$

해답

유효인자는 다음과 같이 근사적으로 둘 수 있음을 상기해보자.

$$\eta = \frac{\tanh(\phi_0)}{\phi_0}$$

씨일레계수가 한 펠렛의 특성길이로 정의될 때,

$$\phi_0 = L_p\sqrt{\frac{k}{D_{TA}^e}}$$

이 문제에서 구형 입자에 대해서는 다음과 같다.

$$\phi_0 = L_p\sqrt{\frac{k}{D_{TA}^e}} = \frac{R_p}{3}\sqrt{\frac{k}{D_{TA}^e}} = \left(\frac{(0.25)(\text{cm})}{3}\right)\sqrt{\frac{k\left(\dfrac{\text{cm}^3}{\text{s}\cdot\text{gcat}}\right)\cdot 1.2\left(\dfrac{\text{gcat}}{\text{cm}^3}\right)}{1.0\times 10^{-3}\left(\dfrac{\text{cm}^2}{\text{s}}\right)}} = 2.9\sqrt{k}$$

관찰된 속도는 1차이므로,

$$\text{r}_{\text{obs}} = k_{\text{obs}}C_{AS}$$

그리고 정의에 의해서 유효인자는 아래와 같다.

$$\eta = \frac{\text{observed rate}}{\text{rate in absence of diffusion}} = \frac{k_{\text{obs}}C_{AS}}{kC_{AS}}$$

k값을 구하기 위해 이 씨일레계수를 유효인자에 대한 식에 대입하면, 시행착오법을 통한 참 반응상수는 다음과 같다.

$$\eta = \frac{\tanh(\phi_0)}{\phi_0} = \frac{\tanh(2.9\sqrt{k})}{2.9\sqrt{k}} = \frac{k_{\text{obs}}}{k} = \frac{0.80}{k}$$

$$k = 5.4\frac{\text{cm}^3}{\text{s}\cdot\text{gcat}} \qquad \eta = 0.15$$

η 값이 작기 때문에 기공 확산이 관찰속도에 큰 영향을 주었다.

상당한 확산저항이 관찰된 반응 속도론에 주는 영향은 이러한 보다 일반화된 씨일레계수를 단순 해석함으로써 알 수 있다. 관찰속도는 고유속도와 유효인자로 나타낼 수 있다.

$$\text{r}_{\text{obs}} = \eta k C_{AS}^n \tag{6.3.52}$$

앞에서 논의하였듯이 상당한 확산제한이 있는 경우에 유효인자는 씨일레계수의 단순한 역수이다(그림 6.3.9). 따라서 상당한 확산제한이 있을 때 관찰속도는 다음과 같이 나타낼 수 있다.

$$r_{obs} = \frac{1}{\phi_0} kC_{AS}^n \tag{6.3.53}$$

일반화된 씨일레계수 식 (6.3.51)을 (6.3.53)에 대입하면 관찰속도에 대해서 다음과 같은 식이 도출된다.

$$r_{obs} = \frac{S_p}{V_p}\left(\frac{2}{n+1} D_{TA}^e k\right)^{\frac{1}{2}} C_{AS}^{(n+1)/2} = k_{obs} C_A^{n_{obs}} \tag{6.3.54}$$

상당한 확산제한이 있을 때 반응 차수 n_{obs}는 참 반응차수인 n 대신에 $(n+1)/2$이 된다. 속도의 온도 의존성 또한 확산제한의 영향을 받는다. 관찰속도상수 k_{obs}는 $(D^e_{TA}k)^{1/2}$에 비례하므로, 관찰 활성화 에너지는 $(E_D+E)/2$ 이며 여기서 E_D 는 확산에 대한 활성화 에너지, E는 반응에 대한 활성화 에너지이다. 확산공정은 화학반응에 비해서 미약하게 활성화되므로 E_D를 E와 비교하여 무시할 때가 자주 있다. 따라서 상당한 확산제한이 있는 반응에 대한 관찰 활성화 에너지는 참 값의 약 반이다. 그림 6.3.11에서 관찰 속도상수의 아레니우스 플롯은 관찰 활성화 에너지에 대한 확산저항의 영향을 보여준다. 낮은 온도에서는 반응속도가 확산 저항에 의해서 제한받지 않으며 관찰 활성화 에너지는 참 활성화 에너지 값과 같다. 높은 온도에서는 반응속도가 확산 저항의 저해를 받으며 활성화 에너지는 참 활성화 에너지 값의 반이 된다.

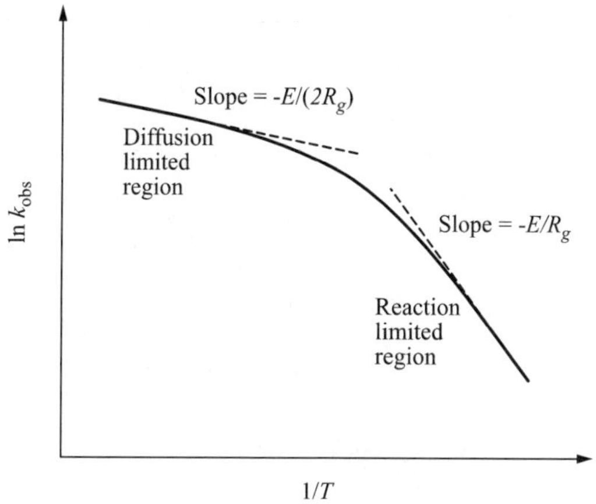

Figure 6.3.11 |
Temperature dependence of the observed rate constant of a reaction occurring in a porous catalyst pellet.

예제 6.3.3 평평한 촉매 펠렛에서 일어나는 다음의 *가역* 1차 반응에 대해 씨일레 계수와 A 농도 프로파일 식을 전개하시오.

$$A = B, \quad K = \frac{k_1}{k_{-1}}$$

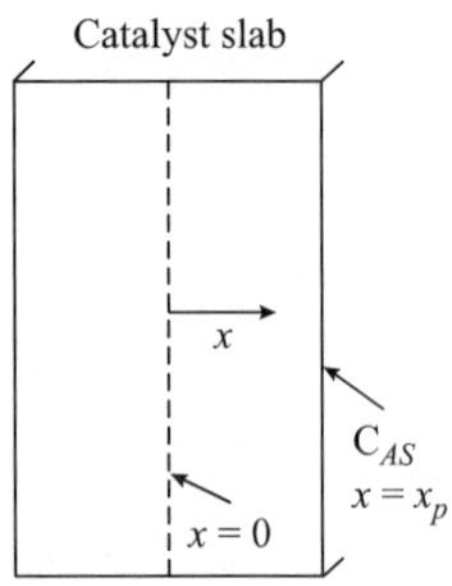

해답

1차원의 확산/반응에 대한 물질수지는 다음과 같이 주어진다.

$$\frac{d\left[-D^e_{TA}\dfrac{dC_A}{dx}\right]}{dx} = -\mathrm{r} = -[k_1 C_A - k_{-1} C_B] \tag{6.3.55}$$

C는 전체 농도인 $C_A + C_B$를 나타내므로 속도식은 C와 C_A로써 다시 나타낼 수 있으므로 C_B에 대한 명시적인 관련성은 없어진다.

$$\mathrm{r} = k_1 C_A - k_{-1}(C - C_A) = k_1\left(1 + \frac{1}{K}\right)C_A - \frac{k_1}{K}C = k_1\left(\frac{K+1}{K}\right)\left(C_A - \frac{C}{K+1}\right)$$

D^e_{TA}가 상수라고 가정하면, 아래의 식을 농도프로파일에 대해서 풀 수 있다.

$$D^e_{TA}\frac{d^2 C_A}{dx^2} = k_1\left(\frac{K+1}{K}\right)\left(C_A - \frac{C}{K+1}\right) \tag{6.3.56}$$

이 때 경계조건은 다음과 같다.

$$C_A = C_{AS} \quad \text{at } x = x_p \quad \text{(external surface of the slab)} \tag{6.3.57}$$

$$\frac{dC_A}{dx} = 0 \quad \text{at } x = 0 \quad \text{(center line, point of symmetry)} \tag{6.3.58}$$

다음과 같이 변수를 변환하면 문제를 쉽게 풀 수 있다. $\overline{\psi} = C_A - C/(K+1)$, $\chi = x/x_p$라 두면 물질수지는 아래와 같아진다.

$$\frac{d^2\overline{\psi}}{d\chi^2} = (x_p)^2\frac{k_1}{D^e_{TA}}\left(\frac{1+K}{K}\right)\overline{\psi} = \phi^2\overline{\psi} \tag{6.3.59}$$

이러한 형태로 물질수지식을 표현하면 씨일레 계수는 무차원 상수인 ϕ로 나타난다.

$$\phi = x_p\sqrt{\frac{k_1}{D^e_{TA}}\left(\frac{1+K}{K}\right)} \tag{6.3.60}$$

임의의 상수 $\bar{\alpha}_1$과 $\bar{\alpha}_2$를 갖는 식 (6.3.59)의 일반해는,

$$\psi = \bar{\alpha}_1 \sinh(\phi\chi) + \bar{\alpha}_2 \cosh(\phi\chi) \tag{6.3.61}$$

상수 $\bar{\alpha}_1$과 $\bar{\alpha}_2$를 구하기 위해 사용되는 변수들로 나타낸 경계조건은 다음과 같다.

$$\bar{\psi} = C_{AS} - \frac{C}{K+1} \quad \text{at } \chi = 1 \tag{6.3.62}$$

$$\frac{d\bar{\psi}}{d\chi} = 0 \quad \text{at } \chi = 0 \tag{6.3.63}$$

상수 $\bar{\alpha}_1$은 두 번째 경계조건 (식 6.3.63) 때문에 없어진다.

$$\frac{d\bar{\psi}}{d\chi} = \bar{\alpha}_1\phi\cosh(0) + \bar{\alpha}_2\phi\sinh(0) = 0$$

그리고,

$$\cosh(0) = 1$$

이므로

$$\bar{\alpha}_1 = 0$$

첫 번째 경계조건은 $\bar{\alpha}_2$를 계산하는데 사용되며, 따라서 이 문제의 해를 다음에서 보는 바와 같이 완성할 수 있다.

$$C_{AS} - \frac{C}{K+1} = \bar{\alpha}_2\cosh(\phi)$$

$$\bar{\alpha}_2 = \frac{C_{AS} - \dfrac{C}{K+1}}{\cosh(\phi)}$$

$$\bar{\psi} = \left(C_{AS} - \frac{C}{K+1}\right)\frac{\cosh(\phi\chi)}{\cosh(\phi)} \tag{6.3.64}$$

$$C_A - \frac{C}{K+1} = \left(C_{AS} - \frac{C}{K+1}\right)\frac{\cosh\left(\phi\dfrac{x}{x_p}\right)}{\cosh(\phi)}$$

$$C_A = \frac{C}{K+1} + \left(C_{AS} - \frac{C}{K+1}\right)\frac{\cosh\left(\phi\dfrac{x}{x_p}\right)}{\cosh(\phi)} \tag{6.3.65}$$

여기서 씨일레계수는 다음과 같이 정의된다.

$$\phi = x_p\sqrt{\frac{k_1}{D^e_{TA}}\left(\frac{1+K}{K}\right)} \tag{6.3.60}$$

예제 6.3.4 다음과 같은 등온 반응이 평판 촉매 펠렛에서 일어나고 있다. 유효인자를 계산하기 위해 필요한 식을 세우시오.

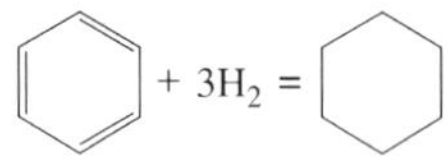

Benzene Cyclohexane

해답

이 문제를 풀기 위해서는 다성분 기체 혼합물에서의 분자 확산에 대한 스테판-맥스웰 관계식 (자세한 것은 부록 C 참조) 이 사용되어야 한다.

$$\nabla X_i = \sum_{\substack{j=1\\ j\neq i}}^{n} \frac{1}{CD_{ij}}(X_i N_j - X_j N_i)$$

다공성 담체 안에서 1차원적 확산의 경우 이 식들은 다음과 같이 된다. 이 식의 유도는 부록 C에 나와 있다.

$$-\frac{1}{R_g T}\frac{dP_i}{dx} = \sum_{j\neq i}\left(\frac{X_j N_i - X_i N_j}{D^e_{ij}}\right) + \frac{N_i}{D^e_{Ki}} \tag{6.3.66}$$

온도가 일정하고 c와 B가 같은 몰 상대확산 ($N_A = -N_B$)한다고 가정하면 위의 식을 이성분계에 관한 익숙한 형태의 식으로 줄일 수 있다.

$$-\frac{1}{R_g T}\frac{dP_A}{dx} = \frac{X_B N_A - X_A N_B}{D^e_{AB}} + \frac{N_A}{D^e_{KA}} = N_A\left(\frac{1}{D^e_{AB}} + \frac{1}{D^e_{KA}}\right)$$

$$N_A = -\left(\frac{1}{\dfrac{1}{D^e_{AB}} + \dfrac{1}{D^e_{KA}}}\right)\frac{d\left(\dfrac{P_A}{R_g T}\right)}{dx} = -D^e_{TA}\frac{dC_A}{dx} \tag{6.3.67}$$

이 식이 A의 1차원적인 플럭스를 나타내는 식 (6.3.7)과 유사하다는 것을 상기하자. 벤젠 수소화의 다성계분계 확산/반응을 1차원으로 풀기 위해서는 식 (6.3.66)이 대신 사용되어야 한다. 우선 다음과 같이 두도록 하자.

Benzene = component 1

Dihydrogen = component 2

Cyclohexane = component 3

다음의 확산계수(Knudsen 그리고 이성분계)가 데이터 표, 핸드북, 관계식, 이론식 등등으로부터 결정되어야 한다.

Benzene: D_{K1}, D_{12}, D_{13}

Dihydrogen: D_{K2}, D_{21}, D_{23}

Cyclohexane: D_{K3}, D_{31}, D_{32}

평판 촉매 펠렛의 공극율($\bar{\varepsilon}_p$)과 굴곡율($\bar{\tau}$)은 아래의 식에 따라 각 성분의 *유효* 확산계수를 계산하는데 사용될 수 있다.

$$D^e_{Ki} = \frac{\bar{\varepsilon}_p}{\bar{\tau}} D_{Ki} \tag{6.3.68}$$

$$D^e_{ij} = \frac{\bar{\varepsilon}_p}{\bar{\tau}} D_{ij} \tag{6.3.69}$$

수소화 반응의 화학양론식으로부터, 성분들의 플럭스 비는 다음과 같다.

$$\frac{N_2}{N_1} = 3 \quad \text{and} \quad \frac{N_3}{N_1} = -1$$

이러한 관계를 식 (6.3.66)에 대입하면 적절한 플럭스 식이 나온다.

$$-\frac{P}{R_g T}\frac{dX_1}{dx} = N_1\left[\left(\frac{X_2 - 3X_1}{D^e_{12}} + \frac{X_3 + X_1}{D^e_{13}}\right) + \frac{1}{D^e_{K1}}\right] \tag{6.3.70}$$

$$-\frac{P}{R_g T}\frac{dX_2}{dx} = N_1\left[\left(\frac{3X_1 - X_2}{D^e_{21}} + \frac{3X_3 + X_2}{D^e_{23}}\right) + \frac{3}{D^e_{K2}}\right] \tag{6.3.71}$$

마지막으로 반응/확산 문제를 완전하게 기술하기 위한 촉매 펠렛 절편에 대한 물질수지는,

$$-\frac{dN_1}{dx} = \text{Rate}(X_1, X_2) \tag{6.3.72}$$

Rate(X_1, X_2)는 X_1과 X_2에 의존하는 벤젠 수소화에 대한 속도표현식이다. 예를 들어 어떤 반응 온도에서 상수 $\bar{\alpha}_A$과 $\bar{\alpha}_B$를 알고 있다면 다음의 속도식이 사용될 수도 있을 것이다.

$$\text{Rate}\left(X_1, X_2\right) = \frac{\bar{\alpha}_A X_1 X_2 P^2}{1 + \bar{\alpha}_B X_1 P} \tag{6.3.73}$$

종속 변수(X_1, X_2, N_1)를 독립변수인 x의 함수로 구하기 위해서는 물질수지를 나타내는 세 개의 식과 플럭스 관련식들을 동시에 풀어야 한다. (X_3은 X_1과 X_2로 나타낼 수 있고 $1 = X_1 + X_2 + X_3$ 라는 것을 상기하시오). 이 식들에 대한 경계조건은 아래와 같다.

$X_1 = X_{1S}$ and $X_2 = X_{2S}$ at $x = x_s$ (external surface of pellet)

$N_1 = 0$ at $x = 0$ (center line of the slab)

유효인자를 계산하기 위해서 촉매 전체에 걸친 실제 반응속도를 외부 표면에서 결정된 속도인 Rate(X_{1s}, X_{2s})로 나눈다. 입자 전체에 걸친 총괄 반응속도는 촉매 외부표면에서 구한 플럭스 N_1과 같다. 따라서 최종적인 해는 다음과 같다.

$$\eta = \frac{N_1|_{x=x_S}}{\text{Rate}(X_{1S}, X_{2S})} \cdot \left(\frac{S_p}{V_p}\right) \tag{6.3.74}$$

위의 식들에 에너지 수지식을 포함시키면 촉매 펠렛에서의 온도 프로파일을 여기서 구한 해에 쉽게 합칠 수 있다.

앞에서의 논의는 등온 촉매 펠렛에서 확산과 반응이 동시에 일어나는 것에 초점을 맞추었다. ΔH_r은 많은 산업적인 반응에서 중요하므로 열전달이 고체촉매 반응에 어떻게 영향을 끼치는지를 말해둘 필요가 있다. 등온 촉매 펠렛의 경우 유효인자는 그림 6.3.9에서 보듯이 1과 같거나 작다. 이것은 평판 촉매 펠렛에서 A의 반응에 대한 유효인자를 구성하는 항을 살펴봄으로써 설명될 수 있다.

$$\eta = \frac{\text{r}_{\text{obs}}}{\text{r}_{\text{max}}} = \frac{S_p \int_0^{x_p} \text{r}(C_A)\,dx}{V_p \text{r}(C_{AS})} \tag{6.3.75}$$

등온 펠렛에 대해서는,

$$\int_0^{x_p} \text{r}(C_A)dx \le \text{r}(C_{AS}) \tag{6.3.76}$$

1장에서 언급했듯이 만약 속도를 두 개의 부분으로 나눌 수 있다면, 즉 하나는 온도에 의존하고 다른 하나는 반응하는 물질의 농도에 의존한다고 하면,

$$\text{r} = k(T) \cdot \bar{F}(C_A) \tag{6.3.77}$$

그리고 펠렛 내부 A의 농도가 외부 표면의 농도보다 작으면,

$$\bar{F}(C_A) \le \bar{F}(C_{AS}) \tag{6.3.78}$$

따라서 음의 반응차수를 갖지 않는 반응에 대해서는 아래와 같다.

$$\int_0^{x_p} \bar{F}(C_A)dx \le \bar{F}(C_{AS}) \tag{6.3.79}$$

이 식은 촉매 펠렛에서 등온 유효인자에 대한 상한(upper limit)이 1임을 말한다. 비등온 펠렛에 대해서는 상황이 매우 다르다. 예를 들어 반응속도 상수 $k(T)$의 온도 의존성은 일반적으로 아레니우스 형태로 표현된다.

$$k(T) = \bar{A}\exp\left(\frac{-E}{R_g T}\right) \tag{6.3.80}$$

상당한 열전달 저항이 있는 흡열반응의 경우, 펠렛 표면에서의 온도는 내부 온도보다 높은데 이것은 식 (6.3.80)에 따라 다음과 같은 결과를 낳는다.

$$k(T) \le k(T_S) \tag{6.3.81}$$

위에서 논의하였듯이 $\overline{\boldsymbol{F}}(C_A) \le \overline{\boldsymbol{F}}(C_{AS})$ 이므로, 유효인자는 흡열반응에 대해서 항상 1보다 작거나 같다. 발열반응에 대해서는 반대의 상황이 나타난다. 입자 내부의 온도가 표면 온도보다 높게 나타날 수 있으므로($T > T_s$) 이것은 다음과 같은 식으로 나타난다.

$$k(T) \ge k(T_S) \tag{6.3.82}$$

$k(T)$가 온도와 강한 함수관계임을 상기하자. 발열반응에 대한 유효인자는 입자 안에서 $k(T)$가 $\overline{\boldsymbol{F}}(C_A)$에 대해서 어떻게 증가하는지에 따라서 1보다 작거나 같거나 클 수 있다. 예들 들면, $k(T)$의 증가가 $\overline{\boldsymbol{F}}(C_A)$의 감소보다 훨씬 큰 경우도 있다.

$$k(T)\cdot\bar{F}(C_A) > k(T_S)\cdot\bar{F}(C_{AS})$$

1차 등압, 비등온의 평판 촉매 펠렛에 대한 유효인자를 구하기 위해서는 물질수지와 에너지수지를 동시에 풀어야 한다. 앞에서 보았듯이 평판에서의 몰수지는 다음과 같이 주어진다.

$$\frac{dN_A}{dx} = -k(T)\cdot C_A \tag{6.3.83}$$

여기서 속도상수는 아레니우스 형태이다.

$$k(T) = \bar{A}\exp\left(\frac{-E}{R_g T}\right) \tag{6.3.84}$$

A의 플럭스는 픽의 법칙으로 나타낼 수 있다.

$$N_A = -D_{TA}^e\frac{dC_A}{dx} \tag{6.3.85}$$

그리고 이 식을 몰수지에 대입하면 다음과 같이 된다.

$$D_{TA}^e\frac{d^2C_A}{dx^2} = k(T)\cdot C_A \tag{6.3.86}$$

에너지수지는 몰수지와 같은 방식으로 나타낼 수 있다.

$$-\frac{dq}{dx} = (-\Delta H_r) \cdot k(T) \cdot C_A \tag{6.3.87}$$

여기서 플럭스는 유체-고체 계의 유효열전도(λ^e)와 온도구배로 표현된다.

$$q = -\lambda^e \frac{dT}{dx} \tag{6.3.88}$$

반응열 ΔH_r은 발열반응에 대해서는 음수, 흡열반응에 대해서는 양수로 정의된다. 식 (6.3.88)을 식 (6.3.87)에 대입하면,

$$\lambda^e \frac{d^2T}{dx^2} = (-\Delta H_r) \cdot k(T) \cdot C_A \tag{6.3.89}$$

물질수지와 에너지수지를 무차원으로 만들기 위해서 다음과 같이 두자.

$$\chi = \frac{x}{x_p} \tag{6.3.90}$$

$$\psi = \frac{C_A}{C_{AS}} \tag{6.3.91}$$

$$\Gamma = \frac{T}{T_S} \tag{6.3.92}$$

우선 다음과 같은 비를 만듦으로써 속도상수 $k(T)$가 T_s로 표현된다.

$$\frac{k(T)}{k(T_S)} = \exp\left[-\frac{E}{R_g}\left(\frac{1}{T} - \frac{1}{T_S}\right)\right] = \exp\left[-\gamma\left(\frac{1}{\Gamma} - 1\right)\right] \tag{6.3.93}$$

여기서

$$\gamma = \frac{E}{R_g T_S} \tag{6.3.94}$$

무차원 그룹 γ는 아레니우스 수로 알려져 있다. 무차원 변수들을 물질수지식과 에너지수지 식에 대입하면 다음과 같이 된다.

$$\frac{d^2\psi}{d\chi^2} = \left[\frac{(x_p)^2 \cdot k(T_S)}{D_{TA}^e}\right] \cdot \exp\left[-\gamma\left(\frac{1}{\Gamma} - 1\right)\right] \cdot \psi \tag{6.3.95}$$

$$\frac{d^2\Gamma}{d\chi^2} = -\left[\frac{(x_p)^2 \cdot k(T_S) \cdot (-\Delta H_r) \cdot C_{AS}}{\lambda^e T_S}\right] \cdot \exp\left[-\gamma\left(\frac{1}{\Gamma} - 1\right)\right] \cdot \psi \tag{6.3.96}$$

이 두 개의 방정식 모두 다음과 같이 씨일레계수 ϕ의 항으로 표현될 수 있다.

$$\frac{d^2\psi}{d\chi^2} = \phi^2 \cdot \exp\left[-\gamma\left(\frac{1}{\Gamma} - 1\right)\right] \cdot \psi \tag{6.3.97}$$

$$\frac{d^2\Gamma}{d\chi^2} = -\phi^2\left[\frac{\left(-\Delta H_r\right)\cdot D_{TA}^e\cdot C_{AS}}{\lambda^e T_S}\right]\cdot \exp\left[-\gamma\left(\frac{1}{\Gamma}-1\right)\right]\cdot\psi \tag{6.3.98}$$

Prater 수(β)라고 불리는 새로운 무차원 그룹이 에너지 수지식에 나타난다.

$$\beta = \frac{(-\Delta H_r)\cdot D_{TA}^e\cdot C_{AS}}{\lambda^e T_S} \tag{6.3.99}$$

따라서 에너지 수지는 다음과 같이 다시 나타낼 수 있다.

$$\frac{d^2\Gamma}{d\chi^2} = -\phi^2\cdot\beta\cdot\exp\left[-\gamma\left(\frac{1}{\Gamma}-1\right)\right]\cdot\psi \tag{6.3.100}$$

물질수지와 에너지수지식은 다음과 같은 경계조건으로 동시에 풀 수 있다.

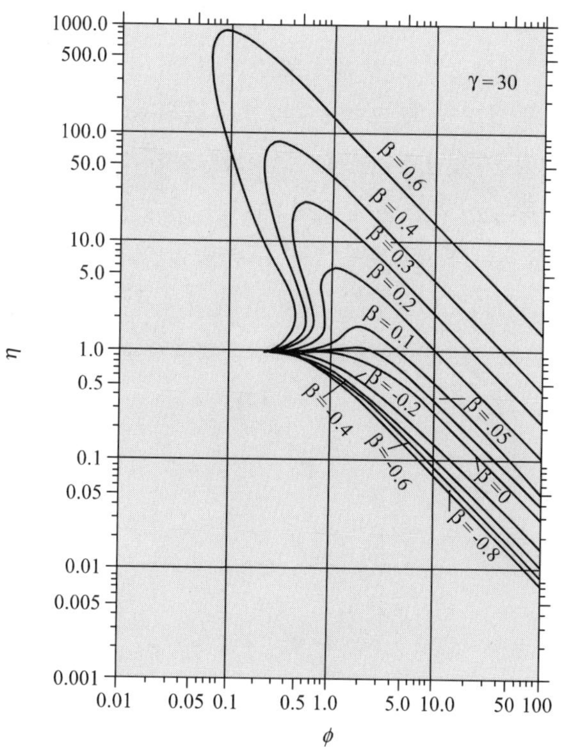

Figure 6.3.12 |
Effectiveness factors for a first-order reaction in a spherical, nonisothermal catalysts pellet. (Reprinted from P. B. Weisz and J. S. Hicks, "The Behavior of Porous Catalyst Particles in View of Internal Mass and Heat Diffusion Effects," *Chem. Eng. Sci.*, **17** (1962) 265, copyright 1962, with permission from Elsevier Science.)

$$\frac{d\psi}{d\chi} = \frac{d\Gamma}{d\chi} = 0 \qquad \text{at } \chi = 0 \tag{6.3.101}$$

$$\psi = \Gamma = 1 \qquad \text{at } \chi = 1 \tag{6.3.102}$$

이 방정식들은 비선형이므로 수치해석적 방법이 요구된다. Weisz와 Hicks는 구형의 촉매 펠렛 1차 반응과 관련하여 다양한 Prater 수에 대해서 유효인자를 씨일레 계수의 함수로 계산하였다 [P. B. Weisz and J. S. Hicks, *Chem. Eng. Sci.*, **17** (1962) 265]. 그림 6.3.12는 아레니우스 수가 30인 것에 대한 결과를 요약한 것이다. 아레니우스 수는 활성화에너지와 정비례하므로, 큰 γ 값은 온도에 더 민감하다. 그림 6.3.12에서 도출할 수 있는 가장 중요한 결론은 발열반응(양의 β값)에 대한 유효인자는 펠렛과 반응의 특성에 따라 1보다 클 수 있다는 것이다. 0.1과 1 사이의 좁은 씨일레계수 범위에서는 세 개의 서로 다른 유효인자가 발견될 수 있다(그러나 오직 두개만이 안정된 정상상태를 나타낸다). 펠렛 안에서 얻을 수 있는 궁극적인 반응속도는 반응이 어떻게 개시되는가에 달려있다. 그림 6.3.12에서 음의 β값과 관련된 유효인자는 모두 1보다 작은데 이것은 흡열반응에서 예상되는 것이다.

촉매 펠렛 안에서 최대로 가능한 온도상승(단열 온도상승이라고 알려진)을 빨리 가늠해보는 것도 유용하다. 이 경우에는 주변으로 열전달이 없으므로, 반응에 의해서 생성되거나 소모되는 에너지는 펠렛을 가열하거나 냉각하는데 사용된다. 표면과 펠렛 내부의 온도 차이는 농도 차이와 직접적으로 관련되어 있다. 물질수지를 에너지수지로 나누면 반응속도가 소거된다.

$$\frac{\left[\dfrac{d^2\psi}{d\chi^2}\right]}{\left[\dfrac{d^2\Gamma}{d\chi^2}\right]} = -\frac{1}{\beta} \tag{6.3.103}$$

$$d^2\Gamma = -\beta \cdot d^2\psi \tag{6.3.104}$$

한 번 적분하면,

$$d\Gamma = -\beta \cdot d\psi + \bar{\alpha}_1 \tag{6.3.105}$$

상수 $\bar{\alpha}_1$은 펠렛 중심에서의 조건을 사용함으로써 구할 수 있다.

$$d\Gamma = d\psi = 0 \qquad \text{at } \chi = 0$$

$$\bar{\alpha}_1 = 0 \tag{6.3.106}$$

다시 적분하면,

$$\Gamma = -\beta \cdot \psi + \bar{\alpha}_2 \tag{6.3.107}$$

상수 $\overline{\alpha}_2$는 펠렛 표면에서의 조건을 사용함으로써 구할 수 있다.

$$\Gamma = \psi = 1 \qquad \text{at } \chi = 1$$

$$\overline{\alpha}_2 = 1 + \beta \tag{6.3.108}$$

따라서 온도와 농도간의 관계는 다음과 같다.

$$\Gamma = 1 + \beta(1 - \psi)$$

$$\frac{T}{T_S} = 1 + \left[\frac{(-\Delta H_r)D^e_{TA}C_{AS}}{\lambda^e T_S}\right]\left(1 - \frac{C_A}{C_{AS}}\right)$$

$$T = T_S + \left[\frac{(-\Delta H_r)D^e_{TA}}{\lambda^e}\right](C_{AS} - C_A) \tag{6.3.109}$$

식 (6.3.109)를 *Prater* 관계식이라고 부른다. 이 관계식으로부터 촉매 펠렛 안에서의 단열적 온도 상승을 계산할 수 있다. 최대 온도는 반응물이 펠렛 안에서 완전히 전환되었을 때 즉, $C_A = 0$일 때 도달한다.

$$T_{\max} - T_S = \frac{(-\Delta H_r)D^e_{TA}C_{AS}}{\lambda^e} \tag{6.3.110}$$

$$\frac{T_{\max} - T_S}{T_S} = \frac{(-\Delta H_r)D^e_{TA}C_{AS}}{\lambda^e T_S} \tag{6.3.111}$$

촉매 펠렛 안에서 최대 온도 상승 무차원수는 단순히 Prater 수 β임을 알아두자.

$$\frac{T_{\max} - T_S}{T_S} = \beta$$

6.4 내외부 전달의 결합된 영향

앞의 두 절에서는 촉매 펠렛를 둘러싸고 있는 정체경막을 통한 확산과 촉매기공을 통한 전달이 고체촉매 화학반응에 끼치는 중요한 역할을 따로 분리해서 기술하였다. 그러나 촉매반응의 관찰속도를 적절히 해석하기 위해서는 이러한 두 가지 확산저항들을 동시에 검토해야한다.

Vignette 3.5.1

Kehoe 와 Butt는 규조토(kieselguhr) 파우더에 담지된 58 wt. % Ni 금속입자로 구성된 고체 촉매에서 벤젠의 수소화를 연구하였다 [J. P. G. Kehoe and J. B. Butt, *AIChE J.*, **18** (1972) 347]. 이 촉매는 150 m^2g^{-1}의 표면적과 3.7 nm 의 평균 기공 반지름을 갖는다. 이 파우더

는 반지름 방향으로 4개의 열전쌍(thermocouple)을 설치할 수 있을 정도로 충분히 큰 실린더 모양의 펠렛(지름이 1.3 cm이며 높이가 5.8 cm)으로 압축되었다. 두 번째 펠렛은 촉매의 열전도도를 10 배 높이기 위하여 처음의 Ni 촉매 파우더를 알루미나와 흑연(graphite)으로 희석시켜서 만들었다. 그림 6.4.1은 동일한 반응물 유입과 반응속도에서 가동한 두 펠렛에 대해서 경막과 촉매 안에서의 통한 온도 프로파일을 보여준다. 희석되지 않은 촉매 펠렛(윗 그림)은 상당한 온도구배를 입자 내부에서 보이고 있다. 실제로 펠렛의 중심은 외부표면에 비해서 거의 30 K 정도 높은 반면에 외부필름에서의 온도변화는 10 K보다 작다. 이 펠렛에 대한 유효인자(1.9)는 1보다 상당히 큰데 왜냐하면 그 펠렛은 주변의 벌크 유체보다 뜨겁기 때문이다. 두 번째 펠렛에서의 온도프로파일은 그것의 높은 열전도도 때문에 전체 펠렛에 대해서 사실상 균일하다(그림 6.4.1). 두 번째 펠렛에서 유일한 온도구배는 경막 안에서 측정되었다. 두 번째 펠렛은 벌크 유체보다 높은 온도에서 운전되고 있으므로 유효인자(1.2)는 1을 넘는다. 그러나 그것의 운전 온도가 낮기 때문에 첫 번째 펠렛만큼 크지는 않다.

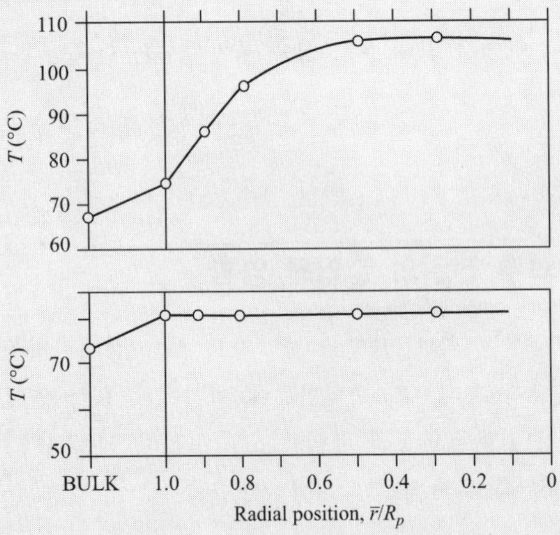

Figure 6.4.1 | Measured external and internal temperature profiles for undiluted Ni catalyst (upper figure) and Ni catalyst diluted in alumina and graphite (lower figure). Feed conditions: 14 % C_6H_6, 86 % H_2, T_{feed} = 338 - 340 K, P = 1 atm, H_2 flow 9.0(±1.2) × 10^{-3} mol s^{-1}. Measured rate: 2.44 ± 0.08 × 10^{-6} mol $s^{-1}gcat^{-1}$. (Adapted from J. P. G. Kehoe and J. B. Butt, *AIChE J.*, **18** (1972) 347, with permission of the American Institute of Chemical Engineers. Copyright 1972 AIChE. All rights reserved.

비다공성(nonporous) 평판 촉매 펠렛에서 일어나는 1차 반응을 생각해보자. 6.2 절에서 보였듯이 촉매 바깥 표면에서 반응물 A의 농도는 물질전달계수 $\overline{k}_c$와 표면속도상수 k_s와 관련이 있다.

$$C_{AS} = \frac{\overline{k}_c C_{AB}}{k_S + \overline{k}_c} \tag{6.4.1}$$

무차원 파라미터 Da는 *Damkohler* 수라고 불리며 k_s와 $\overline{k}_c$의 비로 정의된다.

$$Da = \frac{k_S}{\overline{k}_c} \tag{6.4.2}$$

따라서 표면 농도는 다음과 같이 나타낼 수 있다.

$$C_{AS} = \frac{C_{AB}}{1 + Da} \tag{6.4.3}$$

Damkohler 수는 외부 확산과 반응 중 어느 특성 1차 과정이 빠른지를 보여준다. 매우 큰 Da 값에서는 ($k_s \gg \overline{k}_c$) 반응물의 표면농도는 0에 가깝게 되고 매우 작은 Da 값 ($k_s \ll \overline{k}_c$)에서는 표면농도가 벌크유체 농도와 가까워진다. 상계면 유효인자(*interphase effectiveness factor*) $\overline{\eta}$는 표면에서의 반응속도를 확산 제한이 없을 때 관측되는 속도로 나눈 것으로 정의된다.

$$\overline{\eta} = \frac{k_S C_{AS}}{k_S C_{AB}} = \frac{1}{1 + Da} \tag{6.4.4}$$

이제 외부(상계면)와 내부(상내부) 전달 제한이 있는 다공성 평판 촉매 펠렛에서의 1차 반응을 생각해보자. 정상상태에서는 펠렛 표면으로 가는 A의 플럭스와 펠렛을 들어가는 플럭스는 같다.

$$\overline{k}_c\left(C_{AS} - C_{AB}\right) = -D_{TA}^{e} \left.\frac{dC_A}{dx}\right|_S \tag{6.4.5}$$

에너지수지는 이와 상당히 유사하다.

$$h_t(T_S - T_B) = -\lambda^e \left.\frac{dT}{dx}\right|_S \tag{6.4.6}$$

이 두 식을 아래와 같은 거리에 대한 치환식을 이용하여,

$$\chi = \frac{x}{x_p} \tag{6.4.7}$$

무차원 형태로 다시 나타내면 다음과 같다.

$$\left.\frac{d\left(\dfrac{C_A}{C_{AB}}\right)}{d\chi}\right|_{\chi=1} = Bi_m\left[1 - \frac{C_{AS}}{C_{AB}}\right] \tag{6.4.8}$$

$$\left.\frac{d\left(\frac{T}{T_B}\right)}{d\chi}\right|_{\chi=1} = Bi_h\left[1 - \frac{T_S}{T_B}\right] \tag{6.4.9}$$

여기서,

$$Bi_m = \frac{x_p \bar{k}_c}{D^e_{TA}} \qquad \text{Biot number for mass} \tag{6.4.10}$$

$$Bi_h = \frac{x_p h_t}{\lambda^e} \qquad \text{Biot number for heat} \tag{6.4.11}$$

식 (6.4.8)과 (6.4.9)에서 농도와 온도 변수들은 그 각각이 벌크 유체에서의 농도 및 온도와 묶여 있기 때문에 새로운 무차원 변수를 정의할 필요가 있다. 다음과 같이 두자.

$$\Psi = \frac{C_A}{C_{AB}} \tag{6.4.12}$$

$$\bar{\Gamma} = \frac{T}{T_B} \tag{6.4.13}$$

정체경막을 지나 촉매 입자 안까지의 농도와 온도 프로파일을 구하기 위해서는, 관련되는 경계조건을 가지고 무차원 물질수지와 에너지수지를 동시에 풀어야한다. 그러한 관계식이 아래에 주어졌다.

$$\frac{d^2\Psi}{d\chi^2} = \phi^2\Psi \exp\left[-\gamma\left(\frac{1}{\bar{\Gamma}} - 1\right)\right] \tag{6.4.14}$$

$$\frac{d^2\bar{\Gamma}}{d\chi^2} = -\beta\phi^2\Psi \exp\left[-\gamma\left(\frac{1}{\bar{\Gamma}} - 1\right)\right] \tag{6.4.15}$$

여기서,

$$\phi^2 = \frac{(x_p)^2 \cdot k(T_B)}{D^e_{TA}} \qquad \beta = \frac{(-\Delta H_r)D^e_{TA}C_{AB}}{\lambda^e T_B} \qquad \gamma = \frac{E}{R_g T_B}$$

모든 매계변수 벌크 유체에서의 농도와 온도에 바탕하고 있음을 명심하자. 경계조건은 다음과 같다.

$$\frac{d\Psi}{d\chi} = \frac{d\bar{\Gamma}}{d\chi} = 0 \qquad \text{at } \chi = 0 \tag{6.4.16}$$

$$\frac{d\Psi}{d\chi} = Bi_m(1 - \Psi) \qquad \text{at } \chi = 1 \tag{6.4.17}$$

$$\frac{d\bar{\Gamma}}{d\chi} = Bi_h(1 - \bar{\Gamma}) \qquad \text{at } \chi = 1 \tag{6.4.18}$$

일반적으로 이러한 식들의 해는 수치해석적인 방법을 필요로 한다.

예제 6.4.2 평판 촉매 펠렛에서 1차 등온 반응에 대한 총괄 유효인자 식을 구하시오.

해답

등온 반응이므로 에너지수지는 무시될 수 있고 물질수지는 다음과 같이 나타낼 수 있다.

$$\frac{d^2\Psi}{d\chi^2} = \phi^2\Psi \tag{6.4.19}$$

이때 경계조건은 다음과 같다.

$$\frac{d\Psi}{d\chi} = 0 \qquad \text{at } \chi = 0 \tag{6.4.20}$$

$$\frac{d\Psi}{d\chi} = Bi_m(1 - \Psi) \qquad \text{at } \chi = 1 \tag{6.4.21}$$

앞에서 논의하였듯이 이 미분방정식의 일반해는 다음과 같다.

$$\Psi = \bar{\alpha}_1\exp(\phi\chi) + \bar{\alpha}_2\exp(-\phi\chi) \tag{6.4.22}$$

상수들은 적절한 경계조건을 사용함으로써 구할 수 있다. 펠렛의 중심에서는,

$$\left.\frac{d\Psi}{d\chi}\right|_{\chi=0} = 0 = \bar{\alpha}_1\phi\exp\left(\phi\cdot 0\right) - \bar{\alpha}_2\phi\exp\left(-\phi\cdot 0\right) \tag{6.4.23}$$

$$\bar{\alpha}_1 = \bar{\alpha}_2 \tag{6.4.24}$$

식 (6.4.24)를 (6.4.22)에 대입하면 적분상수들 중 하나가 제거된다.

$$\Psi = \bar{\alpha}_1\exp(\phi\chi) + \bar{\alpha}_1\exp(-\phi\chi) \tag{6.4.25}$$

$$\Psi = 2\bar{\alpha}_1\frac{\exp(\phi\chi) + \exp(-\phi\chi)}{2} \tag{6.4.26}$$

$$\Psi = 2\bar{\alpha}_1\cosh(\phi\chi) \tag{6.4.27}$$

$$\frac{d\Psi}{d\chi} = 2\bar{\alpha}_1\phi\sinh(\phi\chi) \tag{6.4.28}$$

외부 표면에서의 경계조건은 $d\Psi/d\chi$와 관련한 또 다른 관계식을 준다.

$$\left.\frac{d\Psi}{d\chi}\right|_{\chi=1} = Bi_m[1 - \Psi] = Bi_m[1 - 2\bar{\alpha}_1\cosh(\phi)] \tag{6.4.29}$$

$\chi = 1$에서 식 (6.4.28)과 식 (6.4.29)를 같다고 놓으면 $\bar{\alpha}_1$을 구할 수 있다.

$$2\bar{\alpha}_1\phi\sinh(\phi) = Bi_m[1 - 2\bar{\alpha}_1\cosh(\phi)] \tag{6.4.30}$$

$$\bar{\alpha}_1 = \frac{Bi_m}{2[\phi\sinh(\phi) + Bi_m\cosh(\phi)]} \tag{6.4.31}$$

따라서,

$$\Psi = \frac{Bi_m \cosh(\phi\chi)}{\phi\sinh(\phi) + Bi_m \cosh(\phi)} \qquad (6.4.32)$$

농도 프로파일은 식 (6.4.32)에 의해서 결정되므로 *총괄 유효인자* η_0를 구하는 것은 수월하다. 정의에 따라 η_0은 관찰속도를 벌크 유체 조건에서 관찰되었을 속도로 나눈 것이다. 정상상태에서 관찰속도는 펠렛 표면에서 A의 플럭스와 같음을 상기하자.

$$\eta_o = \frac{\mathrm{r_{obs}}}{\mathrm{r_{max}}} = \frac{(Area)D_{TA}^e \left.\dfrac{dC_A}{dx}\right|_{x=x_p}}{(Area)x_p k C_{AB}} = \frac{\left.\dfrac{d\Psi}{d\chi}\right|_{\chi=1}}{\phi^2} \qquad (6.4.33)$$

$$\eta_o = \frac{\tanh(\phi)}{\phi\left[1 + \dfrac{\phi\tanh(\phi)}{Bi_m}\right]} \qquad (6.4.34)$$

총괄 유효인자는 상내와 상계면 전달에 대한 각각의 유효인자로 구성되어 있다.

$$\eta_o = \eta_{\mathrm{intraphase}} \cdot \eta_{\mathrm{interphase}} = \eta \cdot \bar{\eta} \qquad (6.4.35)$$

예를 들어 평판 촉매 펠렛에서 등온 1차 반응은 다음과 같은 각각의 유효인자를 갖는다.

$$\eta = \frac{\tanh(\phi)}{\phi} \qquad (6.4.36)$$

$$\bar{\eta} = \left[1 + \frac{\phi\tanh(\phi)}{Bi_m}\right]^{-1} \qquad (6.4.37)$$

확산계수, 열전도도, 물질전달계수, 열전달계수 그리고 촉매 기공 크기의 일반적인 범위는 산업용 반응기에서 얻어지는 속도론적 데이터 결과의 상대적 크기를 구하는데 사용될 수 있다. 기체-고체 비균일계에서 기체에 비해 고체의 열전도도가 높다는 것은 촉매 입자를 둘러싸고 있는 경막에서의 온도구배가 입자 안에서의 온도구배보다 크다는 것을 의미한다. 촉매 입자의 작은 기공 안에서 기체 분자의 Knudsen 확산계수는 정체경막에서의 분자 확산계수보다 훨씬 작기 때문에 물질의 상내 구배가 상계면 구배보다 훨씬 더 크다. 액체-고체 비균일계에서는 내부 온도구배가 흔히 존재한다. Bi_m/Bi_h의 일반적인 범위는 기체-고체 계에서는 $10-10^4$이며 액체-고체계에서는 $10^{-4}-10^{-1}$ 이다.

Vignette 6.4.2

전자재료 및 전자소자 제조에서 패턴된 표면 위에 얇은 필름을 증착(deposition) 하는 것은 중요한 공정 중의 하나이다. 메모리 용량을 늘리기 위해서 실리콘으로 된 소자의 최소 배선폭을 줄일수록 마이크로 크기의 골(trenches)이 있는 표면에 필름을 고르게 증착하는 것이 필요하다. 이러한 필름성장공정을 화학증착법(*chemical vapor deposition*, CVD)이라 부르는데 증기상의 반응물과 표면간의 반응이 수반된다. 반응할 물질을 실리콘 웨이퍼 위와 마이크론 크기의 골 안에 증착하는 것은, 표면으로의 반응물의 확산과 표면증착반응 속도론 사이의 균형을 필요로 한다. Watanabe와 Komiyama는 SiH_4와 O_2의 반응에 의한 SiO 박막의 CVD에서 확산/반응이 동시에 일어나는 현상을 분석하였다 [K. Watanabe and H. Komiyama, *J. Electrochem. Soc.*, **137** (1990) 1222]. 그림 6.4.2 (a) 와 (b)는 증착공정을 연구하는데 사용되는 CVD 시스템을 보여준다. 마이크론 크기의 골은 일반적인 리소그라피 법(lithography)에 의해서 실리콘 웨이퍼 안에 식각(etching)되었다. 두 개의 웨이퍼는 그림 6.4.2 (b)에서처럼 스페이서(spacer)에 의해 서로 붙어 있다. 그 두 웨이퍼 사이의 통로는 흐름과 나란한 방향으로 향하고 있다. 따라서 반응기는 두 웨이퍼 사이의 반응물 확산전달이 필요한 두 영역을 가지고 있는데, 하나는 두 웨이퍼 사이의 매크로틈(macrocavity)이며 나머지는 각 웨이퍼 위의 마이크론 크기의 골 (microcavities)이다.

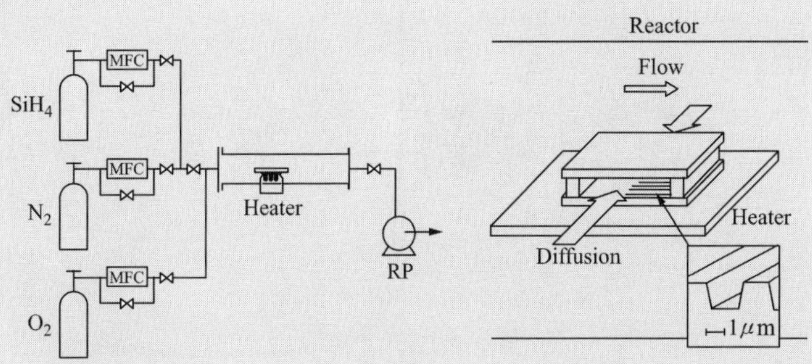

Figure 6.4.2 | **(a)** Schematic diagram of CVD apparatus. MFC and RP represent a mass flow controller and a rotary pump, respectively. **(b)** Schematic structure of the macrocavity reactor consisting of two silicon wafers, each patterned with microcavity trenches. (Reproduced from K. Watanabe and H. Komiyama, "Micro/Macrocavity Method Applied to the Study of the Step Coverage Formation Mechanism of SiO_2 Films by LPCVD," *J. Electrochem. Soc.*, **137** (1990) 1222, with permission of the Electrochemical Society, Inc.)

673 K에서 120분 반응 후에 폭 0.55 mm인 매크로틈에 증착된 SiO_2 필름의 깊이 프로파일을 그림 6.4.3에 제시하였다. 필름의 두께는 매크로틈의 두 양쪽 끝에서 가장 크며 중심부로 갈수록 급격히 줄어드는데 이는 아마도 매크로틈 내부의 반응성있는 물질들이 고갈되었기 때문일 것이다.

이 시스템은 수학적으로 반응과 확산이 동시에 일어나는 촉매 펠렛과 같기 때문에 이 시스템을 분석하는 것은 대체로 수월하다. 이 경우에는 반응속도가 필름의 성장속도이다. 기체상 분자 A와 표면의 충돌 빈도는 기체 속도론 이론에 의해 $(V_A/4)C_A$로 주어지는데 여기서 V_A는 기체상 A 분자의 평균 속도 $\left(\sqrt{8\bar{k}T/[\pi(M_A)]}\right)$이며 M_A는 A의 분자량이다. 따라서 필름의 성장속도는 표면에 달라붙는 분자의 분율(접착계수 S_c)에 표면과의 총괄 충돌속도를 곱한 값 $S_c(V_A/4)C_A$이다. 매크로틈에서 물질수지는 식 (6.3.10)과 유사하며 다음과 같다.

$$\frac{d^2C_A}{dx^2} - \frac{S_c\left(\frac{V_A}{4}\right)}{D_{TA}\left(\frac{W_c}{2}\right)}C_A = 0 \tag{6.4.38}$$

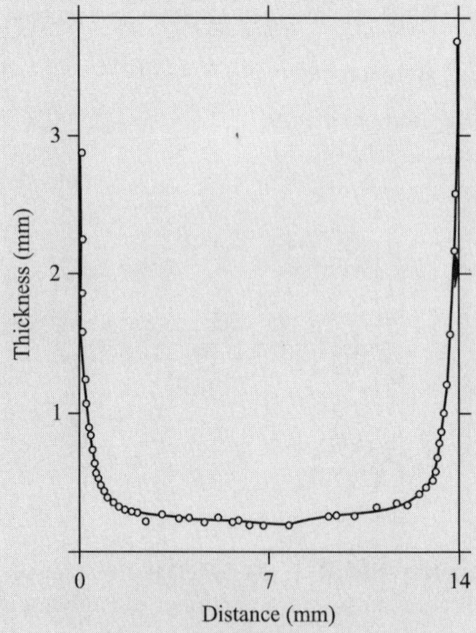

Figure 6.4.3 | Growth rate profile of SiO_2 in the macrocavity. (Reproduced from K. Watanabe and H. Komiyama, "Micro/ Macrocavity Method Applied to the Study of the Step Coverage Formation Mechanism of SiO_2 Films by LPCVD," *J. Electrochem. Soc.*, **137** (1990) 1222, with permission of the Electrochemical Society, Inc.)

여기서 W_c는 매크로틈의 폭이다. 아래와 같은 경계조건으로 식 (6.4.38)을 풀면,

$$C_A = C_A^0 \qquad \text{at } x = 0$$

$$\frac{dC_A}{dx} = 0 \qquad \text{at } x = L_c \quad \text{(where } L_c \text{ is the half length of the macrocavity)}$$

매크로틈에서 C_A에 대한 해석적인 표현식이 나오며 따라서 증착된 필름의 성장 속도에 대한 해석적인 해는 아래와 같게 된다.

$$\text{Growth Rate} = S_c\left(\frac{V_A}{4}\right)C_A^0\left(\frac{\cosh[\phi'(L_c - x)/L_c]}{\cosh(\phi')}\right) \qquad (6.4.39)$$

여기서 ϕ'는 씨일레 계수이다. 이 경우에 씨일레계수는 아래와 같이 특성 확산속도에 대한 특성 증착속도의 비율이다.

$$\phi' = L_c\sqrt{\frac{S_c\left(\frac{V_A}{4}\right)}{D_{TA}\left(\frac{W_c}{2}\right)}} \qquad (6.4.40)$$

식 (6.4.39)에 의해서 예측된 성장속도를 그림 6.4.4에 나타내었다.

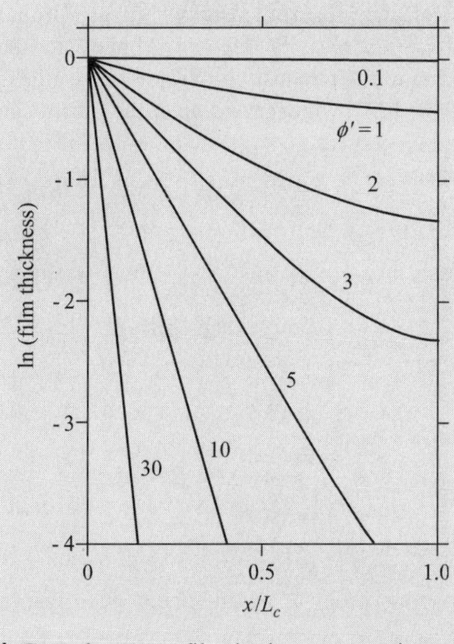

Figure 6.4.4 | Growth rate profiles in the macrocavity reactor predicted by Equation 6.4.39. Film thickness is normalized by the value at inlet of the cavity. (Adapted from K. Watanabe and H. Komiyama, "Micro/ Macrocavity Method Applied to the Study of the Step Coverage Formation Mechanism of SiO_2 Films by LPCVD," *J. Electrochem. Soc.*, **137** (1990) 1222, with permission of the Electrochemical Society, Inc.)

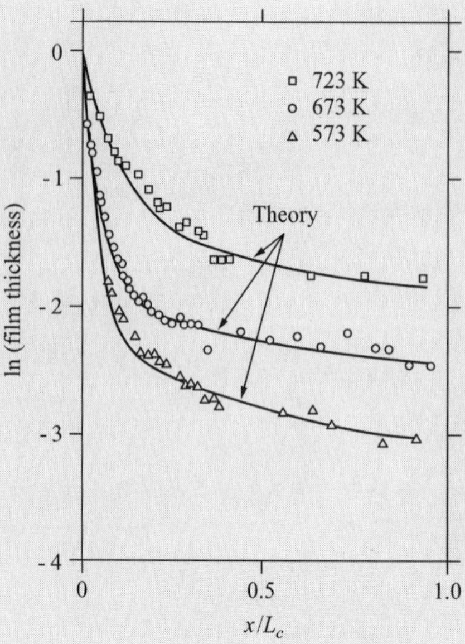

Figure 6.4.5 | Growth rate profiles obtained in the macrocavity reactor at various temperatures. Solid curves were obtained from the model containing gas-phase reaction and deposition on the surface. Film thickness is normalized by value at inlet of the cavity. (Adapted from K. Watanabe and H. Komiyama, "Micro/Macrocavity Method Applied to the Study of the Step Coverage Formation Mechanism of SiO_2 Films by LPCVD," *J. Electrochem. Soc.*, **137** (1990) 1222, with permission of the Electrochemical Society, Inc.)

비록 그림 6.4.4의 곡선이 CVD 공정에서 동시에 일어나는 반응/확산 현상의 본질적인 특징을 보여주기는 하지만, 그림 6.4.3에 주어진 것과 같은 반응기 전체에 걸쳐 측정된 필름 두께를 보여주지는 않는다. Watanabe와 Komiyama는 SiH_4가 기상에서 반응하여 매우 희박한 반응성 있는 중간체를 형성하고 이것이 SiO_2의 형태로 웨이퍼에 증착되는 조금 더 복잡한 반응/확산 모델을 유도하였다. 이 새로운 모델은 확산, 기상 반응, 표면 증착을 통합한 것이며 그림 6.4.5에서 보여주듯이 세 개의 서로 다른 온도에서 실험 데이타와 상당히 일치하였다.

마이크론 크기의 골에서 SiO_2의 증착 또한 동시에 일어나는 확산과 반응에 의존한다. Watanabe와 Komiyama는 약 3μm 보다 좁은 넓이의 골의 경우, 1.2μm 깊이 골 바닥에서 573−723 K일 때 필름 성장 속도는 표면에서의 속도보다 느리다는 것을 발견하였다. 전자재료의 CVD 공정에서 박막 증착을 모델화하기 위해서는 다양한 길이 범위에서 반응/확산식의 해가 요구된다.

6.5 속도 데이터 해석

고유 반응 속도론을 묘사하면서 공학적 디자인 계산에 적합한 속도식을 얻기 위해서는 고유 속도를 왜곡하는 것이 속도론적 데이터에 없어야 한다. Mears에 의해 속도론 해석을 위한 다양한 기준이 제안되었고 이 기준들에 대해서 철저하게 논의되었다 [D. E. Mears, *Ind. Eng. Chem. Process Des. Develop.*, **10** (1971) 541].

상내에서의 확산이 구형 촉매 펠렛의 비가역 등온 1차 반응에 대해 별 영향을 주지 못하는 것(예를 들어, η ≥ 0.95)은 다음의 Weisz-Prater 기준에 의해서 알 수 있다 [P. B. Weisz and C.D. Prater, *Adv, Catal.*, **6** (1954) 143].

$$\frac{\mathrm{r_{obs}}(R_p)^2}{D^e_{TA}C_{AS}} < 1 \qquad (6.5.1)$$

여기에서 $\mathrm{r_{obs}}$는 단위 부피당 관찰반응속도이며 R_p는 촉매입자의 반지름이다. 이 기준의 중요한 점은 이 기준은 관찰 속도와 *외부* 표면에서의 반응물 농도를 사용한다는 것이다. 고유 속도와 펠렛 내부에서의 농도 프로파일은 필요하지 않다. n이 반응차수(0이 아닌)인 멱수법칙 속도론(power law kinetics)에 대해서는 다음 식이 사용될 수 있다.

$$\frac{\mathrm{r_{obs}}(R_p)^2}{D^e_{TA}C_{AS}} < \frac{1}{\mathrm{n}} \qquad (6.5.2)$$

구형 촉매 입자를 둘러싸고 있는 경막을 통한 물질전달의 영향을 비슷한 표현식으로 살펴볼 수 있다. 아래의 부등식이 만족된다는 것은 상계면 물질전달이 측정된 속도에 큰 영향을 주지는 않는다는 것을 말해준다.

$$\frac{\mathrm{r_{obs}}R_p}{\bar{k}_c C_{AB}} < \frac{0.15}{n} \qquad (6.5.3)$$

여기에서 $\bar{k}_c$는 물질전달계수이며 반응물 농도는 벌크 유체 안에서 결정된다. $\bar{k}_c$를 D^e_{TA}/R_p로 바꾸면 위의 관계식은 변형된 Weisz-Prater 기준과 유사하다.

촉매반응에서 상내와 상계면 열전달의 중요성을 평가할 수 있는 기준들 또한 개발되었다. 상내의 온도 구배의 중요성을 평가하기 위한 Anderson 기준은 다음과 같다 [J. B. Anderson, *Chem. Eng. Sci.*, **18** (1963) 147].

$$\frac{|\Delta H_r|\mathrm{r_{obs}}(R_p)^2}{\lambda^e T_S} < 0.75\frac{R_g T_S}{E} \qquad (6.5.4)$$

여기서 λ^e는 입자의 유효 열전도도이며 E는 참 활성화 에너지이다. 위의 기준을 만족시키면 r_{obs}가 일정한 온도에서의 속도와 5% 이상 틀리지 않다는 것을 보증해준다. 식 (6.5.4)는 촉매 입자 내의 확산 제한의 유무와 상관없이 유효하다. 상계면 온도 구배가 없는 것에 대한 유사한 기준이 Mears에 의해서 아래와 같이 제안되었다 [D. E. Mears, *J. Catal.*, **20** (1971) 127].

$$\frac{|\Delta H_r| r_{obs} R_p}{h_t T_B} < 0.15 \frac{R_g T_B}{E} \tag{6.5.5}$$

여기에서 h_t는 열전달계수이며 T_B는 벌크 유체 온도를 나타낸다. h_t를 λ^e/R_p로 바꾸면 Mears의 기준은 Anderson 기준과 유사하다. 더군다나 Mears의 기준은 촉매 입자 안에 전달 제한이 있을 때도 역시 유효하다.

위의 기준들이 비균일계 촉매 반응에서 반응속도에 대한 전달 제한의 영향을 진단하는데 유용한 반면, 이 기준들은 반응 시스템의 많은 물리적 특성들에 대한 지식을 요구한다. 식 (6.5.1)부터 (6.5.5)까지를 사용하기 위해서는 촉매 기공에서의 유효 확산계수, 유체-입자 계면에서 열전달 계수와 물질전달 계수, 촉매의 열전도도와 같은 실험 특성값이 필요하다. 그러나 그러한 중요한 파라미터들의 정확한 값을 얻는 것은 어렵다. 예를 들면, 촉매 펠렛을 만들기 위한 압축 과정에서 촉매의 확산 특성이 펠렛 전반에 걸쳐 변할 수도 있다. 실험실용 충진층 반응기에서 낮은 흐름 속도와 작은 입자 크기 때문에, 알고 있는 관계식으로부터 얻은 열전달계수의 정확성에도 의문이 간다.

Madon과 Boudart는 비균일 촉매 반응의 속도 측정에서 왜곡현상 존재 여부에 관한 간단한 실험적 기준을 제안하였다 [R. J. Madon and M. Boudart, *Ind. Eng. Chem. Fundam.*, **21** (1982) 483]. 그 실험에서는 촉매 안의 활성 물질 농도를 의도적으로 변화시키면서 촉매상에서의 속도를 측정하였다. 전달 제한으로부터 생기는 왜곡현상이 없는 경우에 반응속도는 활성 물질의 농도에 직접적으로 비례한다. 다시 말해서, 고유 전환빈도는 촉매 안의 활성 물질 농도와는 상관이 없어야 한다는 것이다. 촉매 펠렛 속의 활성 물질의 농도를 변화시키는 한 가지 방법은 불활성 입자를 활성있는 촉매 입자와 섞고 그 혼합물로 펠렛을 만드는 것이다. 물론 불활성 입자의 확산 특성은 촉매 입자와 같아야 하며 혼합물 안의 초기 입자들은 최종적인 펠렛 크기보다 훨씬 작아야 한다. 만약 희석된 촉매 펠렛이 50 퍼센트의 불활성 파우더를 포함하고 있다면 관찰반응속도는 희석되지 않은 펠렛의 관찰 속도의 50 퍼센트가 되어야 한다. 이 실험에서 흥미로운 점은 활성 촉매 자리 숫자 측정이 이 테스트에는 포함되지 않는다는 것이다. 그러나 쌍봉분포의 기공 크기를 갖는 촉매를 가지고 이 희석법을 사용할 때는 주의가 요망된다. 작은 세공에서의 내부 확산은 희석된 촉매와 희석되지 않은 촉매 양쪽 모두에게 중요할 것이다.

활성 물질의 농도를 바꾸는 또 다른 방법은 불활성 담체 위에 로딩시키는 촉매량을 변화시키는 것이다. 예를 들면, 알루미나나 실리카 같은 작은 세공이 많은 담체 위에 담지된 전이금속 입자의 수는 촉매를 만드는 과정에서 쉽게 변화시킬 수 있다. 앞 장에서 논의되었듯이 분자수소, 분자산소 혹은 일산화탄소 같은 작은 분자들의 선택적 화합흡착은 노출된 금원자의 분율 혹은 분산을 측정하는데 사용될 수 있다. 만약 동일한 금속 분산을 갖는 촉매들에 로딩된 금속량과 전환빈도가 상관이 없다면 관찰속도는 전달 제한으로 인한 왜곡이 없는 것이다. 관찰된 속도 차이가 반응의 구조 민감도가 아니라 전달현상 때문이라고 말하기 위해서는 서로 다른 촉매의 담체 위 금속 입자는 같은 크기여야 한다.

발열 반응을 다룰 때는 조금 복잡해지는데 왜냐하면 전달 제한이 있는 촉매 펠렛에 대한 유효 인자가 여전히 1과 같을 수 있기 때문이다. 이 조건에서 발생한 어떤 불명확함을 제거하기 위해서는 발열반응에 대한 Madon-Boudart 기준을 다른 온도에서 반복해야 한다.

Vignette 6.5.1

Madon-Boudart 기준과 관련한 가장 좋은 예는 백금 로딩량을 4배까지 다르게 한 담지된 Pt/SiO_2 촉매에서 싸이클로헥센의 싸이클로헥산으로의 액상 수소첨가 반응이다 [R. J. Madon and M. Boudart, *Ind. Eng. Chem. Fundam.*, **21** (1982) 438].

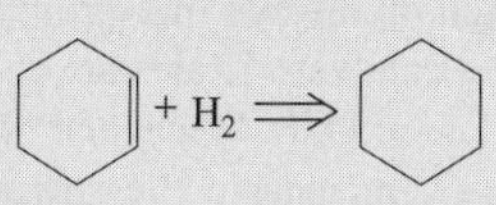

실리카에 담지된 1.5와 0.38 %의 백금을 갖는 두 개의 촉매를 만들었다. 화학흡착 실험을 통하여 두 촉매 모두 노출된 금속이 100 퍼센트라는 것을 알았다. 액상 싸이클로헥센 수소첨가 반응(101.3 kpa H_2 압력)에 대한 전환빈도는 275 K에서는 2.67 s^{-1} 과 2.51 s^{-1}이고 307 K 에서는 9.16 s^{-1}과 9.02 s^{-1}였다. 서로 다른 두 온도 각각에서 전환빈도가 비슷하다는 것은, 측정된 속도가 전달 제한의 영향을 받지 않았음을 말해준다.

Madon-Boudart 기준의 단순함과 일반적 유용성은, 속도론 데이터에 왜곡이 없다는 것을 증명해주는 가장 중요한 실험적 테스트 방법 중의 하나가 되게 하였다. 이 기준은 회분식(batch), 연속식 (continuous stirred tank), 관형 플러그흐름반응기 (tubular plug flow reactor)에서 수행되는 비균일계 촉매 반응에 대해서 사용할 수 있다.

속도식을 전개하고 속도론적 매개변수를 구하려면 전달 현상에 의한 왜곡이 없는 속도 측정이 필요하다. 전달이 반응속도에 영향을 주지 않도록 실험조건을 위에서 언급한 기준에 맞추었다고 가정하면, 속도 데이터는 어떤 특정 촉매 반응에 대한 속도론적 매카니즘을 가정하는데 사용될 수 있다.

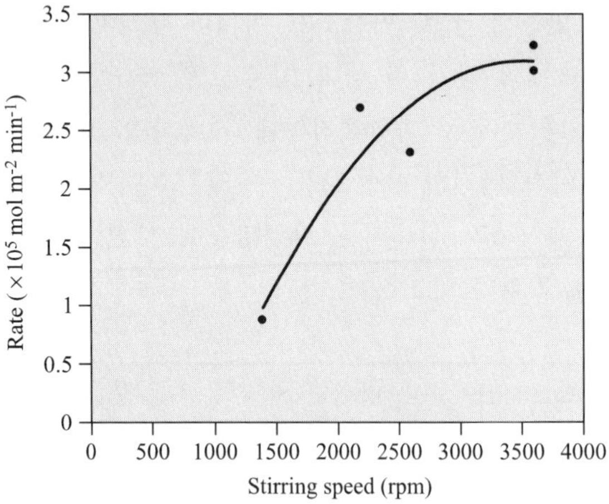

Figure 6.5.1 |
Effect of agitation on the rate of 2-propanol dehydrogenation to acetone at 355 K over Ni catalysts. [Rates are calculated at constant conversion level from the data in D. E. Mears and M. Boudart, *AIChE J.*, **12** (1966) 313.] In this case, increasing the stirring speed increased the rate of acetone diffusion away from the catalyst pellet and decreased product inhibition.

만약 물질전달과 열전달 문제가 촉매 반응에서 발생하면 관찰속도에 대한 그들의 영향을 최소화시키기 위한 다양한 전략들이 채택될 수 있다. 예를 들어 촉매 펠렛을 감싸고 있는 정체경막을 통한 확산에 대한 물질전달계수는 식 (6.2.26)에 따라 유체 속도와 펠렛의 지름에 직접적으로 관련이 있다. 반응이 물질전달 제한이 아닐 때, 관찰속도는 촉매 펠렛 주변의 유체 속도에 영향을 주는 공정

변수들과는 무관할 것이다. 반대로 관찰속도가 유체 속도의 함수라면 경계면 전달 제한이 있는 것이다. 교반 반응기에서 니켈 촉매 파우더의 2-프로판올로부터 아세톤으로의 탈수소화 반응에 대한 결과인 그림 6.5.1을 보자. 반응 속도의 교반속도 의존성은 3600 rpm 이하에서는 물질전달 제한이 중요하다는 것을 보여준다. 다른 표면적을 갖는 촉매를 가지고 한 추가적인 실험은 가장 높은 교반속도에서 측정된 속도는 물질전달 제한이 없다는 것을 확인시켜 주었다 [D. E. Mears and M. Boudart, *AIChE J.*, **12** (1966) 313].

상내와 경계면 물질전달 제한 양쪽 모두 촉매의 펠렛 크기를 줄임으로써 최소화할 수 있다. 매우 작은 촉매 입자로 채워진 충진층은 반응기 내부에 용인할 수 없을 정도의 큰 압력강하를 야기시킬 수 있으므로, 상업용 반응기에서는 압력강하와 전달제한 간의 절충이 필요하다. 다행히도 고유 반응 속도론을 얻기 위해서 사용되는 실험실 반응기는 상대적으로 적은양의 촉매를 필요로 하고 매우 작은 입자로 채워질 수 있다. 그림 6.5.2의 경우를 보면, 1 mm 보다 큰 촉매 펠렛에서 측정된 관찰속도는 전달 제한의 영향을 받는다.

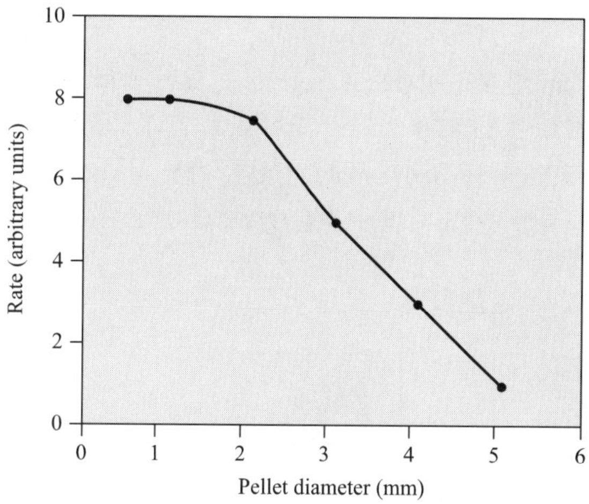

Figure 6.5.2 |
Schematic illustration of the influence of catalyst pellet size on the observed reaction rate.

연습문제

1. 기상 A의 등온 1차 반응이 구형 촉매 펠렛의 기공 안에서 일어난다. 외부표면과 펠렛 중심의 중간에서 반응물의 농도는 외부표면에서의 농도의 4분의 1이다.

(a) 펠렛의 중심에 가까운 곳에서 A의 상대적인 농도는 얼마인가?

(b) 유효인자가 0.7이 되기 위해서는 펠렛 지름이 얼마나 줄어들어야 하나?

2. 평판 촉매 펠렛에서 등온, 가역, 1차 반응 $A \Rightarrow B$가 일어난다. 다양한 씨일레계수 값과 평형상수에 대하여 A의 무차원 농도 (C_A/C_{AS})를 펠렛 안으로의 거리에 대한 함수로 플롯하시오. 해를 간단히 하기 위해서 모든 경우에 대하여 $C_{AS} = 0.9\ (C_A + C_B)$라 하자.

3. 반쪽의 넓이가 1 cm 인 1차 평판으로 가정될 수 있는 촉매 입자에서 2차, 비가역인 반응이 반응상수 $k = 1.8\ \mathrm{L\ mol^{-1}\ s^{-1}}$로 일어나고 있다. 기상에서 반응물의 농도는 $0.1\ \mathrm{mol\ L^{-1}}$이며 표면에서는 $0.098\ \mathrm{mol\ L^{-1}}$이다. 기상 물질전달계수는 $2\ \mathrm{cm\ s^{-1}}$이다. 상내 유효인자를 결정하시오. (버지니아 대학교의 J. L. Hudson 교수가 제공)

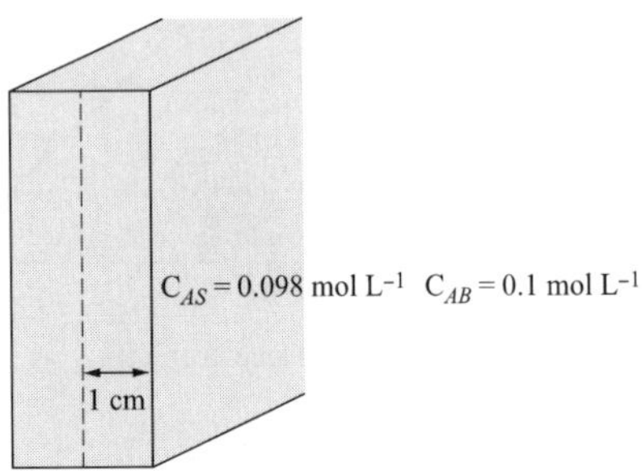

4. 버너에서 석탄입자의 연소를 생각해보자. 입자의 표면에서 연소 반응의 속도식은 다음과 같다고 가정하자.

$$r = 10^6 \exp[-100/(R_g T_S)]\, C_S \qquad E \text{ in kJ mol}^{-1}$$

여기서 속도의 단위는 반응한 O_2 moles $min^{-1}(m^2$ 외부 표면$)^{-1}$이며, T_S는 절대온도로 주어진 석탄 입자의 표면 온도, C_S는 O_2의 표면 농도이다. 기체에서 입자로의 열전달계수 및 물질전달계수는 $h_t = 0.5$ kJ $min^{-1}K^{-1}min^{-2}$와 $\overline{k}_c = 0.5$ m min^{-1}이며 반응열은 -150 kJ (mol $O_2)^{-1}$이다. 가스의 벌크 온도 T_B는 500℃이며 O_2의 벌크농도는 2 mol m^{-3}이다.

(a) 벌크 가스와 입자 사이의 최대 온도 차이는 얼마인가? 이러한 조건에서 관찰반응속도는 얼마인가?

(b) *실제* 표면 온도와 농도를 결정하시오. 또한 실제 반응속도도 결정하시오.

5. 반지름이 2 mm 인 구형 촉매 펠렛에서 기상 A가 B로의 비가역, 1차 반응이 일어나고 있다. 이 문제에서 A의 분자확산은 1.2×10^{-1} cm^2 s^{-1} 이며 Knudsen 확산계수는 9×10^{-3} cm^2 s^{-1}이다. 실험실에서 정밀하게 측정한 고유 1차 속도 상수는 5.0 s^{-1}이었다. 주변을 둘러싸고 있는 가스에서 A의 농도는 0.01 molL^{-1}이다. 펠렛의 공극율과 굴곡율은 각각 0.5와 0.4이다.

(a) 촉매 펠렛에 대해서 씨일레계수를 결정하시오.

(b) 내부 유효인자 값을 구하시오.

(c) 외부 물질전달계수가 32 s^{-1}인 경우 (펠렛의 외부 면적에 기초하여) 촉매 펠렛의 표면에서의 A의 농도를 결정하시오.

(d) 총괄 유효인자 값을 구하시오.

6. J. M. Smith (J. M. Smith, *Chemical Engineering Kinetics*, 2nd ed., McGraw-Hill New York, 1970. p. 395)는 상압, 벌크 밀도 0.8 g/cm^3인 미분고정층 반응기에서 백금 촉매에 의해 SO_2 가 480℃에서 산화되는 것에 대해 다음의 관찰 데이터를 제시하였다.

Mass v elocity	Bulk partial pressure (atm)			Obser ved rate
(g h^{-1} cm^{-2})	SO_2	SO_3	O_2	(mol SO_2 / h/gcat)
251	0.06	0.0067	0.2	0.1346
171	0.06	0.0067	0.2	0.1278
119	0.06	0.0067	0.2	0.1215
72	0.06	0.0067	0.2	0.0956

이 촉매 펠렛은 3.2 × 3.2 mm 크기의 실린더이며, 백금은 외부 표면 겉면에 도포되었다. 외부 물질구배와 온도구배를 계산하고, 질량 속도(mass velocity)에 대해서 ΔC_{SO_2}와 ΔT를 플롯하시오. 이 플롯으로부터 어떤 정성적인 결론을 이끌어 낼 수 있는가? 만약 반응 활성화 에너지가 30 Kcal/mol 이라면, 속도 측정에서 어느 정도의 에러가 외부 ΔT를 무시할 수 있도록 하는가? SO_2에서 선형적인 속도론을 가정하고 외부농도구배를 무시한다면 어느 정도의 에러가 나타날까?

힌트 : $J = \dfrac{\bar{k}_c}{u} Sc^{2/3} = 0.817\, Re^{-1/2}$

촉매 펠렛은 비다공성이며 반응은 과량의 공기에서 수행됨

$\bar{\mu}_{air} = 1.339$ g/h/cm @ 480℃

$D_{SO_2-air} = 2.44\ ft^2/h$ @ 480℃

$\bar{\varepsilon}_B$ = void fraction of bed = 0.4

$S_C = 1.28$

$\text{Prandtl number} = \dfrac{\bar{\mu} C_p}{\lambda} = 0.686$

$C_p = 7.54$ cal/mol/K

$a = \dfrac{\text{surface area}}{\text{volume}} = 18.75\ mm^{-1}$

$\Delta H_r = -30$ kcal/mol

7. 촉매 펠렛에서 확산의 중요성은, 흔히 관찰반응속도에 대한 펠렛 크기의 영향을 측정함으로써 결정된다. 이 연습문제에서 반응물질 A의 표면 농도 C_{AS}가 0.15 M인 촉매 펠렛에서 일어나는 비가역 1차 반응을 생각해보자.

데이터 :

Diameter of sphere (cm)	0.2	0.06	0.02	0.006
r_{obs} (mol/h/cm^3)	0.25	0.80	1.8	2.5

(a) 고유 속도 상수와 유효 확산계수를 계산하시오.

(b) 0.6 cm × 0.6 cm (지름 = 길이)의 유한 실린더 형태 촉매 펠렛에 대해서 유효인자와 예상되는 반응속도 (r_{obs})를 구하시오.

8. 아이소뷰틸렌(A)이 산 촉매에서 물과 반응하여 t−부탄올 (B)을 만든다.

$$(CH_3)_2C{=}CH_2 + H_2O = (CH_3)_3COH$$

물의 농도가 아이소뷰틸렌과 t−부탄올의 농도보다 상당히 클 때, 가역 수화반응은 정반응과 역반응 모두에 대하여 1차이다.

V. P. Gupta 와 W. J. M. Douglas [*AIChE J.*, **13** (1967) 883]는 양이온 교환수지를 촉매로 사용하여 교반탱크반응기에서 과량의 물로 아이소뷰틸렌 수화반응을 수행하였다. 다음의 데이터를 85℃ 와 3.9 퍼센트의 전환율에서 이온교환수지에 대한 유효인자를 결정하는데 사용하시오.

데이터 : 평형상수 (85℃에서) = 16.6 = [B]/[A]
$D^e_{TA} = 2.0 \times 10^{-5}\ cm^2\ s^{-1}$
구형 촉매 입자의 반지름 = 0.213 mm
촉매 밀도 = 1.0 g cm^{-3}
3.9 퍼센트 전환율에서 반응속도 = 1.11×10^{-5} mol s^{-1} $gcat^{-1}$
$C_{AS} = 1.65 \times 10^{-2}$ M (3.9 퍼센트 전환율에 해당)
$C^0_A = 1.72 \times 10^{-2}$ M (반응기 입구 농도)

9. Ercan 등은 순환이 있는 고정층 반응기에서 상업용 제올라이트 Y로 가벼운 올레핀(에틸렌과 프로필렌)을 가지고 에틸벤젠(EB)의 알킬화를 연구하였다 [C. Ercan, F. M. Dautzenberg, C. Y. Yeh, and H. E. Barner, *Ind. Eng. Chem. Res.*, **37** (1998) 1724]. 고체촉매 액상 반응이 25 bar 190℃에서 과량의 에틸벤젠 속에서 수행되었다. 이 반응은 올레핀에 대해서 유사 1차반응이라고 가정하자. 촉매의 공극율은 0.5이고 굴곡율은 5.0이며 밀도는 1000 kg m^{-3}이다. 크기가 다른 두 촉매 펠렛에 대해서 관찰속도 (r_{obs})와 관찰속도 상수 (k_{obs})를 측정하였다. 관련 결과를 아래에 제시하였다.

R_p (mm)	$\bar{k}_c$ ($m\ s^{-1}$)	Exter nal surface ar ea of catalyst, S_p ($m^2\ kg^{-1}$)	r_{obs} (kmol (kgcat s)$^{-1}$)	k_{obs} (m^3 (kgcat s)$^{-1}$)
0.63	5.69×10^{-4}	4.62	8.64×10^{-6}	0.33×10^{-3}
0.17	1.07×10^{-3}	17.13	11.7×10^{-6}	1.06×10^{-3}

(a) 각 경우에 있어서 외부와 내부 물질전달 제한이 중요한지 아닌지를 결정하시오. 에틸벤젠 안에서 올레핀의 확산계수 D_{AB}는 $1.9 \times 10^{-4}\ cm^2 s^{-1}$이다.

(b) 각 경우에 대해서 씨일레계수 ϕ 와 내부 유효 인자 η를 계산하시오.

(c) 각 경우에 대해서 총괄 유효인자를 결정하시오.

10. 다음과 같은 반응속도식은 $KC_A \gg 1$ 일 때 0 차이다.

$$r = \frac{kC_A}{1 + KC_A}$$

0차 속도론을 이용하여 평판 촉매에서 등온 물질수지식을 푸시오. 씨일레 계수가 0.1, 1.0, 10.0인 경우에 대해서 $C_A(x)/C_{AS}$를 플롯하시오. $KC_{AS} \gg 1$ 일 때 위에서 보인 속도형태에 대한 근사식으로 0차 속도론이 사용된다면, 위의 씨일레 계수에서 평판 촉매 입자에도 이 근사법이 유효한가?

11. Kehoe 와 Butt [J. P. Kehoe and J. B.Butt, *AIChE J.*, **18** (1972) 347]는 부분적으로 환원된 담지된 니켈/규조토 촉매에서 벤젠 수소첨가반응의 속도론을 보고하였다. 수소가 상당히 과량으로 존재할 때(90퍼센트) 반응은 200℃ 이하에서 다음과 같은 속도식을 갖는 유사 1차이다.

$$r = \left(P_H^0 k_1^0 K^0\right)\exp\left[\frac{-E}{R_g T}\right]P_B$$

P_B = 벤젠의 분압, torr
P_H^0 = 분자수소의 분압, torr
$K^0 = 4.22 \times 10^{-11}\ \text{torr}^{-1}$
$k_1^0 = 4.22$ mol/gcat/s/torr
$E = -2.7$ kcal/mol

$P_H^0 = 685$ torr, $P_B = 75$ torr, $T = 150$℃ 인 경우에 대하여, 밀도가 1.88 gcat/cm^{3}이고, $D_{TB}^e = 0.052\ \text{cm}^2/\text{s}$, $R_p = 0.3$ cm인 구형 촉매에서의 수행되는 반응의 유효인자를 구하시오.

12. 특성 길이가 0.2 cm이고 유효 확산계수가 0.015 cm^2/s인 촉매에서 비가역 1차 반응이 수행되고 있다. 100℃에서 활성화 에너지는 20 kcal/mol, 고유 속도 상수는 0.93 s^{-1}로 측정되었다.

(a) 표면 농도가 3.25×10^{-2} mol/L인 경우, 100℃에서 관찰 반응 속도는 얼마인가 ?

(b) 동일한 반응물 농도에 대해서, 관찰 반응 속도는 150℃에서 얼마인가? D_{TA}^e는 온도에 의존하지 않는 것으로 가정하자.

(c) 활성화에너지는 얼마로 관찰되는가?

(d) 100℃ 와 150℃에서 씨일레계수의 값을 비교하시오.

13. 담지된 백금 촉매를 담고 있는 등온의 미분 연속 흐름 반응기에서 싸이클로헥산의 벤젠으로의 촉매적 탈수소화가 수행되었다[L. G. Barnett et al., *AIChE J.*, 7 (1961) 211].

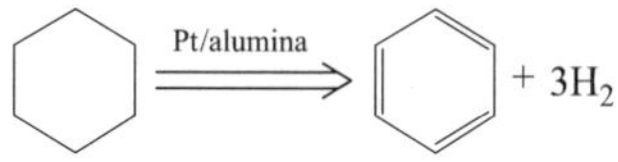

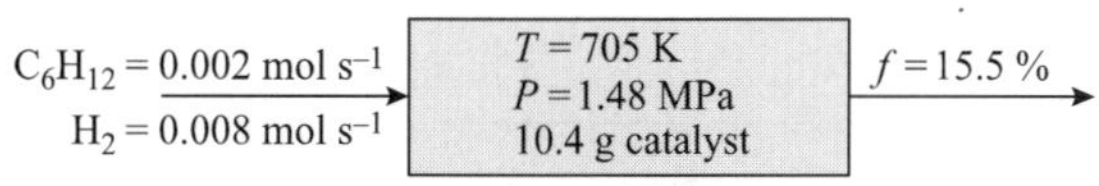

촉매 위에 탄소질 잔류물의 증착을 최소화시키기 위해서 공정에 분자수소가 투입되었다. 이 반응이 싸이클로헥산에 대해서는 1차 반응이고 확산계수는 주로 Knudsen 형태라고 가정하고 촉매 펠렛의 굴곡율($\overline{\tau}$)를 구하시오.

추가적인 데이터 : 촉매 펠렛의 지름 = 3.2 mm
촉매의 기공 부피 = 0.48 cm^3 g^{-1}
표면적 = 240 m^2 g^{-1}
펠렛 밀도 ρ_p = 1.332 g cm^{-3}
펠렛 공극율 $\overline{\varepsilon}_p$ = 0.59
유효인자 η = 0.42

14. 1차 속도론을 갖는 평판에서,

$$\eta_o = \frac{\tanh\phi}{\phi[1 + \phi\tanh(\phi)/Bi_m]} \qquad (1)$$

(a) ϕ = 0.1, (b) ϕ = 1.0, (c) ϕ = 5.0, (d) ϕ = 10.0 인 경우에 대하여, 식 (1)의 물질 Biot 수(mass Biot number)가 η_0에 얼마나 큰 영향을 주는가? 만약 Biot 수가 η_0를 1퍼센트 이상 바꾼다면 Biot 수의 영향이 크다고 생각하여라. (a) ~ (d)에서 관찰되는 거동으로부터 어떤 정성적인 결론을 도출해낼 수 있는가?

15. 싸이클로헥센의 싸이클로헥산으로의 액상 수소화반응이(불활성 용매 안에서) 고체촉매에서 반회분식(semibatch) 반응기로 수행되었다(전체압력을 일정하게 유지하기 위해서 분자수소가 추가됨).

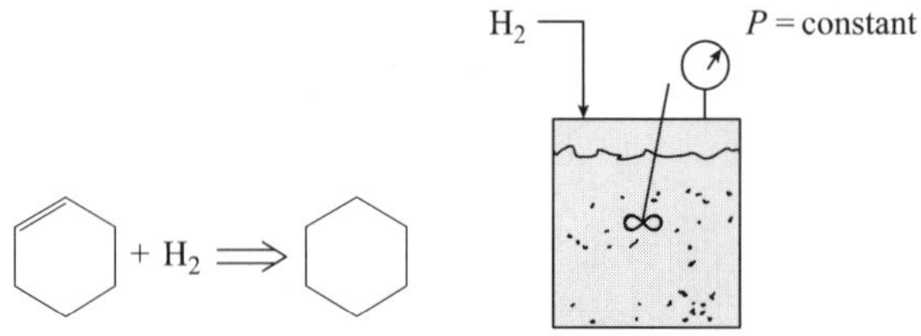

미시적인 수준에서 무엇이 일어나고 있는지를 개략적으로 그려보시오. 다음 각 그림을 설명해보시오.

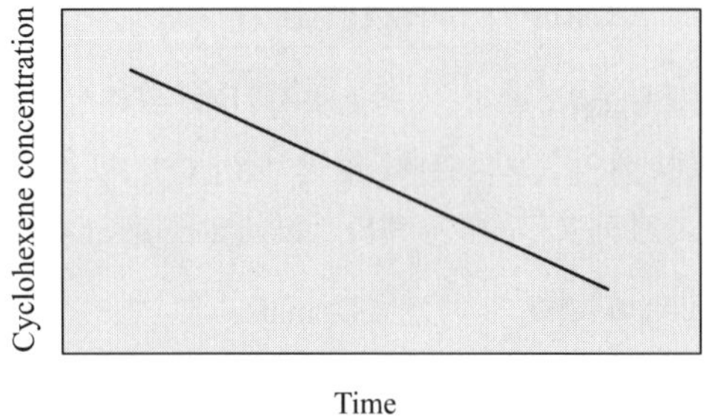

Figure 1 |
Linear relationship between cyclohexene concentration in the reactor and reaction time. Results apply for all conditions given in the figures provided below.

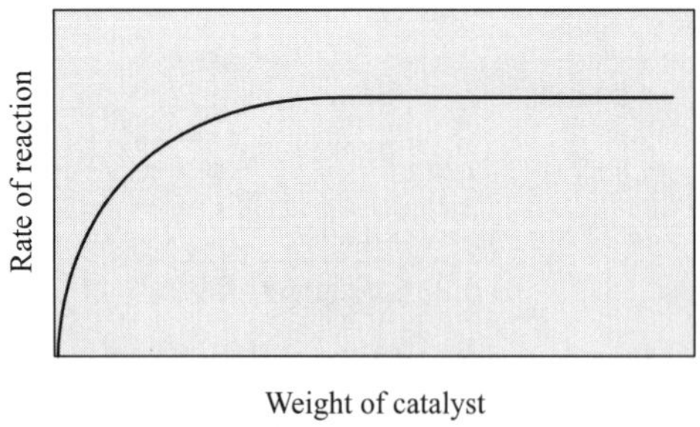

Figure 2 |
Effect of catalyst weight on reaction rate.

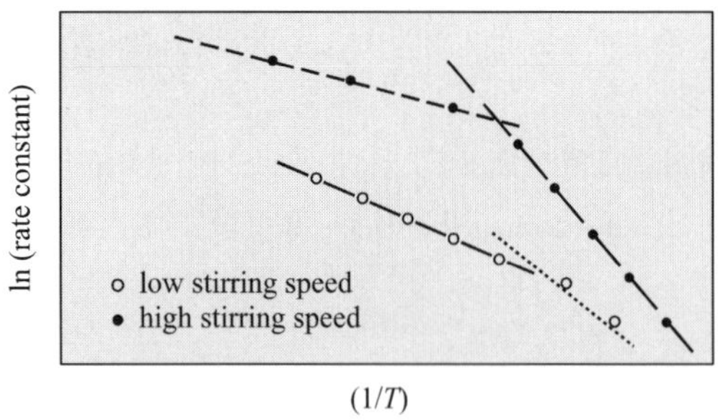

Figure 3 |
Evaluation of temperature effects on the reaction rate constant

CHAPTER 7

촉매반응 미세속도론 분석

7.1 서 론

촉매반응은 화학적 전환에 대한 모든 메커니즘 경로를 포함하는 많은 기초반응으로 구성된다. 개략적인 반응 메커니즘은 단순한 화학반응에 대하여는 잘 알려져 있지만 대다수의 촉매 반응은 단지 속도론적으로 중요한 기초반응만을 포함해도 적절하게 표현될 수 있었다. 이러한 접근 방식은 5장에서 사용하였던 것처럼 복잡한 불균일 촉매반응단계를 속도론적으로 관계있는 표면반응으로 단순화한 것이다. 촉매반응을 이해하기 위한 다음 단계는 정량적인 모델에 도달하기 위한 여러 기초단계를 확실하게 증명하기 위한 사용 가능한 실험 자료와 이론적인 원리를 더욱 확실하게 해 주는 것이며 이러한 접근 방식을 미세속도론(microkinetic analysis) 이라 한다. 미세속도론은 여러 기초반응단계를 이용하여 촉매반응을 조사하고 그 관계를 촉매반응 사이클과 연관시키는 것으로 정의된다(J. A. Dumesic, D. F. Rudd, L. M. Aparicio, J. E. Rekoske, and A. A. Trevino, *The Microkinetics of Heterogeneous Catalysis*, American Chemical Society, Washington, D. C., 1993, p. 1). 이 장에서는 3개의 촉매반응을 예로 들어 미세속도론분석에 대한 개념 정리, 속도론의 화학반응공학으로의 연관성에 대해 상세히 검토할 것이다. 첫 번째 예는 용해성 유기금속 촉매에 의한 비대칭 올레핀 수소첨가반응이다. 두 번째와 세 번째 예는 각각 불균일상 전이금속촉매상에서의 암모니아 합성과 올레핀 수소첨가반응이다.

7.2 선구손대칭 올레핀의 비대칭 수소첨가반응

효소촉매를 이용한 입체선택성 촉매와 대등한 효과를 나타낼 수 있는 균일촉매로 키랄 리간드(chiral ligand)를 갖고 있는 Rh 촉매는 선구손대칭 올레핀의 비대칭 수소첨가반응에서 아주 높은 입체선택성을 나타낼 수 있는 중요한 촉매로 알려져 있다(J. Halpen, *Science*, **217** (1982) 401). 여러 가지 다양한 키랄 리간드를 이용하여 새로운 비대칭 수소화반응 촉매 개발을 위한 많은 시도가 이루어지고 있다. 키랄 촉매를 이용한 여러 종류의 올레핀 수소첨가반응으로 입체선택성을 가지는 물질들이 제조되고 있다. 미세속도론의 한 예로 N-acetylphenylalanine methyl ester의 거울상 이성질체를 만드는(enantiomer) (**R** 과 **S**) methyl-(Z)-α-acetamidocinnamate (**MAC**)의 비대칭 수소첨가반응이 자세히 논의될 것이다. 전체반응을 그림 7.2.1에 나타내었다.

C. R. Landis와 J. Halpen은 R, R-1, 2-bis[(phenyl-o-anisol)phophino]ethane 또는 DIPAMP(그림 7.2.2를 참조)를 가지고 있는 양이온 Rh(I) 촉매는 메탄올을 용매로 사용한 **MAC** 수소첨가반응으로 N-acethylphenylamine methyl ester의 합성에 매우 선택적인 촉매도 알려져 있다[C. R. Landis and J. Halpen, *J. Am. Chem. Soc.*, **109** (1987) 1746]. DIPAMP는 P 원자를 통해 Rh에 배열되어 있으며 다른 분

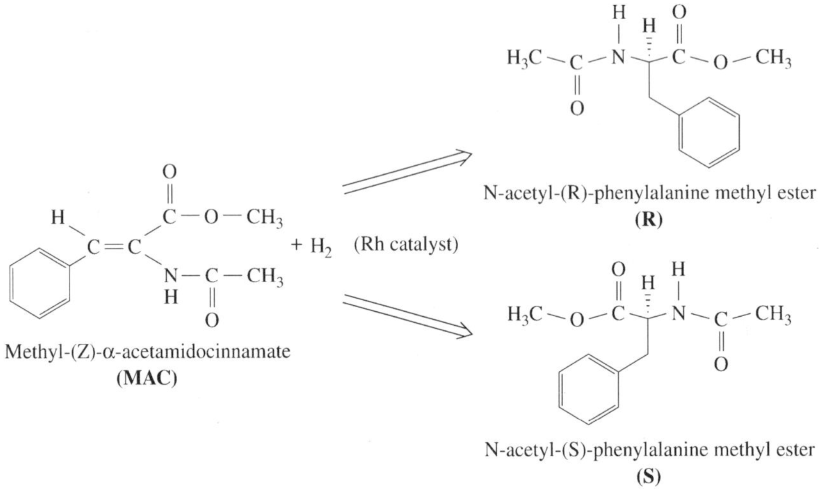

Figure 7.2.1 |
Hydrogenation of **MAC** catalyzed by a homogeneous Rh catalyst to give **R** and **S** enantiomers of N-acetylphenylalanine methyl ester.

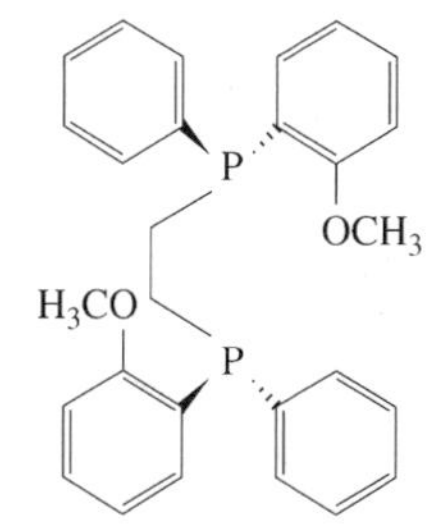

R,R-DIPAMP
R,R-1,2-bis[(phenyl-o-anisol)phosphino]ethane

Figure 7.2.2 |
Chiral ligand for enantioselective rhodium catalyst.

자들과 반응할 수 있는 충분한 공간을 확보하고 있다. 이러한 DIPAMP 리간드의 키랄성(chirality)이 생성물의 입체 선택성을 유도할 수 있는 장점이라 할 수 있다. 비키랄 리간드를 가지고 있는 유사한 Rh 양이온은 거울상이성질선택도(enantioselective)가 없는 촉매를 만들어 내곤 한다.

이러한 거울상이성질선택도의 근원을 이해하기 위해서는 수소첨가반응 중에 일어나는 상호 연관된 기초반응단계의 속도론을 결정해야 한다. 촉매 사이클은 다음과 같이 요약될 수 있다. (a) Rh 촉매에 올레핀의 가역 결합 (**MAC**), (b) Rh-올레핀 화합물로의 수소의 비가역 첨가, (c) 결합된 올레핀과 수소의 반응, (d) 원래의 촉매로 복원되기 위한 용액 상에서 생성물의 제거이다. C. R. Landis와 J. Halpen은 흡착된 올레핀과 수소의 전체반응 뿐만 아니라 단계 (a)에서의 속도론을 규명하였다[C. R. Landis and J. Halpen, *J. Am. Chem. Soc.*, **109** (1987) 1746]. 그림 7.2.3은 *로 표시되어 있는 보편적인 Rh 촉매 상에서 **MAC**로부터 **R**과 **S** 거울상이성질체를 생성하는 병렬로 구성되는 두 개의 짝지어진 촉매 사이클을 보여 주고 있다. 촉매는 키랄 리간드를 가지고 있기 때문에 **MAC**는 두 개의 다른 형태로 촉매에 첨가된다. 하나는, $\mathbf{MAC^{*R}}$로 불려지는 **R** 생성물, 다른 하나는, $\mathbf{MAC^{*S}}$로 불려지는 **S** 생성물을 배출해 낸다. 상첨자들은 두 종류의 거울상이성질체가 촉매 사이클에 포함되어 있다는 것을 의미한다.

이미 앞장에서 총 촉매 흡착점에 대한 수지식과 정상상태가정을 적용하여 중간체와 생성물의 상대 농도 표현 방식에 대해서 논의한 바 있다. 반응기 내에서 $[*]_o$으로 표시되는 Rh 촉매의 총 흡착점 양은 일정하다. 그러므로 흡착점에 대한 수지식은 다음과 같다.

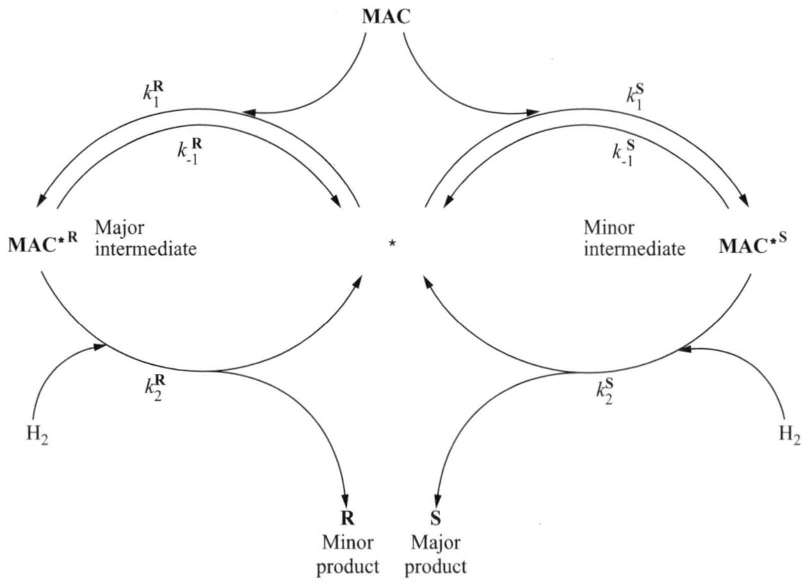

Figure 7.2.3 |
Scheme of the coupled catalytic cycles for the asymmetric hydrogenation of **MAC.**

$$[*]_0 = [\mathbf{MAC*^R}] + [\mathbf{MAC*^S}] + [*] \tag{7.2.1}$$

정상상태 가정이라는 것은 반응성 중간체의 농도는 시간에 따라 일정하다는 것을 의미한다. 즉, 중간체 형성을 위해 촉매와 결합되어 있는 **MAC** 생성 순 속도(net rate)는 중간체의 수소첨가반응속도(혹은 소멸속도)와 일치되어져야 한다. 한 쌍을 이루고 있는 촉매 사이클에 대한 정상상태 가정은 수학적으로 다음과 같이 표시된다.

$$\frac{d[\mathbf{MAC*^R}]}{dt} = 0 = r_1^R - r_{-1}^R - r_2^R \tag{7.2.2}$$

$$\frac{d[\mathbf{MAC*^S}]}{dt} = 0 = r_1^S - r_{-1}^S - r_2^S \tag{7.2.3}$$

속도 표시 방법으로는

$$0 = k_1^R[\mathbf{MAC}][*] - k_{-1}^R[\mathbf{MAC*^R}] - k_2^R[\mathbf{MAC*^R}][H_2] \tag{7.2.4}$$

$$0 = k_1^S[\mathbf{MAC}][*] - k_{-1}^S[\mathbf{MAC*^S}] - k_2^S[\mathbf{MAC*^S}][H_2] \tag{7.2.5}$$

식 (7.2.4)와 (7.2.5)를 정리하면 반응성 중간체 농도는 다음과 같다.

$$[\mathbf{MAC}*^{\mathbf{R}}] = \frac{k_1^{\mathbf{R}}[\mathbf{MAC}][*]}{k_{-1}^{\mathbf{R}} + k_2^{\mathbf{R}}[\mathrm{H_2}]} \tag{7.2.6}$$

$$[\mathbf{MAC}*^{\mathbf{S}}] = \frac{k_1^{\mathbf{S}}[\mathbf{MAC}][*]}{k_{-1}^{\mathbf{S}} + k_2^{\mathbf{S}}[\mathrm{H_2}]} \tag{7.2.7}$$

상대적 농도로 표시하면 다음과 같이 쓸 수 있다.

$$\frac{[\mathbf{MAC}*^{\mathbf{S}}]}{[\mathbf{MAC}*^{\mathbf{R}}]} = \left(\frac{k_1^{\mathbf{S}}}{k_1^{\mathbf{R}}}\right)\frac{k_{-1}^{\mathbf{R}} + k_2^{\mathbf{R}}[\mathrm{H_2}]}{k_{-1}^{\mathbf{S}} + k_2^{\mathbf{S}}[\mathrm{H_2}]} \tag{7.2.8}$$

생성물 **R**과 **S**의 농도비를 비슷한 방법으로 유도하여 표시하면

$$\mathrm{r}_{\mathbf{R}} = \mathrm{r}_1^{\mathbf{R}} - \mathrm{r}_{-1}^{\mathbf{R}} = \mathrm{r}_2^{\mathbf{R}} \tag{7.2.9}$$

$$\mathrm{r}_{\mathbf{S}} = \mathrm{r}_1^{\mathbf{S}} - \mathrm{r}_{-1}^{\mathbf{S}} = \mathrm{r}_2^{\mathbf{S}} \tag{7.2.10}$$

$$\frac{[\mathbf{S}]}{[\mathbf{R}]} = \frac{\mathrm{r}_{\mathbf{S}}}{\mathrm{r}_{\mathbf{R}}} = \frac{\mathrm{r}_2^{\mathbf{S}}}{\mathrm{r}_2^{\mathbf{R}}} = \frac{k_2^{\mathbf{S}}[\mathbf{MAC}*^{\mathbf{S}}][\mathrm{H_2}]}{k_2^{\mathbf{R}}[\mathbf{MAC}*^{\mathbf{R}}][\mathrm{H_2}]} = \left(\frac{k_2^{\mathbf{S}}}{k_2^{\mathbf{R}}}\right)\frac{[\mathbf{MAC}*^{\mathbf{S}}]}{[\mathbf{MAC}*^{\mathbf{R}}]} \tag{7.2.11}$$

최종 생성물의 비로 표시하기 위하여 식 (7.2.8)에 주어진 반응성 중간체의 상대 농도를 식 (7.2.11)에 대입하면

$$\frac{[\mathbf{S}]}{[\mathbf{R}]} = \left(\frac{k_1^{\mathbf{S}}k_2^{\mathbf{S}}}{k_1^{\mathbf{R}}k_2^{\mathbf{R}}}\right)\frac{k_{-1}^{\mathbf{R}} + k_2^{\mathbf{R}}[\mathrm{H_2}]}{k_{-1}^{\mathbf{S}} + k_2^{\mathbf{S}}[\mathrm{H_2}]} \tag{7.2.12}$$

중간체와 생성물의 상대 농도는 각각의 속도상수를 통해 반응 온도와 수소 압력과 연관된다는 것을 염두에 두자.

충분히 낮은 수소 압력 하에서는 촉매와 **MAC**간의 가역적 결합은 식 (7.2.13)과 (7.2.14)로 인해서 평형에 도달한다.

$$k_{-1}^{\mathbf{R}} >> k_2^{\mathbf{R}}[\mathrm{H_2}] \tag{7.2.13}$$

$$k_{-1}^{\mathbf{S}} >> k_2^{\mathbf{S}}[\mathrm{H_2}] \tag{7.2.14}$$

즉, 낮은 수소 압력 하에서 반응에 대한 속도결정단계(또는 율속단계)는 결합 올레핀(bound olefin)의 수소첨가 반응이다. 낮은 수소 압력이라는 것을 가정하면 식 (7.2.8)과 (7.2.12)를 간략하게 표현하여 중간체와 생성물의 상대 농도를 다음과 같이 나타낼 수 있다.

$$\frac{[\mathbf{MAC}*^{\mathbf{S}}]}{[\mathbf{MAC}*^{\mathbf{R}}]} = \left(\frac{k_1^{\mathbf{S}}}{k_1^{\mathbf{R}}}\right)\frac{k_{-1}^{\mathbf{R}}}{k_{-1}^{\mathbf{S}}} = \frac{K_1^{\mathbf{S}}}{K_1^{\mathbf{R}}} \tag{7.2.15}$$

$$\frac{[\mathbf{S}]}{[\mathbf{R}]} = \left(\frac{k_1^{\mathbf{S}}k_2^{\mathbf{S}}}{k_1^{\mathbf{R}}k_2^{\mathbf{R}}}\right)\frac{k_{-1}^{\mathbf{R}}}{k_{-1}^{\mathbf{S}}} = \frac{K_1^{\mathbf{S}}\,k_2^{\mathbf{S}}}{K_1^{\mathbf{R}}\,k_2^{\mathbf{R}}} \tag{7.2.16}$$

Table 7.2.1 | Kinetic parameters for the asymmetric hydrogenation of MAC catalyzed by Rh(R,R-DIPAMP) at 298 K.

Parameter	R Cycle	S Cycle
k_1 (L mmol^{-1}s^{-1})	5.3	11
k_{-1} (s^{-1})	0.15	3.2
K_1 (L mmol^{-1})	35	3.3
K_2 (L mmol^{-1}s^{-1})	1.1×10^{-3}	0.63

Source: C. R. Landis and J. Halpern, *J. Am. Chem. Soc.*, **109** (1987) 1746.

Landis와 Halpern은 이 반응 시스템에서의 적절한 속도상수를 측정하여 표 7.2.1에 요약하였다 [C. R. Landis and J. Halpen, *J. Am. Chem. Soc.*, **109** (1987) 1746].

298 K에서 측정된 속도상수 값은 **S** 거울상이성질체가 **R** 거울상이성질체 보다 더 잘 생성된다는 것을 보여 주고 있다.

$$\frac{[\mathbf{S}]}{[\mathbf{R}]} = \frac{K_1^{\mathbf{S}}\, k_2^{\mathbf{S}}}{K_1^{\mathbf{R}}\, k_2^{\mathbf{R}}} = \frac{3.3}{35} \cdot \frac{0.63}{1.1 \times 10^{-3}} = 54 \tag{7.2.17}$$

S 거울상이성질체를 생성하는 반응 중간체 [**MAC*$^{\mathbf{S}}$**]가 소량이기 때문에 이 결과는 매우 주목할 만 한 것이다. 식 (7.2.15)는 이러한 차이를 설명해 주고 있다.

$$\frac{[\mathbf{MAC}\ *^{\mathbf{S}}]}{[\mathbf{MAC}\ *^{\mathbf{R}}]} = \frac{K_1^{\mathbf{S}}}{K_1^{\mathbf{R}}} = 0.094 \tag{7.2.18}$$

소량의 반응성 중간체가 다량의 생성물을 이끌어내는 이유는 **R** 사이클에 비해 **S** 사이클에 관련된 수소첨가반응 속도상수(k_2)가 크다는 것이다. 선택도는 올레핀 결합에 대한 열역학 대신에 수소첨가반응의 속도론에 좌우되기 때문에 이 경우에는 거울상이성질선택도의 근원을 설명해 주는 종전의 자물쇠와 열쇠 이론이 적합하지 않는다.

이러한 시스템에서 미세속도론 분석은 거울상이성질선택도와 수소압력과의 관계를 적절하게 설명해 주고 있다. 충분히 높은 수소 압력 하에서 속도상수는 다음과 같다.

$$k_{-1}^{\mathbf{R}} << k_2^{\mathbf{R}}\,[\mathrm{H_2}] \tag{7.2.19}$$

$$k_{-1}^{\mathbf{S}} << k_2^{\mathbf{S}}\,[\mathrm{H_2}] \tag{7.2.20}$$

올레핀 결합은 높은 압력 하에서는 유사 평형 상태가 아니기 때문에 이어지는 수소첨가반응 단계를 속도결정단계라고 할 수 없다. 반응성 중간체와 생성물간의 상대 농도는 식 (7.2.21)과 (7.2.22)와 같이 주어진다.

$$\frac{[\mathbf{MAC}\,*^{\mathbf{S}}]}{[\mathbf{MAC}\,*^{\mathbf{R}}]} = \left(\frac{k_1^{\mathbf{S}}}{k_1^{\mathbf{R}}}\right)\frac{k_2^{\mathbf{R}}}{k_2^{\mathbf{S}}} = \left(\frac{11}{5.3}\right)\frac{1.1 \times 10^{-3}}{0.63} = 3.6 \times 10^{-3} \qquad (7.2.21)$$

그리고

$$\frac{[\mathbf{S}]}{[\mathbf{R}]} = \left(\frac{k_1^{\mathbf{S}}}{k_1^{\mathbf{R}}}\right) = \left(\frac{11}{5.3}\right) = 2.1 \qquad (7.2.22)$$

분자수소의 영향으로 인해 **S** 생성물에 대한 거울상이성질선택도는 [**S**]/[**R**] = 54 (낮은 압력에서)에서 [**S**]/[**R**] = 2.1(높은 압력에서)로 떨어진다. 이러한 선택도의 하락은 속도론 때문이다. 올레핀 결합과 수소첨가반응 단계의 속도론 짝짓기 (kinetic coupling)는 높은 수소 압력 하에서는 매우 중요한 인자로 인식되고 있다 [M. Boudart and G. Djega-Mariadassou, *Catal. Lett.*, **29** (1994) 7]. 다시 말해, 반응성 중간체의 급격한 수소첨가반응은 올레핀 결합단계에서의 준평형 상태를 불가능하게 한다. 다량의 생성물 **S**로 이어지는 미량의 중간체 **MAC***$^{\mathbf{S}}$의 상대 농도는 $k_2^S \gg k_2^R$ 관계가 성립되므로 수소 압력이 증가함에 따라 현격하게 감소한다. 예를 들어 **S** 사이클에서의 속도론 짝짓기는 **R** 사이클 보다 매우 강하며 이는 수소 압력이 증가함에 따라 선택도의 전반적인 감소를 유발한다.

하지만 선택도는 아주 높은 또는 아주 낮은 수소 압력 하에서는 수소와 관련이 없다. 수소 압력이 영향을 미치는 중간 압력 수소 하에서는 식 (7.2.8)과 (7.2.12)가 선택도를 계산하는 데 사용된다. 미세속도방법론은 중간체와 생성물의 선택도, 생성물 선택도에서의 수소 압력 영향 등에서 상반된 관계를 나타내는 키랄 촉매 상의 선구손대칭 올레핀의 비대칭 수소첨가반응에 잘 적용될 수 있다.

7.3 전이금속 촉매 상에서 암모니아 합성

암모니아합성 반응은 가장 널리 연구된 반응 중에 하나이며 이 반응은 이미 앞에서 논의된 바 있다(예제 1.1.1, 표 5.2.1과 5.3절 참조). 이 절에서는 철 또는 루테늄을 포함하는 전이금속 촉매 상에서의 암모니아 합성에 대한 미세속도론 분석을 다룰 것이다.

Al_2O_3 또는 K_2O를 조촉매로 하는 철 촉매는 암모니아 합성에 가장 널리 사용되는 촉매이며 경제성 있는 생성물을 얻을 수 있는 반응 조건인 673-973 K, 150-300 bar의 고압 고온 조건하에서 이루어진다. Al_2O_3와 K_2O는 각각 구조적,

화학적 조촉매인 반면, 금속 철은 활성 촉매성분이다. 이 경우 미세속도론 분석의 목적은 초고진공에서 단결정 촉매상 또는 주위(ambient)압력에서 모델분말 촉매상에서 수집된 데이터를 이용하여 상업적 조건의 온도와 압력 하에서 작용하는 촉매의 성능을 서술하는 조건을 공부하는 것이다. 하지만 모든 기초단계의 속도론 매개변수가 대부분의 불균일촉매 반응에 대하여 알려진 것은 아니다. 따라서 Dumesic 등에 의해 채택된 이 방법은 중요한 표면화학을 획득할 수 있는 유용한 반응경로의 구성과 속도론적인 중요성을 가지는 기초단계와 관련된 매개변수 계산을 포함한다(J. A. Dumesic, D. F. Rudd, L. M. Aparicio, J. E. Rekoske, and A. A. Trevino, *The Microkinetics of Heterogeneous Catalysis*, American Chemical Society, Washington, D. C., 1993, p.145).

전이금속 촉매 상에서의 암모니아 합성반응에 있어서 여러 수준의 복잡성을 가지는 다양한 반응 경로가 제시되고 있다. 이 중에서 가장 확실하다고 여겨지는 한 경우만 논의 할 것이다. Stolze와 Norkov는 기초적인 표면과학연구를 통해 설정된 미세모델에 기초하여 암모니아 합성에 대한 고압속도론을 해석하였다[P. Stolze and J. K. Norskov, *Phys. Rev. Lett.*, **55** (1989) 2502; P. Stolze and J. K. Norskov, *J. Catal.*, **110** (1988) 1]. Dumesic 등은 표 7.3.1에 명시하였듯이 철 촉매상에서 암모니아 합성 반응에 대하여 기초반응단계를 재해석하였다[J. A. Dumesic and A. A. Trevino, *J. Catal.*, **116** (1988) 119]. 흡착, 탈착 단계에서의 반응 속도상수는 초고진공 조건에서 철 단결정 표면상으로부터 얻어진 결과로부터 계산된

Table 7.3.1 | A proposed mechanism of ammonia synthesis over iron catalysts.[a]

Number	Forward rate	Elementary step	Reverse rate
1	$2 \times 10^1 P_{N_2}\theta_*$	$N_2 + * \rightleftarrows N_2*$	$2 \times 10^{14} e^{-43/(R_gT)}\theta_{N_2}$
2	$4 \times 10^9 e^{-29/(R_gT)}\theta_{N_2}\theta_*$	$N_2* + * \rightleftarrows 2N*$	$1 \times 10^9 e^{-155/(R_gT)}(\theta_N)^2$
3	$2 \times 10^9 e^{-81/(R_gT)}\theta_H\theta_N$	$H* + N* \rightleftarrows NH* + *$	$1 \times 10^7 e^{-23/(R_gT)}\theta_{NH}\theta_*$
4	$1 \times 10^{13} e^{-36/(R_gT)}\theta_{NH}\theta_H$	$NH* + H* \rightleftarrows NH_2* + *$	$1 \times 10^{12}\theta_{NH_2}\theta_*$
5	$4 \times 10^{13} e^{-39/(R_gT)}\theta_{NH_2}\theta_H$	$NH_2* + H* \rightleftarrows NH_3* + *$	$2 \times 10^{13}\theta_{NH_3}\theta_*$
6	$4 \times 10^{12} e^{-39/(R_gT)}\theta_{NH_3}$	$NH_3* \rightleftarrows NH_3 + *$	$2 \times 10^3 P_{NH_3}\theta_*$
7	$7 \times 10^1 P_{H_2}(\theta_*)^2$	$H_2 + 2* \rightleftarrows 2H*$	$3 \times 10^{13} e^{-94/(R_gT)}(\theta_H)^2$

[a] Rates are in units of molecules per second per site, pressures (P) are in pascals, and activation energies are in kilojoules per mole. Concentrations of surface species are represented by fractional surface coverages as discussed in Chapter 5. Kinetic parameters are adapted from the data of Stolze and Norkov [P. Stolze and J. K. Norkov, *Phys. Rev. Lett.*, **55** (1989) 2502; P. Stolze and J. K. Norkov, *Surf. Sci. Lett.*, **197** (1988) L230; P. Stolze and J. K. Norkov, *J. Catal.*, **110** (1988) 1]

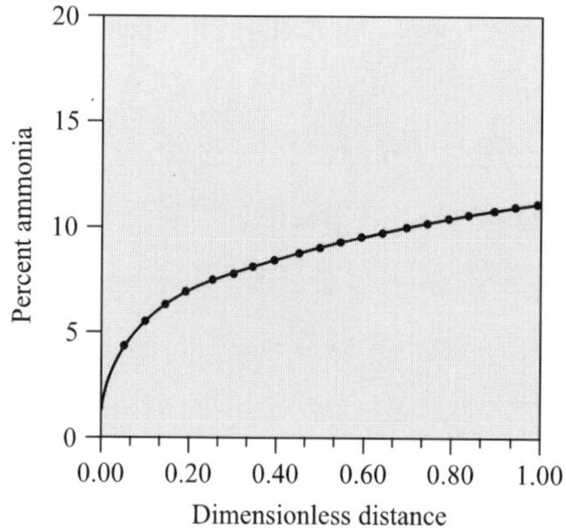

Figure 7.3.1 |
Ammonia concentration calculated from microkinetic model versus longitudinal distance from reactor inlet. (Figure adapted from "Kinetic Simulation of Ammonia Synthesis Catalysis" by J. A. Dumesic and A. A. Trevino, in *Journal of Catalysis,* Volume 116:119, copyright 1989 by Academic Press, reproduced by permission of the publisher and the authors.)

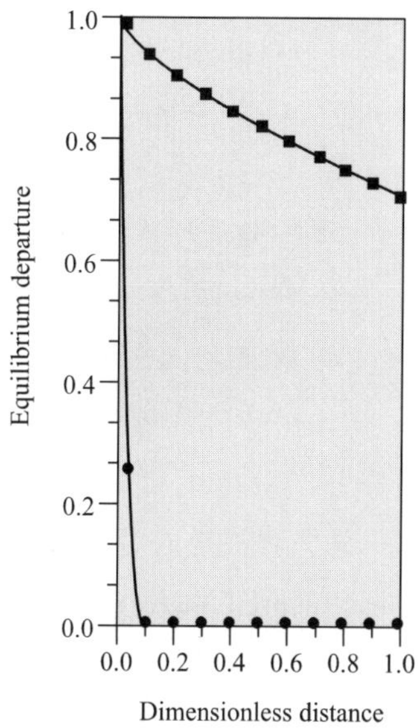

Figure 7.3.2 |
Departure from equilibrium for the two slowest elementary steps in ammonia synthesis. Squares are for step 2 and circles are for step 3. (Figure adapted from "Kinetic Simulation of Ammonia Synthesis Catalysis" by J. A. Dumesic and A. A. Trevino, in *Journal of Catalysis*, Volume 116:119, copyright 1989 by Academic Press, reproduced by permission of the publisher and the authors.)

다. 표면 수소첨가반응속도는 표면에 존재하는 NH_x 종의 상대적 안정성으로부터 계산된다.
다음 미세 속도론 분석은 정상상태 속도식, 촉매 활성점 수지, 기체 성분의 물질 수지를 동시에 풀어서 10,000개의 혼합cell을 직렬로 사용하는 상업용 PFR을 모델링 하였다. 그러므로 이 모델을 완성하는데 있어 가능하다고 판단되는 율속단계, 가장 많을 거라고 여겨지는 반응 중간체에 대한 가정은 설정하지 않아도 된다.

미세속도론 분석을 위해 선택된 조건은 질소와 수소로 구성된 화학양론적 공급물과 함께 107 bar로 조업되고 2.5 cm^3의 촉매를 가지는 상업용 반응기와 같다. 공간속도는 16,000 h^{-1}, 촉매층 밀도는 2.5 g cm^{-3}, 촉매 점(site) 밀도는 6×10^{-5} mol g^{-1}이다. 723 K에서 조업되는 반응기의 유출흐름에서 암모니아의 농도가 실험적으로 13.2 %로 측정되었다. 그림 7.3.1은 미세속도론 모델에서 계산된 암모니아 농도를 반응기의 축방향 거리의 함수로 나타낸 것이다. 유출흐름의 암모니아 농도는 실험치 13.2 %에 접근하고 있으며 이는 모델과 관찰결과가 일치함을 보여준다. 이러한 미세속도론 모델은 반응 속도론을 좀 더 잘 이해할 수 있도록 한다. 예를 들어, 율속단계가 존재한다면 모사된 반응조건하에서 기초단계가 평형으로부터 이탈한 정도를 조사함으로써 율속단계를 찾을 수 있다. 그림 7.3.2는 반응기를 통해 진행되는 가장 느린 반응 단계에 대해 평형으로부터 이탈한 정도((정반응속도−역반응속도)/정반응속도로 정의)를 보여주고 있다. 반응기를 통한 반응 메커니즘에서 단계 2인 질소 분자해리가 율속단계라는 것이 명확하게 나타나 있다. 표 7.3.1의 모든 다른 반응단계는 속도론적으로 큰 의미는 없다. 그러므로 5.3절에서 이미 논의했듯이 암모니아 합성에서의 전환빈도는 질소분자의 흡착분해 속도론에 절대적으로 관계한다(단계 1, 2). 각각의 유사 평형기초단계가 합해져서 열역학적으로 일치하는 평형상수를 가진 하나의 전체 유사평형반응이 되는 한 각각의 전지수인자(pre-exponential factor)와 활성화 에너지에 있어서 약간의 오차에 대해서는 큰 의미를 두지 않아도 된다. 또 미세속도론 모델은 촉매표면에서 다양한 중간체의 상대적 흡착 분율을 결정할 수 있게 해 준다. 그림 7.3.3은 반응기 전체를 통하여 N*와 H* 중간체의 표면 흡착 분율 변화가 어떤 형태로 진행되는 지를 보여 주고 있다. 반응기 입구를 제외하고는 철 촉매층 전반에 걸쳐 흡착된 질소원자가 가장 풍부한 반응 중간체임을 알 수 있다. N* 생성이 반응 율속단계이므로 철촉매상에서 정상 상태 반응 중에 가장 높은 N* 흡착분율은 H_2와 NH_3는 평형상태로부터 일어난다. 그러므로 반응기 입구에서 N*

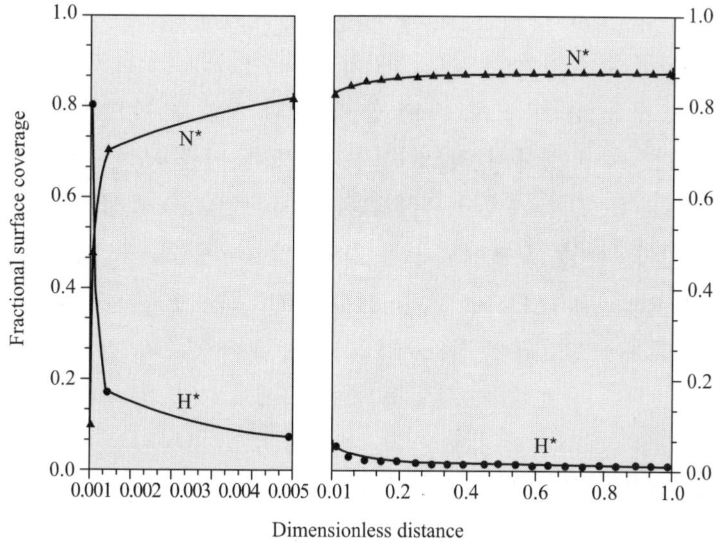

Figure 7.3.3 |
Fractional surface coverages of predominant adsorbed species versus dimensionless distance from the reactor inlet. (Figure adapted from "Kinetic Simulation of Ammonia Synthesis Catalysis" by J. A. Dumesic and A. A. Trevino, in *Journal of Catalysis*, Volume 116:119, copyright ⓒ 1989 by Academic Press, reproduced by permission of the publisher and the authors.)

대신에 H* 상태로 많이 흡착되어 있다는 것(그림 7.3.3)은 H_2의 압력이 상대적으로 낮아짐과 동시에 암모니아의 압력이 낮아진다는 것을 의미한다.

이 사실을 더욱 확실하게 규명하는 또 다른 방법은 평형에서 벗어난 실험적 속도데이터에 대한 모델의 거동을 검토하는 것이다. 표 7.3.1에서 제시된 미세속도론 모델을 통해 678 K의 온도에서 MgO에 담지 된 철촉매 상에서의 암모니아 합성에 대한 전환빈도는 약 5배 범위 내에 있으며, 암모니아 농도는 평형 값의 20 %와 같다는 것을 예측하게 해 준다. 이러한 수치는 촉매가 조촉매를 포함하고 있지 않다는 것과 흡착점 밀도가 과대 계상되어 질 수 있다는 것을 고려할 때 적절하게 계산되어졌다고 말할 수 있다. 또한 표 7.3.1의 모델을 통해 20 bar, 748 K 그리고 평형 값의 1.5 % 보다 적은 암모니아 농도조건에서는 Fe(111) 단결정상에서의 암모니아 합성속도를 약 5배의 범위 내로 예측할 수 있다.

강조할 것은 철촉매 상에서 암모니아 합성속도가 질소분자의 해리 흡착(단계 1과 2)과 밀접한 관계가 있으므로 모든 반응 단계를 적절하게 설명해 주며 전체반응과 열역학적으로 일치하는 미세속도론 모델은 암모니아 합성 속도론을 효과적으로 서술할 수 있다는 것이다. 이는 질소분자의 흡·탈착에 대한 속도론적 매개변수가 초고진공 철 단결정 상에서 얻어진 결과와 일치함에도 불구하고 미세속도론 모델이 상업용 반응기를 성공적으로 서술 할 수 있다는 예를 제시해 주고 있다.

담지된 루테늄 촉매 상에서 암모니아 합성 또한 미세속도론 분석에 대한 좋은 예라고 할 수 있다. 표 7.3.2에서는 세슘을 조촉매로 MgO에 담지 된 루테늄 촉매 상에서 암모니아 합성 모델에 대한 속도론 매개변수들이 정리되어 있다[O. Hinrichsen, F. Rosowski, M. Muhler, and G. Ertl, *Chem. Eng. Sci.*, **51** (1996) 1683]. 표 7.3.1의 모델과는 상반되게 질소분자의 해리 흡착이 오직 한 단계로 나타나 있다. 표 7.3.2의 속도 상수 값은 동일한 촉매 상에서 각각의 독립적인 정상상태와 전이 상태 실험을 통하여 얻어졌다. 질소분자의 승온 흡·탈착, 질소 분자의 동위원소 교환, 기체 상태의 수소분자와 흡착 상태의 질소 원자와의 승온반응 등의 실험을 통하여 위 표의 자료를 얻을 수 있었다. 미지의 속도 상수 값은 실험 데이터를 회귀 분석하여 계산되었고 이 값들의 물리적 의미를 확인 점검하였다. 철촉매를 사용한 전 예에서와 마찬가지로 담지된 Ru 촉매를 함유하고 있는 정상상태 반응기가 직렬연결된 여러 개의 혼합 cell로서 모델링되었다. 여기에서는 기체종에 대한 정상상태 속도식, 촉매 활성점 수지식, 물질수지식을 동시에 풀었다.

철촉매상에서 확인된 결과와 유사하게 루테늄 촉매 상에서의 암모니아 합성 반응에 대한 율속 단계는 질소분자의 해리 흡착이다. 그러나 전체 반응 속도는 수소 분자의 방해를 받게 되는데, 이는 흡착된 수소가 대부분의 촉매 표면을 덮고 있는 가장 풍부한 반응성 중간체임을 의미 한다[B. C. McClaine, T. Becue, C. Lock, and R. J. Davis, *J. Mol. Catal. A: Chem.*, **163** (2000) 105]. 철촉매를 사용하는 예에서, 수소분자에 의한 저해는 단지 극도로 낮은 암모니아 압력에서 관찰되었다. 그러나 루테늄 상에서의 반응은 적절한 암모니아 압력에서 조차 이와는 차이가 크다. 그 이유는 촉매 표면에서 수소분자와 암모니아를 포함하는 평형 상태가 질소 원자 대신에 수소 원자의 흡착이 더 잘되도록 유지하기 때문이다. 표 7.3.2에서의 미세속도론 모델은 넓은 범위의 반응 온도, 상압 또는 승압조건 그리고 평형 근처 또는 평형으로부터 벗어난 출구조건에서 조업되는 반응기로부터의 암모니아 유출액 농도를 설명해 주고 있다. 그림 7.3.4는 모델과 실험적으로 얻은 결과를 비교해 주고 있다. 가장 높은 온도에서 암모니아 출구 농도의 감소는 반응기 내부가 평형에 도달했음을 의미한다. 속도론 모델은 반응의 근본적인 측면 즉, 반응속도와 온도의 관련성, 평형근처 또는 평형에서 벗어난 상태에서 생성되는 적절한 수준의 암모니아 그리고 분자 수소에 의한 저해를 잘 재현하였다.

Table 7.3.2 | A proposed mechanism of ammonia synthesis over ruthenium catalysts.[a]

Number	Forward rate	Elementary step	Reverse rate
1	$6 \times 10^{-2} e^{-33/(R_g T)} P_{N_2} (\theta_*)^2$	$N_2 + 2* \rightleftarrows 2N*$	$2 \times 10^{10} e^{-137/(R_g T)} (\theta_N)^2$
2	$6 \times 10^{13} e^{-86/(R_g T)} \theta_H \theta_N$	$H* + N* \rightleftarrows NH* + *$	$3 \times 10^{14} e^{-41/(R_g T)} \theta_{NH} \theta_*$
3	$5 \times 10^{13} e^{-60/(R_g T)} \theta_{NH} \theta_H$	$NH* + H* \rightleftarrows NH_2* + *$	$2 \times 10^{13} e^{-9/(R_g T)} \theta_{NH_2} \theta_*$
4	$3 \times 10^{13} e^{-17/(R_g T)} \theta_{NH_2} \theta_H$	$NH_2* + H* \rightleftarrows NH_3* + *$	$9 \times 10^{12} e^{-65/(R_g T)} \theta_{NH_3} \theta_*$
5	$6 \times 10^{13} e^{-84/(R_g T)} \theta_{NH_3}$	$NH_3* \rightleftarrows NH_3 + *$	$2 \times 10^{3} P_{NH_3} \theta_*$
6	$6 \times 10^{2} P_{H_2} (\theta_*)^2$	$H_2 + 2* \rightleftarrows 2H*$	$2 \times 10^{13} e^{-89/(R_g T)} (\theta_H)^2$

[a] Rates are in units of molecules per second per site, pressures (P) are in pascals, and activation energies are in kilojoules per mole. Concentrations of surface species are represented by fractional surface coverages as discussed in Chapter 5. Kinetic parameters are adapted from the data of Hinrichsen et al. [O. Hinrichsen, F. Rosowski, M. Muhler, and G. Ertl, *Chem. Eng. Sci.*, **51** (1996) 1683]

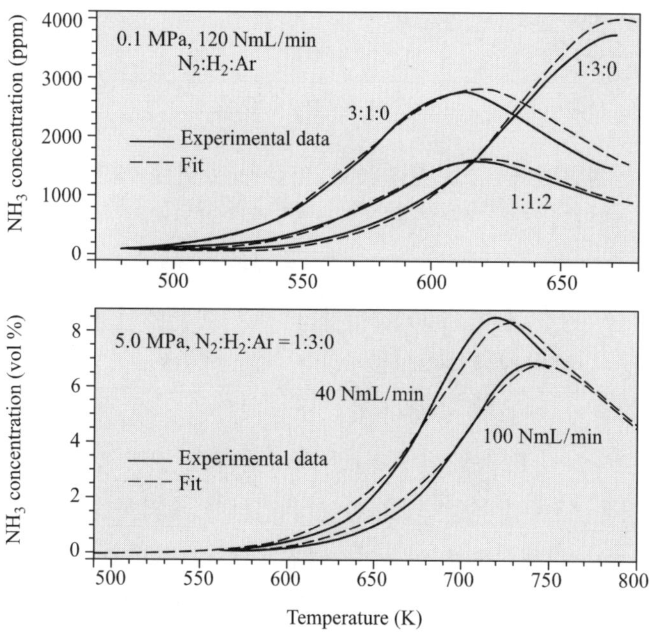

Figure 7.3.4 |
Comparison of calculated and measured ammonia concentrations at the effluent of a steady-steady ammonia synthesis reactor containing ruthenium particles supported on magnesia and promoted by cesium. [Adapted from O. Hinrichsen, F. Rosowski, M. Muhler, and G. Ertl, "The Microkinetics of Ammonia Synthesis Catalyzed by Cesium-Promoted Supported Ruthenium," *Chem. Eng. Sci.*, **51** (1996) 1683, copyright 1996, with permission from Elsevier Science.]

7.4 전이금속 상에서의 에틸렌 수소첨가반응

수소첨가반응은 산업적으로 중요한 반응으로서 상업적 수율을 달성하기 위해서는 불균일 촉매가 필수적이다. 에틸렌(C_2H_4)은 탄소-탄소 이중 결합에 수소 원자를 첨가하는 수소첨가반응을 연구하는데 사용되는 가장 작은 올레핀이다. 이 단순한 반응에 대한 실험적, 이론적인 연구가 수도 없이 진행되었지만 완전히 규명되지 않았다. 미세속도론 분석은 촉매 사이클에서 기초반응단계를 이해할 수 있는 계기를 만들어 줄 수 있다.

Horiuti와 Polanyi은 금속 촉매 상에서 에틸렌 수소첨가반응에 대하여 다음과 같은 간단한 메커니즘을 제시하였다. [J. Horiuti and M. Polanyi, *J. Chem. Soc., Faraday Trans.*, **30** (1934) 1164]:

Step 1	$H_2 + 2^* \rightleftarrows 2H^*$
Step 2	$C_2H_4 + 2^* \rightleftarrows {}^*C_2H_4{}^*$
Step 3	${}^*C_2H_4{}^* + H^* \rightleftarrows {}^*C_2H_5 + 2^*$
Step 4	${}^*C_2H_5{}^* + H^* \rightleftarrows {}^*C_2H_6 + 2^*$
Overall	$C_2H_4 + H_2 = C_2H_6$

이 연속 단계에서 에틸렌과 수소 분자는 전이금속 표면에 경쟁적으로 흡착한다. 이러한 기초적인 메커니즘은 오랫동안 올레핀 수소첨가반응 속도론을 기술하기 위하여 사용되어 왔지만 광범위한 범위의 조건에서의 반응 특성을 적절하게 설명해 주지는 못한다. 예를 들면, 300 K 이하의 반응 온도에서 백금 촉매 상의 에틸렌 수소첨가반응은 에틸렌에 관해서는 0 차, 수소에 대하여는 0.5 차의 반응차수를 갖는다. 에틸렌에 대한 반응차수 0 이 의미하는 것은 촉매 표면은 탄소를 포함하고 있는 반응물이 표면에 아주 미량 흡착한다는 것이고, 반면 수소분자에 대한 0.5차라는 것은 단계 1 즉, 수소분자가 해리하여 흡착하는 과정이 평형임을 의미한다. 흡착단계가 경쟁적으로 이루어진다면 에틸렌 압력을 증가시킬 때 비어 있는 흡착점 농도는 감소되고 따라서, 수소 표면흡착분율 역시 감소되어야 한다. 달리 말하면, 수소첨가반응 속도는 에틸렌 압력이 증가함에 따라 감소되어야만 한다. 낮은 반응온도에서는 이러한 현상을 관찰할 수 없다.

실험적으로 구해진 반응차수를 설명하기 위한 방법 중 하나는 비경쟁적 수소분자 흡착단계를 연속 단계에 보충하는 것이다. H_2 분자크기가 매우 작으므로 수소분자는 메틸렌 분자 보다 촉매 표면에 더 잘 흡착되므로 이 같은 비경쟁적 수소분자 흡착 단계의 도입은 타당하다. 경쟁/비경쟁적 흡착을 모두 적용한 에틸렌 수소첨가반응에 대한 촉매적 사이클은 다음과 같다.

Step 1	$H_2 + 2* \rightleftarrows 2H*$
Step 1a	$H_2 + 2*' \rightleftarrows 2H*'$
Step 2	$C_2H_4 + 2* \rightleftarrows *C_2H_4*$
Step 3	$*C_2H_4* + H* \rightleftarrows *C_2H_5 + 2*$
Step 3a	$*C_2H_4* + H*' \rightleftarrows *C_2H_5 + * + *'$
Step 4	$*C_2H_5 + H* \rightleftarrows C_2H_6 + 2*$
Step 4a	$*C_2H_5 + H*' \rightleftarrows C_2H_6 + * + *'$
Overall	$C_2H_4 + H_2 = C_2H_6$

*′ 는 에틸렌이 아닌 수소분자가 흡착 가능한 활성점을 나타낸다. Rekoske 등은 Pt 촉매 상에서 에틸렌 수소첨가반응에 대한 유사한 반응 단계를 발표하였다. 그러나 이들의 분석에 있어서 수소 활성화 단계는 포함되지 않았다[J. E. Rekoske, R. D. Cortight, S. A. Goddard, S. B. Sharma, and J. A. Dumesic, *J. Phys. Chem.*, **96** (1992) 1880]. H_2 대신에 중수소(deuterium, D_2)를 첨가시킬 때 생성물의 동위원소분포를 미세속도론 측면에서 분석할 때 위 연속 단계에서 활성화 단계를 첨가시켜야 한다. 그럼에도 불구하고 이러한 분석은 광범위한 조작 조건하에서 Horiuti와 Polanyi가 제시한 경쟁/비경쟁 메커니즘에 의한 Pt 촉매 상에서의

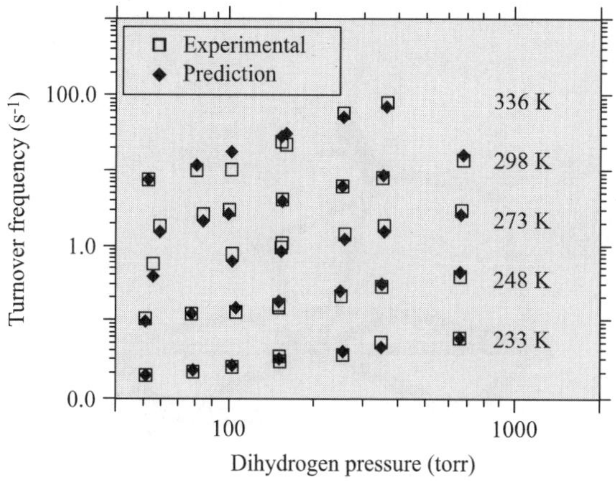

Figure 7.4.1 |
Comparison of results from microkinetic model and experimental observation. [Adapted with permision from J. E. Rekoske, R. D. Cortright, S. A. Goddard, S. B. Sharma, and J. A. Dumesic, *J. Phys. Chem.,* **96** (1992) 1880. Copyright 1992 American Chemical Society.]

에틸렌 수소첨가반응에 대한 주된 특징을 잘 설명해 주고 있다. 그림 7.4.1은 100 K 간격, 넓은 범위 내의 수소 압력 하에서 실험적으로 얻은 전환빈도와 계산된 값을 비교해 주고 있다. 실험으로 구한 수소분자의 반응차수는 223 K에서 0.47로부터 336 K에서 1.10으로 증가한다. 속도론 모델은 실험적으로 얻은 모든 반응 조건 하에서 얻은 실험치와 잘 일치함을 확실하게 알 수 있다. 모델은 여기에서는 명시하지 않았지만 에틸렌의 반응 차수를 매우 잘 예측한다. 이러한 미세속도론 분석은 저온에서는 에틸렌의 대부분이 비경쟁적 흡착 경로를 통해 수소첨가되는 반면 고온에서는 경쟁적 흡착이 주된 경로가 됨을 보여주고 있다.

지난 10 여년간 컴퓨터의 발전에 의한 계산능력 향상, 새로운 양자화학방법의 출현에 의해 *ab initio* ('최초로부터' 라는 의미임) 양자화학계산과 속도 묘사 방법을 이용하여 표면 반응에 대한 속도 변수 계산이 가능해 졌다. 기체 종의 흡착 엔탈피를 계산할 수 있고 표면에 흡착된 종으로부터 전이 상태를 형성하기 위한 활성화 장벽이 예측 될 수 있으며, 시간에 따른 표면 종의 변화 정도를 모사할 수 있다. 그림 7.4.2는 평면 상태의 Pd_7 클러스터로 구성되어 있는 Pd 표면 모델 상에서 흡착된 에틸렌의 수소첨가반응에 대한 전이 상태(단계 3)를 보여주고 있다. 첫 번째 양자역학 메커니즘으로부터 Pd(111) 금속 표면에서의 에틸(ethyl) 형성과 관계된 활성화 에너지는 약 72 kJ mol^{-1}로 계산된다 [M. Neurock and R. A. van Santen, *J. Phy. Chem. B*, **104** (2000) 11127]. 그림 7.4.3에서는 두개의 서로 다른 Pd표면상에서 단계 3에서의 생성물인 흡착된 에틸 종의 배열을 보여주고

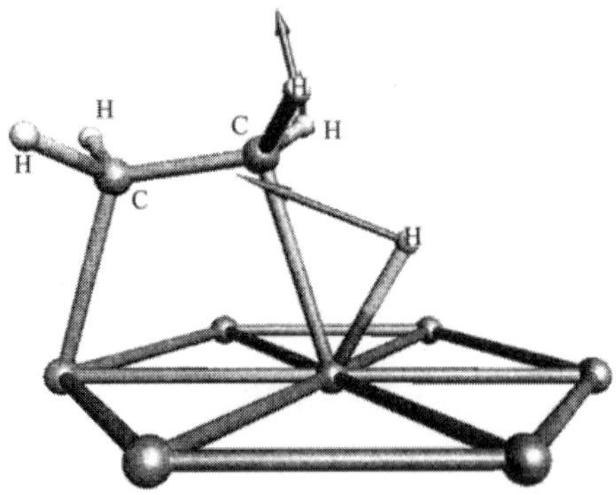

Figure 7.4.2 |
The isolated transition state structure for the formation of ethyl from ethylene and hydrogen on a model Pd_7 cluster. The vectors correspond to the motion along the reaction coordinate. [Adapted with permission from M. Neurock and R. A. van Santen, *J. Phys. Chem. B*, **104** (2000) 11127. Copyright 2000 American Chemical Society.]

있다. Pd_{19} 클러스터와 semi-infinite Pd (111) 상에서 반응성중간체의 화학흡착 에너지는 각각 −130과 −140 kJ mol^{-1}이다. 이는 오차 범위 내에서 계산치와 잘 일치한다. 흡착된 에틸렌, 흡착된 수소, 흡착된 에틸을 포함한 결과는 단계 3에 대한 전체 반응열이 흡열반응이며 Pd 표면상에서 3 kJ mol^{-1}임을 보여준다. 이러한 계산은 Horiuti-Polanyi 메커니즘에 존재하는 모든 종에 대해 사용될 수 있다. 이 방법으로 얻은 속도식은 첫 번째 원리로부터 얻을 수 있다. 그 이유는 실험치에 대한 회귀 분석이 속도론 변수를 얻기 위하여 필요치 않기 때문이다.

Hansen과 Neurock은 몬테카를로 알고리즘(Monte carlo algorithm)을 사용하여 Pd 촉매 표면에서 일어나는 에틸렌 수소첨가반응을 모델 표면상에서의 여러 반

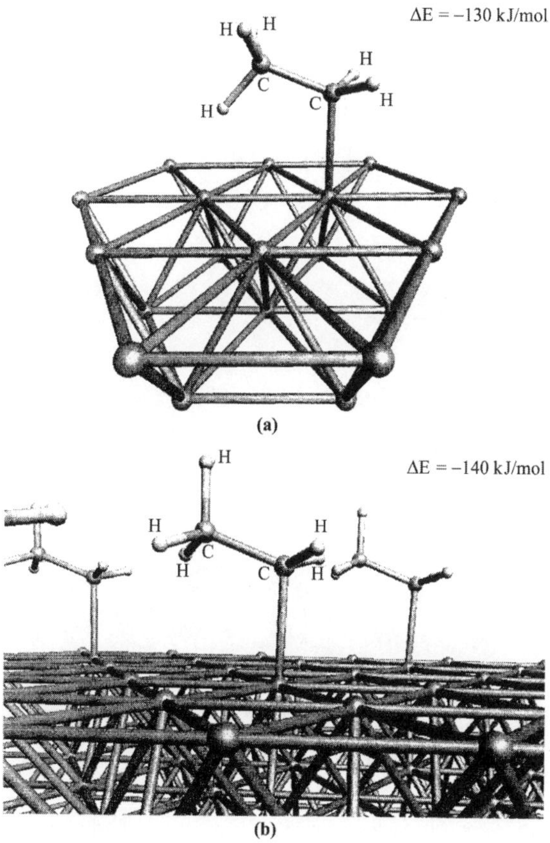

Figure 7.4.3 |
Structures and energies for the chemisorption of ethyl on (**a**) a Pd_{19} cluster model and (**b**) a model Pd(111) surface. [Reproduced with permission from M. Neurock and R. A. van Santen, *J. Phys. Chem. B*, **104** (2000) 11127. Copyright 1992 American Chemical Society.]

응을 통한 단계로 모사하였다[E. W. Hansen and M. Neurock, *J. Catal.*, **196** (2000) 241]. 반응은 격자 형태의 Pd 원자를 시작으로 반응물의 흡착, 기초단계 표면반응, 생성물의 탈착 등의 모든 가능한 반응이 일어나도록 함으로서 모사되었다. 모사는 반응진행에 따른 표면 조성을 새롭게 하여 시간에 맞게 경우에 따라 앞으로 진행한다. 계산 방법은 너무 복잡하여 여기서 모두 기술할 수 없지만 관심있는 사항은 E. W. Hansen and M. Neurock, *J. Catal.*, **196** (2000) 241에서 찾아볼 수 있다. 모사단계에서의 입력 자료는 흡착/탈착에너지 모두를 포함한다. 이러한 모사방식에서 가장 중요한 점은 표면에 존재하는 개체 간의 상호작용에 대한 설명이다. 다양한 속도론 모델에서 촉매는 이상적인 랭미어(Langmuir) 표면(모든 흡착점은 동일한 열역학적 성질을 갖고 있고 표면 개체 간에는 상호작용이 없다는 것)이라고 가정하고 있지만 현대표면과학은 실제로 종종 이 같은 이상성이 성립하지 않음을 증명했다.

모사로부터 얻은 결과를 Pd 촉매 상에서 에틸렌 수소첨가반응 실험을 통해 얻은 속도론 변수(활성화에너지, 전환빈도, 반응차수)로부터 다시 구해 보았다. 그림 7.4.4는 Pd 표면에서 에틸렌 수소첨가반응의 모사 형태를 보여 주고 있다. 이

Figure 7.4.4 |
Snapshot of a Pd(100) surface during a simulation of ethylene hydrogenation at 298 K, 25 torr of ethylene and 100 torr of dihydrogen. [Figure from "First-Principles-Based Monte Carlo Simulation of Ethylene Hydrogenation Kinetics on Pd," by E. W. Hansen and M. Neurock, in *Journal of Catalysis,* Volume 196:241, copyright 2000 by Academic Press, reproduced by permission of the publisher and authors.]

러한 관점에서 모사는 매우 유동성이 있는 수소 원자가 표면에서 빠른 속도로 움직여 정지된 탄화수소와 반응한다는 것을 보여 준다. 이 모델에서는 메커니즘 내의 경쟁적/비경쟁적 흡착 단계 간에 차이점이 없다는 것을 보여준다. 종 간의 옆방향 상호작용(lateral interaction)은 Horiuti-Polanyi 메커니즘을 통해 쉽게 설명되어지지 않는 실험적인 관찰결과를 설명할 수 있게 해 준다.

7.5 결 론

이 장은 촉매반응에 대한 미세속도론 분석을 포함하는 개념을 설명해 주고 있다. 키랄 균일촉매반응인 선구손대칭 올레핀 비대칭 수소첨가반응을 포함하는 첫 번째 예는 촉매 사이클에서 중요한 기초반응단계의 정확한 측정을 통해 거울상이성질선택성과 반응조건에 대한 응답을 이용하여 전체반응을 서술할 수 있는 속도론 모델을 만들 수 있음을 보여주었다. 두 번째 예로서 암모니아 합성에서는 초고진공 다결정 촉매 상에서 구한 기초단계 반응에 대한 속도론 변수가 어떻게 고압 상업용 반응기에 적용될 수 있는가를 보여주고 있다. 세 번째로 에틸렌 수소첨가반응의 경우 양자화학계산이 반응모사에서 계속적으로 사용될 수 있는 촉매표면상의 기초 단계와 관련된 에너지의 예측치를 어떻게 제공하는지를 보여준다. 마지막으로 산업적인 화학반응기를 서술하고자 목표 하에서 미세속도론 분석에 속도 모델의 입력으로서 양자화학계산을 사용하였다.

연 습 문 제

1. 7.2절에서 Rh 촉매 상에서 MAC 비대칭 수소첨가반응에 대한 반응 경로를 자세하게 기술하였다. 생성물의 비 [**S**]/[**R**]는 낮은 수소분자의 압력(또는 농도)에서도 식 (7.2.16)으로 표현되고 높은 수소분자의 압력(또는 농도)에서는 식 (7.2.22)로 표현된다. 표 7.2.1의 속도 상수값을 이용하여 [**S**]/[**R**] 생성물의 비를 H_2 농도 함수로 도시하시오. 어느 농도에서 식(7.2.16)과 식(7.2.22)가 유효할까?

2. Landis와 Halpern은 표 7.2.1에서 다양한 속도 상수의 온도 관련성에 대해 연구하였다[C. R. Landis and J. Halpern, *J. Am. Chem. Soc.*, **109** (1987) 1746]. 각각의 활성화에너지와 전지수인자 값은 다음과 같다.

Kinetic parameters for the asymmetric hydrogenation of MAC catalyzed by Rh(R,R-DIPAMP).

Parameter	R Cycle		S Cycle	
	E [a]	$\bar{A}$ [b]	E [a]	$\bar{A}$ [b]
k_1 (L mmol^{-1} s^{-1})	4.9	2.32×10^4	6.9	1.21×10^6
k_{-1} (s^{-1})	13.3	8.53×10^8	13.0	9.94×10^9
k_2 (L mmol^{-1} s^{-1})	10.7	7.04×10^4	7.5	1.84×10^5

[a] Activation energy, kcal mol^{-1}.
[b] Pre-exponential factor in the units of the rate constant.
Source: C. R. Landis and J. Halpern, *J. Am. Chem. Soc.*, **109** (1987) 1746.

0에서 37℃ 범위 내에서 온도 함수로 생성물의 비 [**S**]/[**R**]를 결정하시오. 연습문제 1에서 논의했듯이 저압/고압 경계 사이에서 H_2 농도는 일정하게 유지된다.

3. 전이금속 상에서 암모니아 합성의 미세속도론 해석은 7.3절에 제시되었다. 그 결과를 이용하여 암모니아 합성에서 율속단계가 N_2 해리화학흡착임에도 불구하고 흡착된 질소원자(N*) 철촉매 상에서 가장 풍부한 중간체가 될 수 있다는 것을 설명하시오.

4. 철촉매와 루테늄 촉매 상에서 암모니아 합성 반응 속도론에 대한 주요한 차이점을 기술하시오.

5. 7.4절에서 기술한 올레핀 수소첨가반응에 대한 Horiuti-Polanyi 메커니즘은 다음 4단계로 구분된다.

Step 1	$H_2 + 2^* \rightleftarrows 2H^*$
Step 2	$C_2H_4 + 2^* \rightleftarrows {}^*C_2H_4{}^*$
Step 3	${}^*C_2H_4{}^* + H^* \rightleftarrows {}^*C_2H_5 + 2^*$
Step 4	${}^*C_2H_5 + H^* \rightleftarrows C_2H_6 + 2^*$
Overall	$C_2H_4 + H_2 = C_2H_6$

단계 1, 2, 3은 준 평형상태, 단계 4는 실제적인 비가역반응, $^*C_2H_5$는 거의 모든 전체 표면 ($[^*]_o \sim [^*C_2H_5]$)을 차지하고 있는 가장 풍부한 반응성중간체로 가정하고 Pt 촉매상에서 에틸렌 수소첨가반응에 대한 속도식을 유도하시오. 유도된 속도식이 실험에서 관찰된 수소에 대한 반응차수 0.5차, 에틸렌에 대한 반응차수 0차와 다른 이유를 설명하시오. 만약에 흡착된 에틸렌($^*C_2H_4{}^*$)이 가장 풍부한 반응성중간체라면 실험으로부터 구한 반응차수를 설명할 수 있는가? 여러분이 제시한 답을 설명하시오.

6. 'Microkinetics Modeling of the Hydroisomerization of n-Hexane,' (A. van de Runstraat, J. van Grondelle, and R. A. van Santen, *Ind. Eng. Chem. Res.*, **36** (1997) 3116) 제목의 논문을 읽으시오. n-헥산 이성질화반응은 양기능성(bifunctional) 촉매(금속과 산촉매)를 포함한 반응에 대한 대표적인 예이다. 양기능성촉매에서 전이금속 성분은 수소첨가반응/탈수소화반응을 촉진하고 산성분은 구조적인 재배열을 촉진한다. 5.3절에서는 양기능성 촉매상에서 탄화수소의 이성질화반응을 포함하는 중요한 반응을 예로 제시하였다. van de Runstraat 등에 의한 미세속도론 분석에 있어 핵심적인 발견을 요약하시오.

CHAPTER 8

반응기에서의 비이상흐름

8.1 서 론

3장에서 정상상태, 등온 이상반응기에서 속도론 자료를 얻는 방법에 대해 이미 기술하였다. 실제로 반응기에서의 조건은 반응 속도를 정의하기 위해 사용한 이상적인 요구 사항과는 매우 다르다. 예를 들면, 실제 반응기는 구석의 각진 형태, 방해판(baffle), 비균일한 촉매 충진 등으로 인해 PFR, CSTR에서의 이상적인 혼합 패턴을 확신 할 수 없는 비균일 흐름 패턴일 수 있다. 또한 등온 조건에서 조업되는 실제 반응기는 거의 없다. 오히려 단열 또는 비등온 상태라 할 수 있다. 대부분의 논의가 석유화학산업에서 사용되는 통상적인 반응기 형태에 집중될 것이지만 이 같은 해석법은 대기화학, 생명체에서의 대사과정, 미세전자재료 제조에서의 화학증기증착 등과 같은 반응 시스템에서도 일반적으로 적용될 수 있다. 다음 예는 같은 반응기 내에서의 흐름패턴이 반응거동에 어떻게 영향을 미치는 지를 보여준다.

예제 8.1.1 이상 PFR 거동에 접근하기 위하여 흐름은 난류이어야 한다, 예를 들어 개방된 관에서 난류를 일으키기 위한 레이놀즈 수(Reynolds number)는 2100 보다 커야 한다. 이 같은 흐름지배형태는 많은 실제 상황에서 가능하다. 그러나, 액상반응을 수행하는 실험실 규모 반응기에서는 높은 유속에 도달하기가 쉽지 않다. 이 경우에는 층류 흐름이 일어날 것이다. 층류 흐름을 가진 관형반응기에서 반응 차수가 1차인 반응종 A의 평균 출구 농도를 계산하고 $(kL)/u = 1$ (u = 평균 선흐름 속도)일 때 PFR에서 얻어진 값과 비교하라.

해답

일정 밀도 하에서 1차 반응을 달성하는 PFR 반응기에 대한 물질 수지식은 다음과 같다.

$$\frac{dF_A}{dV_R} = \mathrm{v}\frac{dC_A}{dV_R} = \frac{uA_C}{A_C}\frac{dC_A}{dz} = u\frac{dC_A}{dz} = -kC_A$$

반응기 입구 (z=0)에서 $C_A = C_{Ao}$ 조건으로 위 식을 적분하면

$$C_A = C_A^0 \exp\left[-\frac{kz}{u}\right]$$

층류 흐름에서

$$\bar{u}(\bar{r}) = 2u\left[1 - \left(\bar{r}/\bar{r}_t\right)^2\right]$$

여기서 $\bar{r}_t$는 관형 반응기의 반지름이다(그림 8.1.1 참조).

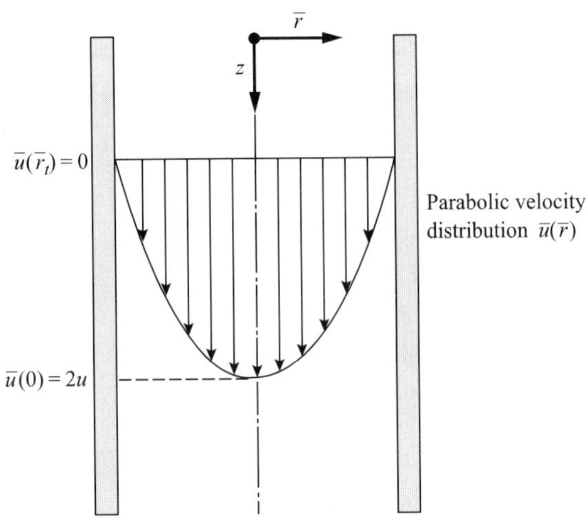

Figure 8.1.1 | Schematic representation of laminar velocity profile in a circular tube.

물질 확산을 무시할 정도라면 층류 흐름 반응기에서 물질 수지식은 (8장의 후반부에서 논의될 것임) 다음과 같다.

$$\bar{u}(\bar{r})\frac{\partial C_A}{\partial z} = -kC_A$$

$\bar{u}(\bar{r})$ 은 z의 함수가 아니기 때문에 이 식은 다음과 같이 풀 수 있다.

$$C_A(\bar{r}) = C_A^0 \exp\left[-\frac{kz}{\bar{u}(\bar{r})}\right]$$

평균 농도 $\bar{C}_A$를 얻기 위하여 $C_A(\bar{r})$는 다음과 같이 축방향 차원으로 적분한다.

$$\bar{C}_A = \frac{\int_0^{\bar{r}^t} C_A(\bar{r})\bar{u}(\bar{r})2\pi\bar{r}d\bar{r}}{\int_0^{\bar{r}^t} \bar{u}(\bar{r})2\pi\bar{r}d\bar{r}}$$

따라서 A의 평균 출구 농도, $\bar{C}_A^L$은 $z = L$에서 $\bar{C}_A$의 값을 구함으로써 얻을 수 있다. $(kL)/u = 1$에 대해 PFR로부터 C_A 출구 농도 C_A^P는 0.368 C_A^0인 반면 층류 반응기에서는 $\bar{C}_A^L$=0.443 C_A^0이다. 그러므로 PFR 거동에서의 편차는 반응기 출구에서 A의 전환율을 통해 알 수 있다. 이때 A의 전환율은 PFR에 대해 63.2 %, 층류 흐름 반응기에 대해 55.7 %이다.

8.2 체류시간분포

3장에서 이상 PFR에 대해서는 혼합이 없고 CSTR에 대해서는 완전 혼합이라고 이론적으로 가정하였다. 이러한 두 종류의 유체 흐름 거동을 쉽게 기술 할 수 있음에도 불구하고 이들 제한으로부터 벗어난 흐름은 매우 복잡하며 이를 완전하게 모델링하는 것은 어렵다. 그러나 전체 흐름 형태의 상세한 면까지 모두 알아야할 필요는 없으며 단지 반응기 내에서 유체요소(fluid element)가 얼마나 오래 머물러 있는 지를(즉, 체류기간의 분포) 알 필요가 있다. 이러한 정보는 특정한 반응기의 흐름특성을 파악하기 위한 진단도구로서 사용될 수 있다.

유체 요소의 '나이(age)'는 반응기 내에서 유체요소가 체류하는 시간으로 정의된다. 1953년 Danckwert에 의해 최초로 제안된 유체요소의 개념은 반응기크기에 비해서는 작은 부피지만 밀도와 농도와 같은 연속적인 성질을 나타내는 데는 충분히 큰 부피를 말한다. 아래와 같은 실험을 생각해보자. 표지물질(tracer, 특정 시약 또는 방사성종)을 반응기에 주입하고 유출흐름을 시간의 함수로 모니터한다. 이상적인 PFR과 CSTR에 대한 이 실험의 결과를 그림 8.2.1에 나타냈다. PFR로 임펄스(impulse)가 투입되면 임펄스는 PFR에서 유체혼합이 없으므로 출구에서도

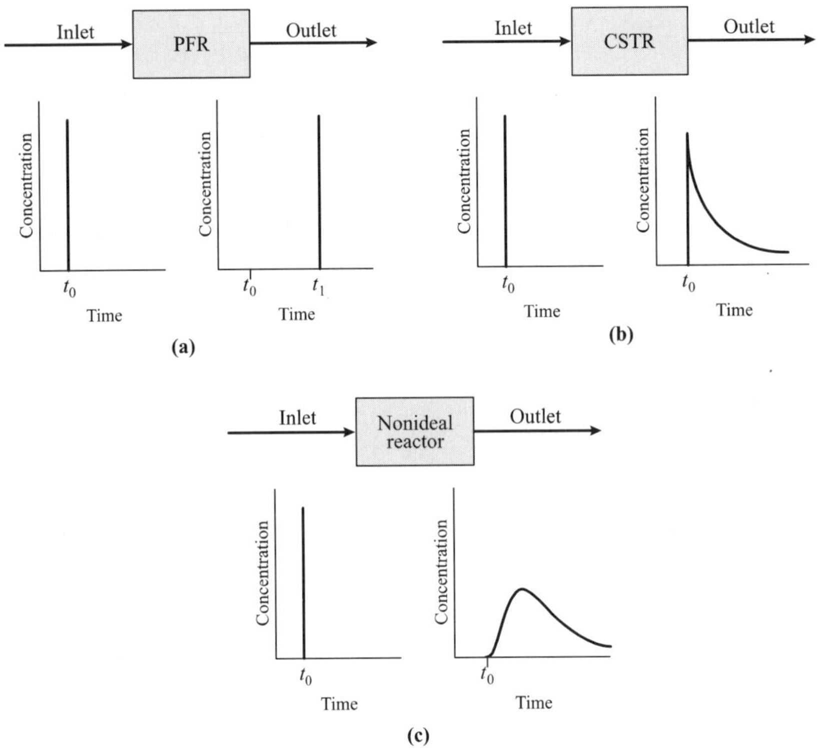

Figure 8.2.1 |
Concentrations of tracer species using an impulse input.
(a) PFR ($t_1 = t_0 + \tau$) **(b)** CSTR **(c)** Nonideal reactor.

같은 형태로 나타난다. 펄스(Pulse)는 시간 $t = t_0 + \tau$ 에서 나타날 것이다. 여기서 τ는 공간시간(space time)($\tau = V/v$)이다. 그러나 CSTR에서는 지수적인 체류시간분포가 존재하므로 펄스는 표지물질농도의 지수적 감소 형태로 나타난다(식 (3.3.11) 참조). 모든 비이상반응기에 대한 결과는 이 두 경우 사이에 존재하게 된다.

반응기에서 유체의 체류시간분포를 해석하기 위하여 다음 관계식이 전개되었다. 각각의 유체 요소에 대해서 반응기를 통해 이동하는 시간은 서로 다를 수 있다. $E(t)$곡선으로 정의되는 출구시간 분포를 유체의 체류시간분포(RTD)라고 한다. 표지물질의 출구농도 $C(t)$는 $E(t)$를 정의하는데 사용될 수 있다.

$$E(t) = \frac{C(t)}{\int_0^\infty C(\bar{t})d\bar{t}} \tag{8.2.1}$$

식 (8.2.1)은 다음 식을 만족한다.

$$\int_0^\infty E(\bar{t})d\bar{t} = 1 \tag{8.2.2}$$

정의에 의하여 시간 t와 $t+dt$ 사이에 체류 시간(나이, age)을 갖는 출구 흐름에서의 분율은

$$E(t)dt \tag{8.2.3}$$

이고, t_1 보다 적은 나이를 갖는 출구 흐름에서의 유체 분율은 다음과 같다.

$$\int_0^{t_1} E(\bar{t})d\bar{t} \tag{8.2.4}$$

예제 8.2.1 n몰의 표지 물질 임펄스를 이용하여 완전 혼합반응기에서의 RTD를 계산하라.

해 답

Dirac delta 함수로 기술되는 impulse는

$$\delta(t - t_0)\begin{cases} = 0, & t \neq t_0 \\ \neq 0, & t = t_0 \end{cases}$$

윗 식은 다음 식을 만족한다.

$$\int_{-\infty}^{\infty} \delta(t - t_0)dt = 1$$

CSTR에 대한 비정상상태 물질 수지식은 다음과 같고 t_0는 0으로 설정한다.

$$\underset{\text{accumulation}}{V\frac{dC}{dt}} = \underset{\text{input}}{\mathrm{n}\delta(t)} - \underset{\text{output}}{\mathrm{v}C}$$

그리고

$$\int_{-\infty}^{\infty} \delta(t)dt = 1$$

$C(0) = 0$을 조건으로 하여 미분방정식을 적분하면 다음과 같다.

(a) $$\tau\frac{dC}{dt} + C = \left(\frac{\mathrm{n}}{\mathrm{v}}\right)\delta(t)$$

(b) $$\int_0^t d[C\exp(\bar{t}/\tau)] = \left(\frac{\mathrm{n}}{\mathrm{v}}\right)\int_0^t \frac{\delta(\bar{t})}{\tau}\exp(\bar{t}/\tau)d\bar{t}$$

(c) $$C\exp(\bar{t}/\tau)\Big|_0^t = \left(\frac{\mathrm{n}}{\mathrm{v}}\right)\int_0^t \frac{\delta(\bar{t})}{\tau}\exp(\bar{t}/\tau)d\bar{t}$$

(d) $$C(t)\exp(t/\tau) - C(0)\exp(0) = \left(\frac{n}{v}\right)\int_0^t \frac{\delta(\bar{t})}{\tau}\exp(\bar{t}/\tau)d\bar{t}$$

(e) $$C(t) = \left(\frac{n}{v}\right)\exp(-t/\tau)\int_0^t \frac{\delta(\bar{t})}{\tau}\exp(\bar{t}/\tau)d\bar{t}$$

(f) Dirac delta 함수의 다른 성질은 다음과 같다.

$$\int_{-\infty}^{\infty}\delta(t-t_0)f(t)dt = f(t_0)$$

(g) $$C(t) = \left(\frac{n}{v}\right)\frac{\exp(-t/\tau)}{\tau}\exp(0/\tau)$$

(h) $$C(t) = \left(\frac{n}{v}\right)\frac{\exp(-t/\tau)}{\tau}$$

(i) $$E(t) = \frac{C(t)}{\left(\frac{n}{v}\right)\int_0^{\infty}\frac{\exp(-\bar{t}/\tau)}{\tau}d\bar{t}}$$

(j) $$E(t) = \frac{\frac{\exp(-t/\tau)}{\tau}}{-\exp(-t/\tau)|_0^{\infty}}$$

(k) $$E(t) = \frac{\exp(-t/\tau)}{\tau}$$

따라서 완전 혼합 반응기에서 대해서(종종 완전 역혼합(back mixing) 이라고도 함) RTD는 지수곡선을 나타낸다.

Vignette 8.2.1

혼합 특성을 측정하기 위한 표지물질의 사용은 화학반응기에만 한정되는 것은 아니다. 약물 속도론 분야의 경우 다양한 방법의 정맥주사에서 유래되는 신장 배출물질의 시간 경과는 화학반응기로 표지물질의 펄스를 주입하는 것과 유사하다. 보통 ^{2}H, ^{13}C, ^{32}P 등의 방사성 물질이 붙어있는 형태의 약물을 사용하여 동물과 사람에 대한 약물속도론을 연구한다. 이 장과 이 책의 다른 부분에서 제시된 것과 같은 분석은 제거시간(clearance time)과 중요한 다른 매개변수는 확인하는데 사용된다. 이 같은 주제에 대한 좋은 적용사례들은 M. Rowland와 T. N. Tozer가 저술한 '*Clinical Pharmacokinetics, Concepts and Application*,' 3rd ed., Lippincott, Williams and Wilkins, Philadelphia, 1995에서 볼 수 있다.

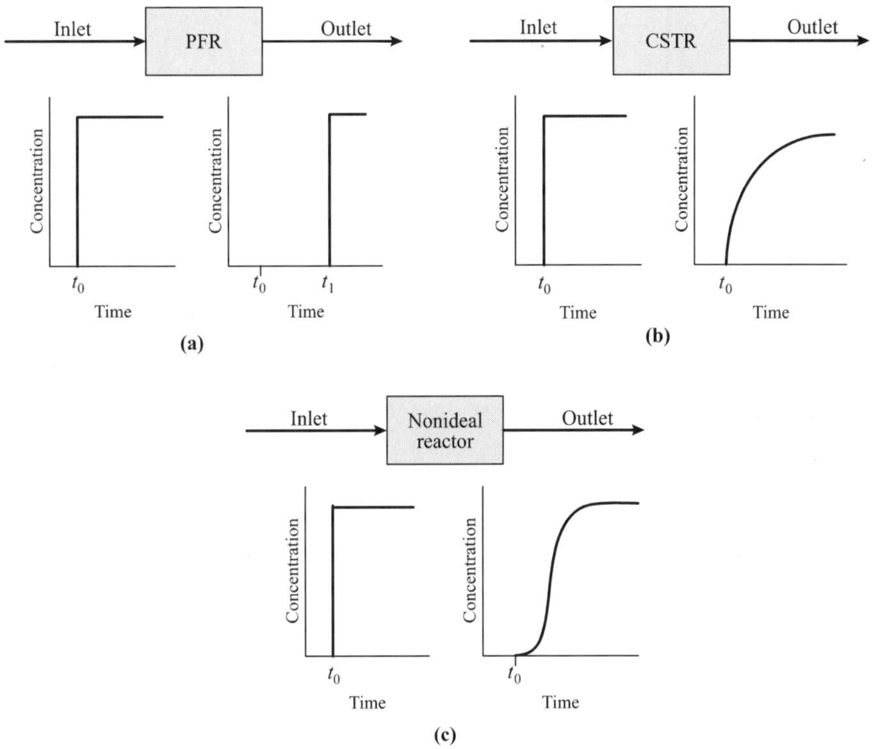

Figure 8.2.2 |
Concentrations of tracer species using a step input.
(a) PFR ($t_1 = t_0 + \tau$) **(b)** CSTR **(c)** Nonideal reactor.

표지물질 실험에 보편적으로 사용되는 두 가지 형태는 펄스 또는 계단(step) 함수로 표지물질을 주입하는 것이다. 그림 8.2.1은 출구 농도 곡선과 그에 따른 임펄스주입에 대한 $E(t)$ − 곡선 모양(출구농도 곡선과 같은 모양)을 보여주고 있다. 그림 8.2.2는 표지물질 계단함수 주입에 대한 출구 농도를 보여주고 있다.

$E(t)$ − 곡선을 알게 되면 평균 체류시간은 다음과 같이 얻을 수 있다.

$$\langle t \rangle = \frac{\int_0^\infty \bar{t}E(\bar{t})d\bar{t}}{\int_0^\infty E(\bar{t})d\bar{t}} = \int_0^\infty \bar{t}E(\bar{t})d\bar{t} \tag{8.2.5}$$

RTD 곡선은 반응기에서 흐름 패턴의 특성을 파악할 수 있는 진단 도구로 사용할 수 있다. 이 방법에서는 우회(bypassing) 또는 정체유체(stagnant fluid)영역(즉, 무용공간(dead space))의 가능성을 진단할 수 있다. 이 같은 불균형 분포

(maldistributions)는 반응기 내에서 예측 불가능한 전환율을 유발하므로 반응기 조업에 유해하다. 따라서, RTD곡선을 결정하기 위한 실험은 문제점을 지적할 수 있고 그에 따른 방해판의 설치 또는 제거와 촉매입자의 재충진과 같은 해결책을 제시할 수 있다.

예제 8.2.2 CSTR에서의 평균 체류시간을 계산하라.

해답

입구 농도에서 계단(step) 감소 형태로 생기는 출구 농도 변화는 식 (3.3.11)에 의해 제시되며 이 함수를 이용하여 $E(t)$−곡선을 계산한다.

$$E(t) = \frac{\exp(-t/\tau)}{\tau}$$

그러므로 $E(t)$−곡선에 식 (8.2.5)를 적용하면 다음과 같은 형태의 식을 얻게 된다.

$$\langle t \rangle = \frac{1}{\tau}\int_0^\infty \bar{t}\exp(-\bar{t}/\tau)d\bar{t}$$

왜냐하면,

$$\int_0^\infty x\exp(-x)dx = 1$$

$$\langle t \rangle = \frac{1}{\tau}\int_0^\infty \tau^2(\bar{t}/\tau)\exp(-\bar{t}/\tau)d(\bar{t}/\tau) = \tau$$

3장에서 보았듯이 임의의 반응기에 대한 평균 출구 시간은 공간 시간 τ 이다.

예제 8.2.3 3.5절에서 재순환반응기와 특별히 Berty 반응기에 대해 서술하였다. 높은 교반기 회전 속도 하에서 Berty 반응기는 CSTR과 같은 거동을 가진다. 아래에는 시간에 따른 무차원 출구농도 $C(t)/C^0$를 도시하였다. 출구농도는 cis-2-butene에 대한 것이다. 반응은 4 atm의 압력, 2000 rpm의 교반속도, 298 ~ 427 K 온도하의 Berty반응기에서 수행되었다. 이 온도영역에서 cis-2-butene은 알루미나 촉매상에서 이성질화 되지 않는다. $t = 0$에서 헬륨 내에 2 vol %의 cis-2-butene을 포함하는 공급흐름을 같은 전체유속을 유지하면서 순수한 헬륨으로 구성된 흐름으로 바꾸었다.

cis-2-butene을 1-butene과 trans-butene으로 전환하는 이성질화반응에 대한 반응속도는 이 반응기 형태를 고온으로 유지하면서 측정된다. CSTR 물질 수지가 속도자료를 확인하는데 사용될 수 있는가?

해 답

공급물 농도가 계단 감소를 나타내는 이상 CSTR로 부터의 출구 농도[식 (3.3.11)]는 다음과 같다.

$$C/C^0 = \exp[-t/\tau]$$

RTD가 이상 CSTR(즉, 완전 혼합)의 RTD와 같다면 그 때 출구 농도의 감소는 지수적 감소 형태를 나타낸다. 그러므로 시간에 대해서 $\ln(C/C^0)$를 도시하면 $-\tau^{-1}$의 기울기를 가진 직선이 된다. 그림 8.2.3에 나타난 것과 같은 농도가 감소하는 부분의 데이터를 이용하면 두 온도에서의 훌륭한 직선 맞춤을 얻을 수 있으며 이는 Berty 반응기가 298 K ≦ T ≦ 427 K에서 CSTR과 유사하게 거동함을 말한다.

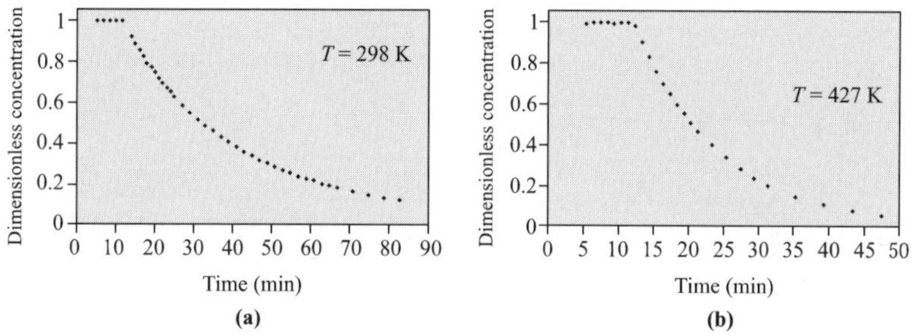

Figure 8.2.3 | Dimensionless concentration (C/C^0) of cis-2-butene in exit stream of Berty reactor as a function of time. See Example 8.2.3 for additional details.

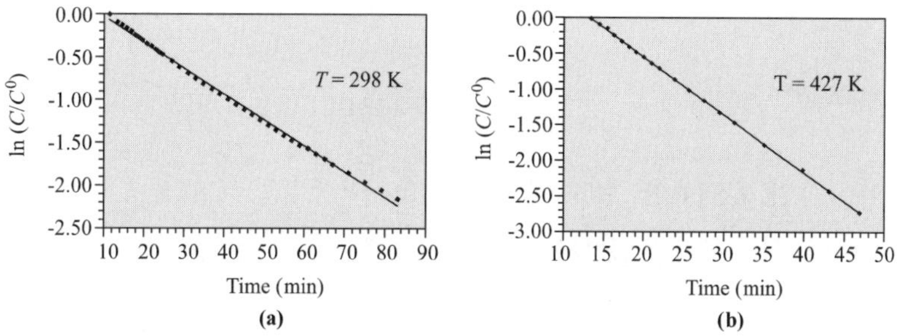

Figure 8.2.4 | Logarithm of the dimensionless concentration of cis-2-butene in exitstream of Berty reactor as a function of time. See Example 8.2.3 for additional details.

8.3 RTD 함수의 적용을 통한 반응기 전환율의 예측

RTD를 적용한 반응기 거동의 예측은 다음의 가정들을 기초로 한다. 각각의 유체요소(일정한 밀도를 가정)는 회분식 반응기처럼 거동한다. 따라서 전체 반응기 전환율은 모든 유체요소의 평균전환율이다. 즉,

$$\begin{bmatrix}\text{mean concentration} \\ \text{of reactant in} \\ \text{reactor outlet}\end{bmatrix} = \sum \begin{bmatrix}\text{concentration of} \\ \text{reactant remaining in} \\ \text{a fluid element of age} \\ \text{between } t \text{ and } t + dt\end{bmatrix}\begin{bmatrix}\text{fraction of exit stream} \\ \text{that consists of fluid} \\ \text{elements of age} \\ \text{between } t \text{ and } t + dt\end{bmatrix} \tag{8.3.1}$$

위 식에서의 Σ는 반응기 출구 흐름에서 모든 유체 요소를 모두 합한 것을 말한다. 이 식은 해석적으로 다음과 같이 쓰일 수 있다.

$$\langle C_A \rangle = \int_0^\infty C_A(\bar{t})E(\bar{t})\,d\bar{t} \tag{8.3.2}$$

$C_A(t)$ 는 각 요소의 체류 시간과 관련되며 다음과 같은 식으로부터 얻을 수 있다.

$$\frac{dC_A}{dt} = -\upsilon_A r(C_A) \tag{8.3.3}$$

여기에서,

$$C_A(0) = C_A^0$$

일차 반응에 대해서

$$\frac{dC_A}{dt} = -kC_A \tag{8.3.4}$$

또는

$$C_A = C_A^0 \exp[-kt] \tag{8.3.5}$$

식 (8.3.5)를 식 (8.3.2)에 대입하면

$$\langle C_A \rangle = \int_0^\infty C_A^0 \exp[-k\bar{t}]E(\bar{t})\,d\bar{t} \tag{8.3.6}$$

이상적인 CSTR을 예로 들어 보자. 이상적인 CSTR에 대한 $E(t)$ 곡선이 식 (8.3.6)에 사용된다면 결과는 다음과 같고

$$\langle C_A \rangle = \frac{C_A^0}{\tau}\int_0^\infty \exp(-k\bar{t})\exp(-\bar{t}/\tau)\,d\bar{t}$$

또는

$$\frac{\langle C_A \rangle}{C_A^0} = \frac{1}{\tau}\int_0^\infty \exp\left[-\left(k + \frac{1}{\tau}\right)\bar{t}\right] d\bar{t}$$

적분하게 되면

$$\frac{\langle C_A \rangle}{C_A^0} = \frac{1}{\tau}\left[-\left(\frac{1}{k + \frac{1}{\tau}}\right)\exp\left[-\left(k + \frac{1}{\tau}\right)t\right]\Bigg|_0^\infty\right] = \frac{1}{k\tau + 1} \tag{8.3.7}$$

이 된다. 식 (8.3.7)에 나타난 결과가 1차 반응을 수행하는 이상적인 CSTR에 대한 물질수지로부터 얻은 결과와 정확히 일치한다. 즉,

$$vC_A^0 = vC_A + VkC_A$$

또는

$$\frac{C_A}{C_A^0} = \frac{1}{k\tau + 1} \tag{8.3.8}$$

하지만 반응속도가 1차가 아닌 경우에는 전환율을 얻기 위해서 RTD를 직접적으로 사용할 수 없다. 그 이유를 살펴보기 위하여 그림 8.3.1에 나타난 두 가지의 반응 개략도를 살펴보자.

Froment와 Bischoff는 이 문제를 다음과 같이 해석하였다(G. F. Froment & Bischoff, *Chemical Reactor Analysis and Design*, Wiley, 1979). PFR와 CSTR의 공간시간이 각각 τ_1과 τ_2라고 하자. 어느 한쪽계에 대한 전체 RTD는 CSTR과 같지만 PFR에 의한 지체(delay)를 가진다. 따라서 표지물질을 이용한 실험을 통해서는 그림 8.3.1의 (I)과 (II)를 구별할 수 없다. 어느 한쪽 반응기 배열에서 발생하는 1차 반응이 두 개의 반응기 네트워크에 대해 주어질 것이다.

$$\frac{C_A^*}{C_A^0} = \frac{e^{-k\tau_1}}{1 + k\tau_2} \tag{8.3.9}$$

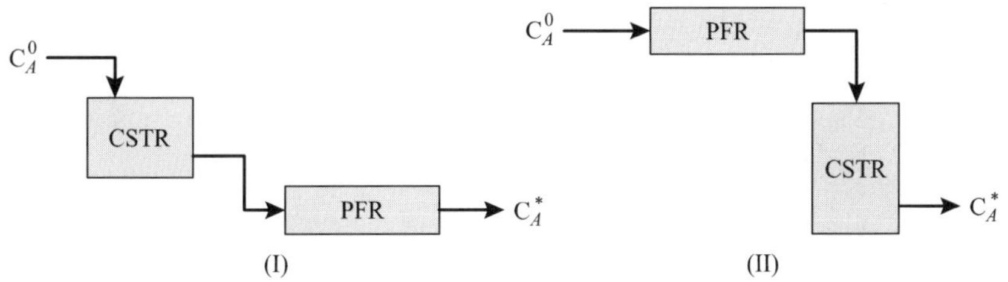

Figure 8.3.1 |
PFR and CSTR in series. **(I)** PFR follows the CSTR, **(II)** CSTR follows the PFR.

배열 (I)에 대하여는

$$C_A = \frac{C_A^0}{1 + k\tau_2} \qquad \text{(CSTR)}$$

$$\frac{C_A^*}{C_A} = \exp[-k\tau_1] \qquad \text{(PFR)}$$

또는

$$\frac{C_A^*}{C_A^0} = \frac{e^{-k\tau_1}}{1 + k\tau_2}$$

배열 (II)에 대하여는

$$\frac{C_A}{C_A^0} = \exp[-k\tau_1] \qquad \text{(PFR)}$$

$$\frac{C_A^*}{C_A} = \frac{1}{1 + k\tau_2} \qquad \text{(CSTR)}$$

또는

$$\frac{C_A^*}{C_A^0} = \frac{e^{-k\tau_1}}{1 + k\tau_2}$$

2차 반응속도를 고려해 보면 배열 (I)은

$$\frac{C_A^*}{C_A^0} = \frac{-1 + \sqrt{\left(\dfrac{1 + 4(kC_A^0\tau_2)}{1 + kC_A^0\tau_1}\right)}}{2kC_A^0\tau_2} \tag{8.3.10}$$

배열 (II)는

$$\frac{C_A^*}{C_A^0} = \frac{-1+\sqrt{1 + 4kC_A^0\tau_2}}{2kC_A^0\tau_2 + kC_A^0\tau_1\left(-1 + \sqrt{1 + 4kC_A^0\tau_2}\right)} \tag{8.3.11}$$

$kC_A^0=1$ 이고 $\tau_2/\tau_1=4$라면 배열 (I)과 (II)에서의 무차원 출구 농도 (C_A^*/C_A^0)는 각각 0.25와 0.28이다. 그러므로 직선 형태를 나타내는 1차 반응 속도식은 반응기 배열 (I)과 (II)에서 동일한 출구 농도를 보여주는 반면 2차 반응 속도식은 직선 형태를 보여 주지 않는다. 이에 대한 이유는 다음과 같다. 1차 반응은 반응기에 체류하는 분자들의 체류 시간과 관련이 있으며 반응기를 통해 표지물질이 이동하는 동안 그들이 어디에 위치해 있는지에 대한 여부와는 정확한 관련이 없다. 비선형 과정은 하나 이상의 분자무리(즉, 유체요소)의 충돌과 관련되므로 이 경우 체류시간과 유체요소가 각 시간마다 무엇과 반응하는 가에 달려 있다. RTD

는 유체요소가 반응기에서 머무는 시간만을 의미하는 것일 뿐 혼합에 관한 자세한 정보를 주지 못한다. 거시적혼합(macromixing)과 미세혼합(micromixing)이라는 용어는 RTD와 세부적인 혼합에 각각 사용된다. 완전혼합 상태에서는 미세혼합에 있어 두 가지의 극한적인 상황 즉, 완전분리(complete segregation)와 완전미세혼합이 발생할 수 있다. 이러한 형태의 혼합은 반응기 해석을 좀 더 상세하게 논하는데 사용될 수 있다. 이러한 방법들에 대해서는 다음 절에서 논의할 과정에서의 일반성이 결여되었기 때문에 여기에서 더 이상 기술하지는 않을 것이다.

반응기 전환율을 예측하기 위하여 RTD를 사용하는 문제에 덧붙이자면 앞서 제시된 해석법은 단지 등온, 단일상 계에서만 엄밀하게 적용 할 수 있다. 더 복잡한 현상으로의 확장이 그리 쉬운 일만은 아니다. 그러므로 좀 더 일반화한 예측 가능한 설계에 필요한 기술적인 측면의 일부에 대해서는 다음 절에서 논의될 것이다.

8.4 비이상 반응기에 대한 분산 모델

반응기에서의 비이상 흐름을 기술하기 위한 많은 모델들이 만들어져왔다. 이 절에서는 가장 널리 쓰이는 축분산(axial dispersion) 또는 축분산 플러그 흐름 모델을 논의할 것이다. 그림 8.4.1에 나타난 상황을 고려해 보자(정상상태 PFR은 3장에서 논의되었고 PFR에 대한 RTD는 8.2절에서 논의되었다).

반응이 일어나지 않는 PFR에서 흐름에 대한 전이 상태 물질 수지식은 다음과 같이 쓸 수 있다.

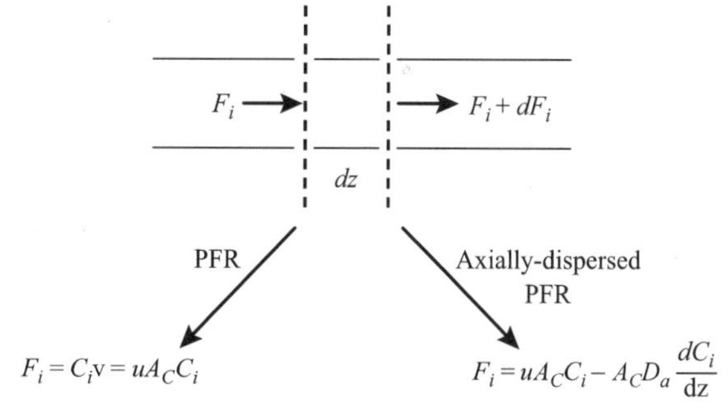

Figure 8.4.1 |
Descriptions for the molar flow rate of species i in a PFR and an axially-dispersed PFR. A_C: cross-sectional diameter of tube, u: linear velocity, D_a: axial dispersion coefficient.

$$A_C\partial z\frac{\partial C_i}{\partial t} = uA_CC_i - [uA_CC_i + \partial(uA_CC_i)] \tag{8.4.1}$$

(accumulation) (in) (out)

또는

$$\frac{\partial C_i}{\partial t} = -\frac{\partial}{\partial z}(uC_i) \tag{8.4.2}$$

A_c는 관의 단면적이다. u가 일정하다면

$$\frac{\partial C_i}{\partial t} = -u\frac{\partial C_i}{\partial z} \tag{8.4.3}$$

유체요소를 혼합하는 확산/분산 과정이 축방향(z방향)의 대류 흐름 형태와 겹쳐진다면 그 때 총유량속도는 다음과 같이 쓸 수 있다.

$$F_i = uA_CC_i - A_CD_a\frac{dC_i}{dz} \tag{8.4.4}$$

(conversion) (dispersion)

D_a는 축방향분산계수이고 몰유속의 분산항은 분자확산 형태와 유사성(analogy)을 통해 만들어진다. 픽(Fick)의 제 1 법칙은 성분 A의 플럭스(flux)(moles/area/time)를 다음과 같이 쓸 수 있음을 보여 준다.

$$N_A = -D_{AB}\frac{dC_A}{dz} + uC_A \tag{8.4.5}$$

이성분계에 대해서 D_{AB}는 분자확산계수이다. 축분산과정은 층류 흐름동안 분자확산에 의해 일어나는 것이고 이 조건에서의 분산계수는 분자확산계수가 될 것이다. 그러나 난류 흐름에서는 그 과정이 다르며 D_a는 상관관계(correlation)를 통해 얻어진다. 층류 흐름에서 D_a는 분자확산계수이므로 식 (8.4.4)에서와 같이 분산관계의 형태로 기술되는 것이 적절하며 그 후 이와 같은 형태의 몰유속 표현을 가정하여 상관관계로부터 D_a를 얻게 된다. 축방향분산 PFR에 대한 전이상태 물질 수지식 관계를 구하기 위하여 식 (8.4.4)를 사용하면

$$A_C\partial z\frac{\partial C_i}{\partial t} = \left(uA_CC_i - A_CD_a\frac{\partial C_i}{\partial z}\right) - \left[\left(uA_CC_i - A_CD_a\frac{\partial C_i}{\partial z}\right)\right.$$

(accumulation) (in) (out)

$$\left. + \partial\left(uA_CC_i - A_CD_a\frac{\partial C_i}{\partial z}\right)\right] \tag{8.4.6}$$

(out)

또는 일정한 u와 Da에 대해

$$\frac{\partial C_i}{\partial t} + u\frac{\partial C_i}{\partial z} = D_a\frac{\partial^2 C_i}{\partial z^2} \tag{8.4.7}$$

$\theta = t/\langle t\rangle = (tu)/L$ (L은 반응기 길이), $Z = z/L$ 과 $Pe_a = (Lu)/D_a$ (축방향 Peclet 수)라면 식 (8.4.7)은 다음과 같이 쓸 수 있다.

$$\frac{\partial C_i}{\partial \theta} + \frac{\partial C_i}{\partial Z} = \frac{1}{Pe_a}\frac{\partial^2 C_i}{\partial Z^2} \tag{8.4.8}$$

임펄스로 주입(즉, $t=0$에서 C_i)이 이루어진다면 식 (8.4.8)에 대한 해는

$$C_i = \left(\frac{Pe_a}{4\pi\theta}\right)^{\frac{1}{2}} \exp\left[\frac{-(1-\theta)^2 Pe_a}{4\theta}\right] \tag{8.4.9}$$

그러므로 축방향분산 PFR에 대한 RTD는

$$E(\theta) = \left(\frac{Pe_a}{4\pi\theta}\right)^{\frac{1}{2}} \exp\left[\frac{-(1-\theta)^2 Pe_a}{4\theta}\right] \tag{8.4.10}$$

다양한 양의 분산에 대한 $E(\theta)$와 θ의 관계를 그림 8.4.2에 나타내었다. $Pe_a \rightarrow \infty$ (비분산)일 때 거동은 PFR과 같으며 반면 $Pe_a \rightarrow 0$(최대분산)일 때는 CSTR의 거동

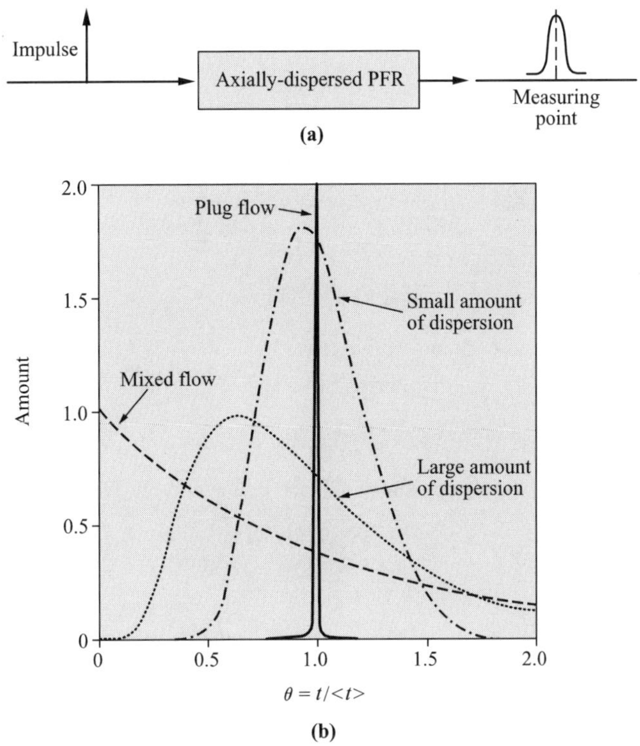

Figure 8.4.2 |
(a) Configuration illustrating pulse input to an axially-dispersed PFR.
(b) Results observed at measuring point.

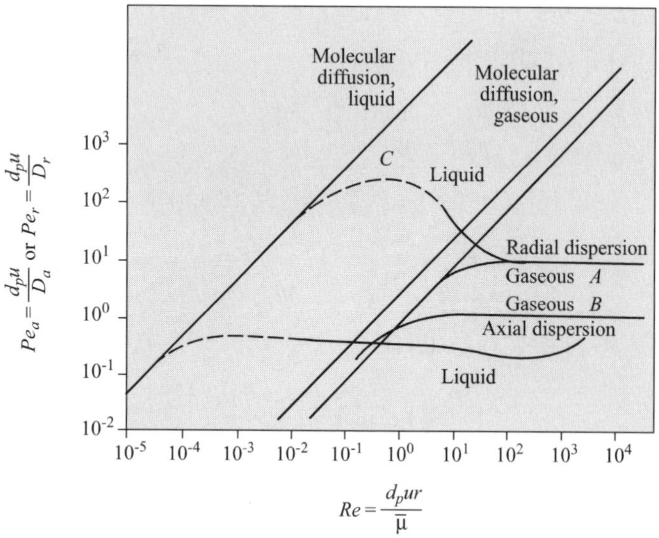

Figure 8.4.3 |
Axial and radial Peclet numbers as a function of Reynolds number for packed-beds. [Adapted from R. H. Wilhelm, *Pure App. Chem.*, **5** (1962) 403, with permission of the International Union of Pure and Applied Chemistry.]

과 같다. 따라서 축방향 분산 반응기는 이상적인 한계 즉, 역혼합이 전혀 없는 경우(PFR)와 완전한 역혼합이 발생하는 경우(CSTR) 사이에 있는 모든 형태의 거동을 모사할 수 있다.

무차원군 Pe_a는 대류와 분산 흐름의 비이다.

$$Pe_a = \frac{Lu}{D_a} = \frac{\text{convective flow}}{\text{dispersive flow}} \text{ in the axial direction} \qquad (8.4.11)$$

Peclet 수는 보통 상관관계로부터 얻어지고 그림 8.4.3은 충전층(즉 촉매 입자로 충전되어 있는 관)에서의 Reynolds 수의 함수로 도시된 Wilhelm이 얻은 데이터를 나타낸다. Pe_a와 Re 수는 특성 길이로서 입자 직경 d_p을 사용한다는 것을 염두에 두자.

$$Pe_a = \frac{d_p u}{D_a}, \qquad Re = \frac{d_p u \rho}{\bar{\mu}}$$

무차원군을 적용하기에 앞서 각 무차원군에 사용되는 변수에 대해 세밀하게 점검해야 한다. 이는 Peclet수에는 특별하게 강조되어야 하는데 그 이유는 Peclet수가 많은 상이한 특성길이를 가질 수 있기 때문이다.

충전층에는 난류 흐름 $Re=(d_p u\rho)/\overline{\mu}>40$ 인 기체에 대해서 $Pe_a=2$이고 액체의 경우 Pe_a가 1 이하이다. 또한 미충전 관에서는 난류 흐름 ($Re=(d_p u\rho)/\overline{\mu}$가 2100보다 크다)의 경우 $Pe_a(d_t u/D_a)$는 약 10정도이다(보여주지 않았음). 그러므로 모든 반응기는 분산에 대한 일부 영향을 가지고 있다. 그렇다면 그 영향은 얼마나 클까? 식 (8.4.7)을 다시 생각해 보자. $Pe_a=d_e u/D_a$로 정의하자. 여기서 d_e는 유효직경이고 충전층에 대하여는 d_p 또는 열려져 있는 관에서는 d_t이다. 식 (8.4.7)은 다음과 같이 쓸 수 있다.

$$\frac{\partial C_i}{\partial \theta}+\frac{\partial C_i}{\partial Z}=\frac{1}{Pe_a}\left(\frac{d_e}{L}\right)\frac{\partial^2 C_i}{\partial Z^2} \tag{8.4.12}$$

유량이 충분히 커서 난류를 얻을 수 있는 경우 Pe_a는 상수이고 식의 우변의 크기는 종횡비 L/d_e에 의하여 결정된다. 식 (8.4.12)를 풀어서 PFR의 해로 얻은 결과와 비교하면 [식 (8.4.3)] 열려져 있는 관에 대해 $L/d_t>20$인 것은 PFR 거동 현상을 나타내기에 충분하다고 볼 수 있다. 마찬가지로 충전층에 대해서 $L/d_p>50$

Vignette 8.4.1

B. G. Anderson 등 [*Ind. Eng. Chem. Res.*, **37** (1998) 815]은 Positron Emission Tomography (PET)를 사용하여 제올라이트 충전층을 통과하는 ^{11}C로 표지된 포화탄화수소의 펄스에 대한 *in situ* 영상을 얻었다. PET는 인체 여러 기관 내에 감마선을 주사하여 얻어지는 3차원 영상을 볼 수 있는 기술로 원래는 핵의학 용도로 개발된 기술이다. PET를 사용함으로서 Anderson 등은 충전층에서 시간의 함수로 ^{11}C로 표지된 포화탄화수소의 완전한 농도 변화 얻을 수 있었다. 본 장에서 제시된 유사한 분석방법을 사용하여 다음 데이터를 얻었다.

Zeolite	T (℃)	Axial dispersion coeff. (m^2/s)
H-Mordenite	230	1.1×10^{-4}
H-Beta	230	2.1×10^{-4}
H-ZSM-22	170	1.2×10^{-4}
H-Ferrierite	170	1.0×10^{-4}

측정된 축방향분산 계수는 약 1×10^{-4} m^2/s 정도이다. 반응기는 4 mm 직경, 부피유속은 150 mL/min이다. 공극부피(void volume)는 0.5이고 $Pe=2.0$, Da는 근사적으로 1×10^{-4} m^2/s 로 계산된다. 그러므로 그림 8.4.3에서 제시된 자료를 이용하여 계산된 수치는 실험으로 얻은 수치와 잘 맞는다는 것을 알 수 있다.

(등온)이고, $L/d_p > 150$(비등온)은 PFR 특성을 나타내는데 충분하다고 할 수 있다. 그러므로 축방향분산 효과는 긴 반응기에서 난류 흐름에 의해 최소화 된다.

8.5. 축방향으로 분산된 PFR에서 전환율 예측

1차 반응을 수행하는 등온, 축방향분산 PFR을 고려해 보자. 이 반응기에 대한 물질 수지식은 다음과 같다.

$$D_a \frac{d^2 C_A}{dz^2} - u \frac{dC_A}{dz} - kC_A = 0 \tag{8.5.1}$$

$y = C_A/C_A^0$, $Z = z/L$, $Pe_a = uL/D_a$ 라면 식 (8.5.1)은 다음과 같은 무차원 형태로 변환되어진다.

$$\frac{1}{Pe_a} \frac{d^2 y}{dZ^2} - \frac{dy}{dZ} - \left(\frac{kL}{u}\right) y = 0 \tag{8.5.2}$$

식 (8.5.2)를 풀기 위해 사용되는 적절한 경계 조건(boundary condition)은 문헌에서 이미 알려져 있다. 그림 8.5.1에 개략적으로 제시된 반응기를 고려해 보자. 소위 열려져 있는 ("open") 형태에서의 조건은 다음과 같다.

$$\left.\begin{array}{ll} Z = -\infty, & y = 1 \\ Z = +\infty, & y = \text{is finite} \\ Z = 0, & y(0_-) = y(0_+) = y(0) \\ Z = 1, & y(1_-) = y(1_+) \end{array}\right\} \tag{8.5.3}$$

이 조건을 사용하여 플럭스 연속성이

$$\left[uC_A - D_{a_1} \frac{dC_A}{dz} \right]\bigg|_{0_-} = \left[uC_A - D_{a_2} \frac{dC_A}{dz} \right]\bigg|_{0_+}$$

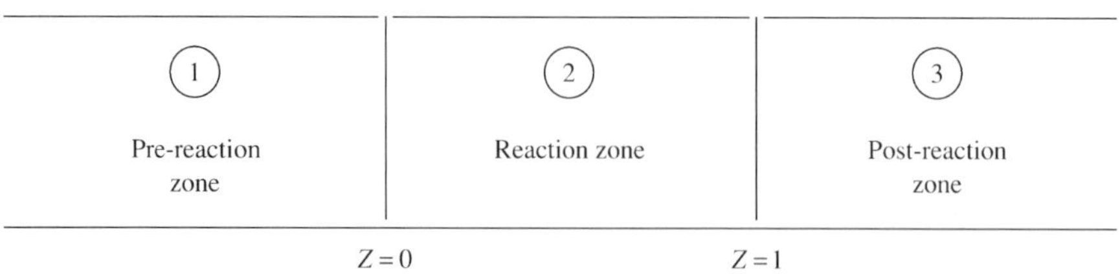

Figure 8.5.1 |
Schematic of hypothetical reactor.

다음의 식을 제시하게 된다는 것을 설명할 수 있다.

$$D_{a_1}\frac{dC_A}{dz} = D_{a_2}\frac{dC_A}{dz}$$

즉, ①과 ②영역에서의 축방향분산계수가 서로 같지 않다면 $z=0$에서의 농도 구배에 있어서 불연속성이 존재할 것이다. 또 다른 방법으로 Danckwerts는 ①과 ③ 영역에서의 분산을 허락하지 않는 소위 “닫힘”(“closed”) 형태에 대한 조건을 다음과 같이 수식화 하였다.

$$\begin{aligned} uC_A\big|_{0_-} &= \left[uC_A - D_a\frac{dC_A}{dz}\right]\Bigg|_{0_+} \\ \frac{dC_A}{dz}\bigg|_{L_-} &= 0 \end{aligned} \tag{8.5.4}$$

Danckwerts 경계 조건은 가장 빈번히 사용되며 이는 $z=0$에서 농도와 농도구배에 있어 불연속성을 강제한다.

예제 8.5.1 1차 반응을 수행하는 축방향분산 PFR을 생각해 보자. $L/d_p = 5$와 50에 대한 무차원 농도 프로파일을 계산하고 등온조건에서 $L/d_p = 50$에 대한 값이 PFR로부터 얻어지는 값과 거의 같음을 보여라. $\text{Pe} = d_p u/D_a = 2$, $d_p = 0.004$ m, $k/u = 25\ \text{m}^{-1}$ 이다.

해 답

축방향분산 PFR에 대한 물질 수지식은

$$\frac{d^2y}{dZ^2} - Pe_a(L/d_p)\frac{dy}{dZ} - \left(\frac{L^2kPe_a}{ud_p}\right)y = 0$$

또는

$$\frac{d^2y}{dZ^2} - (500L)\frac{dy}{dZ} - (12500L^2)y = 0$$

다음과 같은 Danckwerts 경계 조건을 이용한

$$1 = y - \frac{1}{Pe_a}\left(\frac{d_p}{L}\right)\frac{dy}{dZ} \quad \text{at } Z = 0$$

$$\frac{dy}{dZ} = 0 \qquad \text{at } Z = 1$$

윗 식의 해는 y의 형태를 Z 함수로서 제시하게 되고 그 결과는 다음과 같다.

$$y = \bar{\alpha}_1 \exp(524LZ) + \bar{\alpha}_2 \exp(-23.9LZ)$$

여기서 a_1과 a_2는 L/d_p에 따라 변화한다. PFR에 대한 물질 수지식은

$$-u\frac{dC_A}{dz} = kC_A$$

또는

$$\frac{dy}{dZ} = -\left(\frac{Lk}{u}\right)y$$

여기에서

$$y = 1 \quad \text{at } Z = 0$$

PFR 물질 수지식에 대한 해는 다음과 같다.

$$y_{PF} = \exp[-(kLZ)/u] = \exp[-25LZ]$$

y의 두 번째 항은 y_{PF}를 표시해 주는 항이고(정확히 같지는 않지만) y

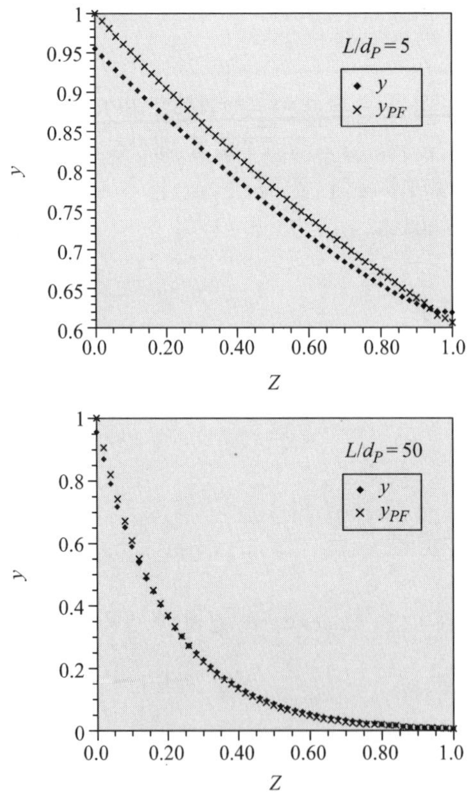

Figure 8.5.2 | Dimensionless concentration profiles for axially-dispersed (y) and plug flow (y_{PF}) reactors.

의 첫 번째 항은 L과 강한 함수관계를 가진다. 그러므로 L은 y_{PF} 보다 해 y에 더 큰 영향을 미치게 되고 아주 긴 L에 대해서 $y \neq y_{PF}$가 된다는 것은 명확하다. 그러나 그림 8.5.2에서 나타난 것처럼 $L/d_p =$ 50에서는 모든 실제적인 경우에 대해 $y \approx y_{PF}$가 된다. 분산과정으로 인해 $Z = 0$에서는 $y \neq 1$이라는 것을 염두에 두자. 성분 A는 반응 영역 내에서의 농도 구배로 인해 정반응으로 이동하게 된다. 분산은 항상 혼합이 없는 반응기(PFR)에서 얻어지는 전환율보다 반응기 출구에서 낮은 전환율을 유발한다. PFR과 CSTR간의 전환율 비교를 다시 생각해 보라.

Vignette 8.5.1

박(Y. Park) 등[*Biotech. Bioeng.*, **26** (1984) 457]은 페니실린의 연속 생산을 위한 고정막 생물 반응기를 해석하였다. 생물반응기(그림 8.5.3 왼쪽)는 두 종류의 극단적인 접촉 패턴(그림 8.5.3 오른쪽)에서 모델링되었다. 그림 8.5.4의 결과로부터 주목할 것은 어느 기질 공급 농도에서 페니실린 생산성은 CSTR에 대해 더 높다는 것이다. 그러므로 생물반응기내에서 정확한 혼합 형태를 알아내서 이를 개선 하여 좀 더 CSTR 반응기와 유사하게 하는 것은 중요하다.

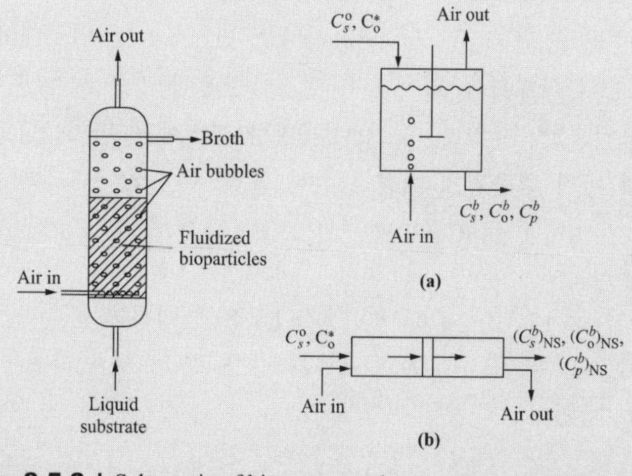

Figure 8.5.3 | Schematic of bioreactor and two extremes used for modeling the contacting pattern. **(a)** Complete backmix. **(b)** Plug flow. [Reproduced from "Analysis of a Continuous, Aerobic Fixed-Film Bioreactor. I. Steady-State Behavior," by Y. Park, M. E. Davis, and D. A. Wallis, *Biotech. Bioeng.*, **26** (1984) 457, copyright 1984 Wiley-Liss, Inc., a subsidiary of John Wiley and Sons, Inc.]

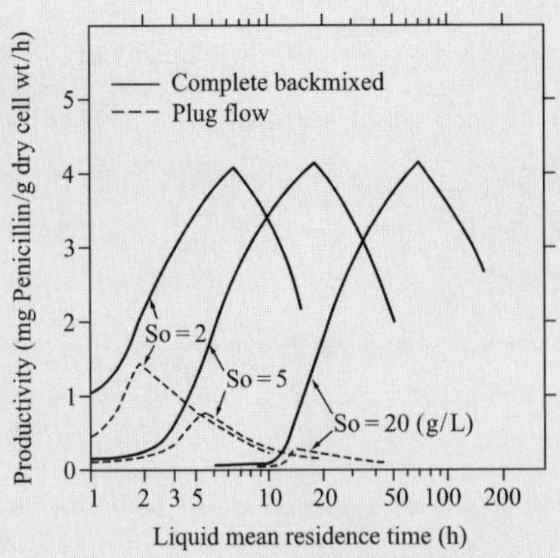

Figure 8.5.4 | Comparison of performance of completely backmixed and plug flow contacting patterns. [Reproduced from "Analysis of a Continuous, Aerobic Fixed-Film Bioreactor. I. Steady-State Behavior," by P. Park, M. E. Davis, and D. A. Wallis, *Biotech. Bioeng.*, **26** (1984) 457, copyright 1984, Wiley-Liss, Inc., a subsidiary of John Wiley and Sons, Inc.]

8.6 반지름방향 분산

축방향 분산과 마찬가지로 반지름방향 분산 역시 발생할 수 있다. 반응기 직경을 통해 극적으로 반응 속도를 변화시키는 반지름방향 열구배(thermal gradient)로부터 축방향 분산효과가 일어난다. 반지름방향 분산은 축방향 분산과 유사한 방법을 통해 기술할 수 있다. 즉, 반지름방향 분산에는 반지름방향 분산 계수가 있다. 전이상태 관형 반응기에 대한 완전한 물질 수지식은 다음과 같다.

$$\frac{\partial C}{\partial t} + u\frac{\partial C}{\partial z} = D_a \frac{\partial^2 C}{\partial z^2} + D_r\left[\frac{\partial^2 C}{\partial \bar{r}^2} + \frac{1}{\bar{r}}\frac{\partial C}{\partial \bar{r}}\right] \tag{8.6.1}$$

$\theta = t/\langle t\rangle = (tu)/L$, $Z = z/L$, $\bar{R} = \bar{r}/d_e$ (충전 층에서는 d_e, 미충전층에서는 d_t), $Pe_a = (ud_e)/D_a$, $Pe_r = (ud_e)/D_r$ (D_r은 반지름방향 분산 계수)라면, 식 (8.6.1)은 다음과 같이 쓸 수 있다.

$$\frac{\partial C}{\partial \theta} + \frac{\partial C}{\partial Z} = \frac{1}{Pe_a}\left(\frac{L}{d_e}\right)^{-1}\frac{\partial^2 C}{\partial Z^2} + \frac{1}{Pe_r}\left(\frac{L}{d_e}\right)\left[\frac{\partial^2 C}{\partial \bar{R}^2} + \frac{1}{\bar{R}}\frac{\partial C}{\partial \bar{R}}\right] \tag{8.6.2}$$

무차원군 Pe_r은 반지름 방향에서의 대류흐름과 분산흐름의 비이다.

$$Pe_r = \frac{d_e u}{D_r} = \frac{\text{convective flow}}{\text{dispersive flow}} \text{ in radial direction} \tag{8.6.3}$$

그림 8.4.3을 보면 난류 흐름을 가진 충전층에 대해서 $d_e = d_p$라면 $Pe_r = 10$이다. 미충전관에 대해서는 난류 흐름에서 $d_e = d_t$ 라면 $Pe_r \approx 1000$이다(보여주지 않음). 식 (8.6.1)에 대한 해는 이 책의 수준을 넘어선다.

8.7 반응기내 비이상 흐름에 대한 분산 모델

위에서 이미 제시하였듯이 분산모델은 PFR부터 CSTR에 이르는 혼합의 전체영역상에서 반응기 거동을 서술하는데 사용될 수 있다. 또한, 모델은 단일상, 등온조건, 또는 1차 반응, 반응속도 함수에 국한되는 것은 아니다. 그러므로 이 모델은 매우 일반적이며 아주 널리 사용되어 왔다. 보통 반응기 성능이 관계되는 한 반지름방향 분산은 최대가 되어야 하고 반면 축방향 분산은 최소화 되어야한다는 것을 염두에 두어야한다.

이 장에서 제시된 이러한 해석법은 관형반응기가 아닌 어떠한 형태의 반응기에도 적용 가능하다. 예를 들어, 혈액이 혈관 내부를 통해 흐르고 항체가 혈관벽상의 세포와 결합된 상황을 생각해보자.

이러한 상황은 다음 물질 수지식을 통해 기술할 수 있다.

$$u\frac{\partial C}{\partial z} = D_a\frac{\partial^2 C}{\partial z^2} + D_r\left(\frac{\partial^2 C}{\partial \bar{r}^2} + \frac{1}{\bar{r}}\frac{\partial C}{\partial \bar{r}}\right) \qquad (8.7.1)$$

여기에서

$$uC_0 = uC - D_a\frac{\partial C}{\partial z} \qquad \text{at } z = 0, \text{ all } \bar{r}$$

$$\frac{\partial C}{\partial z} = 0 \qquad \text{at } z = L, \text{ all } \bar{r}$$

$$\frac{\partial C}{\partial \bar{r}} = 0 \qquad \text{at } \bar{r} = 0, \text{ all } z$$

$$-D_r\frac{\partial C}{\partial \bar{r}} = \overline{AB} \qquad \text{at } \bar{r} = \bar{r}_t, \text{ all } z$$

여기서 C 항체 농도, $\bar{r}_t$는 혈관 반지름이고, $\overline{AB}$는 혈관 벽상의 세포로 항체가 결합하는 속도이다. 따라서 흐름반응계를 기술함에 있어 분산모델 접근법은 매우 적절하다.

연 습 문 제

1. 체류시간 분포 즉, 시스템으로 공급되는 액체의 부피 유속 v를 갖는 다음과 같은 동일 부피 CSTR계에 대하여 $t=0$에서 임펄스 주입 후에 표지물질 A의 출구 농도를 구하시오.

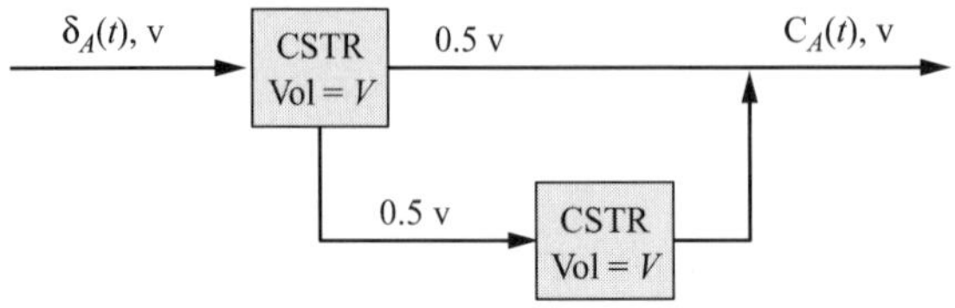

RTD를 $2V$부피를 갖은 단일한 CSTR의 RTD와 비교하시오

2. 그림 8.3.1에서 주어진 PFR과 CSTR배열에 대한 RTD 곡선을 그리시오.

3. 3개의 동일한 CSTR이 아래의 그림과 같이 직렬로 연결되어 있다.

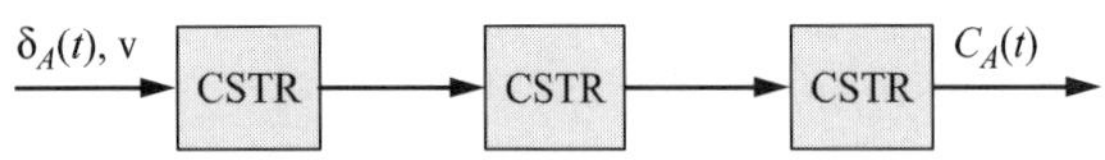

(a) 위 반응계에 대해서 RTD를 구하고 시간의 함수로 E곡선을 도시하시오.

(b) RTD를 축방향분산 PFR 결과와 비교하시오(그림 8.4.2). 축방향 Peclet수를 이용하여 구한 답에 대해 논하시오.

(c) RTD를 사용하여 직렬연결반응기 내에서 1차 반응을 겪는 반응물의 출구 농도를 계산하시오. RTD 방법이 반응계에 대한 물질수지와 같은 결과임을 확인하시오(예제 3.4.3 참조).

4. 2차 반응(kC_A^2)을 수행하는 층류 관형 반응기의 출구 ($z=L$)에서 A의 평균농도를 계산하고 그 결과를 $[(C_A^0kL)/u]=1$일 때 PFR에서 얻어진 결과와 비교하시오. 예

제 8.1.1을 참조하면 PFR거동과의 차이가 반응속도식과 강한 함수관계를 가진다는 것을 알 수 있다(1차, 2차 반응 결과를 비교하라).

5. 예제 8.2.3을 참조하여 내부 재순환비가 PFR의 거동한계로 감소하는 동안 Berty 반응기로부터 무차원 출구 농도를 시간의 함수로 계산하고 도시하시오.

6. 예제 8.5.1에서 제시된 축방향분산 PFR을 고려해 보자. 2차 경계 조건이 다음으로부터

$$\frac{dy}{dZ} = 0 \qquad \text{at} \quad Z = 1$$

아래와 같이

$$y = 0 \qquad \text{at} \quad Z = \infty$$

변한다면 농도프로파일이 예제에 제시된 것으로부터 어떻게 변화하는가?

7. 1차 반응이 진행되고 축방향과 반지름방향 확산 모두를 갖는 층류 관형반응기에 대한 물질 수지식을 무차원 형태로 쓰시오. 풀이에 필요한 조건을 설정하시오.

8. Falch와 Gaden은 반응기로 염료를 임펄스로 주입시킴으로써 연속 다단 발효기의 흐름 특성을 연구하였다[E. A. Falch and E. L. Gaden, Jr., *Biotech. Bioeng.*, **12** (1970) 465]. 4단 발효기로부터 다음과 같은 RTD 데이터가 주어졌을 경우, 데이터를 가장 잘 서술할 수 있는 Pe_a를 계산하시오.

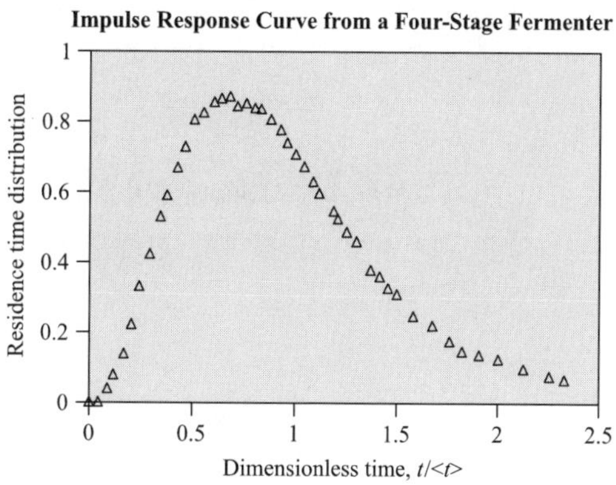

t/<t>	RTD	t/<t>	RTD
0.000	0.000	0.950	0.745
0.050	0.001	0.990	0.710
0.090	0.040	1.035	0.675
0.120	0.080	1.080	0.630
0.170	0.140	1.110	0.600
0.210	0.220	1.180	0.550
0.245	0.330	1.200	0.525
0.295	0.420	1.240	0.485
0.340	0.530	1.290	0.460
0.370	0.590	1.365	0.380
0.420	0.670	1.410	0.360
0.460	0.730	1.450	0.325
0.500	0.810	1.490	0.310
0.540	0.830	1.580	0.250
0.590	0.860	1.670	0.220
0.630	0.870	1.760	0.180
0.670	0.875	1.820	0.150
0.710	0.850	1.910	0.140
0.750	0.855	2.000	0.125
0.790	0.845	2.120	0.100
0.825	0.840	2.250	0.080
0.870	0.810	2.320	0.070
0.920	0.780		

9. 연습문제 8에서 구한 Pe_a 값을 사용하여 세포에 의해 catechol가 *L*-dopa로 촉매 반응을 하는 반응기에서의 농도 프로파일을 계산하라. 반응속도식은 아래와 같다.

$$r = -\frac{dC_S}{dt} = \frac{r_{max} C_S}{K_m + C_S}$$

여기서 C_s는 기질 catechol의 농도이다. 이 반응은 예제 4.2.4에서 논의된 바 있다. 여러 변수 값은 예제 4.2.5에서 비선형 회귀 분석에 의하여 결정된 수치와 동일하다. 즉, $C_s^0 = 0.027$ mol L^{-1}, $r_{max} = 0.0168$ mol L^{-1} h^{-1}, 그리고 $K_m = 0.00851$ mol L^{-1}이다. 반응기에서의 평균 체류 시간은 2 시간으로 가정하라.

10. 연습문제 9에서 주어진 것과 같은 속도식과 매개변수값을 사용하여 PFR 거동을 가정하여 농도 프로파일을 계산하고 그 결과를 연습문제 9와 비교하여라.

CHAPTER 9

비등온 반응기

9.1 문제의 본질

이미 3장에서 여러 가지 이상 반응기에 대한 등온 물질수지식을 유도하였다(표 3.5.1 요약 참조). 등온 조건이 속도론 데이터 측정에 유용하지만, 실제 반응기는 보통 비등온 상태에서 조업된다. 열 교환이 일어날 수 있는 범위에서 반응기는 등온 상태(열 교환이 최대치 일 때) 또는 단열 상태(열 교환이 없음)로 조업된다; 표 3.1.1에 제시된 반응기 거동의 한계을 상기하라. 가장 보편적인 반응기 조업 즉, 비등온영역은 열전달에 대한 이들 두 가지의 경계(최대 열교환, 열교환 없음)의 사이에 있게 된다. 3가지의 형태의 반응기조업은 반응기 내에서 서로 다른

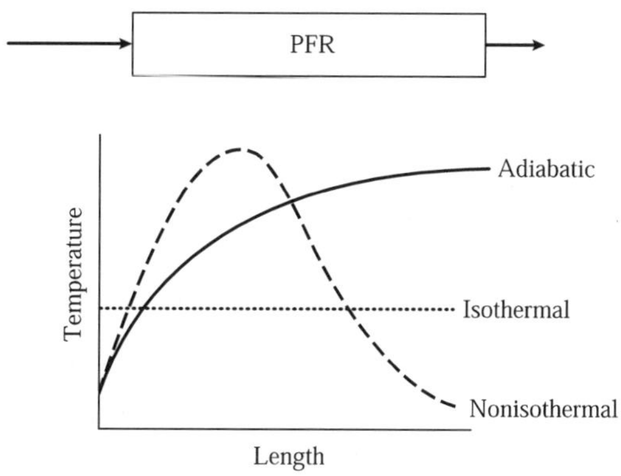

Figure 9.1.1 |
Temperature profiles in a PFR accomplishing an exothermic reaction.

온도 프로파일을 나타내며 그림 9.1.1에서 발열반응에 대한 예시가 제시되어있다.

만약 반응기가 비등온 상태 또는 단열 상태에서 조업되는 경우 물질수지식은 변수로서 온도 T를 이용하여 기술되어야 한다. 예를 들어 PFR에 대한 물질수지식은 다음과 같다.

$$\frac{dF_i}{dV_R} = \upsilon_i r(F_i, T) \tag{9.1.1}$$

반응 속도식에는 독립변수로 온도 T를 포함하고 있기 때문에 물질수지식은 단독으로 풀리지 않는다. 물질수지식의 해는 에너지수지식과 동시에 풀어야만 얻을 수 있다. 따라서 비등온 반응기를 서술할 경우 에너지수지식은 물질수지식을 동반해야만 한다.

9.2 에너지 수지

그림 9.2.1에 제시되어 있는 일반화된 흐름 반응기를 살펴보자. 그림 9.2.1의 반응기에 열역학 제1법칙을 적용하면 다음과 같은 식이 얻어진다.

$$\begin{aligned} Q - (\overline{W}_s + P_{\text{out}}V_{\text{out}} - P_{\text{in}}V_{\text{in}}) = \overline{U}_{\text{out}} &+ \overline{m}_{\text{out}}(\bar{z}_{\text{out}}(g/g_c) + \tfrac{1}{2}u_{\text{out}}^2/g_c) \\ &- \overline{U}_{\text{in}} - \overline{m}_{\text{in}}(\bar{z}_{\text{in}}(g/g_c) + \tfrac{1}{2}u_{\text{in}}^2/g_c) \end{aligned} \tag{9.2.1}$$

위 식에서 $\overline{W}_s$는 '기계적 일(shaft work)' 즉 펌프, 터빈의 일이며, $\overline{U}_i$은 흐름 i의

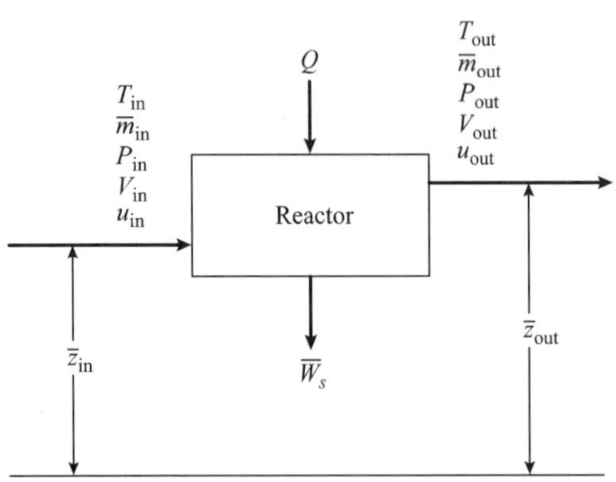

Figure 9.2.1 |
Schematic of flow reactor and energy terms.

내부에너지, $\overline{m}_i$은 흐름 i의 질량을 나타낸다. 그리고 P_i는 흐름 i의 압력, V_i는 질량 i의 부피, $\overline{u}_i$는 흐름 i의 속도, $\overline{z}_i$는 기준 평면으로부터 흐름 i의 높이를 나타내며 g_c는 중력 상수이다. i는 입구 또는 출구 흐름을 나타낸다. 일반적인 상황에 대해서는

$$\overline{W}_s = 0 \tag{9.2.2}$$

그리고

$$\overline{m}_{\text{out}}(\overline{z}_{\text{out}}(g/g_c) + \tfrac{1}{2}u_{\text{out}}^2/g_c) \cong \overline{m}_{\text{in}}(\overline{z}_{\text{in}}(g/g_c) + \tfrac{1}{2}u_{\text{in}}^2/g_c)$$

이들 가정을 사용하여 식 (9.2.1)을 간단히 하면

$$Q = (\overline{U}_{\text{out}} + P_{\text{out}}V_{\text{out}}) - (\overline{U}_{\text{in}} + P_{\text{in}}V_{\text{in}}) \tag{9.2.3}$$

엔탈피 H는

$$H = \overline{U} + PV \tag{9.2.4}$$

이므로 식 (9.2.3)은 다음과 같이 나타낼 수 있다.

$$Q = H_{\text{out}} - H_{\text{in}} \tag{9.2.5}$$

그러나 반응기를 다룰 때 에너지 Q보다는 에너지 전달속도 $\dot{Q}$로 나타내는 것이 보다 일반적이다. 식 (9.2.5)를 시간에 관하여 미분하게 되면

$$\dot{Q} = h_{\text{out}}\dot{m}_{\text{out}} - h_{\text{in}}\dot{m}_{\text{in}} \tag{9.2.6}$$

여기에서 $\dot{Q}$는 열전달속도이고 h_i는 흐름 i의 단위 질량 당 엔탈피 이다. 그리고 $\dot{m}$는 흐름 i의 질량 유속이다. 식 (9.2.6)을 다중입력(multi-input), 다중출력(multi-output) 반응기로 일반화시키면 위에서 언급된 가정을 조건으로 하는 일반화된 에너지수지식을 얻을 수 있다.

$$\dot{Q} = \sum_{\substack{\text{outlet}\\\text{streams}}} h_{\text{out}}\dot{m}_{\text{out}} - \sum_{\substack{\text{inlet}\\\text{streams}}} h_{\text{in}}\dot{m}_{\text{in}} \qquad \begin{pmatrix}\text{conservation}\\\text{of energy}\end{pmatrix} \tag{9.2.7}$$

$$0 = \sum_{\substack{\text{outlet}\\\text{streams}}} \dot{m}_{\text{out}} - \sum_{\substack{\text{inlet}\\\text{streams}}} \dot{m}_{\text{in}} \qquad \begin{pmatrix}\text{conservation}\\\text{of mass}\end{pmatrix} \tag{9.2.8}$$

엔탈피는 아래에서 제시된 것처럼 현열(sensible heat)과 반응열 영향을 포함한다는 것에 주목하라.

회분식 반응기와 같은 닫힌 반응기에 대해서, 식 (9.2.1)에서의 위치에너지와 운동에너지 항은 적절하지 않다. 또한 대부분의 경우(교반날개로부터의 일의 입력을 포함하는) 대부분의 반응의 경우 $\overline{W}_s \cong 0$이다. 밀폐된 반응기에서 진행되는

대부분의 반응은 응축상을 수반하므로, $\Delta(PV)$는 $\Delta\overline{U}$에 비해 상대적으로 작으며 이 경우,

$$Q = \Delta\overline{U} = \overline{U}_{\text{products}} - \overline{U}_{\text{reactants}} \tag{9.2.9}$$

또는 식 (9.2.9)와 식 (9.2.4)로부터

$$Q = \Delta H, PV = \text{constant} \qquad (\text{conservation of energy}) \tag{9.2.10}$$

9.3 비등온 회분식 반응기

그림 9.3.1에 개략적으로 제시되어 있는 회분식 반응기를 생각해보자. 전형적으로 반응물은 지점(I)로부터 반응기에 공급되며, 반응기 온도는 열전달 유체의 온도를 향상시킴으로써 증가한다. 온도가 최대치에 도달했을 때, 반응기는 열전달 유체의 온도 감소에 의해 냉각되고 생성물은 지점(II)를 통해 배출된다.

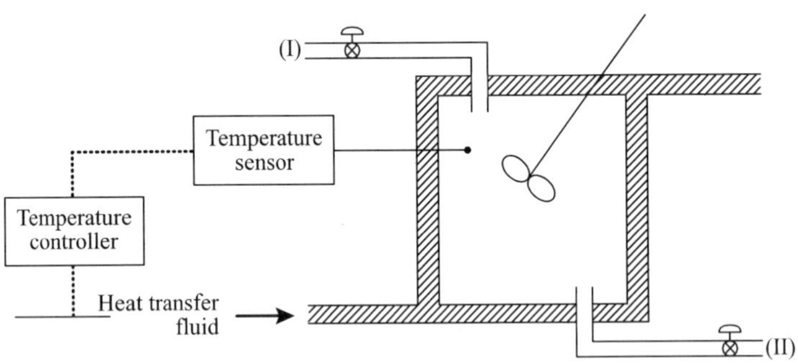

Figure 9.3.1 |
Schematic of a batch reactor.

이 과정을 설명하기 위해서는 물질수지식과 에너지수지식이 필요하다. 회분식 반응기에 대한 물질수지식은 다음과 같이 쓸 수 있다(식 (3.2.1)을 참조).

$$\frac{1}{V}\frac{dn_i}{dt} = \upsilon_i \mathrm{r}(n_i, T) \tag{9.3.1}$$

드물기는 하지만 비등온 조건에서 일정압력 기체반응이 수행되는 경우라면

$$V = V_0(1 + \varepsilon_i f_i)\left(\frac{T}{T^0}\right) \tag{9.3.2}$$

물질수지식을 풀기 위해서는 에너지수지식을 동시에 풀어야만 한다(즉, 식

(9.2.9)의 해). 이를 위해 식 (9.2.9)를 편리한 형태로 나타낼 수 있다. 엔탈피는 반응열의 효과와 현열의 영향을 모두 포함한다고 생각하면, 식 (9.2.10)은 다음과 같이 나타낼 수 있다.

$$\text{heat exchange} = (\text{change in sensible heat effects}) + (\text{the energy consumed or released by reaction}) \tag{9.3.3}$$

$$Q = \int_{T_{\text{initial}},\,\Phi_{\text{initial}}}^{T_{\text{final}},\,\Phi_{\text{final}}} \left(\overline{MS}\langle \overline{C}_p\rangle dT + \Delta H_r d\Phi\right) \tag{9.3.4}$$

위 식에서 Φ는 반응 진척도 (1장을 참조하라)이고, ΔH_r는 반응열이다. $\overline{MS}$는 계의 전체 질량이고 $\langle \overline{C}_p \rangle$은 계의 단위 질량당 평균 열용량이다. 엔탈피는 상태 함수이므로 식 (9.3.4)에서의 적분에 대한 해는 경로와 무관하게 된다. 그림 9.3.2를 보면 적분을 해석하기 위한 간단한 방법 [경로(I)]은 반응을 등온으로 진행한 후 [경로(II)] 생성물 조성을 사용하여 현열변화를 계산하는 것이다.
즉,

$$Q = \Delta H_r|_{T_{\text{initial}}}(\Phi_{\text{final}} - \Phi_{\text{initial}}) + \int_{T_{\text{initial}}}^{T_{\text{final}}} \overline{MS}_{\text{final}}\langle C_{p_{\text{final}}}\rangle dT \tag{9.3.5}$$

여기에서 양의 값의 반응열은 흡열반응을 의미한다. 반응속도는 종(species)들의 몰로 나타내므로,

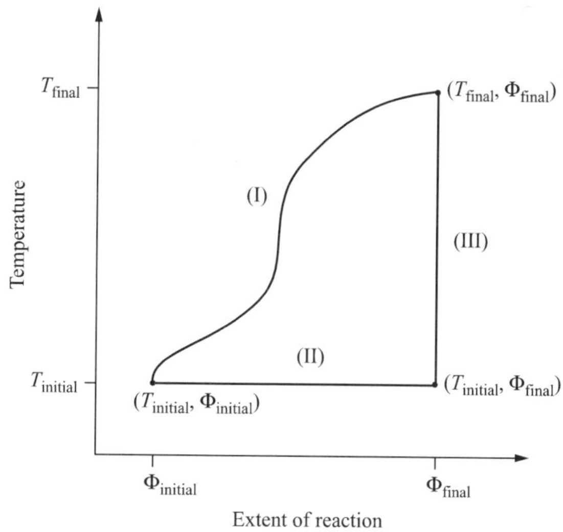

Figure 9.3.2 |
Enthalpy pathways.

$$\int_{T_{\text{initial}}}^{T_{\text{final}}} \overline{MS}_{\text{final}} \langle \overline{C}_{p_{\text{final}}} \rangle dT = \int_{T_{\text{initial}}}^{T_{\text{final}}} \sum_i (n_i C_{p_i}) dT \tag{9.3.6}$$

윗 식에서 n_i은 종 i의 몰, C_{Pi}는 종 i의 몰 열용량이다. 그리고 열교환은 열전달 속도를 시간에 대해 적분해서 구한다. 즉,

$$Q = \int \dot{Q} dt = \int UA_H (T^* - T) dt \tag{9.3.7}$$

U는 전체 열전달 계수, A_H는 열전달 면적이고 T^*는 기준 온도(reference temperature)이다. 식 (9.3.7), 식 (9.3.6), 식 (9.3.5)를 결합하고 전환율에 의한 반응 진척도 정의를 생각하면

$$\int_0^t UA_H (T^* - T) d\bar{t} = \frac{-\Delta H_r|_{T^0}}{\upsilon_\ell} n_\ell^0 f_\ell + \sum_i \left(n_i \int_{T_{\text{initial}}}^{T_{\text{final}}} C_{p_i} dT \right) \tag{9.3.8}$$

또는 미분형태로

$$UA_H (T^* - T) = \frac{-\Delta H_r|_{T^0}}{\upsilon_\ell} n_\ell^0 \frac{df_\ell}{dt} + \sum_i (n_i C_{p_i}) \frac{dT}{dt} \tag{9.3.9}$$

다음을 주목하라[식 (1.2.10)과 식 (1.3.2)을 참조].

$$\frac{n_\ell^0}{-\upsilon_\ell} \frac{df_\ell}{dt} = \frac{d\Phi}{dt} = \text{r}V \tag{9.3.10}$$

식 (9.3.9)에 식 (9.3.10)을 사용하면,

$$UA_H (T^* - T) = \Delta H_r|_{T^0} \text{r}V + \sum_i (n_i C_{p_i}) \frac{dT}{dt} \tag{9.3.11}$$

식 (9.3.11), (9.3.9) 그리고 (9.3.8)로 부터 회분식 반응기의 에너지수지식을 정의할 수 있다.

비등온 회분식 반응기에 대한 서술은 식 (9.3.1)에 나타나 있으며, 식 (9.3.9) 또는 (9.3.11)은 비등온 조업 대하여, 식 (9.3.12)는 단열 조업을 나타내고 있다. 단열 조업에서 식 (9.3.12)는 T와 f_ℓ사이의 관계를 나타내고 있다. 식 (9.3.12)를 식 (9.3.1)에 대입하면 물질수지식에 대한 직접적 해를 구할 수 있다.

예제 9.3.1 일반적인 에너지 수지식, 식 (9.3.9)은 단열 또는 등온 반응 조업에 대한 적절한 형태로 간략화 할 수 있음을 보여라.

해답

단열 조업의 경우 주위로부터 열전달이 없다 (즉, $U=0$). 이 경우 식

(9.3.9)는 다음과 같이 쓸 수 있다.

$$0 = \frac{-\Delta H_r|_{T^0}}{\upsilon_\ell} n_\ell^0 \frac{df_\ell}{dt} + \sum_i (n_i C_{p_i}) \frac{dT}{dt}$$

위 식을 적분하면,

$$T = T^0 + \frac{\Delta H_r|_{T^0} n_\ell^0 f_\ell}{\upsilon_\ell \sum_i (n_i C_{p_i})} \tag{9.3.12}$$

반응기가 등온 조건에서 조업되면 현열의 영향은 발생하지 않으며 식 (9.3.9)는 다음과 같이 된다.

$$UA_H(T^* - T^0) = \frac{-\Delta H_r|_{T^0}}{\upsilon_\ell} n_\ell^0 \frac{df_\ell}{dt} \tag{9.3.13}$$

예제 9.3.2 1-hexene에서 2-hexanol로의 수화 반응은 단열 회분 반응기에서 진행된다:

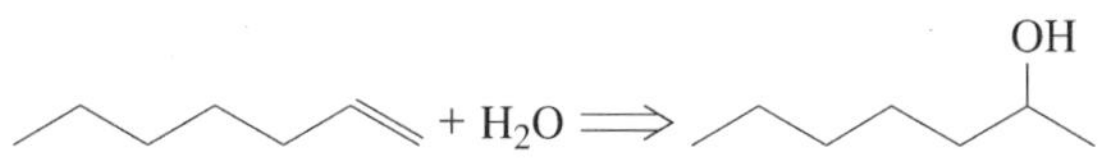

(A) (B) (C)

반응기에는 10 wt.% 황산용액 1000 kg과 200 kg의 1-hexene이 300 K에서 채워져 있다. 반응물과 생산물에 대한 열용량은 온도에 따라 바뀌지 않으며 반응열 또한 온도와 무관하고 열용량 계산 시에 황산의 존재를 무시할 수 있다면 50 %의 전환율에 도달하기 위한 시간과 그때의 온도를 구하라.

자료:

Time (h)	C_p (cal/mol-K)	ΔH_f^0 (kcal/mol)
1-hexene	43.8	−10.0
H_2O	16.8	−68.0
2-hexanol	54.0	−82.0

반응속도상수 : $k = 10^4 \exp[-10^4/(R_g T)]$ (s^{-1})

해답

반응이 1차이므로(k의 단위, 과량의 물, 1-hexene은 제한 반응물) 회분식 반응기에 대한 물질수지식은 다음과 같다.

$$\frac{dC_A}{dt} = -kC_A$$

또는

$$\frac{df_A}{dt} = k(1 - f_A)$$

에너지 수지는 다음과 같다.

$$T = T^0 + \frac{\Delta H_r|_{T^0}\, n_\ell^0 f_\ell}{\upsilon_\ell \sum_i (n_i C_{p_i})}$$

여기에서 $\upsilon_l = -1$이다. 반응열을 계산하기 위하여, 표준생성열 (standard heats of formation)은 다음과 같이 사용될 수 있다.

$$\Delta H_r^0 = -82 + 68 + 10 = -4 \text{ kcal/mol}$$

따라서 에너지수지식은 다음과 같이 나타낼 수 있다.

$$T = T^0 + \frac{(4000)\, n_A^0 f_A}{n_A^0 (1 - f_A) C_{p_A} + n_A^0 (\overline{M} - f_A) C_{p_B} + n_A^0 f_A C_{p_C}}$$

위 식에서

$$\overline{M} = n_B^0 / n_A^0$$

n_B^0과 n_A^0값은 다음과 같다.

$$n_A^0 = (2 \times 10^5 \text{ g})(1 \text{ mol}/84 \text{ g}) = 2381 \text{ mol}$$
$$n_B^0 = (9 \times 10^5 \text{ g})(1 \text{ mol}/18 \text{ g}) = 50000 \text{ mol}$$

따라서,

$$n_B^0 / n_A^0 = 21$$

이다. n_A^0, $\overline{M}$, T^0, C_p 값을 에너지수지식에 대입했을 때 그 결과는 다음과 같다.

$$T = 300 + \frac{4000 f_A}{421.8 - 7.8 f_A}$$

물질수지식을 풀기위해 먼저 T에 대한 에너지 수지를 대입하여 $k(T)$를 $k(f_A)$로 다음과 같이 바꾼다.

$$k = 10^4 \exp\left[\frac{-10^4}{R_g\left(300 + \dfrac{4000 f_A}{421.8 - 7.8 f_A}\right)}\right]$$

물질수지식은 수치적으로 풀어야하며 그 결과는 $t=1111$ 초, 또는 18.52 분이 된다. 이 지점에서의 반응기 온도는 $f_A=0.5$를 에너지 수지에 대입함으로써 직접 얻어지며 그 값은 $T=304.8$ K이다.

예제 9.3.3 비등온 회분식 반응기에서 $A + B \rightarrow C$ 반응이 수행되는 경우를 생각해 보자. 반응은 액체 상태에서 일어난다. 냉각제 공급이 반응기 벽의 온도를 300 K로 유지시킬 만큼 충분하다면 80 %의 전환율에 도달하는데 걸리는 시간을 구하여라.

데이터 :

$$C_A^0 = 0.5 \text{ mol/L} \qquad \Delta H_r = -15 \text{ kJ/mol}$$
$$C_B^0 = 0.6 \text{ mol/L} \qquad UA_H = 50 \text{ J/(s-K)}$$
$$C_{p_A} = C_{p_B} = 65 \text{ J/(mol-K)} \qquad C_{p_C} = 150 \text{ J/(mol-K)}$$
$$n_A^0 = 100 \text{ mol}$$
$$k = 5 \times 10^{-3} \exp\left[\frac{20000 \text{ J/mol}}{R_g}\left(\frac{1}{300} - \frac{1}{T}\right)\right] \text{(L/mol/s)}$$

해답

회분식 반응기에 대한 물질수지식은 다음과 같다.

$$\frac{df_A}{dt} = kC_A^0(1 - f_A)(1.2 - f_A)$$

에너지수지식은 다음과 같다.

$$UA_H(T^* - T) = \Delta H_r n_A^0 \frac{df_A}{dt} + [n_A^0(1 - f_A)C_{p_A} + n_A^0(1.2 - f_A)C_{p_B} + n_A^0 f_A C_{p_C}]\frac{dT}{dt}$$

물질 그리고 에너지수지식을 동시에 풀어야 한다. 수치적 방법으로 해를 구하기 위한 편리한 형태는 다음과 같다.

$$\frac{df_A}{dt} = g(T, f_A) = k(T)C_A^0(1 - f_A)(1.2 - f_A)$$
$$\frac{dT}{dt} = \frac{UA_H(300 - T) - \Delta H_r n_A^0 g(T, f_A)}{n_A^0(1 - f_A)C_{p_A} + n_A^0(1.2 - f_A)C_{p_B} + n_A^0 f_A C_{p_C}}$$

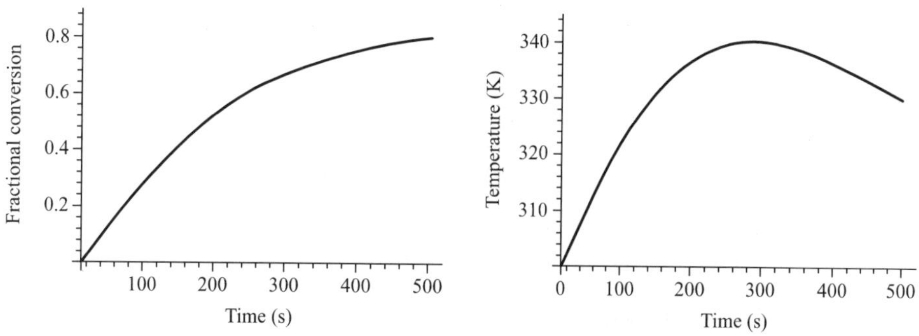

Figure 9.3.3 | Fractional conversion and temperature profiles for the reactor described in Example 9.3.3.

$t=0$에서 $f_A=0$ 이고 $T=300$ K이다. 결과는 그림 9.3.3에 나타나 있다. 그림 9.3.3에 주어진 데이터를 통해 전환율 0.8에 462초가 걸림을 알 수 있다. 또한 최종 온도는 332 K이다. 단열조업과는 대조적으로 최종온도가 반응중 도달하는 최대 온도는 아니다.

Vignette 9.3.1

M. Kladko [*CHEMTECH*, **1** (1971) 141]는 액체상 발열 이성화질반응에 관한 흥미로운 사례연구를 제시하였다. 50 gal 증기－가열 반응기에서 $A \rightarrow B$의 반응이 A와 용매 1 : 1 비율에서 적절히 진행되었다. 그러나 750 gal 유리속입힘(glass-lined) 반응기에서 반응물과 용매의 비율이 2 : 1인 경우, 회분식 반응기에서 격렬한 발열반응이 나타나고 반응을 제어할 수 없었다. 회분 반응기는 안전밸브를 통해 열을 분출하고 발산하였다. 따라서 이 연구에서는 열전달 면적과 반응기 부피의 비율이 가지는 영향이 잘 설명 되었다.

작은 반응기에 있어서 반응기 부피에 대한 열전달 면적의 비는 큰 반응기 보다 크므로 발열 반응열은 작은 반응기에서 더욱 효과적으로 제거된다.

이 문제에 대한 해를 이끌어 내기 위한 해석이 아래에 제시되어 있다. 반응기는 용매가 초기에 이미 채워져 있고 반응물이 시간에 따라 공급

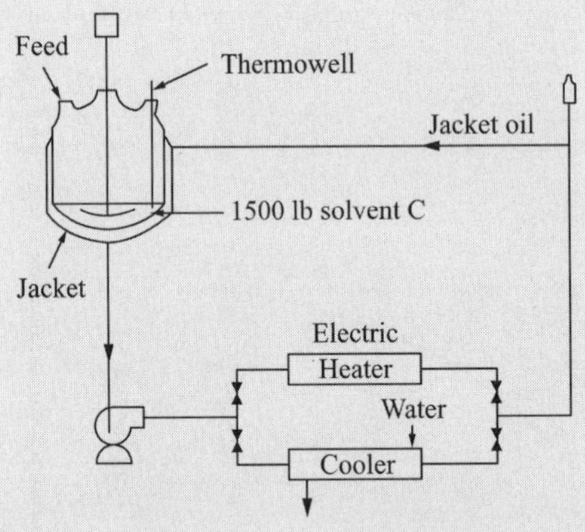

Figure 9.3.4 | Plant installation for "semibatch" isomerization showing heating/cooling circuits. [Adapted from "The Case of a Real Engineering Design Problem" by M. Kladko, *CHEMTECH* (now *Chemical Innovation*), **1** (1971) 141, with permission of the author and the American Chemical Society, copyright 1971.]

되는 반회분 반응기 형태로 구성되었고 가열/냉각 사이클(그림 9.3.4 참조)을 사용하였다. 반응기는 아래와 같이 조업되며, 결과는 그림 9.3.5~9.3.7에 나타내었다.

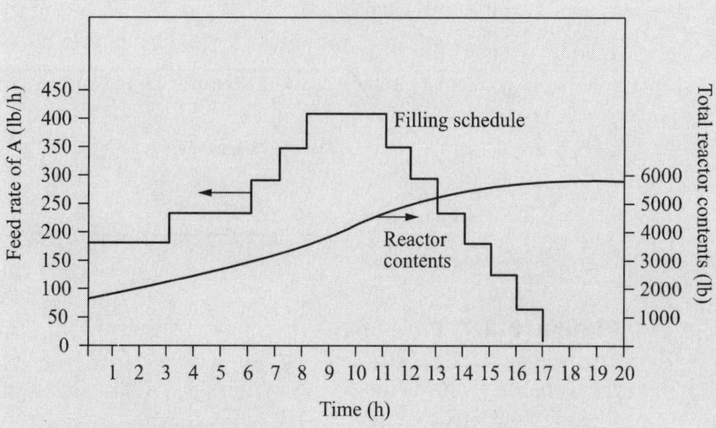

Figure 9.3.5 | Reactor filling schedule and total contents versus time for "semibatch" operation. [Adapted from "The Case of a Real Engineering Design Problem" by M. Kladko, *CHEMTECH* (now *Chemical Innovation*), **1** (1971) 141, with permission of the author and the American Chemical Society, copyright 1971.]

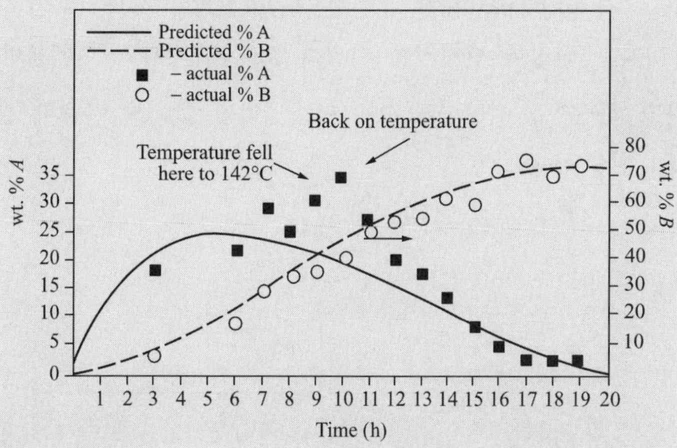

Figure 9.3.6 | Predicted and actual percent *A* and *B* versus time. [Adapted from "The Case of a Real Engineering Design Problem" by M. Kladko, *CHEMTECH* (now *Chemical Innovation*), **1** (1971) 141, with permission of the author and the American Chemical Society, copyright 1971.]

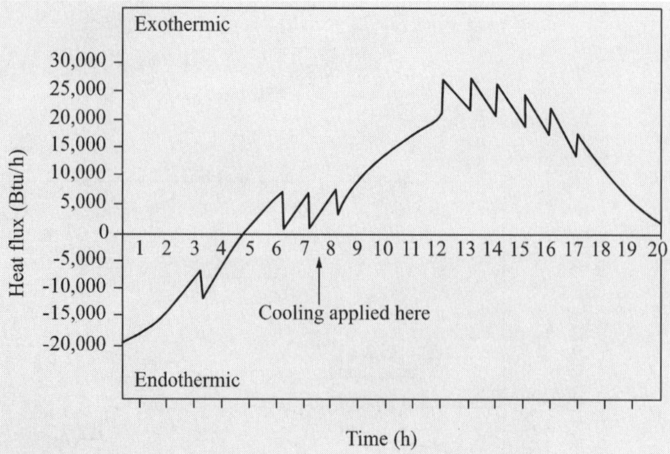

Figure 9.3.7 | Heat flux versus time. [Adapted from "The Case of a Real Engineering Design Problem" by M. Kladko, *CHEMTECH* (now *Chemical Innovation*), **1** (1971) 141, with permission of the author and the American Chemical Society, copyright 1971.]

9.4 비등온 플러그 흐름 반응기

비등온 조건에서 조업되는 PFR을 생각해보자. 이러한 반응기의 성능을 설명하기 위해서는 식 (9.1.1)의 물질 수지와 식 (9.2.7)의 에너지수지를 동시에 풀어야만 한다. PFR은 일정한 단면적을 가지며 T와 C_i는 관의 반지름방향에 따라 변하지 않는다고 하면, 열 전달속도 $\dot{Q}$는 미소부피에 대해서 다음과 같이 쓸 수 있다(그림 9.4.1 참조).

$$d\dot{Q} = U(T^* - T)dA_H = U(T^* - T)\frac{4}{d_t}dV_R \tag{9.4.1}$$

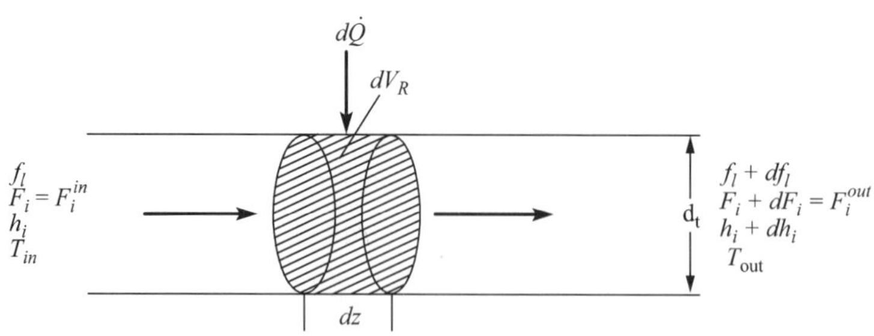

Figure 9.4.1 |
Schematic of differential fluid volume in a nonisothermal PFR.

왜냐하면

$$dA_H = \pi d_t dz \quad \text{(differential area for heat transfer)}$$

그리고

$$dV_R = \frac{\pi d_t^2}{4} dz \quad \text{(differential reactor volume)}$$

여기서 d_t는 관형반응기의 직경이다. 엔탈피가 현열과 반응열 효과를 포함하고 있음을 다시 상기해 보자. 따라서, 에너지수지 식 (9.2.7)은 PFR의 미소유체부피에 대해서 다음과 같이 쓸 수 있다.

$$d\dot{Q} = \sum_i \left(F_i^{\text{out}} \int_{T^0}^{T_{\text{out}}} C_{p_i} dT \right) - \sum_i \left(F_i^{\text{in}} \int_{T^0}^{T_{\text{in}}} C_{p_i} dT \right) - \frac{\Delta H_r|_{T^0}}{\upsilon_\ell} F_\ell^0 df_\ell \quad (9.4.2)$$

반응열은 기준온도 T^0에서 계산되며 C_{p_i}는 종 i의 몰 열용량이다. 통상적으로, T^0는 반응기 입구 온도로 간주한다.

예제 9.4.1 일반적인 에너지수지 식 (9.4.2)가 단열 또는 등온 반응기 조업에 대하여 적절한 형태로 단순화 할 수 있음을 보이시오.

해답

단열조업의 경우 $d\dot{Q} = 0$이다. 따라서, 식 (9.4.2)를 간단히 하면 :

$$\sum_i \left(F_i^{\text{out}} \int_{T^0}^{T_{\text{out}}} C_{p_i} dT \right) - \sum_i \left(F_i^{\text{in}} \int_{T^0}^{T_{\text{in}}} C_{p_i} dT \right) = \frac{\Delta H_r|_{T^0}}{\upsilon_\ell} F_\ell^0 df_\ell \quad (9.4.3)$$

T^0는 반응기 입구의 온도이고 이 온도에서 전환율이 0이라면, PFR의 임의의 지점에서 식 (9.4.3)은 다음과 같이 쓸 수 있다:

$$\sum_i F_i \int_{T^0}^{T} C_{p_i} dT = \frac{\Delta H_r|_{T^0}}{\upsilon_\ell} F_\ell^0 f_\ell \quad (9.4.4)$$

식 (9.4.4)는 단열 PFR에 대해서 전환율과 온도의 관계를 난타 낸다. 반응기가 등온으로 조업된다면,

$$d\dot{Q} = -\frac{\Delta H_r|_{T^0}}{\upsilon_\ell} F_\ell^0 df_\ell \quad (9.4.5)$$

예제 9.4.2 (출처 : C. G. Hill, *An Introduction to Chemical Engineering Kinetics and Reactor Design*, Wiley, 1977, pp. 362~364.) Butadiene(B)과 ethylene(E)이 다음과 같이 반응하여 cyclohexene(C)을 형성할 수 있다.

$$CH_2=CHCH=CH_2 + CH_2=CH_2 \Longrightarrow$$ 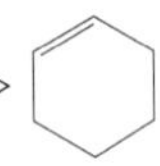

(B) (E) (C)

450℃와 1 atm에서 butadiene과 ethylene이 같은 몰수로 단열 조업되고 있는 PFR로 공급될 때, 전환율이 0.1에 도달하기 위한 공간시간은 얼마인가?

데이터 :

$$k = 10^{7.5}\exp[-27{,}500/(R_gT)] \text{ L/mol/s}$$
$$\Delta H_r = -30000 \text{ cal/mol}$$
$$C_{p_B} = 36.8 \text{ cal/mol/K}$$
$$C_{p_E} = 20.2 \text{ cal/mol/K}$$
$$C_{p_C} = 59.5 \text{ cal/mol/K}$$

해답

각각의 C_{Pi}는 PFR 내에서 얻어지는 온도에서는 온도와 강한 함수관계를 갖지 않는다고 가정하자(즉, 각각은 T의 함수가 아니다.). 물질수지식과 에너지수지식은 다음과 같다.

$$\frac{dF_B}{dV_R} = -kC_B^2 = -k(C_B^0)^2\left[\frac{1-f_B}{1+\varepsilon_B f_B}\right]^2\left(\frac{T^0}{T}\right)^2$$

그리고

$$\sum_i F_i\int_{T^0}^{T} C_{p_i}\,dT = \frac{\Delta H_r|_{T^0}}{v_B}F_B^0 f_B$$

$F_B = F_B^0(1-f_B) = C_B v$이므로 :

$$\frac{dF_B}{dV_R} = -F_B^0\frac{df_B}{dV_R} = -\frac{F_B^0}{v_0}\frac{df_B}{d(V_R/v_0)} = -C_B^0\frac{df_B}{d\tau}$$

따라서 물질수지는 다음과 같이 쓸 수 있다

$$\frac{df_B}{d\tau} = kC_B^0\left[\frac{1-f_B}{1-0.5f_B}\right]^2\left(\frac{T^0}{T}\right)^2$$

$\varepsilon_B = 0.5\left[\frac{1-2}{|-1|}\right] = -0.5$이므로, 에너지수지에 대해서,

$$\sum_i F_i\int_{T^0}^{T} C_{p_i}\,dT = \sum_i F_i C_{p_i}\int_{T^0}^{T} dT \quad \text{since } C_{p_i} \neq C_{p_i}(T)$$

그러므로

$$\sum_i F_i C_{p_i} \int_{T^0}^{T} dT = F_B^0(1 - f_B)(36.8)(T - T^0) + F_B^0(1 - f_B)(20.2)(T - T^0) + F_B^0 f_B(59.5)(T - T^0)$$

또는

$$\sum_i F_i C_{p_i} \int_{T^0}^{T} dT = (57 + 2.5 f_B) F_B^0 (T - T^0)$$

에너지수지는 다음과 같다:

$$(57 + 2.5 f_B) F_B^0 (T - T^0) = \frac{(-30{,}000)}{(-1)} F_B^0 f_B$$

또는

$$T = 723 + \frac{(30{,}000) f_B}{57 + 2.5 f_B}$$

에너지 수지로 부터의 T를 이용하여 물질수지식을 풀면

$$\tau = \int_0^{0.10} \frac{df_B}{kC_B^0 \left[\dfrac{1 - f_B}{1 - 0.5 f_B}\right]^2 \left(\dfrac{723}{T}\right)^2}$$

이고 τ=47.1초가 된다. 또한 출구 온도는 775 K이다.

Vignette 9.4.1

미국에서는 첫돌이 지난 후 아이에게 B형 간염, 디프레리아, 파상풍, 백일해(심한 기침), 헤모필러스 인플루엔자 독감, 소아마비, 홍역, 이하선염, 풍진 그리고 소아 매독 등에 대한 면역을 갖기 위해 백신을 접종한다. 많은 백신은 바이러스를 기초로 한다. 일반적으로 바이러스에 근거를 두고 있는 백신은 탱크모양의 생물 반응기 안에서 생장된다. 바이러스성 생성물을 성장시키기 위하여 사용되는 수용성배지를 방출할 때 '오염물 제거'는 필수적이다. 이를 위해 유체에 H_2O_2를 혼합하여 관형 반응기를 통해 흐르게 한다. H_2O_2는 관형 반응기에 살아있는 물질을 죽이는데 사용된다. 따라서 τ값은 모든 살아있는 물질들이 반응기를 떠나기 전에 완전히 죽이기 위해서 충분히 오랜 시간으로 설정되어야 한다. 이 반응기의 온도는 과산화수소가 산소분자로 분해되지 않도록 하기 위해서 임계 값 이하로 유지되어야 한다. 따라서 완전 오염물제거를 위한 정확한 τ값을 찾기 위해서는 물질 수지를 9.4절에서 제시된 것과 같이 에너지 수지와 연립하여 풀어야 한다.

PFR에 있어서 에너지수지는 식 (9.4.1)과 (9.4.2)를 결합하여 쓸 수 있다.

$$U(T^* - T)\frac{4}{d_t}dV_R = \sum_i F_i C_{p_i} dT - \frac{\Delta H_r|_{T^0}}{\upsilon_\ell} F_\ell^0 df_\ell \tag{9.4.6}$$

또는

$$U(T^* - T)\frac{4}{d_t} = \sum_i F_i C_{p_i} \frac{dT}{dV_R} - \frac{\Delta H_r|_{T^0}}{\upsilon_\ell} F_\ell^0 \frac{df_\ell}{dV_R} \tag{9.4.7}$$

다음을 이용하여

$$F_\ell^0 \frac{df_\ell}{dV_R} = (-\upsilon_\ell)\mathrm{r}$$

식 (9.4.7)은 다음과 같이 쓸 수 있다.

$$\sum_i F_i C_{p_i} \frac{dT}{dV_R} = (-\Delta H_r|_{T^0})\mathrm{r} - U(T - T^*)\frac{4}{d_t} \tag{9.4.8}$$

그러므로 PFR에 대한 물질수지와 에너지수지는 다음과 같이 쓸 수 있다 ($F_l = C_l \mathrm{v} = C_l \pi d_t^2 \mathrm{u}/4$; $dV_R = \pi d_t^2 dz/4$) :

$$\left.\begin{aligned} -u\frac{dC_\ell}{dz} &= (-\upsilon_\ell)\mathrm{r} \\ u\rho\overline{C}_p \frac{dT}{dz} &= (-\Delta H_r|_{T^0})\mathrm{r} - \frac{4U}{d_t}(T - T^*) \end{aligned}\right\} \tag{9.4.9}$$

$z=0$에서 $C_l = C_l^0$, $T = T^0$이고 여기서 u는 겉보기 선속도(superficial linear velocity)이고, ρ는 유체 평균 밀도, $\overline{C}_p$는 단위 질량당 평균 열용량이다. 식 (9.4.9)는 유체의 밀도가 반응기 내에서 변하지 않을 때, 그리고 $\overline{C}_p$가 온도의 함수가 아닐 때만 적용가능하다. 그 이유는 식 (9.4.9)를 얻기 위해서 아래의 관계식을 사용해야 하기 때문이다.

$$\sum F_i C_{p_i} = \mathrm{v}\rho\overline{C}_p \tag{9.4.10}$$

예제 9.4.3 $L = 2$ m와 $d_t = 0.2$ m의 차원을 갖는 PFR에서 균일반응이 진행된다. 제한반응물 입구 농도는 $C_l^0 = 0.3$ kmol/m^3 이고 입구온도는 700 K이다. 그 밖의 자료는 : $-\Delta H_r|_{T^0} = 10^4$ kJ/Kmol, $\overline{C}_p = 1$ kJ/(kg−K), $E = 100$ kJ/mol, $\rho = 1.2$ kg/m^3, $u = 3$ m/s 그리고 $\overline{A} = 5$ s^{-1} 이다. 단열 ($U=0$)과 비등온 ($U = 70$ J/(m^2-s-K)) 조업에서 무차원 농도($y = C_l/C_l^0$) 와 무차원 온도($\overline{\theta} = T/T^0$) 프로파일을 계산하시오 (출처 : F. Villadsen and M. L. Michelsen, *Solution of Differential Equation Models by Polynomial Approximation*, Prentice-Hall, Englewood Cliffs, 1978, p. 59.).

해답

$\overline{A}$의 단위로부터, 반응 속도가 1차라는 것은 분명하다. 1차 반응속도식과 식 (9.4.9)를 이용하면

$$-u\frac{dC_\ell}{dz} = \overline{A}\exp[-E/(R_gT)]C_\ell$$

$$u\rho\overline{C}_p\frac{dT}{dz} = (-\Delta H_r)\overline{A}\exp[-E/(R_gT)]C_\ell - \frac{4U}{d_t}(T - T^0)$$

$x=z/L$, $y=C_l/C_l^0$, $\overline{\theta}=T/T^0$로 두자. 이들 무차원 변수는 물질수지와 에너지수지 관계식에 사용하면 아래의 식을 얻을 수 있다:

$$\frac{dy}{dx} = -(\overline{D}a)y\exp\left[\gamma\left(1 - \frac{1}{\overline{\theta}}\right)\right]$$

$$\frac{d\overline{\theta}}{dx} = \beta_T(\overline{D}a)y\exp\left[\gamma\left(1 - \frac{1}{\overline{\theta}}\right)\right] - H_w(\overline{\theta} - 1)$$

$x=0$ 에서 $y=1$이고 여기에서

$$\overline{D}a = \frac{L\overline{k}}{u}, \quad \overline{k} = \overline{A}\exp[-E/(R_gT^0)]$$

$$\beta_T = \frac{C_\ell^0(-\Delta H_r)}{\rho\tau T^0}$$

$$\gamma = \frac{E}{R_gT^0}$$

$$H_w = \frac{4U}{d_t}\left(\frac{L}{\rho\overline{C}_pu}\right)$$

$\overline{D}_a$, β_T, γ 그리고 H_w는 무차원이다. 단열조업에서는 $H_w=0$이다. 이 경우에 질량수지 식에 β_T을 곱하고, 이를 에너지수지와 더하면 다음과 같아진다.

$$\frac{d}{dx}(\overline{\theta} + \beta_Ty) = 0$$

$x=0$에서 $y=\overline{\theta}=1$인 조건에서 위식을 적분하면:

$$\theta = 1 + \beta_T(1 - y) \tag{9.4.11}$$

식 (9.4.11)은 무차원형태로 온도와 전환율간의 단열관계를 나타내고 있다. 질량수지는 아래와 같이 쓸 수 있다:

$$\frac{dy}{dx} = -(\overline{D}a)y\exp\left[\frac{\gamma\beta_T(1 - y)}{1 + \beta_T(1 - y)}\right]$$

여기에서

$$x=0 \text{ 일 때 } y=1$$

이 미분반정식의 해는 간단하며 그림 9.4.2에 나타나있다. 비등온인 경

우, 물질수지와 에너지수지는 수치적 방법을 통해 동시에 풀어져야 한다. 비등온 조건에 대한 결과를 그림 9.4.2에 나타내었다. 주목할 사항은 $x=0.57$에서 $\overline{\theta}_{ni}$의 값은 최대이며 이때 $T=860$ K이다. 반응기에서 비등온 조업으로부터의 온도프로파일에 있어 최대치는 보통 국소고온점(hot spot)으로 표시한다.

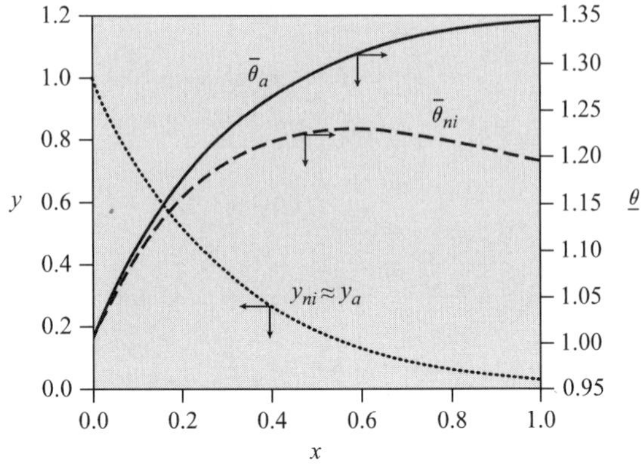

Figure 9.4.2 | Dimensionless concentration and temperature profiles for adiabatic and nonisothermal operation. y_a and $\overline{\theta}_{ni}$ are for adiabatic conditions while y_n and $\overline{\theta}_a$ are for nonisothermal operation.

9.5 CSTR에서 온도의 영향

CSTR 반응기에서의 완전혼합 가정은 반응기 내용물의 온도가 균일함을 의미한다. 따라서 출구흐름의 온도 또한 반응기 내의 온도와 동일할 것이다. 그럼에도 불구하고 반응기 입구에서는 반응기 내부의 온도와 같지 않을 수 있다. 만약 이런 경우 또는 반응기 안밖으로 전달되는 열을 결정할 필요가 있을 경우에는 에너지수지가 필요하다.

CSTR에 대한 에너지 수지는 반응기 입구 온도에서 등온 조건으로 반응을 다시 수행함으로써 식 (9.2.7)로부터 유도할 수 있다. 그런 후에 반응기 출구의 조건에서 현열 효과를 계산할 수 있다. 즉,

$$\dot{Q} = \frac{F_\ell^0 (\Delta H_r|_{T^0})(f_\ell^f - f_\ell^0)}{(-\upsilon_\ell)} + \sum \left(F_i^f \int_{T^0}^{T^f} C_{p_i} dT \right) \tag{9.5.1}$$

여기서 상첨자 f는 최종 또는 출구 조건을 나타낸다. 단열 조업에 대해서 $\dot{Q}=0$ 이다.

예제 9.5.1 방향족 화합물의 니트로화는 HNO_3/H_2SO_4 등과 같은 부식성 강산을 촉매로 사용하는 강력한 발열반응이다. 아래의 그림과 같이 강산의 대체물로 반응기의 부식을 감소시킬 수 있는 질소 화합물인 N_2O_5를 니트로화 반응에 쓸 수 있다.

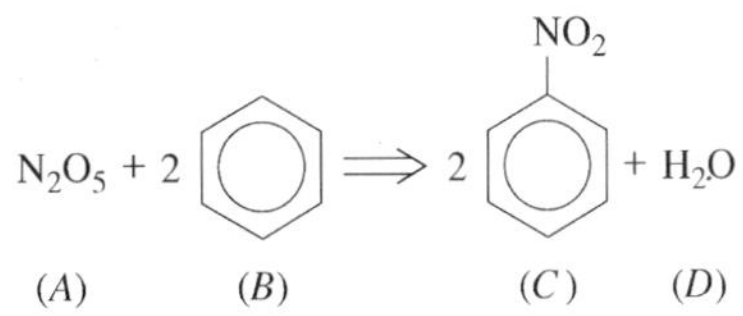

이 반응이 단열 CSTR에서 진행될 때, N_2O_5의 전환율이 35 %가 되기 위해 필요한 반응기 부피와 공간 시간은? A에 대한 반응 차수는 1차이고 B에 대해서는 2차이다.

데이터 :

$$\Delta H_r = -370.1 \text{ kJ/mol} \qquad T^0 = 303 \text{ K}$$
$$C_{p_A} = 84.5 \text{ J/(mol-K)} \qquad F_A^0 = 10 \text{ mol/min}$$
$$C_{p_B} = 137 \text{ J/(mol-K)} \qquad F_B^0 = 30 \text{ mol/min}$$
$$C_{p_C} = 170 \text{ J/(mol-K)} \qquad \text{v} = 1000 \text{ L/min}$$
$$C_{p_D} = 75 \text{ J/(mol-K)} \qquad C_A^0 = 0.01 \text{ mol/L}$$

$$k = 0.090 \exp\left[\frac{(40 \text{ kJ/mol})}{R_g}\left(\frac{1}{303} - \frac{1}{T}\right)\right] \qquad (\text{L/mol})^2 (\text{min})^{-1}$$

해답

반응은 액상 반응으로 농도가 묽기 때문에 반응 진행 중의 몰 변화가 반응물의 전체 밀도를 변화시키지 않는다.

$$C_A = C_A^0(1 - f_A), \qquad F_A = F_A^0(1 - f_A)$$
$$C_B = C_A^0(3 - 2f_A), \qquad F_B = F_A^0(3 - 2f_A)$$
$$F_C = 2F_A^0 f_A, \qquad F_D = F_A^0 f_A$$

CSTR에 대한 물질수지는 다음과 같다.

$$V = \frac{F_A^0 f_A}{k(C_A^0)^3(1 - f_A)(3 - 2f_A)^2}$$

단열 CSTR에 대한 에너지수지는:

$$0 = \Delta H_r F_A^0 f_A + F_A^0(1 - f_A)C_{p_A}(T - T^0) + F_A^0(3 - 2f_A)C_{p_B}(T - T^0) + 2F_A^0 f_A C_{p_C}(T - T^0) + F_A^0 f_A C_{p_D}(T - T^0)$$

$f_A = 0.35$에 대해, 에너지수지로부터 $T = 554$ K을 얻게 되고, 이 온도에서 속도 상수 값은 $k = 119.8 \text{ L}^2/(\text{mol}^2 - \text{min})$ 이다. 물질 수지에서 k의 값을 이용하면 $V = 8{,}500$ L이고, 따라서 $\tau = 8.5$ min이 된다.

예제 9.5.2 예제 9.5.1에서 보여주었던 방향족 니트로화반응을 생각해보자. 만약 반응기가 냉각된다면 전환율이 35 %가 되기 위한 반응기의 부피를 계산하시오.

데이터 :

$$UA_H = 9000 \text{ J/(min-K)}$$
$$T_C^0 = 323 \text{ K (and is constant)}$$
$$\text{v} = 100 \text{ L/min}$$
$$C_A^0 = 0.10 \text{ mol/L}$$

그 밖에 모든 데이터는 예제 9.5.1과 같다.

해답

물질수지식은 예제 9.5.1에서와 같다. 에너지수지는 아래와 같다

$$UA_H(T_C^0 - T) = \Delta H_r F_A^0 f_A + F_A^0(1-f_A)C_{p_A}(T-T^0) + F_A^0(3-2f_A)C_{p_B}(T-T^0) + 2F_A^0 f_A C_{p_C}(T-T^0) + F_A^0 f_A C_{p_D}(T-T^0)$$

여기에서 $f_A = 0.35$이며 에너지수지로부터 $T = 407$ K을 얻게 된다. 407 K에서 반응속도 상수는 $k = 5.02 \text{ L}^2/(\text{mol}^2 - \text{min})$ 이다. 물질수지식에 구해진 k값과 $C_A^0 = 0.10$ mol/L 값을 사용하면 V=196 L를 얻을 수 있다.

9.6 발열 반응에서 반응기 안정도와 민감도

그림 9.6.1과 같은 CSTR 반응기를 생각하자. 발열 반응이 진행되는 반응기이므로 일정한 온도 T를 유지하기 위해서는 열이 냉각 유체로 이동해야 한다. 반응기 벽면의 온도를 T_c로 유지하기위해 열전달이 충분히 이루어진다고 가정하자.

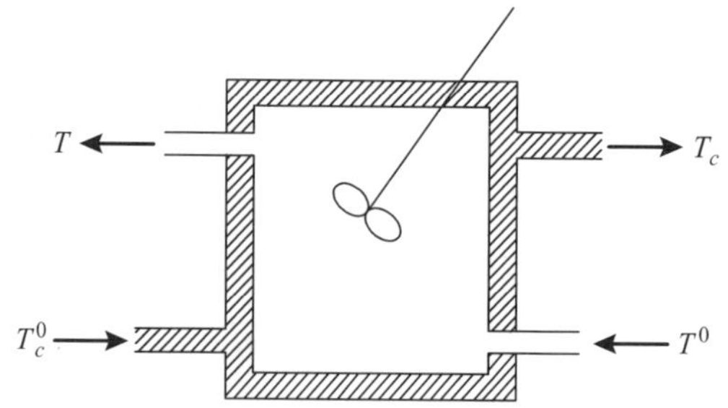

Figure 9.6.1 |
Schematic illustration of a CSTR that is maintained at temperature T by transferring heat to a coolant fluid ($T_c > T_c^0$).

따라서

$$\dot{Q} = UA_H(T - T_c) = \mathrm{v}_c C_{p_c}(T_c - T_c^0) \tag{9.6.1}$$

heat removed from reactor　　sensible heat change of coolant

여기서 v_c는 냉각액의 부피유량속도이고 C_{pc}는 냉각액의 열용량으로 온도의 함수는 아니다. T_c에 대해 풀고 이를 열전달식에 대입하면

$$\dot{Q} = \frac{UA_H \mathrm{v}_c C_{p_c}}{UA_H + \mathrm{v}_c C_{p_c}}(T - T_c^0) = \lambda_\lambda(T - T_c^0) \tag{9.6.2}$$

CSTR에 대한 에너지수지식은 다음과 같이 쓸 수 있다(1차 반응 속도식을 가진 식 (9.5.1)).

$$\dot{Q} = \frac{\Delta H_r|_{T^0} F_\ell^0(f_\ell - f_\ell^0)}{(-\upsilon_\ell)} + \sum\left(F_i\int_{T^0}^{T} C_{p_i}dT\right)$$

또는

$$-\upsilon_\ell \mathrm{r} V = F_\ell^0(f_\ell - f_\ell^0) \qquad \text{(물질수지식)}$$

이므로 다음과 같이 쓸 수도 있다.

$$\dot{Q} = (\Delta H_r|_{T^0})kC_\ell V + \mathrm{v}^p \rho C_p(T - T^0) \qquad \text{(1차 반응 속도)} \tag{9.6.3}$$

v^p는 생성물흐름의 부피 유량속도이고 ρ와 C_p는 각각 출구흐름의 평균 밀도와 열용량이다. 식 (9.6.3)을 정리하고 $\dot{Q}$에 식 (9.6.2)를 대입하면 다음과 같다($\dot{Q}$ 는 제거된 열이다.)

$$\frac{\lambda_\lambda}{\mathrm{v}^p \rho C_p}(T_c^0 - T) = \frac{kC_\ell \tau(\Delta H_r|_{T^0})}{\rho C_p} + (T - T^0) \tag{9.6.4}$$

$\alpha\alpha_1$과 $\alpha\alpha_2$를 다음과 같이 두면

$$\alpha\alpha_1 = \frac{\lambda_\lambda}{\mathrm{v}^p \rho C_p}$$

$$\alpha\alpha_2 = \frac{-k\tau(\Delta H_r|_{T^0})}{\rho C_p}$$

따라서 식 (9.6.4)는 다음과 같이 쓸 수 있다.

$$(1 + \alpha\alpha_1)T - (T^0 + \alpha\alpha_1 T_c^0) = \alpha\alpha_2 C_\ell \tag{9.6.5}$$

물질수지식의 해로부터 다음의 관계가 성립하므로

$$C_\ell = C_\ell^0/(1 + k\tau)$$

식 (9.6.5)는 다음과 같이 쓸 수 있다.

$$(1 + \alpha\alpha_1)T - (T^0 + \alpha\alpha_1 T_c^0) = \frac{\alpha\alpha_2 C_\ell^0}{1 + k\tau} \tag{9.6.6}$$

$$Q_r \text{ (heat removed)} = Q_g \text{ (heat generated)}$$

Q_r 과 Q_g 를 반응온도에 관하여 도시하면 그림 9.6.2와 같다. 식 (9.6.6)의 해는 Q_r 과 Q_g 의 값이 동일할 때 얻어지며, 이는 그림 9.6.3에 나타나있다. 경우(I)과 경우(III)의 경우에는 단일 해가 얻어짐을 염두에 두자. 그러나 (II)경우에는 세 가지 정상상태가 가능하다. 경우 (II)와 관련된 중요한 의문은 세 가지의 정상상태의 안정성여부이다. 이것은 다음과 같이 설명할 수 있다. 정상상태 1에서 T가 증가되면 $Q_r > Q_g$ 가 되고 따라서 반응기는 점 1로 되돌아 올 것이다. 또한 T가 감소하면 $Q_g > Q_r$ 이 되고 반응기는 이 경우에도 또한 점 1로 되돌아 올 것이다. 그러므로 정상상태 1은 이 위치에서의 작은 변화가 반응기를 정상상태로 되돌아가게 하므로 안정하다고 할 수 있다. 마찬가지로 정상상태 3도 안정된 정상상태이다. 그러나 정상상태 2의 경우 T가 증가하면, $Q_g > Q_r$ 이 되고 반응기는 3의 위치로 이동할 것이다. T가 점 2아래로

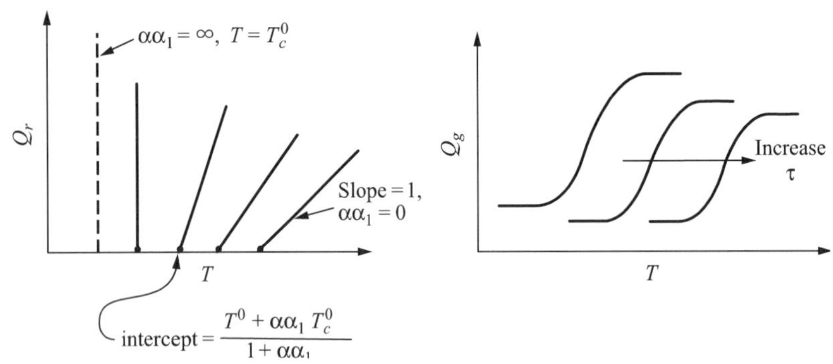

Figure 9.6.2 |
Schematic illustration of Q_r and Q_g as functions of T.

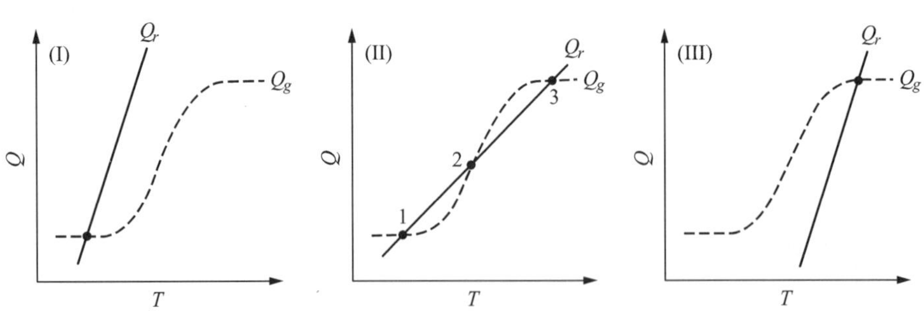

Figure 9.6.3 |
Steady-state solutions to Equation (9.6.3).

감소한다면, $Q_r > Q_g$ 이고 반응기는 점 1로 이동할 것이다. 그러므로 정상상태 2는 불안정하다. 실제 계에서 정상상태로부터의 교란은 언제나 발생 가능하기 때문에 반응기 조업의 안정성을 결정하는 것은 중요하다. 결국 반응기가 정상상태 1이나 3에 도달하는지의 여부를 결정하는 것이 반응기의 운전개시(start-up)가 되는 것이다.

예제 9.6.1 다음 반응기 구성에 대한 정상상태를 계산하라. 불안정한 정상상태가 존재하는가?

데이터 :

액상에서 $A+B \rightarrow 2C$ 반응이 진행되고, $V=1$L, $k=33\times10^9 \exp[-20{,}000/(R_gT)]$ L/(mol·min), $-\Delta H_r=20$ kcal/mol, $C_A^0=20$ mol/L, $C_B^0=3$mol/L, v=100 cm^3/min, $T^0=17$℃, $T_C^0=87$℃, $\rho C_p=650$ cal/(L·℃), $U=0.1$ cal/(cm^2·min·K), $A_H=250$ cm^2.

해답

반응속도식은 다음과 같이 표시되며

$$(-v_B)\mathrm{r} = kC_AC_B = k(C_B^0)^2(1-f_B)(\overline{M}-f_B),\ \overline{M} = C_A^0/C_B^0$$

물질수지식은 다음과 같다.

$$0 = C_B^0 f_B - \tau k(C_B^0)^2(1-f_B)(\overline{M}-f_B)$$

따라서

$$Q_r = (1+\alpha\alpha_1)T - (T^0 + \alpha\alpha_1 T_c^0)$$

$$Q_g = \frac{-k(C_B^0)^2\tau(\Delta H_r)(1-f_B)(\overline{M}-f_B)}{\rho C_p}$$

우선 특정한 T에서의 f_B에 대한 물질수지식을(f_B에 대해 두개의 값이 주어진다－하나는 물리적인 의미를 가질 것이다)풀고, 다음 Q_r과 Q_g를 계산한다. 결과의 한 예는 다음과 같다(Q_r를 계산하기 위해서 $v_cC_{p_c} \gg UA_H$라 가정한다).

T (K)	f_B	Q_r	Q_g
310	0.049	0.77	4.55
320	0.124	14.62	11.45
330	0.264	28.46	24.40
340	0.461	42.31	42.50
350	0.658	56.20	60.77
360	0.807	70.00	74.78
370	0.898	83.80	82.85

이 데이터를 도시하면

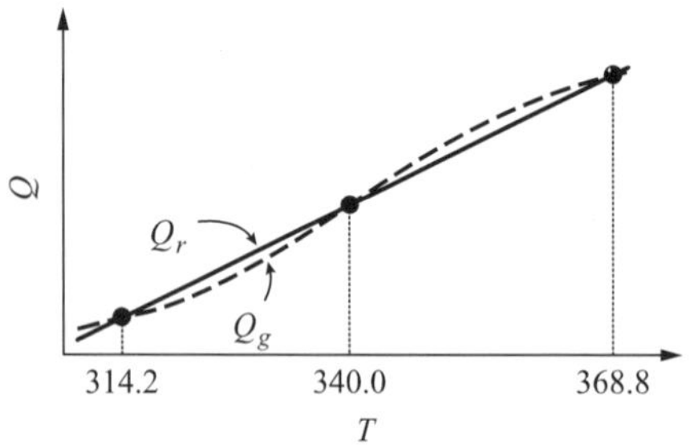

그러므로 세 가지의 정상상태가 있고 이들은 다음과 같다.

Steady-state	T (K)	T (℃)	f_B
1	314.2	41.2	0.079
2	340.0	67.8	0.460
3	368.8	95.8	0.888

정상상태 2는 불안정하다. 세 경우의 정상상태에 대하여 f_B에는 큰 차이가 있음을 주목하라. 그러므로 정상상태 2에서 조업하기 위한 미숙한 설계자의 시도는 반응기가 결코 이런 정상상태로 안정되지 않을 것이므로 성공하지 못할 것이다.

다중정상상태의 존재와 일부는 불안정 할 수 있다는 것을 아는 것에 덧붙여 반응기 조업이 조업변수의 변화에 얼마나 안정한가(즉, 민감도(sensitivity)를 평가하는 것은 중요하다. CSTR에 관한 위의 예에서 안정한 정상상태가 공정변수의 변화에 낮은 민감도를 가지지만 불안정한 정상상태는 명백히 그렇지 않음을 예상할 수 있다.

민감도를 설명하기위한 예를 들기 위해 발열반응을 수행하는 비등온 상태의 관형 반응기를 고려해보자. 예제 9.4.3을 서술한 것처럼 반응기온도 프로파일상의 국소고온점(hot spot)이 이 상황에서 발생할 수 있다. 그림 9.6.4는 전형적인 반응기의 온도 프로파일을 보여주고 있다. 냉각유체 온도 T_c^0가 증가할 때 어떤 현상이 일어날지를 생각해 보자. T_c^0 가 증가하면 $T_c^0(i+1) > T_c^0(1)$, $i = 1, 2, 3$이 되고, 적은 양의 열이 반응기로부터 제거되므로 반응기 국소고온점에서의 온도는 그만큼 증가한다. 결국, 열은 그것이 제거 될 수 없을 정도로[$T_c^0(4)$에 나타남] 충분히 높은 속도로 생성되므로 국소고온점 온도는 어떤 물리적한계(예, 유체의 상변화, 폭발 또는 발화, 촉매의 용융 등)을 넘게 되는데 이 같은 조건을 탈주조건

(runaway condition)이라 한다. 그러므로 탈주점과 가까운 반응기조업은 현명하지 못하며 반응기 해석에 있어 중요한 인자인 탈주점으로의 민감도를 결정해야한다. 반응기의 민감도를 평가하기 위한 여러 기준이 개발되었고 각각은 중요한 가정(예로써 G. F. Froment and K. B. Bischoff, *Chemical Reaction Analysis and Design*, Wiley, New York, 1977, 1장을 보라)의 사용을 포함한다. 반응기의 안정성이 어떻게 평가되는지에 대한 예가 나타나있으며 이는 J. B. Cropley 에 의해 제시된 것이다.

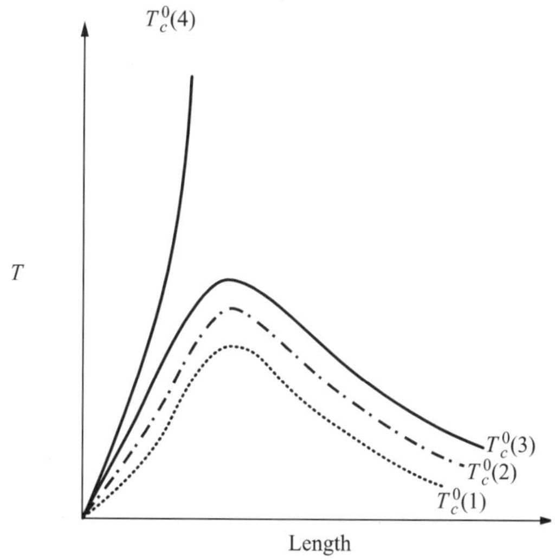

Figure 9.6.4 |

Temperature profiles in a tubular reactor operating nonisothermically and conducting an exothermic reaction. T_c^0 is the temperature of the coolant fluid.

예제 9.6.2 불균일 촉매로 충전된 관형 반응기가 알코올을 알데하이드로 변화시키는 산화반응을 수행한다. 반응은 다음과 같다.

$$\text{alcohol} + \text{air} \Rightarrow \text{aldehyde} + \text{air} \Rightarrow CO_2 + H_2O$$

이 일련의 반응경로에서 원하는 종류의 물질은 알데하이드이다. 양쪽의 반응이 발열반응(두번째 반응은 높은 발열과정이다)이므로 반응기는 비등온적으로 조업된다. 반응기는 1 inch 직경을 가진 2500개의 관을 포함하는 다관형(shell-and-tube) 열교환기이다. 열교환기가 열적인 탈주(runaway)에 대한 더 큰 안정성을 나타내기 위해 병류(cocurrent)형태로 조업해야하는가 아니면 맞흐름(countercurrent)형태로 조업해야 하는가?

해답

이 예는 실제 반응기의 모사(simulation)에서 나온 것이기 때문에 이것을 완전하게 나타내기 위해서는 아주 많은 양의 데이터가 필요하다. 그러므로 간략한 설명을 위해 관찰된 경향성만을 제시할 것이다. 개략적인 반응기 형태는 다음과 같다.

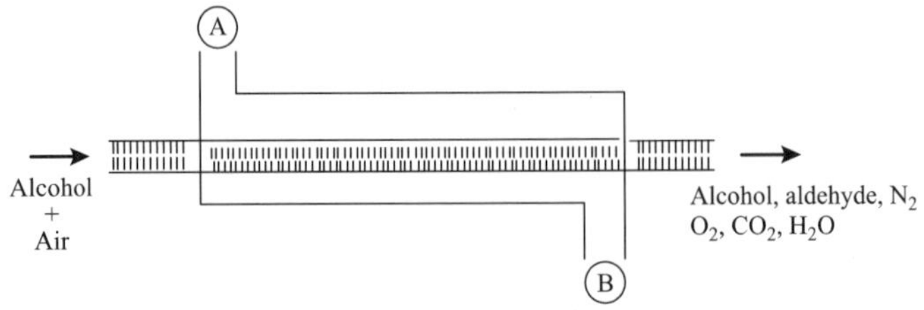

냉각유체는 각각 병류형태나 맞흐름형태의 조업을 위해 각각 A점이나 B점으로 들어간다. 다음으로, 두 가지 조업모드에 대한 반응기 온도 프로파일을 도시한다. 각각의 그래프에 있는 세 개의 프로파일들은 서로 다른 냉각제 공급온도 T_c^0 에 대한 것이다. 국소고온점이 맞흐름형태의 조업에서 발생하는 것을 주목하라. 민감도를 평가하기 위해 Cropley는 반응기내의 최대온도를 입구냉각제 온도의 함수로 도시하는 것을 제안했다. 결과는 다음과 같다.

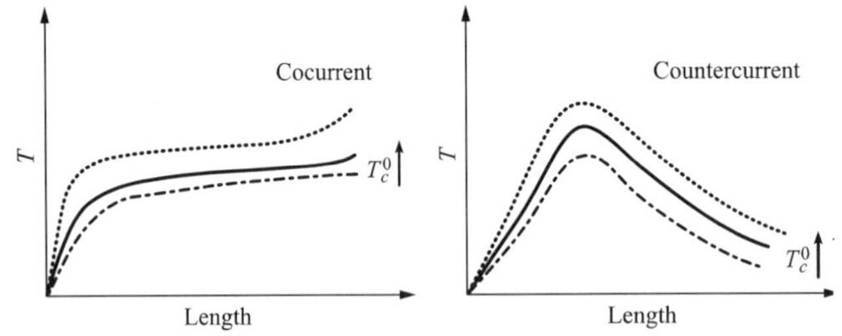

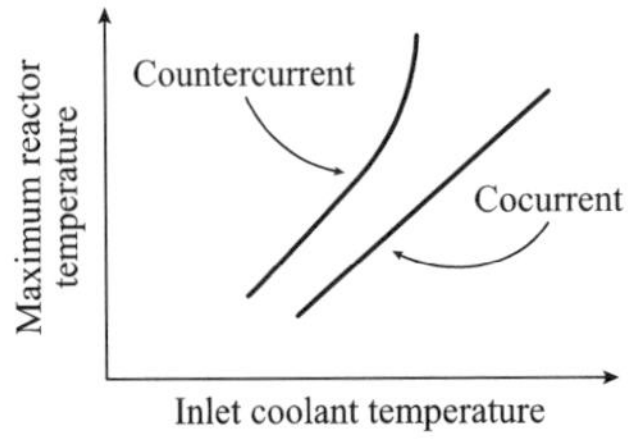

직선의 기울기는 입구 냉각제 온도 변화에 대한 반응기의 안정도를 나타낸다. 병류형태 조업 방식이 더 좋은 민감도를 나타내는 것이 명확하며 이 같은 결론은 일반적이다. 그 이유는 병류방식의 조업을 통해 열을 제거하는 가장 큰 능력[가장 큰 $\Delta T(T_{reactor}-T_{coolant})$]이 반응기 내의 가장 큰 열발생지역에서 발생할 수 있기 때문이다.

연 습 문 제

1. 반응열이 -40 kcal/mol 일 때 예제 9.3.2에서 서술된 회분식 반응기에서 50 %의 전환율에 도달하는데 필요한 최종 온도와 시간을 계산하여라. 이것이 대형반응기 시스템에서도 가능할 것이라 생각하는가?

2. 연습문제 1의 반응기 시스템에서 90 %의 전환율에 도달하는데 필요한 시간과 최종온도를 구하시오.

3. 반응기가 단열상태($U=0$)일 때 예제 9.3.3에서 서술된 회분식 반응기 시스템에서 전환율과 온도를 시간의 함수로 도시하라. 결과 값을 그림 9.3.3에 주어진 비등온일 때와 비교하여라. 반응기가 비등온적으로 조업될 때 얼마나 많은 에너지가 반응기로부터 제거되었는가?

4. 예제 9.3.3에서 주어진 회분식 반응기에서 만약 벽면 온도가 일정하지 않을 경우 무슨 일이 일어날지를 생각해 보자. 일정한 벽면 온도와의 비교를 위해, $T^*=300+0.1t$ (t 는 초)일 때 전환율과 반응기 온도를 시간의 함수로 계산하시오.

5. 예제 9.4.2에서 서술된 PFR에 대하여 반응에 대한 몰수의 변화가 무시될 때(즉, $\varepsilon_B=0$) 출구 온도와 τ를 계산하시오. 몰수의 변화가 있을 경우 얼마나 많은 오차가 발생하는가?

6. 예제 9.4.2에서 서술된 PFR에 대하여 농도에 대한 온도의 영향이 무시될 때 출구 온도와 τ를 계산하여라. 이러한 단순화가 타당한지 여부를 판단하시오.

7. 단열 PFR이 다음과 같은 일련의 방정식으로 기술될 수 있다.

$$\frac{dy}{dx} = -4y\exp\left[18\left(1-\frac{1}{\bar{\theta}}\right)\right]$$
$$\frac{d\bar{\theta}}{dx} = 0.2y\exp\left[18\left(1-\frac{1}{\bar{\theta}}\right)\right]$$
$$y = \bar{\theta} = 1 \text{ at } x = 0$$

이 방정식을 풀고 y와 $\overline{\theta}$를 x (0(entrance)$\leq x \leq$1 (exit))의 함수로 도시하여라. 반응열이 두 배가 될 때 어떤 일이 일어나겠는가?

8. 다음과 같은 발열반응이

$$A + A \underset{k_2}{\overset{k_1}{\rightleftarrows}} P + P \qquad k_1 = 30\text{ L mol}^{-1}\text{ min}^{-1},\ k_2 = 0.1\text{ L mol}^{-1}\text{ min}^{-1}$$

(k_1 and k_2 at 80℃)

아래의 반응기에서 수행 될 수 있는지 여부를 확인 하시오.

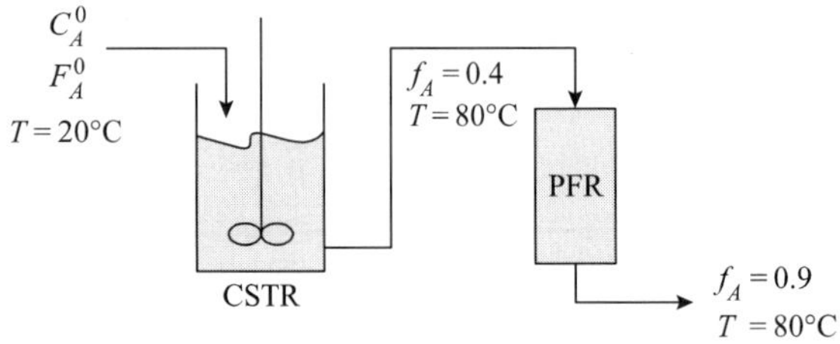

CSTR과 PFR의 부피와 각각의 반응기로부터 제거된 열을 계산하라. 어느 정도의 열 제거가 가능할까? 그 이유는? 또는 그렇지 않은 이유는?

데이터 :

$$C_{p_A} = 45\text{ cal mol}^{-1}\text{ K}^{-1}$$
$$C_{p_P} = 40\text{ cal mol}^{-1}\text{ K}^{-1}$$
$$-\Delta H_r = 10{,}000\text{ cal mol}^{-1}$$
$$C_A^0 = 1.5\text{ mol L}^{-1}$$
$$F_A^0 = 100\text{ mol min}^{-1}$$

9. 유기염기의 에스터가 CSTR에서 가수분해 된다. 이와 같은 비가역반응속도에 대한 반응 차수는 각각의 반응물에 대하여 1차이다. 반응용기내의 액체 부피는 6500 L이다. 18℃의 냉각재로 된 재킷(jacket)은 반응 혼합물을 30℃로 유지시킨다.

추가적인 데이터는 :

Ester feed stream—1 M, 30°C, 20 L/s
Base feed stream—4 M, 30°C, 10 L/s
Rate constant = $10^{14}\exp(-11{,}000/T)\ M^{-1}s^{-1}$, T in K
$\Delta H_r = -45$ kcal/mol ester

평균 열용량은 대략 1.0 kcal $L^{-1}℃^{-1}$로 일정하다.

(a) 반응기에서의 에스테르의 전환율은 얼마인가?

(b) 반응기내의 온도를 30℃로 유지하기 위한 재킬에서의 에너지 제거속도를 계산하시오. 열전달 속도가 5 kcal $s^{-1}\ m^{-2}\ K^{-1}$이라면, 필요한 열전달 면적은 얼마인가?

(c) 만일 냉각제 공급이 중단된다면, 반응기가 도달할 수 있는 최고 온도는 얼마인가?

10. 10,000L의 부피를 가진 단열 CSTR 반응기에서 반응이 수행된다. 5M, 농도의 반응물 A를 가진 공급 용액이 10 L s^{-1}로 공급된다. 반응은 1차이며 속도상수는 $k = 10^{13}\exp(-12500/T)\ s^{-1}$, T의 단위는 K, 밀도는 1000 kg m^{-3}이고 $C_p = 1.0$ kcal $kg^{-1}\ K^{-1}$이다. 반응열은 $\Delta H_r = -70$ kJ mol^{-1}이다.

(a) 공급 온도 280, 300, 320 K에 대한 반응기 온도와 출구 농도를 계산하시오.

(b) 반응기 온도를 373 K 이하로 유지하기 위하여 290 K의 잘 혼합된 냉각 재킬이 사용되었다. 유입온도 320 K로 이 반응기에서 90 %의 전환율을 얻는 것이 가능한지 보여라. 어떤 운전개시(start-up) 관련문제가 발생할 수 있는가?

11. 아래와 같은 가역 1차 반응이 CSTR에서 일어난다.

$$A \underset{k_2}{\overset{k_1}{\rightleftarrows}} B$$

데이터는 다음과 같다.

$$k_1 = 10^3 \exp(-2500/T)\ \mathrm{s}^{-1},\ T \text{ in K}$$
$$\Delta H_r = -10\ \mathrm{kcal\ mol}^{-1}$$
$$K = 8 \text{ at } 300\ \mathrm{K}$$
$$C_p = 1\ \mathrm{kcal\ kg}^{-1}\mathrm{K}^{-1}$$
$$\rho = 1\ \mathrm{kg\ L}^{-1}$$

(a) 반응기 공간속도가 10분 일 때, 300 K의 조업온도에서의 전환율은 얼마인가? 500 K에서의 전환율은 얼마인가? (평형상수는 온도와 관련있음을 기억하라.)

(b) 반응기로 들어가는 반응물 온도가 330 K이고 농도가 5 M일 때 300 K의 조업온도를 유지하기 위해 필요한 단위 반응기 부피 당 열제거 속도를 구하시오.

CHAPTER 10

불균일 촉매반응을 수행하는 반응기

10.1 관형반응기에서 균일촉매반응과 불균일촉매반응

앞장에서 여러 가지 형태의 관형 반응기를 서술하였다(예, 층류흐름, 플러그흐름, 비이상흐름). 가장 널리 쓰이는 산업용반응기는 고체촉매로 충진 되어 있는 관형 반응기이다. 이러한 형태의 반응기는 고정된 위치에 고체 촉매를 충전하고 있으므로 고정층 반응기라 한다. 이 장의 말미에서는 촉매를 유동화시키는 유동층반응기 형태에 대하여 논할 것이다.

고정층 반응기에 대해 완전한 모델을 세운다는 것은 기술적으로 불가능하다. 그러나 반드시 그와 같은 모델이 꼭 필요한 것만은 아니다. 이 장에서는 고정층 반응기를 여러 각도로 분석하고 고정층 반응기의 응용성에 대하여 논할 것이다.

그림 10.1.1(a)에서 제시된 PFR에 대해 생각해 보자. dz내에 위치한 반응기 부피에 대한 질량수지는 다음과 같다.

$$F_i = F_i + dF_i + (-\upsilon_i)\mathrm{r}dV \tag{10.1.1}$$

$F_i = uA_CC_i$ 이고 $V = A_Cz$ 이므로 식 (10.1.1)은

$$-u\frac{dC_i}{dz} = (-\upsilon_i)\mathrm{r} \tag{10.1.2}$$

u와 A_C는 z의 함수가 아니다. r의 단위는 mols/(time · volume)이다.

그림 10.1.1(b)에 서술된 상황처럼 관이 고체촉매로 채워져 있다고 하고 물질수지식을 다시 쓰면

$$F_i = F_i + dF_i + \eta_o\rho_B(-\upsilon_i)\mathrm{r}dV \tag{10.1.3}$$

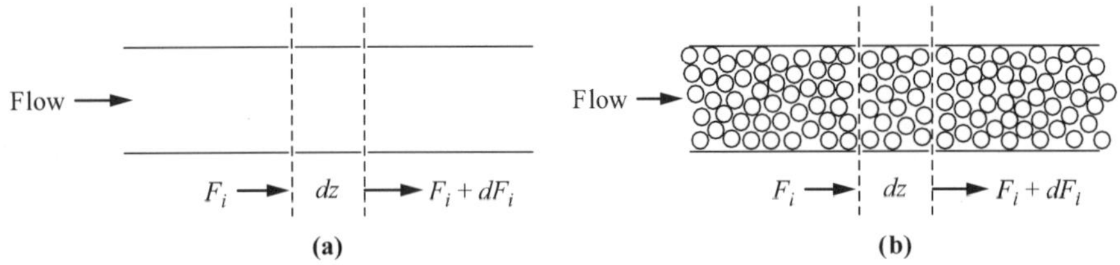

Figure 10.1.1 |
Illustrations of tubular reactors: **(a)** unpacked tube, **(b)** packed tube.
$F_i = C_i \text{v} = uA_C C_i$.

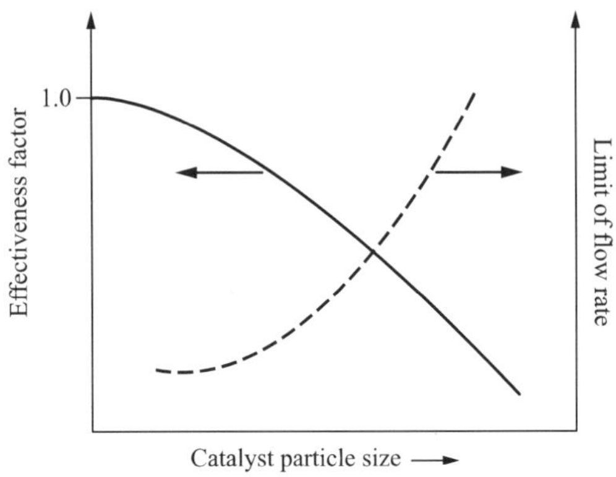

Figure 10.1.2 |
Effects of catalyst particle size on and limits of flow rates.

여기서 r(고체 촉매상에서의 반응 속도)의 단위는 mol/(mass of catalyst)/(time)이다. 그리고 ρ_B는 층의 밀도로써(mass of catalyst/volume of bed)이다.

식 (10.1.3)은 다음과 같이 다시 쓸 수 있다.

$$-u\frac{dC_A}{dz} = \eta_o \rho_B (-\upsilon_i)\text{r} \qquad (10.1.4)$$

u와 A_C는 z의 함수가 아니다. 균일반응 [식 (10.1.2)]을 수행하는 PFR 반응기와 고체 촉매 반응 [식 (10.1.4)]을 수행하는 PFR과의 차이점에 유의하자. 우선 고체 촉매 반응 속도는 촉매의 단위질량당으로 표현되므로 질량수지에 있어서 부피 당 반응속도를 얻기 위해서는 층 밀도를 곱해야 한다. 이것은 반응기에 충진되는 촉매의 양은 비록 같은 촉매라 할지라도 충진 할 때 마다 달라질 수 있기 때문이다. 따라서 층 밀도는 반응기에 촉매가 채워진 후에 명백해지지만 촉매 질량 당 반응속도는 매번 그럴 필요는 없다. 두 번째로 6장에서 설명했던 것처럼 전체 유효 인자(effectiveness factor)는 촉매 입자 내에서 일어나는 반응속도를 국부적 또는 총괄

흐름 조건에서 일어나는 속도와 연관시키는데 사용될 수 있다.

고정층 반응기에서 반응속도를 최대화하기 위해서 η_0는 1 이 되어야 한다. 이를 위해서는 더 작은 입자들이 필요하다(6장 참조). 촉매 입자들이 더 작아짐에 따라 반응기의 압력 강하는 증가한다(예를 들어, 물이 구슬로 채워진 컬럼과 모래로 채워진 컬럼을 통과할 때 둘 중에 어느 것이 더 어려운 것인지 그 차이를 생각해 보시오.). 따라서 고정층 반응기의 설계에 있어서 주로 고려해야 할 점은 압력 강하와 속도의 이동 제한성 간의 적절한 타협이다(그림 10.1.2에 나타냄). 일반적으로 실제 사용되는 반응기 설계는 $\eta_0 \neq 1$를 포함한다. 이 같은 상황이 주어진 고정층 반응기를 설명하기 위해서 사용되는 방법론은 다음 절에서 제시될 것이다.

10.2 고정층 반응기에 대한 1차원 모델

비등온 조건 조업을 통해 고체 촉매 반응을 수행하고 PFR을 생각해보자(그림 10.1.1b). 유체특성이 관의 단면에 따라 변하지 않는다고 하면 축 방향에 따른 변화만 고려되어야 한다. 이 경우 단일 반응이 진행되는 고정층 반응기에 대한 질량, 에너지 그리고 운동량 수지는 다음과 같이 쓸 수 있다.

$$\left.\begin{aligned}
&-u\frac{dC_i}{dz} = \eta_o\rho_B(-\upsilon_i)\mathrm{r} && \text{(mass)}\\
&u\rho\bar{C}_p\frac{dT}{dz} = (-\Delta H_r|_{T^0})\eta_o\rho_B(-\upsilon_i)\mathrm{r} - \frac{4U}{d_t}(T - T^*) && \text{(energy)}\\
&-\frac{dP}{dz} = \frac{f_f\rho u^2}{g_c d_p} && \text{(momentum)}\\
&C_i = C_i^0,\quad T = T^0,\quad P = P^0 \quad \text{at} \quad z = 0 &&
\end{aligned}\right\} \qquad (10.2.1)$$

여기서 u와 A_C는 z의 함수가 아니고 f_f는 마찰 인자(friction factor), g_c는 중력 상수이다. 이런 유형의 질량과 에너지 수지는 균일반응에 대해서 이미 9장에서 논의 되었다. 차이점은 단지 불균일 반응 속도 항의 사용과 운동량수지가 첨가된 것이다.

단일 상 흐름을 가진 고정층 컬럼에서 Ergun식은 운동량수지를 위해 사용된다.

$$f_f = \frac{1 - \bar{\varepsilon}_B}{(\bar{\varepsilon}_B)^3}\left[1.75 + 150\frac{(1 - \bar{\varepsilon}_B)}{Re}\right] \qquad (10.2.2)$$

여기서 $\bar{\varepsilon}_B$는 층을 이루고 있는 공극률(void fraction(기공도, porosity))이고 레이

놀즈(Reynolds) 수는 입자 크기인 d_p와 관계한다. Ergun식은 단지 촉매가 컬럼에 채워질 때 발생되는 마찰 손실을 고려한다. 하지만 $d_t/d_p < 50$의 경우 관 벽으로부터의 마찰 손실 또한 중요하다. D. Mehta와 M. C. Hawley [*Ing. Eng. Chem. Proc. Des. Dev.*, **8** (1969) 280]는 벽과 충진물로부터의 마찰 손실과 마찰 인자를 고려하여 Ergun 식에 보정 인자를 도입하였다.

$$f_f = \left[\frac{1 - \bar{\varepsilon}_B}{(\bar{\varepsilon}_B)^3}\right]\left[1 + \frac{2d_p}{3(1 - \bar{\varepsilon}_B)d_t}\right]^2 \left[\frac{1.75}{\left[1 + \dfrac{2d_p}{3(1 - \bar{\varepsilon}_B)d_t}\right]} + 150\frac{(1 - \bar{\varepsilon}_B)}{Re}\right] \quad (10.2.3)$$

식 (10.2.1)을 풀면 반응기의 축 방향에 따른 압력, 온도, 농도 프로파일을 알 수 있다. 식 (10.2.1)을 풀기 위해서는 수치적 기법이 필요하다. 만약 선속도가 z의 함수가 아니라면[식 (10.2.1)에 나타낸 것처럼], 운동량수지는 질량과 에너지수지와 무관하게 풀이될 수 있다. 이런 경우에(반응에 따른 큰 몰 변화가 있는 경우), 세 가지(질량, 에너지, 운동량) 수지를 연립해서 풀어야만 한다.

예제 10.2.1 J. P. Kehoe 와 J. B. Butt [*AIChE J.*, **18** (1972) 347]는 Ni/kieselguhr 촉매 상에서의 벤젠 수소첨가반응에 대한 속도론을 연구했다. 과량의 수소기체가 존재할 경우 반응 속도는 다음과 같이 주어진다.

$$\mathrm{r}_B = P_{H_2} k_o K_o \exp\left[\frac{2700(\text{cal/mol})}{R_g T}\right] C_B \qquad (\text{mol/gcat/s})$$

여기에서

$$k_o = 4.22 \text{ mol/(gcat-s-torr)}$$
$$K_o = 1.11 \times 10^{-3} \text{ cm}^3/(\text{mol})$$
$$P_{H_2} = \text{in torr}$$

T. H. Price 와 J. B. Butt[*Chem. Eng. Sci.*, **32** (1977) 247]는 단열 고정층 반응기에서 이 반응을 연구하였다.

아래의 데이터를 사용하여 $\eta_0 = 1$라는 가정 하에 반응기의 축방향에 따른 벤젠의 무차원 농도와 무차원 온도를 계산하여라.

$$P_{H_2} = 685 \text{ torr}$$
$$\rho_B = 1.2 \text{ gcat/cm}^3$$
$$L/u = 0.045 \text{ s}$$
$$T^0 = 150°\text{C}$$
$$\bar{C}_p = 1.22 \times 10^5 \text{ J/(kmol-°C)}$$
$$-\Delta H_r|_{T^0} = 2.09 \times 10^8 \text{ J/kmol}$$

해 답

질량수지와 에너지수지는 다음과 같이 쓸 수 있다(u는 물질과 에너지 수지에 대한 해를 단순화시키기 위해서 일정하다고 가정한다).

$$-u\frac{dC_B}{dz} = \rho_B \mathrm{r}_B$$

$$u\rho\overline{C}_p\frac{dT}{dz} = (-\Delta H_r|_{T^0})\rho_B \mathrm{r}_B$$

$$C_B = C_B^0, \quad T = T^0 \text{ at } z = 0$$

$y=C_B/C_B^0$, $\overline{\theta}=T/T^0$, $Z=z/L$ 이라고 두면 질량수지와 에너지수지는 다음과 같다.

$$-\left(\frac{u}{L}\right)\frac{dy}{dZ} = \left(\rho_B \big/ C_B^0\right)\mathrm{r}_B$$

$$\rho\overline{C}_p\left(\frac{u}{L}\right)\frac{d\overline{\theta}}{dZ} = (-\Delta H_r|_{T^0})\left(\frac{\rho_B}{T^0}\right)\mathrm{r}_B$$

$$y = \overline{\theta} = 1 \text{ at } Z = 0$$

주어진 데이터를 사용하여 질량과 에너지수지를 간단히 하면 ($C_B^0 \simeq 0.1$, $C_{\text{total}} = 0.1\,\rho$ 라는 것을 염두에 두자)

$$\frac{dy}{dZ} = -0.174\exp\left[\frac{3.21}{\overline{\theta}}\right]y$$

$$\frac{d\overline{\theta}}{dZ} = 0.070\exp\left[\frac{3.21}{\overline{\theta}}\right]y$$

$$y = \overline{\theta} = 1 \text{ at } Z = 0$$

이 방정식에 대한 수치 해는 아래와 같다.

Z	y	$\overline{\theta}$
0.0	1.00	1.00
0.1	0.70	1.12
0.2	0.53	1.19
0.3	0.41	1.23
0.4	0.33	1.27
0.5	0.27	1.29
0.6	0.22	1.31
0.7	0.18	1.33
0.8	0.15	1.34
0.9	0.12	1.35
1.0	0.10	1.36

따라서 반응기 출구에서 $C_B=0.1C_B^0$ 이고 $T=302$℃이다.

예제 10.2.1은 유체 밀도 변화가 없고, 속도 전달제한이 없는(즉, $\eta_0=1$), 단열 상태에서의 고정층 반응기에 대한 질량수지와 에너지수지를 연립한 해를 나타낸다. 다음으로 이와 같은 단순화가 발생하지 않는 상황을 기술해 보자. 만일 상당한 온도 변화와 같은 나른 인자들 때문에 반응에 따른 몰 변화가 크거나 유체밀도의 변화가 크다면 식 (10.2.1)은 적절하지 않다. 만일 유체 밀도가 반응기의 축 방향을 따라 변한다면 질량수지와 에너지수지는 다음과 같이 쓸 수 있다.

$$\left.\begin{aligned} -\frac{dF_A}{dz} &= A_C\,\eta_o\rho_B(-\upsilon_A)\mathrm{r} \\ \frac{d}{dz}\left(\sum_i F_iC_{p_i}T\right) &= A_C(-\Delta H_r|_{T^0})\eta_o\rho_B(-\upsilon_A)\mathrm{r} - \frac{4UA_C}{d_t}(T-T^*) \end{aligned}\right\} \quad (10.2.4)$$

다음의 식들을 상기하여

$$\mathrm{v} = A_C u$$
$$F_A = F_A^0(1-f_A)$$
$$F_A = \mathrm{v}C_A = \mathrm{v}_0(1+\varepsilon_A f_A)\left[C_A^0\left(\frac{1-f_A}{1+\varepsilon_A f_A}\right)\right]\left(\frac{P^0}{P}\right)\left(\frac{T}{T^0}\right)$$
$$\sum_i F_iC_{p_i} = \mathrm{v}\rho\overline{C}_p$$

이를 식 (10.2.4)에 적용하면

$$\left.\begin{aligned} -\frac{dF_A}{dz} &= A_C\,\eta_o\rho_B(-\upsilon_A)\mathrm{r} \\ u\rho\overline{C}_p\frac{dT}{dz} &= (-\Delta H_r|_{T^0})\eta_o\rho_B(-\upsilon_A)\mathrm{r} - \frac{4U}{d_t}(T-T^*) \\ -\frac{dP}{dz} &= \frac{f_f\rho u^2}{g_c d_p} \\ F_A = F_A^0,\quad T &= T^0,\quad P = P^0 \quad \text{at} \quad z=0 \end{aligned}\right\} \quad (10.2.5)$$

$\overline{C}_p$가 T와 강한 함수관계가 없다고 가정하면 $u=u(1+\varepsilon_A f_A)(P^0/P)(T/T^0)$ 이기 때문에 식 (10.2.5)의 세 가지 수지는 연립해서 풀어야만 한다.

지금까지 전체 유효 인자는 질량수지와 에너지수지에 사용되었다. η_0는 국부적 조건(local condition)에 대한 함수이기 때문에 반응기의 길이에 따라 계산해야 한다. 예를 들어 등온 1차 반응속도를 가진 반응에서 η_0에 대한 해석적인 표현이 존재할 경우, η_0을 직접적으로 사용할 수 있다.

$$\eta_o = \frac{\tanh(\phi)}{\phi\left[1 + \frac{\phi \tanh(\phi)}{Bi_m}\right]} \tag{6.4.34}$$

질량수지와 에너지수지는 반응기 축 방향의 차원에 따라 풀 수 있기 때문에 η_0는 각각의 점에서의 ϕ와 Bi_m을 계산하여 산출할 수 있다. η_0는 반응기를 따라 각 지점에서 계산되기 때문에 등온 η_0라는 가정은 적절하다고 할 수 있다. 즉, 온도는 축 방향에 따라 다르지만, 촉매 입자는 등온(Z = 0에서 $\eta_0 = \eta_0(T^0)$이고, Z ≠ 0 이 아닌 경우는 $\eta_0 = \eta_0(T) \neq \eta_0(T^0)$)일 수 있다.

대부분 고체 촉매 반응에서 η_0에 대한 해석 해는 없을 것이다. 이런 경우에 유효 인자 문제는 반응기 내의 각각의 점에서 계산되어야 한다. 유효 인자 서술과 결합된 식 (10.2.1)에서 제시된 것과 같은 반응기 수지들은 다음과 같이 나타낸다.

벌크(bulk) **유체 상** :

$$\left.\begin{aligned}
-u\frac{dC_{AB}}{dz} &= \bar{k}_c\, a_v (C_{AB} - C_{AS}) \\
u\rho\, \bar{C}_p \frac{dT_B}{dz} &= h_t a_v (T_S - T_B) - \frac{4U}{d_t}(T_B - T^*) \\
-\frac{dP}{dz} &= \frac{f_f \rho u^2}{g_c d_p} \\
C_{AB} = (C_{AB})^0, \quad T_B &= (T_B)^0, \quad P = P^0 \;\text{ at }\; Z = 0
\end{aligned}\right\} \tag{10.2.6}$$

고체상 (**구형 촉매 입자**) :

$$\left.\begin{aligned}
D^e\left(\frac{d^2 C_A}{d\bar{r}^2} + \frac{2}{\bar{r}}\frac{dC_A}{d\bar{r}}\right) &= \rho_p(-\upsilon_A)\mathrm{r}(C_A, T) \\
\lambda^e\left(\frac{d^2 T}{d\bar{r}^2} + \frac{2}{\bar{r}}\frac{dT}{d\bar{r}}\right) &= (-\Delta H_r)\,\rho_p(-\upsilon_A)\mathrm{r}(C_A, T)
\end{aligned}\right\} \tag{10.2.7}$$

식에 대한 조건은

$$\frac{dT}{d\bar{r}} = \frac{dC_A}{d\bar{r}} = 0 \quad \text{at} \quad \bar{r} = 0$$

$$\bar{k}_c(C_{AS} - C_{AB}) = -D^e\frac{dC_A}{d\bar{r}} \quad \text{at} \quad \bar{r} = R_p$$

$$h_t(T_S - T_B) = -\lambda^e\frac{dT}{d\bar{r}} \quad \text{at} \quad \bar{r} = R_p$$

여기서

$$T = T_S \quad \text{at} \quad \bar{r} = R_p$$
$$C_A = C_{AS} \quad \text{at} \quad \bar{r} = R_p$$

그리고

C_{AB}, T_B = A 의 벌크 유체상 농도와 온도
ρ_p = 촉매 입자 밀도
a_v = 반응기 부피 당 외부 촉매 입자 표면적

촉매 입자에 대한 수지식이 반응기에 대한 질량 및 에너지수지에 어떻게 결합되어지는가를 살펴보자. 촉매 입자수지[식 (10.2.7)]는 벌크(bulk) 상태에서의 질량수지와 에너지수지[식 (10.2.6)]를 계산할 때 축 방향으로의 반응 차원을 따라 각각의 점에서 풀어야 한다. 명백하게도 이들 해는 장황하다.

실제 반응기 해석에 관한 문제의 대부분은 유효 인자들에 대한 해석적인 표현을 가지고 있지 않기 때문에 식 (10.2.6)과 (10.2.7)을 사용하는 것이 더 일반적이다. 식 (10.2.6)과 (10.2.7)의 풀이가 수 많은 횟수를 통해 가능하다면(예, 반응기 설계 / 최적화를 수행 할 때) 다른 대체적인 접근 방식도 가능하다. 우선 촉매 입자 문제는 반응기 설계에서 구현될 것으로 예상 되는 다양한 C_{AB}, T_B, ϕ, Bi_m, Bi_h에 대해서 풀이 할 수 있다. 두 번째로 η_0 값은 변수로써 C_{AB}, T_B, ϕ, Bi_m, Bi_h의 함수로 맞춰질 수 있다. 즉,

$$\eta_o = \eta_o(C_{AB}, T_B, \phi, Bi_m, Bi_h) \tag{10.2.8}$$

결국 식 (10.2.1)에 η_0에 대한 함수(보통 비선형)를 사용함으로써 반응기 수지에 관한 보다 효과적인 수치해를 구할 수 있다.

8장에서는 관형반응기에서의 축방향 분산을 논의했다. 전형적인 산업용 반응기는 충분히 빠른 유속과 반응기 길이를 갖고 있으므로 축방향 분산의 영향은 최소화 되고 무시할 수 있다. 축방향 분산을 무시 할 수 있는 경험 법칙은 다음과 같다.

$$L/d_p > 50 \qquad \text{등온}$$
$$L/d_p > 150 \qquad \text{비등온}$$

덧붙여서 L. C. Young과 B. A. Finlayson [*Ind. Eng. Chem. Fund.*, **12** (1973) 412]은 다음 조건이 성립할 경우 축방향 분산을 무시할 수 있다고 하였다.

$$\left| \frac{\eta_o(-\upsilon_A)\mathrm{r}\,\rho_B d_p}{uC_{AB}} \right| \ll \left| \frac{ud_p}{D_a} \right| = Pe_a$$

Vignette 10.2.1

예제 3.4.3은 PFR 질량 수지에 대한 해가 충분히 많은 수의 CSTR을 직렬로 연결함으로써 얻어질 수 있음을 보여주었다. 이런 접근 방식은 식 (10.2.1), (10.2.6), (10.2.7)과 같은 반응기에 관한 식을 풀이하기 위하여 사용될 수 있다. 식 (10.2.1), (10.2.6) 그리고 (10.2.7)을 풀기 위해서 수치해석 소프트웨어를 쉽게 구할 수 있기 때문에 이들 미분방정식들을 선형대수식 시스템(직렬연결 CSTR)으로 변환할 필요가 없다. 하지만 때에 따라서는 이런 방법이 더 선호되는 경우가 있을 수 있다. 이 경우, 풀이에 필요한 CSTR의 개수를 검사하는 것이 필요하다. 이런 접근의 예로써 Vignette 8.5.1에 제시된 반응기의 상황을 참고하라. 고정된 필름 생물반응기의 플러그 흐름 모델에 대한 모사는 반응기에 대한 식을 직렬연결 CSTR에 대한 방정식으로 변형함으로써 가능하다. 이같은 방정식에 대한 해를 그림 10.2.1에 나타냈다[Y. Park et al., *Biotech. Bioeng.*, **26** (1984) 457].

50 이하의 단수(number of stages, NSTAGE)(즉, CSTR의 개수)에 대한 해에 있어서의 차이를 유의해라. 비록 여기서 나타내진 않았지만 단수가 50 이상인 CSTR을 사용하는 모든 해는 차이가 없다. 일단 풀이를 위한 필요한 단수가 정해진다면 반응기 모사가 수행될 수 있다.

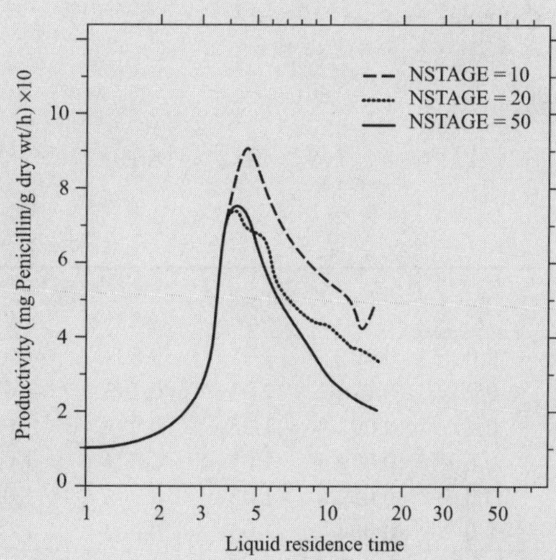

Figure 10.2.1 | Plug flow reactor simulation using NSTAGEs of CSTRs for solution. [From "Analysis of a Continuous, Aerobic Fixed-Film Bioreactor. I. Steady-State Behavior," by Y. Park, M. E. Davis and D. A. Wallis, *Biotech. Bioeng.*, **26** (1984) 457, copyright 1984, Wiley-Liss, Inc., a subsidiary of John Wiley and Sons, Inc.]

예제 10.2.2 축 방향으로 분산된 단열 반응기가 다음과 같은 무차원 형태의 질량수지와 에너지수지에 의해서 서술될 수 있다(독자는 이런 설명들이 정확하다는 것을 입증해야 한다).

$$\frac{1}{Pe_a}\frac{d^2y}{dZ^2} - \frac{dy}{dZ} - \mathrm{r}(y, \bar{\theta}) = 0$$

$$\frac{1}{Bo_a}\frac{d^2\bar{\theta}}{dZ^2} - \frac{d\bar{\theta}}{dZ} - \overline{H}_w\mathrm{r}(y, \bar{\theta}) = 0$$

조건은

$$\frac{1}{Pe_a}\frac{dy}{dZ} = y - 1 \quad \text{at} \quad Z = 0$$

$$\frac{1}{Bo_a}\frac{d\bar{\theta}}{dZ} = \bar{\theta} - 1 \quad \text{at} \quad Z = 0$$

$$\frac{dy}{dZ} = 0 \quad \text{at} \quad Z = 1$$

$$\frac{d\bar{\theta}}{dZ} = 0 \quad \text{at} \quad Z = 1$$

만약 $\overline{H}_w = -0.05$ 이고 $\mathrm{r}(y, \bar{\theta}) = 4y\exp\left[18\left(1 - \frac{1}{\bar{\theta}}\right)\right]$ 라면 $Pe_a = Bo_a =$ 10, 20, 50 일 때 y와 $\bar{\theta}$를 계산하시오(Bo_a는 에너지수지에 대한 축방향 Peclet 수와 유사한 무차원 그룹이다).

해답

위에서 보여준 무차원 식들을 수치적으로 풀면 아래의 결과를 얻을 수 있다.

z	$Pe_a=10$		$Pe_a=20$		$Pe_a=50$	
	y	$\bar{\theta}$	y	$\bar{\theta}$	y	$\bar{\theta}$
0.0	0.707	1.01	0.824	1.01	0.923	1.00
0.2	0.276	1.03	0.293	1.04	0.309	1.03
0.4	0.092	1.05	0.082	1.05	0.072	1.05
0.6	0.029	1.05	0.021	1.05	0.015	1.05
0.8	0.009	1.05	0.005	1.05	0.003	1.05
1.0	0.004	1.05	0.002	1.05	0.001	1.05

$Pe_a \to \infty$ 이면 반응기 거동은 PFR에 접근한다. 이러한 경향은 위에 제시된 결과를 통해 알 수 있다(PFR 반응기에 대해서는 Z = 0에서 y = $\bar{\theta}$ = 1 이다).

하지만 흐름 속도가 느리고 축방향 길이가 짧은 실험실 규모의 반응기에 대해서는 축방향 분산이 중요할 수 있다. 만약 이런 경우라면 반응기에 대한 정확한 서술을 위해 축방향 분산의 영향이 고려될 수 있다.

일반적으로 고정층 반응기에 대한 1차원적인 설명은 반응기 거동을 파악하는데 사용될 수 있다. 비등온 반응기에서는 예제 9.6.3과 같이 국소고온점이나 예제 9.6.2와 같은 반응기 안정성에 대한 관찰을 설명할 수 있다. 그러나 1차원적 서술이 잘 적용되지 않는 몇 가지 경우가 있다. 예를 들어 높은 발열 반응을 갖는 고정층 반응기는 열전달을 위해 반응 부피당 높은 표면적을 제공하기 위하여 $d_t / d_p \sim 5$ 와 같은 촉매 입자들로 채워진 수천 개의 관형반응기로 구성되어 있다. 기체의 열용량이 작기 때문에 상당한 발열을 수반하는 기체상 반응에 대한 반지름방향 온도 프로파일이 존재할 수 있으며 이 같은 반지름 방향온도 변화는 관의 반경방향에서의 반응속도를 크게 변화시킨다. 이런 경우에는 2차원 반응기 모델이 필요하다.

10.3 고정층 반응기에 대한 2차원 모델

높은 발열을 수반하는 기체상 반응을 수행하는 관형의 고정층 반응기를 고려해 보자. 축방향 분산은 무시할 수 있다고 가정하면 질량수지와 에너지수지는 반지름 방향 구배(gradient)를 고려하여 아래와 같이 쓸 수 있다.

$$\left.\begin{aligned} \frac{\partial}{\partial z}(uC_A) - \frac{1}{\bar{r}}\frac{\partial}{\partial \bar{r}}\left(\bar{r}D_r\frac{\partial C_A}{\partial \bar{r}}\right) + \eta_o\rho_B(-\upsilon_A)\mathrm{r} = 0 \\ \frac{\partial}{\partial z}(u\rho\bar{C}_pT) - \frac{1}{\bar{r}}\frac{\partial}{\partial \bar{r}}\left(\bar{r}\bar{\lambda}_r\frac{\partial T}{\partial \bar{r}}\right) + (-\Delta H_r)\eta_o\rho_B(-\upsilon_A)\mathrm{r} = 0 \end{aligned}\right\} \quad (10.3.1)$$

여기에서 D_r은 반지름방향 분산계수(8장 참조)이고, $\bar{\lambda}_r$는 반지름방향에서의 유효열전도도이다. 만약 D_r과 $\bar{\lambda}_r$가 $\bar{r}$의 함수가 아니라면 식 (10.3.1)은 아래와 같이 쓸 수 있다(u는 z의 함수가 아니다).

$$\left.\begin{aligned} u\frac{\partial C_A}{\partial z} &= D_r\left[\frac{\partial^2 C_A}{\partial \bar{r}^2} + \frac{1}{\bar{r}}\frac{\partial C_A}{\partial \bar{r}}\right] - \eta_o\rho_B(-\upsilon_A)\mathrm{r} \\ u\rho\bar{C}_p\frac{\partial T}{\partial z} &= \bar{\lambda}_r\left[\frac{\partial^2 T}{\partial \bar{r}^2} + \frac{1}{\bar{r}}\frac{\partial T}{\partial \bar{r}}\right] - (-\Delta H_r)\eta_o\rho_B(-\upsilon_A)\mathrm{r} \end{aligned}\right\} \quad (10.3.2)$$

식 (10.3.2)를 풀이하기 위해 필요한 조건은

$$\left.\begin{aligned} &C_A = C_A^0, \quad T = T^0 \quad \text{at} \quad z = 0 \quad \text{for} \quad 0 \le \bar{r} \le {}^{d_t}\!/_2 \\ &\frac{\partial C_A}{\partial \bar{r}} = \frac{\partial T}{\partial \bar{r}} = 0 \quad \text{at} \quad \bar{r} = 0 \quad \text{for} \quad 0 \le z \\ &\frac{\partial C_A}{\partial \bar{r}} = 0 \quad \text{at} \quad \bar{r} = {}^{d_t}\!/_2 \quad \text{for} \quad 0 \le z \\ &-\bar{\lambda}_r \frac{\partial T}{\partial \bar{r}} = h_t(T - T_w) \quad \text{at} \quad \bar{r} = {}^{d_t}\!/_2 \quad \text{for} \quad 0 \le z \end{aligned}\right\} \tag{10.3.3}$$

여기에서 h_t은 반응기 벽에서의 열전달계수이고 T_w는 벽의 온도이다. 식 (10.3.2)와 (10.3.3)을 풀면 $C_A(\bar{r}, z)$와 $T(\bar{r}, z)$를 알 수 있다.

예제 10.3.1에서 제시된 것과 같이 반지름방향 온도구배는 높은 발열을 수반하는 기체상 반응에 있어 중요하다. 그러므로 1차원 또는 2차원 분석이 필요한지의 여부를 고려하여 특별한 상황에 대한 결정을 해야 한다.

예제 10.3.1 G. F. Froment [*Ind. Eng. Chem.*, **59** (1967) 18]는 아래와 같이 높은 발열을 수반하는 기체상 반응을 수행하는 고정층 반응기에 대한 2차원 모델을 수립하였다.

$$\underset{(A)}{\text{o-xylene}} \xrightarrow{k_1} \underset{(B)}{\text{phthalic anhydride}} \xrightarrow{k_2} \underset{(C)}{CO_2, CO, H_2O}$$

$$\underset{(A)}{\text{o-xylene}} \xrightarrow{k_3} \underset{(C)}{CO_2, CO, H_2O}$$

정상상태 질량수지와 에너지수지는(무차원 형태) :

$$\frac{\partial y_1}{\partial Z} = Pe_r\left[\frac{\partial^2 y_1}{\partial \bar{R}^2} + \frac{1}{\bar{R}}\frac{\partial y_1}{\partial \bar{R}}\right] + \beta\beta_1 r_1$$

$$\frac{\partial y_2}{\partial Z} = Pe_r\left[\frac{\partial^2 y_2}{\partial \bar{R}^2} + \frac{1}{\bar{R}}\frac{\partial y_2}{\partial \bar{R}}\right] + \beta\beta_1 r_2$$

$$\frac{\partial \bar{\theta}}{\partial Z} = Bo_r\left[\frac{\partial^2 \bar{\theta}}{\partial \bar{R}^2} + \frac{1}{\bar{R}}\frac{\partial \bar{\theta}}{\partial \bar{R}}\right] + \beta\beta_2 r_1 + \beta\beta_3 r_2$$

조건은

$$y_1 = y_2 = 0 \qquad \text{at} \quad Z = 0 \quad \text{for} \quad 0 \le \bar{R} \le 1$$

$$\bar{\theta} = 1 \qquad \text{at} \quad Z = 0 \quad \text{for} \quad 0 \le \bar{R} \le 1$$

$$\frac{\partial y_1}{\partial \overline{R}} = \frac{\partial y_2}{\partial \overline{R}} = \frac{\partial \overline{\theta}}{\partial \overline{R}} = 0 \quad \text{at} \quad \overline{R} = 0 \quad \text{for} \quad 0 \le Z \le 1$$

$$\frac{\partial y_1}{\partial \overline{R}} = \frac{\partial y_2}{\partial \overline{R}} = 0 \qquad \text{at} \quad \overline{R} = 1 \quad \text{for} \quad 0 \le Z \le 1$$

$$\frac{\partial \overline{\theta}}{\partial \overline{R}} = \overline{H}_w(\overline{\theta}_w - \overline{\theta}) \qquad \text{at} \quad \overline{R} = 1 \quad \text{for} \quad 0 \le Z \le 1$$

여기에서

$y_1 = C_B/C_A^0$
$y_2 = C_{BC}/C_A^0$
$\overline{\theta}_w$ = 무차원 온도
Z = 무차원 축방향좌표
$\overline{R}$ = 무차원 반지름방향좌표
$r_1 = k_1(1-y_1-y_2)-k_2y_1$
$r_2 = k_2y_1+k_3(1-y_1-y_2)$
$\beta\beta_i$ = 무차원 그룹
$\overline{\theta}_w$ = 무차원 벽온도

Froment에 의해 주어진 데이터를 사용하면,

$$Pe_r = 5.706,\ Bo_r = 10.97,\ \overline{H}_w = 2.5$$
$$\beta\beta_1 = 5.106,\ \beta\beta_2 = 3.144,\ \beta\beta_3 = 11.16$$

추가적으로

$$k_1 = \exp\left[-1.74 + 21.6\left(1 - \frac{1}{\theta}\right)\right]$$

$$k_1 = \exp\left[-4.24 + 25.1\left(1 - \frac{1}{\theta}\right)\right]$$

$$k_1 = \exp\left[-3.89 + 22.9\left(1 - \frac{1}{\theta}\right)\right]$$

만약 $\overline{\theta}_w = 1$인 경우, $y_1(Z, \overline{R})$, $y_2(Z, \overline{R})$, $\overline{\theta}(Z, \overline{R})$를 계산하시오.

해 답

본 예제의 반응기에 대한 식은 수치적으로 풀이되는 포물선형 편미분방정식으로 구성되어 있다. 여기에 제시된 결과는 소프트웨어 패키지 PDECOL [N. K. Madsen and R. F. Sincove, *ACM Toms*, **5** (1979) 326]을 사용하여 얻은 것이다.

아래 자료는 반응기 안에 두 축방향 위치에 대한 반지름방향 프로파일을 나타낸 것이다. $Z = 0.2$ 일 때 상당한 반지름 방향구배가 존재하지만 $Z = 0.6$에 이르면 이들 구배들은 모두 사라진다. 만약 입구와

냉각제의 온도가 360℃ 부근이라면 중심선과 안쪽 벽의 온도는 $Z=0.2$에서 각각 417℃와 385℃로 32℃의 온도 차이를 나타낸다.

$\overline{R}$	y_1	y_2	$\overline{\theta}$
$Z=0.2$			
0.0	0.458	0.782	1.09
0.2	0.456	0.777	1.09
0.4	0.451	0.763	1.08
0.6	0.445	0.747	1.07
0.8	0.440	0.734	1.05
1.0	0.438	0.728	1.04

$\overline{R}$	y_1	y_2	$\overline{\theta}$
$Z=0.6$			
0.0	0.613	0.124	1.02
0.2	0.613	0.124	1.02
0.4	0.613	0.124	1.01
0.6	0.612	0.124	1.01
0.8	0.612	0.124	1.01
1.0	0.612	0.124	1.01

10.4 반응기 형상

지금까지 고정층 반응기를 설명하였다. 고정층 반응기의 개략도를 그림 10.4.1에 나타냈고 그림 10.4.2는 상업용 반응기 사진이다.

고정층 반응기에 대한 반응기 모델은 미세전자소자(microelectronics fabrication)를 위한 CVD 반응기 같은, 다른 상황에서도 효과적으로 사용되어 왔다. 이들 모델은 단일 유체상과 비유동 고체를 포함한 반응시스템에 적용할 수 있다. 한 가지 이상의 유체상을 포함한 수많은 반응시스템이 있다. 그림 10.4.3은 다중유체상을 처리하는 다양한 형태의 반응기를 나타내고 있다. 그림 10.4.3a는 살수층(trickle-bed) 반응기를 개략적으로 보여주고 있다. 이 반응기에서, 고체 촉매는 고정되어 있고 촉매 위로 액체가 분산됨으로써 액체와 촉매의 접촉이 이루어진다. 추가적으로, 기체상 성분은 3상(three phase)계를 형성하기 위해 반응기의 위(병류, cocurrent) 또는 아래(맞흐름, countercurrent; 그림 10.4.3b)로부터 공급된다. 3상 살수층 반응기는 촉매와 유체상 사이의 큰 접촉면적을 제공한다. 이러한 종류의 접촉 형태를 이용하는 전형적인 반응이 수소첨가반응(수소−기체, 수소첨가된 반응물−액체)과 할로겐화반응이다. 기포(그림 10.4.3c), 슬러리(그림 10.4.3d) 그리

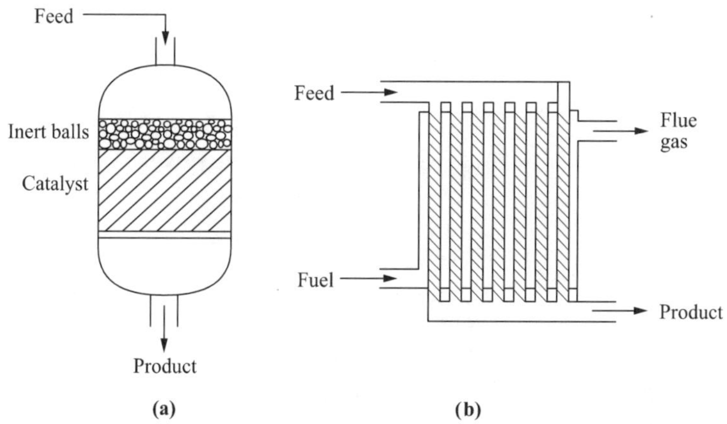

Figure 10.4.1 |
Fixed-bed reactor schematics: **(a)** adiabatic, **(b)** nonadiabatic. [From "Reactor Technology" by B. L. Tarmy, *Kirk-Othmer Encyclopedia of Chemical Technology,* vol. 19, 3rd ed., Wiley (1982). Reprinted by permission of John Wiley and Sons, Inc., copyright 1982.]

Figure 10.4.2 |
Photograph of a commercial reactor.
(Image provided by T. F. Degnan of Exxon Mobil.)

고 유동층(그림 10.4.3e) 반응기 역시 다상 반응(액체상에 고체촉매가 있는 경우에)을 수행할 수 있다. 모든 다상 반응에서 상 사이(그림 10.4.4 참조)의 물질전달은 전체적인 성능에 있어 매우 중요하다.

이러한 종류의 반응기에 대한 수학적 해석은 여기에서 다루지 않는다. 이들 반응기에 관심 있는 독자들은 이에 대한 참고문헌을 참조하라.

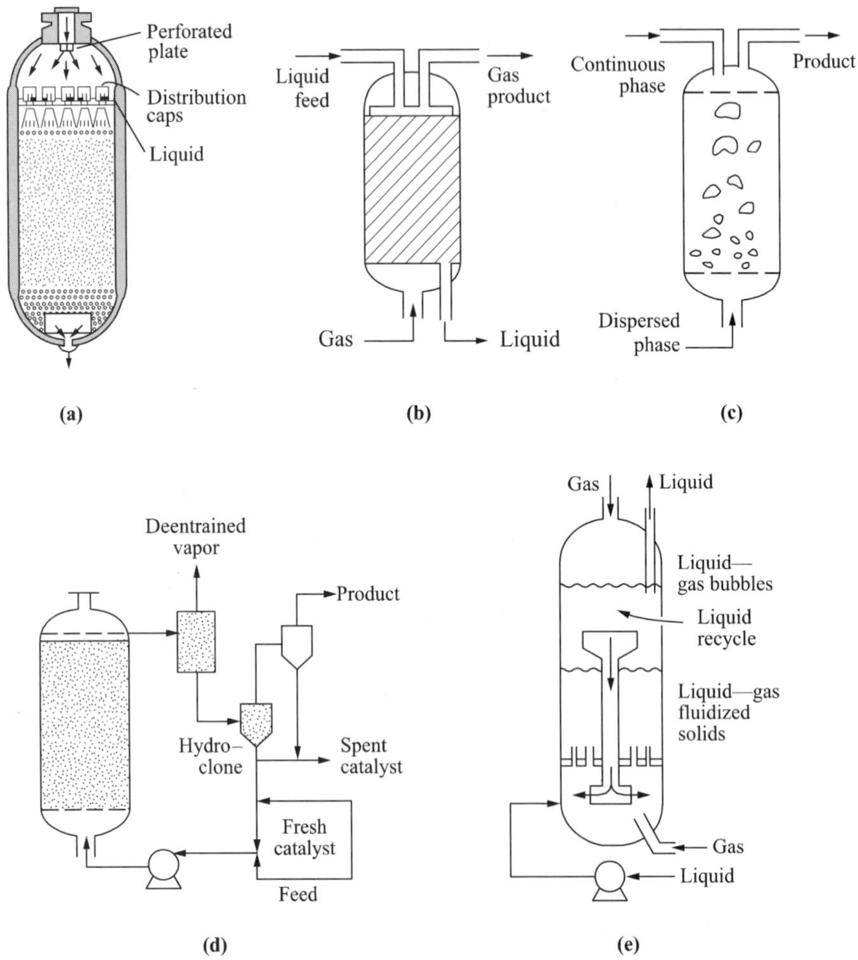

Figure 10.4.3 |
Examples of multiphase reactors: **(a)** trickle-bed reactor, **(b)** countercurrent packed-bed reactor, **(c)** bubble column, **(d)** slurry reactor, and **(e)** a gas-liquid fluidized bed. [From "Reactor Technology" by B. L. Tarmy, *Kirk-Othmer Encyclopedia of Chemical Technology,* vol. 19, 3rd ed., Wiley (1982). Reprinted by permission of John Wiley and Sons, Inc., copyright 1982.]

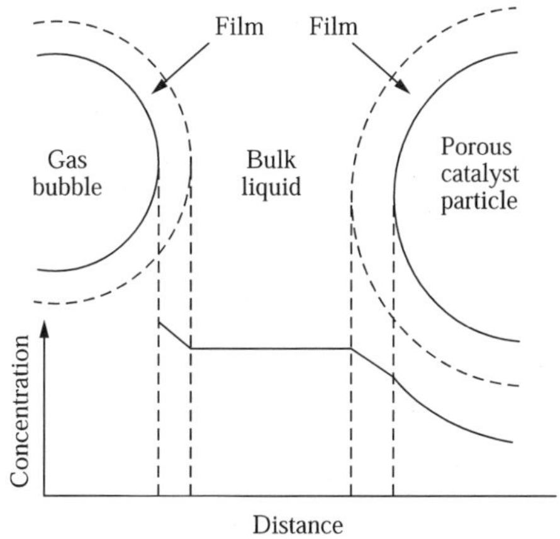

Figure 10.4.4 |
Concentration profile of a gas-phase reactant in a porous solid-catalyzed reaction occurring in a three phase reactor.

Vignette 10.4.1

고정층 반응기는 보통 석유화학산업에 이용되며 대기 중으로 배출공기를 배출하기 전에 정화하는 단계들을 포함한 다양한 반응을 수행한다. 예를 들어 고정층 반응기는 고체 촉매 상에 암모니아를 환원제로 사용하여 공기 중의 NO_x를 N_2와 H_2O로 처리하는 데에 이용되고 있다. 환경정화에 이용되는 고정층 반응기의 흥미로운 예가 Engelhard사의 노동자들로부터 비롯되어 있었으며 그들은 요리 중에 발생하는 연기(U.S. Patent 5,580,535)를 처리하기위한 고정층 반응기를 개발하였다. 패스트 푸드 레스토랑으로부터 배출되는 배출 플룸(plume)은 대기오염에 영향을 주는 성분을 가지고 있다. Engelhard는 배출 성분을 CO_2로 산화시키기 위해 고정층 촉매 반응기를 몇몇 패스트푸드 레스토랑에 설치했다. 고정층 반응기가 이용되는 두 번째 예는 나무난로에서 나오는 배출가스를 정화시키는 것이다. 미국의 어느 지역에서 나무난로의 굴뚝에 대기에 배출가스를 방출하기 전에 나무난로의 연기를 정화시키기 위한 고정층 촉매반응기를 설치했다. 이러한 두 가지 예는 고정층 반응기가 석유화학산업에 사용되는 데에만 한정되지 않는 것을 보여주고 있다.

10.5 고체를 재순환하는 유동층 반응기

고체를 재순환하는 유동층 반응기는 주로 촉매를 이용하여 오일을 가솔린으로 분해하는 반응기로 개발되었다. 오늘날 그 사용범위는 더욱 확대되었다. 1940년대 초 이전에, 오일의 촉매 분해 반응은 주로 고정층 반응기에서 진행되었다. 그 이후 유동층 반응기는 오일의 분해 반응에 적용하기 위해 발달되어 왔다. 오늘날, 제올라이트를 기본으로 하고 촉매를 재순환하는 유동층반응기가 오일의 촉매 접촉 분해 반응에 사용되고 있다.

그림 10.5.1은 고체를 재순환하는 유동층 반응기를 개략적으로 보여주고 있다. 오일 반응물은 상승관(riser) 반응기의 아래에 들어가서 고체촉매와 결합된다. 증기는 상승관을 통해 고체촉매를 유동화하기 위해 충분한 유량을 가지고 상승하여 밀리초 이내에서 상승관의 상부로 이동한다. 촉매분해 반응은 상승관의 상부 고체가 이동할 때 일어나고 촉매는 탄소질의 잔류물(coke)로 덮여짐에 따라 활성을 잃게 된다. 고체는 생산물로부터 분리되고 유동층 재생 반응기로 들어간다. 재생 반응기에서 탄소 잔여물은 공기 중의 산소에 의해 연소되어 촉매로부터 제거된다. "깨끗한" 촉매는 상승관 반응기의 아래로 되돌아간다. 그래서 두 반응기 사이에서 고체 촉매는 재순환 한다. 고체를 재순환 하는 전형적인 유동층 반응기는 20~80 마이크론크기의 입자를 약 250톤 정도로 포함하고 25 ton/min 정도의 순환비를 갖는다. 아마도, 고체는 반응기에서 나갈 때 연속적으로 더 작은 입자로 분해될 것이다. 전형적인 촉매 유실은 250톤의 촉매 반응기에 대해 2 ton/day 정도이다. 유실량을 보충하기 위하여 촉매는 계속해서 첨가되어야 한다.

Vignette 10.5.1

1950년대 후반과 1960년대 초반에 어떤 제올라이트들이(Vignette 5.3.1) 촉매 분해 반응에 우수한 촉매임이 발견되었다. 제올라이트 촉매가 가솔린 수율을 향상시킨다는 것이 발견되었고 1960년대 초 Mobil사가 처음으로 제올라이트를 유동층 촉매 분해 공정에 도입했다. 실질적으로 세계의 모든 정유 공정에서는 약간의 차이는 있지만 촉매 분해 반응에서 제올라이트를 사용하고 있다. 미국의 경우 제올라이트 촉매를 이용하여 분해반응의 수율을 증가시킴으로써 일 년에 4억 배럴 이상의 오일을 절감할 수 있었다. 유가가 배럴당 $30일 때 이같이 절감된 오일의 양을 금액으로 환산하면 $120억 정도의 비용에 해당한다.

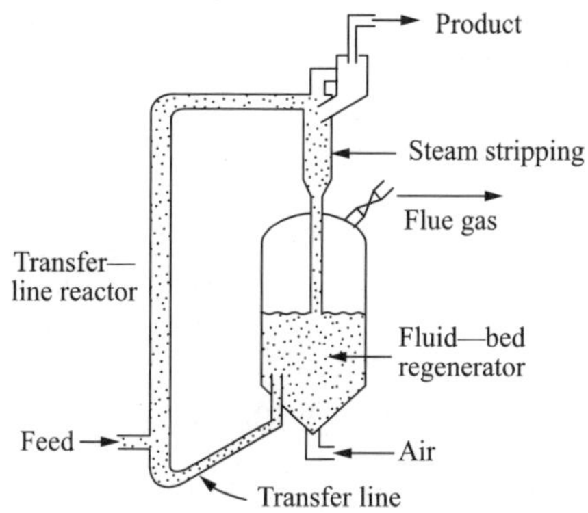

Figure 10.5.1 |
Schematic of fluidized-bed reactor with recirculating solids. [From "Reactor Technology" by B. L. Tarmy, *Kirk-Othmer Encyclopedia of Chemical Technology,* vol. 19, 3rd ed., Wiley (1982). Reprinted by permission of John Wiley and Sons, Inc., copyright 1982.]

고체를 재순환하는 유동층 반응기는 빠른 비활성화와 재생을 반복하는 반응을 수행하는데 효과적인 반응기 구조이다. 촉매적 분해반응 이외에도 이러한 반응기 형태는 다른 종류의 반응에 사용되곤 한다. 탄화수소의 산화반응은 주로 산화물 촉매에서 수행된다. 1930년대 중반에, Mars와 van Krevelen은 산화물촉매에 의한 탄화수소의 산화반응은 다음의 두 가지 단계를 통해 일어난다고 제안했다:

Overall: $RH_2 + O_2 \Rightarrow RO + H_2O$
(hydrocarbon) (oxidized product)

Step 1: $RH_2 + 2O^{-2} \Rightarrow RO + H_2O + 4e^- + 2\square$
(lattice oxygen) (surface oxygen vacancy)

Step 2: $O_2 + 2\square + 4e^- \Rightarrow 2O^{-2}$

첫 번째 단계에서 탄화수소는 산화물에서 표면 산소 빈 공간을 만들기 위해 산화물을 포함한 촉매로부터 격자 산소에 의해 산화된다. 두 번째 단계는 산소와 함께 환원된 산화물 표면의 산화반응에 의해 빈 공간이 채워지는 것을 의미한다. 이 반응기구는 다수의 산화물 촉매에 의한 산화반응에서 적용되어 왔다.

듀퐁(Dupont) 사는 최근에 재순환하는 고체 반응기 시스템에서 바나듐인산화물(vanadium phosphorus oxide, VPO) 촉매를 사용해서 n-butane을 maleic anhydride로 전환하는 반응을 상용화하였다. 전체 반응은 :

VPO 촉매상에서 제안된 반응 경로는 다음과 같다 :

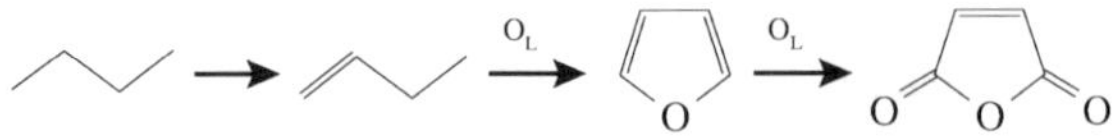

여기에서 O_L은 격자산소를 나타낸다. 이러한 반응이외에, 각각의 유기성분은 CO_2와 CO로 산화된다. 기체상의 산소가 없을 경우 CO_2와 CO에 대한 선택도는 최소화된다. 그림 10.5.1에 나타난 것과 같은 고체 재순환 반응기 시스템은 부탄 산화반응을 수행하기 위해 발전되었다. 상승관 부분에서 산화된 VPO는 부탄을 maleic anhydride로 만드는 데에 사용된다. 환원된 VPO 고체 촉매는 재생 반응기에서 다시 산화된다. 그러므로 VPO는 연속적인 산화와 환원을 반복하게 된다 (Mars-van Krevelen 반응기구). 이 새로운 반응 시스템은 고체 재순환 반응기에서 다른 기체상 산화를 조사할 수 있는 방법을 제시했다.

이 교과서에 논의되지 않는 많은 다른 종류의 반응기가 있을 것이다. 반응기 구조에 관심있는 독자들은 반응기 구조와 관련된 참고문헌을 참고하여라.

연 습 문 제

1. 예제 10.2.1에 주어진 반응기 시스템을 생각하라.

(a) 예제에서 주어진 단열인 경우로부터 얻어진 무차원 농도 프로파일을 등온 조건하에서 얻어진 농도 프로파일과 비교하시오

(b) 만약 반응기가 단열상태에서 조업되고 반응열이 두 배가 된다면 어떤 현상이 발생할 것인가?

(c) 만약 (b)에서 반응기가 150℃의 일정한 벽 온도를 가지고 냉각된다면 출구 온도가 예제 10.2.에서 대략적으로 주어진 값으로 도달하기 위해 필요한 $4U/d_t$의 값은 얼마인가?

2. $Pe_a = Bo_a = \infty$에 대해서 예제 10.2.2에 주어진 반응기 시스템에 대한 반응기 시스템의 무차원 농도 프로파일과 온도 프로파일을 도시하고, 그 결과를 $Pe_a = Bo_a =$ 15일 때와 비교하시오.

3. 예제 10.3.1에 주어진 결과를 이용하시오. $\overline{H}_w$가 감소할 때 무슨 일이 일어나는가?

4. 약 610~673 K의 온도 범위에서 바나듐산화물/실리카겔 촉매 상에서 naphthalene (N)과 공기의 산화반응에 의한 phthalic anhydride를 제조하는 반응을 수행하기 위한 다관 고정층 반응기(multitube fixed-bed reactor)를 설계하라.
선택적 산화반응은 naphthalene에 대한 반응차수를 유사 1차로 가정하기 위해 과량의 공기 하에서 수행된다. 촉매 단위 질량당 반응속도를 다음 식으로 나타냈다:

$$r = k_1 C_N \quad \text{with } k_1 = 1.14 \times 10^{13} \exp(-19{,}000/T)\ (\text{cm}^3\ \text{s}^{-1}\ \text{gcat}^{-1})$$

여기에서 C_N = naphthalene의 농도 (mol cm^{-3}), 그리고 T = 절대온도 (K)이다(출처 :

C. G. Hill, Jr. *An Introduction to Chemical Engineering Kinetics and Reactor Design*, Wiley, New York, 1977, p. 554.). 비록 이 가정이 실제와 틀릴 가능성이 있을지라도 이 문제에서 전체 유효인자는 1 이라고 가정하자. 공기 중에 약 1 % naphthalene이 폭발 한계이므로 이 값 이하의 수치로 반응물 혼합물을 유지하기 위해서 전체 압력 1.7 atm에서 99.2 %의 공기에 0.8 mol % naphthalene 증기의 반응물 조성을 고려하자. 비록 naphthalene이 일부 완전 산화반응을 통해 CO_2와 H_2O를 형성하더라도 초기에는 온도가 반응기의 어디에서든지 673 K를 초과하지 않는 한 주요한 반응은 phthalic anhydride를 생성하는 선택적 산화반응이다:

$$C_{10}H_8 + 4.5\,O_2 \Rightarrow C_8H_4O_3 + 2\,H_2O + 2\,CO_2$$

반응열은 반응된 naphthalene에 대해 -429 kcal mol^{-1}이다. 반응물 혼합물의 특성들은 실험 온도 범위에서 공기(C_P = 0.255cal g^{-1} K^{-1}, $\overline{\mu}$ = 3.2×10^{-4} g $cm^{-1}s^{-1}$)의 값과 동일하다고 가정한다.

673 K의 최대온도를 초과하지 않는 상태에서 반응기의 크기는 얼마가 되어야 하는가? 반응기는 $C_{10}H_8$에 대한 95 % 전환율에서 조업될 수 있도록 설계되고 phthalic anhydride는 10,000 lb/day로 생산될 것으로 기대된다. 반응기 형태는 반응물 온도와 동등한 온도에서 재킬을 통해 열전달 염이 순환되는 다중관 형태의 반응기가 될 것이다. 촉매의 직경은 0.32 cm이고 0.84 g cm^{-3}의 벌크밀도와 0.4의 공극률을 가지고 고정층에 충전된다. 각각의 관을 통한 기체의 질량속도는 0.075 g cm^{-2} s^{-1} 이다. 관 벽과 반응하는 유체사이에서 총괄 열전달 계수는 약 10^{-3} cal cm^{-2} s^{-1} K^{-1}이다.

(a) 반응물과 생성물의 화학 구조식을 적어 보시오. 플러그 흐름 반응기에 대한 물질, 에너지, 그리고 운동량 수지식을 세워 보시오. 사용된 모든 용어와 기호를 정의하시오.

(b) 다양한 내부 직경을 갖는 튜브에서 610 K의 반응물 온도를 사용할 경우 촉매 층 깊이의 함수를 반응기 안의 온도, 압력, naphthalene 농도를 결정하시오. 최대온도는 673 K를 결코 초과되지 않는다. 여러 개의 서로 다른 관 직경에 대한 결과를 제시하시오. 673 K를 초과하지 않고 사용할 수 있는 가장 큰 직경은 얼마인가? 얼마나 많은 관반응기가 필요하며 원하는 전환율과 생성 속도에 도달하기 위해 필요한 시간은? 최적 직경을 갖는 관반응기에 대해서, 반응물 온도(615, 620 K)와 naphthalene 몰분율(0.9 %와 1 %)을 변화시켜 이들 매개변수가 반응기 거동에 미치는 영향을 조사하시오.

(c) 연소는 종종 원하지 않는 부반응에 의해 발생할 수 있다. 아래 식에 따라 반응기에서 일어나는 phthalic anhydride(PA)에 대한 2차적인 완전산화반응을 고려하시오.

$$C_8H_4O_3 + 7.5\ O_2 \Rightarrow 2\ H_2O + 8\ CO_2$$

반응 속도식: $r = k_2 C_{PA}$, 여기서 $k_2 = 4{,}35 \times 10^4 \exp(-10{,}000/T)\ cm^3\ s^{-1}\ gcat^{-1}$ 그리고 $\Delta H_r = -760\ kcal\ mol^{-1}$. 이 식을 이용하여 (b)를 다시 풀고 반응기 안에서의 PA에 대한 2차 산화반응에 대해서 설명하라. 해석시에 PA에 대한 선택도를 포함시켜라.

5. 발열반응이 고정층 반응기에서 수행될 때, 국소고온점(hot spot)이 생성될 수 있을 것이다. 아래에 설명된 고정층 반응기의 안정성을 조사하시오: 입구 냉각제 온도(T_C^0)가 325 K 이상으로 높을 때 (a) 병류 냉각제 흐름과 (b) 맞흐름 냉각제 흐름 반응기 안의 최대 온도와 입구 냉각제 온도를 도시하여(이 선의 기울기는 민감도(sensitivity)), 민감도를 계산하시오. 민감도를 최소화하는 냉각 형태는 어느 것인가? (이 문제는 Jean Cropley 의해 제공된 것임)

자료 :

반응 시스템 (고체 촉매)

$$\underset{(DT)}{\text{Dammitol}} + \frac{1}{2}O_2 \overset{r_1}{\Rightarrow} \underset{(VA)}{\text{Valualdehyde}} + H_2O,$$

$$\underset{(VA)}{\text{Valualdehyde}} + \frac{5}{2}O_2 \overset{r_2}{\Rightarrow} 2CO_2 + 2H_2O,$$

여기에서 $\Delta H_{r_1} = -74.32$ kBTU/lbmol, $\Delta H_{r_2} = -474.57$ kBTU/lbmol. 이 반응들에 대한 반응속도는

$$RT = \left(\frac{1}{T} - \frac{1}{373}\right) \Big/ 1.987$$

$$P_{O_2} = X_{O_2} P_T$$

$$P_{DT} = X_{DT} P_T$$

$$P_{VA} = X_{VA} P_T$$

$$r_1 = \frac{k_1 \exp[-k_2 RT] P_{O_2}^{k_3} P_{DT}^{k_4}}{1 + k_5 P_{O_2}^{k_6} + k_7 P_{DT}^{k_8} + k_9 P_{VA}^{k_{10}}} \text{ lbmol/(lbcat-h)}$$

$$r_2 = \frac{k_{11} \exp[-k_{12} RT] P_{O_2}^{k_{13}} P_{VA}^{k_{14}}}{1 + k_5 P_{O_2}^{k_6} + k_7 P_{DT}^{k_8} + k_9 P_{VA}^{k_{10}}} \text{ lbmol/(lbcat-h)}$$

P_T는 전체압력이고:

$k_1 = 1.771 \times 10^{-3}$	$k_8 = 1.0$
$k_2 = 23295.0$	$k_9 = 1.25$
$k_3 = 0.5$	$k_{10} = 2.0$
$k_4 = 1.0$	$k_{11} = 2.795 \times 10^{-4}$
$k_5 = 0.8184$	$k_{12} = 33000.0$
$k_6 = 0.5$	$k_{13} = 0.5$
$k_7 = 0.2314$	$k_{14} = 2.0$

지배 미분방정식은(독자가 이 식을 유도해야한다):
질량 수지식:

$$\frac{dX_i}{dz} = \frac{(NT)R_i\rho_B A_C \cdot \overline{\text{MW}}}{W} + \frac{X_i}{\overline{\text{MW}}}\frac{d\overline{\text{MW}}}{dz},\ i = 1(\text{DT}),2(\text{VA}),3(\text{O}_2),4(\text{CO}_2),5(\text{H}_2\text{O})$$

반응유체상의 에너지 수지식:

$$\frac{dT_R}{dz} = \frac{-(NT)A_C(\text{r}_1\Delta H_{r_1} + \text{r}_2\Delta H_{r_2})\rho_B - \pi(NT)d_t U(T_R - T_C)}{W \cdot \overline{C}_p}$$

냉각제에 대한 에너지 수지식:

$$\frac{dT_C}{dz} = \frac{(\text{mode})\pi(NT)d_t U(T_R - T_C)}{F_C C_{pC}}$$

반응에 따른 몰 변화−비활성 물질인 N_2존재 하에서 반응:

$$\frac{d\overline{\text{MW}}}{dz} = \sum_{i=1}^{NC} M_i\frac{dX_i}{dz} - 28\sum_{i=1}^{NC}\frac{dX_i}{dz}$$

운동량 수지식 [벽과 촉매입자로 부터의 손실을 설명하는 식 (10.2.3)으로부터 유래되는 다른 형태의 식]:

$$\frac{dP_T}{dz} = \frac{-\alpha^2}{(32.2)(144)}\left[\frac{150\overline{\mu}u}{d_p^2}\frac{(1-\overline{\varepsilon}_B)^2}{\overline{\varepsilon}_B^3} + \frac{1.75\overline{\text{MW}}u^2}{\alpha R_g T_R d_p}\frac{(1-\overline{\varepsilon}_B)}{\overline{\varepsilon}_B^3}P_T\right]$$

여기에서

$$u = \frac{(359)(14.7)W \cdot T}{(273)(3600)(NT) \cdot A_C \cdot \overline{\text{MW}} \cdot P_T}$$

(질량유속을 겉보기 속도로 변환)

$$\alpha = 1 + \frac{2d_p}{3(1-\overline{\varepsilon}_B)d_t}$$

X_i = 성분 i의 몰분율
u = 겉보기(superficial) 속도 (ft/s)
T_R = 반응하는 유체 온도 (K)(T_R^0=입구에서의 값)
T_C = 냉각제 온도 (K) (T_C^0=입구에서의 값)
$\overline{MW}$ = 반응하는 기체의 평균 분자량
P_T = 전체 압력(psia) (P_T^0=입구에서의 값)
W = 전체 질량 유속 (lb/h)
NT = 반응기 튜브의 개수
A_C = 반응기 튜브의 단면적
d_t = 튜브의 직경
d_p = 촉매 펠렛의 직경
ρ_B= = 층 밀도 (lbcat/ft^3)
z = 축 좌표 (ft)
R_i = 성분 i의 알짜(net) 반응속도 (lbmol/lbcat/h),
예를 들면, $R_1=-r_1$, $R_2=-r_2$, $R_3=-0.5r_1-2.5\ r_2$
: 유효인자가 1과 같다고 가정하라.
$\overline{\varepsilon}_B$ = 층의 세공률(porosity)
U = 총괄 열전달 계수 (BTU/h/ft^2/℃)
mode = 병류 냉각제 흐름에 대해 (+1),
맞흐름 냉각제 흐름에 대해 (−1)
F_CC_{pC} = 냉각 속도 (BTU/h/℃)
$\overline{\mu}$ = 반응하는 유체 점도 (lb/ft/h)
$\overline{C}_p$ = 기체 열용량 (BTU/lb/℃)
R_g = 기체 상수 (psia-ft^3/lbmol/K)
NC = 성분의 개수 = 5

reactor	2500 tubes	$\frac{1}{12}$ ft (ID) × 20 ft (length)
W	100,000	lb/h
X_1	0.1	
X_3	0.07	
X_5	0.02	
remainder is N_2 (O_2 comes from air)		
F_CC_{pC}	10^6	BTU/(h-°C)
P_T^0	114.7	psia
T_R^0	353	K
d_p	0.25	inches (spherical)
ρ_B	100	lb/ft^3
$\overline{\varepsilon}_B$	0.5	—
$\overline{\mu}$	0.048	lb/(ft-h)
$\overline{C}_p$	0.50	BTU/(lb-°C)
U	120.5	BTU/(h-ft^2-°C)

i	Component	M_i
1	Dammitol	46
2	Valuadehyde	44
3	O_2	32
4	CO_2	44
5	H_2O	18

6. 연습문제 5에서 설명된 반응시스템을 참고하라. 민감도(sensitivity)를 최소화하는 냉각모드를 사용할 때, $\overline{\varepsilon}_B$를 0.5에서 0.4(실제적인 변화)까지 변화시킴에 따른 영향은 무엇인가?

7. 만약 유효인자가 1과 같지 않을 때, 연습문제 5를 풀기 위해 추가적으로 필요한 식을 써라. 유효인자가 1이어야 한다는 제약이 없을 경우 반응기방정식을 풀이하시오.

APPENDIX A

화학평형

A.1 반응 시스템의 화학 평형에 대한 기본적인 판별 기준

단일한 반응을 가진 평형에 대한 기본적인 판별 기준은 다음과 같다.

$$\Delta G = \sum_{i=1}^{NCOMP} \upsilon_i \mu_i = 0 \tag{A.1.1}$$

여기에서 ΔG는 깁스 함수(Gibbs function)이다. *NCOMP*는 시스템 내에 존재하는 성분의 수 이며 υ_i는 성분 i에 대한 양론 계수이고 μ_i는 성분 i의 화학 포텐셜이다. 화학 포텐셜은 다음과 같다.

$$\mu_i = \mu_i^0 + R_g T \ln a_i \tag{A.1.2}$$

윗 식에서 R_g는 기체 상수이며 μ_i^0는 $a_i=1$과 같은 기준상태에서 성분 i의 표준 화학 포텐셜이며 a_i는 성분 i의 활동도(activity)이다. 기준상태는 (1) 기체의 경우, $P=1$ atm에서의 이상기체(즉, $\bar{f}^0=1$, 여기에서 $\bar{f}$는 퓨개씨티(fugacity)이다.) (2) 액체의 경우, 1 atm에서 온도 T에서의 순수한 액체 그리고 (3) 고체의 경우 1 atm, 온도 T에서의 순수한 고체를 말한다. 다중 반응(multiple reaction)이 네트워크에서 발생한다면 식 (A.1.1)은 다음과 같이 확장된다.

$$\Delta G_j = \sum_{i=1}^{NCOMP} \upsilon_{i,j} \mu_i = 0, \quad j = 1, \cdots, NRXN \tag{A.1.3}$$

여기에서 *NRXN*은 네트워크에서 독립적인 반응의 수이다.

일반적으로 표준 깁스 함수의 변화 ΔG^0가 0이라는 것은 옳지 않다. 따라서

$$\Delta G^0 = \sum_{i=1}^{NCOMP} \upsilon_i \mu_i^0 \neq 0 \tag{A.1.4}$$

이므로

$$\Delta G - \Delta G^0 = \sum_{i=1}^{NCOMP} \upsilon_i (\mu_i - \mu_i^0) \tag{A.1.5}$$

또는 식 (A.1.2)를 사용하게 되면

$$\Delta G - \Delta G^0 = R_g T \sum_{i=1}^{NCOMP} \upsilon_i \ln a_i = R_g T \ln\left(\prod_i a_i^{\upsilon_i}\right) \tag{A.1.6}$$

이 된다.

다음과 같은 일반적인 반응을 고려해보자.

$$\bar{a}A + \bar{b}B + \cdots = \bar{w}W + \bar{s}S + \cdots \tag{A.1.7}$$

식 (A.1.6)을 식 (A.1.7)에 적용하고 평형상태에서는 $\Delta G = 0$임을 기억하면

$$\Delta G^0 = -R_g T \ln\left[\frac{a_W^{\bar{w}} a_S^{\bar{s}} \cdots}{a_A^{\bar{a}} a_B^{\bar{b}} \cdots}\right] = -R_g T \ln K_a \tag{A.1.8}$$

따라서 평형상수 K_a는 다음과 같이 정의된다.

$$K_a = \prod_{i=1}^{NCOMP} a_i^{\upsilon_i} \tag{A.1.9}$$

식 (A.1.8)을 T에 관해서 미분하면 다음의 식을 얻을 수 있다.

$$\left[\frac{\partial(\Delta G^0/T)}{\partial T}\right]\Bigg|_P = -R_g\left[\frac{\partial(\ln K_a)}{\partial T}\right]\Bigg|_P \tag{A.1.10}$$

$\Delta G^0 = \Delta H^0 - T\Delta S^0$이며 이 때 ΔH^0와 ΔS^0는 각각 표준 엔탈피와 표준 엔트로피이다. $\Delta G^0 = \Delta H^0 - T\Delta S^0$를 T에 관해서 미분하게 되면

$$\left[\frac{\partial(\Delta G^0/T)}{\partial T}\right]\Bigg|_P = -\frac{\Delta H^0}{T^2} \tag{A.1.11}$$

가 된다. 식 (A.1.10)과 (A.1.11)을 같다고 두면 평형상수의 온도에 대한 함수 관계식을 얻을 수 있다.

$$\left[\frac{\partial(\ln K_a)}{\partial T}\right]\Bigg|_P = \frac{\Delta H^0}{R_g T^2} \tag{A.1.12}$$

또는 ΔH^0가 온도와의 관계가 없다고 가정하고 적분하면

$$K_a = \bar{K} \exp[-\Delta H^0/(R_g T)] \tag{A.1.13}$$

이 된다. 발열반응일 경우(즉, ΔH^0가 음의 값을 가질 때) K_a는 온도 T가 감소할 수록 증가하게 된다는 것을 주목하라. 흡열반응의 경우에는 반대가 된다. 식 (A.1.8)에서부터

$$\frac{-\Delta G^0}{R_g T} = \ln K_a \tag{A.1.14}$$

그리고

$$K_a = \exp\left[-\Delta G^0/(R_g T)\right] \tag{A.1.15}$$

가 됨을 알 수 있다. ΔG^0가 압력의 함수가 아니기 때문에 압력이 K_a에 영향을 주지 않는 것은 명백하다.

A.2 평형 조성의 결정

기체상 반응을 생각해보자. 만일 루이스와 란달(Lewis and Randall)의 혼합 규칙(혼합 규칙의 가장 간단한 형태-필요할 경우 더욱더 복잡한 관계식을 적용할 수 있다)을 사용하여 성분 i의 퓨개씨티(fugacity) $\overline{f}_i$를 다음과 같이 나타낼 수 있다.

$$a = \bar{f}_i/\bar{f}_i^0 \tag{A.2.1}$$

여기에서

$$\bar{f}_i = X_i \overline{\phi}_i P$$

이며 $\overline{\phi}_i$는 어떤 몰 분율 X_i에 대해서 계의 온도 T와 압력 P에서의 순수한 i에 대한 퓨개씨티 계수이다. 윗 식을 식 (A.1.7)에서 제시된 반응에 대한 식 (A.1.9)에 대입하면

$$K_a = \left[\frac{X_W^{\bar{w}} X_S^{\bar{s}} \cdots}{X_A^{\bar{a}} X_B^{\bar{b}} \cdots}\right]\left[\frac{\overline{\phi}_W^{\bar{w}} \overline{\phi}_S^{\bar{s}} \cdots}{\overline{\phi}_A^{\bar{a}} \overline{\phi}_B^{\bar{b}} \cdots}\right] P^{\bar{w}+\bar{s}+\cdots-\bar{a}-\bar{b}\cdots} \tag{A.2.2}$$

또는

$$K_a = K_x K_{\overline{\phi}} P^{\bar{w}+\bar{s}+\cdots-\bar{a}-\bar{b}\cdots}$$

가 되며 여기에서

$$X_i = \frac{n_i}{n_{\text{inert}} + \sum_j n_j}$$

이다.

식 (A.2.2)는 몰수의 항으로 다음과 같이 쓸 수 있다.

$$K_a = K_{\bar{\phi}} \left[\frac{n_W^{\bar{w}} n_S^{\bar{s}} \cdots}{n_A^{\bar{a}} n_B^{\bar{b}} \cdots} \right] \left[\frac{P}{n_{\text{inert}} + \sum_j n_j} \right]^{\bar{w}+\bar{s}+\cdots-\bar{a}-\bar{b}\cdots} \tag{A.2.3}$$

주목할 것은 K_a가 압력의 함수가 아니라는 것과 $K_{\bar{\phi}}$가 압력에 대해서 약한 상관관계를 갖고 있다는 것이다. 따라서 다음의 관계가 성립한다.

$$\bar{w} + \bar{s} + \cdots - \bar{a} - \bar{b} \cdots = \begin{cases} - & \text{then} \quad P\uparrow, K_x\uparrow \\ + & \text{then} \quad P\uparrow, K_x\downarrow \\ 0 & \text{then} \quad \text{no effect} \end{cases}$$

그리고 불활성 종의 영향에 대해서는 다음과 같은 관계가 성립한다.

$$\bar{w} + \bar{s} + \cdots - \bar{a} - \bar{b} \cdots = \begin{cases} - & \text{then add inert,} \quad K_x\downarrow \\ + & \text{then add inert,} \quad K_x\uparrow \\ 0 & \text{then no effect} \end{cases}$$

결국, 다시 한번 명확하게 말하자면 촉매는 평형 수율에 어떠한 영향도 가지지 않는다.

APPENDIX B

회귀분석

B.1. 최소자승법

아래에서는 데이터 (y_i, x_i)들을 직선으로 맞추기 위한 최소 자승법을 설명하고자 한다. 비선형 최소 자승법으로의 확장은 B.4절에서 논의된다.

데이터 (y_i, x_i)을 y_i와 $y_i=\overline{\alpha}_1+\overline{\alpha}_2 x_i$와의 차이를 최소화 하기위한 $\overline{\alpha}_1$과 $\overline{\alpha}_2$를 결정함으로써 다음과 같은 형태의 식에 맞추기 위한 문제를 생각해보자. 이 때 y는 종속변수이고 x는 독립변수이다.

$$y = \overline{\alpha}_1 + \overline{\alpha}_2 x \tag{B.1.1}$$

$\overline{\alpha}_1$과 $\overline{\alpha}_2$가 주어지면 편차(deviation) Δy_i는 다음과 같이 계산될 수 있다.

$$\Delta y_i = y_i - \overline{\alpha}_1 - \overline{\alpha}_2 x_i \tag{B.1.2}$$

$x = x_i$인 임의의 값에 대해서 관찰된 측정치 y_i가 실제 값 $y(x_i)$에 대해서 가우스 분포와 관찰값에 대한 표준 편차 σ_i 갖는 확률 PP_i는 다음과 같다 (P. R. Bevington, *Data Reduction and Error Analysis for the Physical Sciences,* McGraw-Hill, New York, 1969, p. 101).

$$PP_i = \frac{1}{\sigma_i\sqrt{2\pi}}\exp\left[-\frac{1}{2}\left[\frac{y_i - y(x_i)}{\sigma_i}\right]^2\right] \tag{B.1.3}$$

y_i의 N값에 대한 관찰된 측정 데이터 set을 만드는 확률은 각각의 확률 PPi의 곱이다.

$$PP(\overline{\alpha}_1, \overline{\alpha}_2) = \prod_i^N PP_i = \prod_i^N\left(\frac{1}{\sigma_i\sqrt{2\pi}}\right)\exp\left[-\frac{1}{2}\sum_i^N\left[\frac{y_i - y(x_i)}{\sigma_i}\right]^2\right] \tag{B.1.4}$$

가장 좋은 $\overline{\alpha}_1$과 $\overline{\alpha}_2$ 값은 $PP(\overline{\alpha}_1, \overline{\alpha}_2)$를 최대로 하는 값이 된다(최대 가능성 방법(method of maximum likelihood)). 정의는 다음과 같다.

$$\overline{X}^2 = \sum_i^N \left[\frac{y_i - y(x_i)}{\sigma_i}\right]^2 = \sum_i^N \left[\frac{1}{\sigma_i^2}(y_i - \overline{\alpha}_1 - \overline{\alpha}_2 x_i)^2\right] \tag{B.1.5}$$

$PP(\overline{\alpha}_1, \overline{\alpha}_2)$를 최대로 하기 위해서는 $\overline{X}^2$을 최소로 해야 한다. 따라서 데이터에 대한 최적의 맞춤을 찾기 위한 방법은 편차제곱의 합을 최소화 시키는 것이다(즉, 최소자승맞춤).

$\overline{\alpha}_1$과 $\overline{\alpha}_2$ 값을 어떻게 계산하는지를 보여주기 위한 예로서 여기에서는 $\sigma_i = \sigma$ = 일정 인경우를 생각해보자. $\overline{X}^2$을 최소로 하기 위해서 $\overline{\alpha}_1$과 $\overline{\alpha}_2$에 관한 $\overline{X}^2$의 편미분을 0으로 두어야 한다.

$$\frac{\partial \overline{X}^2}{\partial \overline{\alpha}_1} = 0 = \frac{\partial}{\partial \overline{\alpha}_1}\left[\frac{1}{\sigma^2}\sum (y_i - \overline{\alpha}_1 - \overline{\alpha}_2 x_i)^2\right] = \frac{-2}{\sigma^2}\sum (y_i - \overline{\alpha}_1 - \overline{\alpha}_2 x_i)$$

$$\frac{\partial \overline{X}^2}{\partial \overline{\alpha}_2} = 0 = \frac{\partial}{\partial \overline{\alpha}_2}\left[\frac{1}{\sigma^2}\sum (y_i - \overline{\alpha}_1 - \overline{\alpha}_2 x_i)^2\right] = \frac{-2}{\sigma^2}\sum x_i(y_i - \overline{\alpha}_1 - \overline{\alpha}_2 x_i)$$

이들 식을 정리하면 다음의 식을 얻을 수 있다.

$$\sum y_i = \sum \overline{\alpha}_1 + \sum \overline{\alpha}_2 x_i = \overline{\alpha}_1 N + \overline{\alpha}_2 \sum x_i$$

$$\sum x_i y_i = \sum \overline{\alpha}_1 x_i + \sum \overline{\alpha}_2 x_i^2 = \overline{\alpha}_1 \sum x_i + \overline{\alpha}_2 \sum x_i^2$$

이들 식에 대한 해는 아래와 같은 형태의 $\overline{\alpha}_1$과 $\overline{\alpha}_2$를 얻을 수 있게 한다.

$$\left.\begin{aligned}
\overline{\alpha}_1 &= \frac{\begin{vmatrix} \sum y_i & \sum x_i \\ \sum x_i y_i & \sum x_i^2 \end{vmatrix}}{\begin{vmatrix} N & \sum x_i \\ \sum x_i & \sum x_i^2 \end{vmatrix}} = \frac{\sum y_i \sum x_i^2 - \sum x_i \sum x_i y_i}{N\sum x_i^2 - (\sum x_i)^2} \\
\overline{\alpha}_2 &= \frac{\begin{vmatrix} N & \sum y_i \\ \sum x_i & \sum x_i y_i \end{vmatrix}}{\begin{vmatrix} N & \sum x_i \\ \sum x_i & \sum x_i^2 \end{vmatrix}} = \frac{N\sum x_i y_i - \sum x_i \sum y_i}{N\sum x_i^2 - (\sum x_i)^2}
\end{aligned}\right\} \tag{B.1.6}$$

계산은 간단하다. 우선 Σx_i, Σy_i, Σx_i^2과 $\Sigma x_i \Sigma y_i$를 계산한다. 두 번째로 계산된 값을 식 (B.1.6)에 대입하여 $\overline{\alpha}_1$과 $\overline{\alpha}_2$를 얻게 된다.

B.2 선형 관계 계수

식 (B.1.1)과 (B.1.6)을 생각해보면 만일 x와 y사이에 어떤 상관관계가 없다면 x

값의 증가와 감소 여부에 상관없이 y의 변화 경향이 없을 것이다. 그러므로 최소 자승 맞춤의 결과는 $\overline{\alpha}_2=0$이 될 것이다. 데이터가 다음과 같은 형태의 직선과 관련되어 있는지의 여부를 생각해보자.

$$x = \overline{\alpha}_1' + \overline{\alpha}_2' y \tag{B.2.1}$$

$\overline{\alpha}_2'$ 에 대한 해는 다음과 같다.

$$\overline{\alpha}_2' = \frac{N\sum x_i y_i - \sum x_i \sum y_i}{N\sum y_i^2 - (\sum y_i)^2} \tag{B.2.2}$$

만일 x와 y사이에 어떤 상관관계가 없다면 $\overline{\alpha}_2'=0$이 된다. 반면 만일 x와 y사이에 완전한 상관관계가 있다면 $\overline{\alpha}_1$, $\overline{\alpha}_2$, $\overline{\alpha}_1'$, 그리고 $\overline{\alpha}_2'$사이의 관계는 다음과 같다.

$$y = -\frac{\overline{\alpha}_1'}{\overline{\alpha}_2'} + \frac{1}{\overline{\alpha}_2'}x = \overline{\alpha}_1 + \overline{\alpha}_2 x$$

$$\overline{\alpha}_1 = -\frac{\overline{\alpha}_1'}{\overline{\alpha}_2'}$$

$$\overline{\alpha}_2 = \frac{1}{\overline{\alpha}_2'}$$

따라서, 완전한 상관 관계의 경우 $\overline{\alpha}_2\overline{\alpha}_2'=1$이 되며 상관관계가 전혀 없는 경우는$\overline{\alpha}_2$와 $\overline{\alpha}_2'$이 0이 되기 때문에 $\overline{\alpha}_2\overline{\alpha}_2'=0$이 된다. 그러므로 선형 관계 계수는 다음과 같이 정의 된다.

$$\overline{R}_{cc} = \sqrt{\overline{\alpha}_2\overline{\alpha}_2'} = \frac{N\sum x_i y_i - \sum x_i \sum y_i}{\left[N\sum x_i^2 - (\sum x_i)^2\right]^{1/2}\left[N\sum y_i^2 - (\sum y_i)^2\right]^{1/2}} \tag{B.2.3}$$

$\overline{R}_{cc}$값은 $-1 \le \overline{R}_{cc} \le 1$사이의 값을 가지며 완전 상관 관계의 경우 $\overline{R}_{cc}=1$, 상관관계가 전혀 없을 경우에는 $\overline{R}_{cc}=0$가 된다. 선형 관계 계수가 보통 '맞춤의 적합성(goodness of fit)'에 대한 척도로서 사용되지만 상관정도에 대한 직접적인 척도로서는 반드시 적절한 것은 아니다. 만일 맞춤결과 y절편이 0이 되는 방식으로 데이터가 나타날 수 있다면 맞춤의 적합성을 결정하기 위한 간단한 방법이 사용될 수 있다.

B.3 영(0)의 Y절편을 가지는 상관 확률

많은 속도 표현식들이 선형 최소 자승법을 사용하여 y절편이 0인 형태로 바뀔 수 있다. 이와 같은 방법에 대한 몇몇 예시는 표 B.3.1에 제시되어 있다. y절편을 알고 있다고 하자(즉, 0). 만일 완전한 상관관계가 이루어진다면 매개변수 $\overline{\alpha}_1$의 참값이 특정한 값 $\overline{\alpha}_1^*$와 같다는 가정은 $N-2$의 자유도를 갖는 $\overline{t}^*$값의 표를 이용하여 테스트 할 수 있다. $\overline{t}^*$값은 다음과 같다.

$$\bar{t}^* = \frac{\overline{\alpha}_1 - \overline{\alpha}_1^*}{SE(\overline{\alpha}_1)} \tag{B.3.1}$$

표준 오차 SE는 다음과 같이 계산할 수 있다. 매개변수 z의 결정에 대한 표준편차 σ_z는 다음과 같은 사슬 규칙(chain rule)을 이용한다.

$$\sigma_z^2 = \sum\left[\sigma_i^2\left(\frac{\partial z}{\partial y_i}\right)^2\right] \tag{B.3.2}$$

여기에서 σ_i는 각각의 데이터 포인트 i의 표준 편차이다. 만일 $\sigma_i = \sigma =$ 일정이라면 σ_z^2은 근사적으로 식 (B.1.1)에 대한 단순 분산과 같다(P. R. Bevington, *Data Reduction and Error Analysis for the Physical Science*, McGraw-Hill, New York, 1969, p. 114):

$$\sigma^2 \cong \frac{1}{N-2}\sum\left(y_i - \overline{\alpha}_1 - \overline{\alpha}_2 x_i\right)^2 \tag{B.3.3}$$

(단순 분산이란 편차 제곱의 합을 데이터 포인트의 수에서 맞춰진(fitted) 매개변수의 수를 뺀 값으로 나눈 것을 말한다.) 식 (B.1.1)에 대해 식 (B.3.2)를 쓰게 되면 다음의 식을 얻게 된다.

$$\left.\begin{aligned} \sigma_{\overline{\alpha}_1}{}^2 &= \sigma^2 \sum\left(\frac{\partial \overline{\alpha}_1}{\partial y_i}\right)^2 \\ \sigma_{\overline{\alpha}_2}{}^2 &= \sigma^2 \sum\left(\frac{\partial \overline{\alpha}_2}{\partial y_i}\right)^2 \end{aligned}\right\} \tag{B.3.4}$$

식 (B.1.6)을 사용하여 식 (B.3.4)에 대한 편미분을 계산하면

$$\sigma_{\overline{\alpha}_1}{}^2 = \frac{\sigma^2}{\Delta}\left(\sum x_i^2\right) \tag{B.3.5}$$

$$\sigma_{\overline{\alpha}_2}{}^2 = \frac{N\sigma^2}{\Delta} \tag{B.3.6}$$

과 같이 되며 여기에서

$$\Delta = N\sum x_i^2 - \left(\sum x_i\right)^2$$

이다.

따라서 $SE(\overline{\alpha}_1) = \sigma_{\overline{\alpha}_1}$이고 $SE(\overline{\alpha}_2) = \sigma_{\overline{\alpha}_2}$이 된다. 식 (B.3.1)로 돌아가서, $\overline{t}^*$는 표준 오차에 대한 실험적 편차이며 만일 이 값이 주어진 신뢰도에 대해서 $\overline{t}^*-$

표 B.3.1 영(0)의 절편을 만드는 속도 관계식에 대한 예시

Kinetics	Reactions	Relationship
1. 0th-order, irreversible (one-way), (constant volume)	$A \xrightarrow{k} \overline{P}$	$C_A^0 - C_A = kt$
2. First-order, irreversible (one-way)	$A \xrightarrow{k} \overline{P}$	$\ln\left[\frac{1}{1-f_A}\right] = kt$
3. First-order, reversible (two-way)	$A \underset{k_2}{\overset{k_1}{\rightleftarrows}} \overline{P}$	
• no product present at $t = 0$		$\ln\left[\frac{1}{1-(f_A/f_A^{eq})}\right] = \left(\frac{k_1}{f_A^{eq}}\right)t$
• product present at $t = 0$, C_P^0		$\ln\left[\frac{1}{1-(f_A/f_A^{eq})}\right] = \left[\frac{k_1\left(\frac{C_P^0}{C_A^0}+1\right)}{\left[\frac{C_P^0}{C_A^0}+f_A^{eq}\right]}\right]t$
4. Second-order, irreversible (one-way), (constant volume)	$A + B \xrightarrow{k} \overline{P}$	
• $C_A^0 = C_B^0$		$\frac{1}{C_A} - \frac{1}{C_A^0} = kt$
• $C_A^0 \neq C_B^0$		$\ln\left[\frac{C_B C_A^0}{C_A C_B^0}\right] = (C_B^0 - C_A^0)kt$
5. Second-order, reversible (two-way) $C_A^0 = C_B^0, C_C^0 = C_D^0 = 0$	$A + B \underset{k_2}{\overset{k_1}{\rightleftarrows}} C + D$	$\ln\left[\frac{f_A^{eq} - (2f_A^{eq}-1)f_A}{(f_A^{eq} - f_A)}\right] = 2k_1\left[\frac{1}{f_A^{eq}} - 1\right]C_A^0 t$
6. Third-order, irreversible (one-way), (constant volume)	$A + 2B \xrightarrow{k} \overline{P}$	$\ln\left[\frac{C_B C_A^0}{C_A C_B^0}\right] - \frac{2\left[\frac{C_B^0}{C_A^0} - 2\right](C_A^0 - C_A)}{(C_B^0/C_A^0)C_B} = (C_A^0)^2\left[\frac{C_B^0}{C_A^0} - 2\right]kt$
	$A + B + C \xrightarrow{k} \overline{P}$	$\ln\left(\frac{C_A^0}{C_A}\right) + \left[\frac{C_C^0/C_A^0 - 1}{\left(\frac{C_B^0}{C_A^0} - \frac{C_C^0}{C_A^0}\right)}\right]\ln\left(\frac{C_B^0}{C_B}\right) + \left[\frac{C_B^0/C_A^0 - 1}{\left(\frac{C_B^0}{C_A^0} - \frac{C_C^0}{C_A^0}\right)}\right]\ln\left(\frac{C_C}{C_C^0}\right) = (C_A^0)^2\left[\frac{C_B^0}{C_A^0} - 1\right]\left[\frac{C_C^0}{C_A^0} - 1\right]kt$
7. nth-order, irreversible (one-way), (constant volume)	$A \xrightarrow{k} \overline{P}$	$(C_A)^{(1-n)} - (C_A^0)^{(1-n)} = (n-1)kt$

분포 표에서의 값보다 크다면(통계와 관계된 교과서에서 이 표를 참조.) 예를 들어 95%($\bar{t}^*_{\text{exp}}$=기대 편차/표준 오차)일 경우, 가정은 기각된다. 즉, y절편이 0과는 상당한 차이를 보인다는 것이다. 만일 $\bar{t}^* < \bar{t}^*_{\text{exp}}$라면 가정은 채택되며 $\overline{\alpha}_2$는 다음과 같이 보고될 수 있다.

$$\overline{\alpha}_2 \pm \sigma_{\overline{\alpha}_2} \tag{B.3.7}$$

B.4 비선형 회귀분석

비선형 회귀를 수행하기 위한 많은 방법들이 있다. 여기에서는 독자들이 비선형 회귀분석을 수행하는데 사용되는 일반적인 개념을 알 수 있도록 간단한 분석법을 제시하고자 한다.

비선형 회귀분석을 시작하기 위해서 모델 함수를 다음과 같이 두자.

$$y = \boldsymbol{f}(x, \boldsymbol{a}) \tag{B.4.1}$$

여기에서 함수 $\boldsymbol{f}$는 종속 변수 x와 집합 $\boldsymbol{a} = [a_1, a_2, \cdots, a_n]$로 명시된 미지의 매개변수로 나타난 비선형 함수이다. 식 (B.4.1)에서 제시된 함수와 관찰된 측정치 y_i에 대한 최소 자승 맞춤은 다음과 같이 수행될 수 있다. 우선 $\overline{X}^2$[선형 회귀분석에 대한 식 (B.1.5를 보라.]을 다음과 같이 정의한다.

$$\overline{X}^2 = \sum_{i=1}^{N}\left[\frac{y_i - y(x_i)}{\sigma_i}\right] = \sum_{i=1}^{N}\left\{\frac{1}{\sigma^2}\left[y_i - \boldsymbol{f}(x_i, \boldsymbol{a})\right]^2\right\} \tag{B.4.2}$$

선형 최소 자승법에 대해서 $\overline{X}^2$는 다음과 같이 최소화 된다. 매개 변수 $\boldsymbol{a}$에 대한 $\overline{X}^2$의 편미분은 0이 된다. 예를 들어 a_1에 대해서는

$$0 = \frac{\partial \overline{X}^2}{\partial a_1} = \frac{\partial}{\partial a_1}\left\{\frac{1}{\sigma^2}\sum_{i=1}^{N}[y_i - \boldsymbol{f}(x_i, \boldsymbol{a})]^2\right\} = \frac{-2}{\sigma^2}\sum_{i=1}^{N}[y_i - \boldsymbol{f}(x_i, \boldsymbol{a})]\frac{\partial \boldsymbol{f}(x_i, \boldsymbol{a})}{\partial a_1} \tag{B.4.3}$$

과 같다. 따라서 n개의 매개변수 $\boldsymbol{a}$를 포함한 n개의 식이 존재할 것이다. 이들 식들은 함수 $\boldsymbol{f}(x_i, \boldsymbol{a})$와 함수에 대한 편미분 즉,

$$\frac{\partial \boldsymbol{f}(x_i, \boldsymbol{a})}{\partial a_j}, \quad \text{for } j = 1, \ldots, n$$

을 포함한다. 식 (B.4.3)에서 제시된 형태의 n개의 식들의 집합을 풀어야 한다. $\boldsymbol{f}(x_i, \boldsymbol{a})$가 비선형이라면 이들 식의 집합도 비선형이다. 따라서, 이들 식의 집합에 대한 해는 비선형 대수 방정식 풀이기(solver)를 필요로 하며 이는 쉽게 구할 수

있다. 해의 형태와 관련된 정보에 대해서는 수치 해석 관련 교과서를 참고하라. 해가 비선형 대수식의 한 집합을 포함하고 있을 경우, 이는 반복과정(iterative process)을 통해 수행될 수 있다. 즉, 매개변수 a에 대한 초기값 추정이 필요하다. 종종 해는 글로벌 최소가 아닌 로컬 최소로 종결될 것이다. 따라서 다양한 초기값 설정을 사용해야만 최종 해가 설정된 초기값과 무관함을 확신할 수 있다.

비선형 회귀분석에서 '맞춤의 적합성'에 대한 이슈는 간단하지 않다. 데이터에 대한 모델의 '맞춤에 대한 적합성'을 밝히기 위해 많은 방법들이 사용될 수 있다(즉, 오차 분석, 편차 분석, X^2분석). 예측한 $[y(x_i)]$에 대한 관찰된 y_i값의 플롯을 조사하여 시스템적인 편차를 관찰하는 것은 유용하다. 부가적으로 '맞춤에 대한 적합성'에 대한 일부 해석적 측정 또한 사용되어야 한다.

APPENDIX C

다공성 매체에서의 전달

C.1 1차원에서 플럭스 관계식의 유도

성분 A와 B로 구성된 정압 이성분 기체 혼합물로 가득 찬 관을 생각해보자. 성분 A가 움직일 때, B에 힘을 가하게 된다. 이와 같은 마찰력 ff_{AB}는 다음과 같이 서술될 수 있다.

$$ff_{AB} = \text{(proportionality constant)}\ \underbrace{\text{(concentration of } A\text{) (concentration of } B\text{)}}_{\text{number of collisions}}\ \underbrace{\text{(relative velocity of } A \text{ to } B\text{)}}_{\text{momentum exchange per collision}}$$

또는

$$ff_{AB} = (\text{const})_{AB}\, C_A C_B (V_A - V_B) \tag{C.1.1}$$

여기에서 V_i는 성분 i의 분자속도이다. 전체 마찰 손실은 구동력과 같아야 한다. 따라서 dz영역에 대해서는

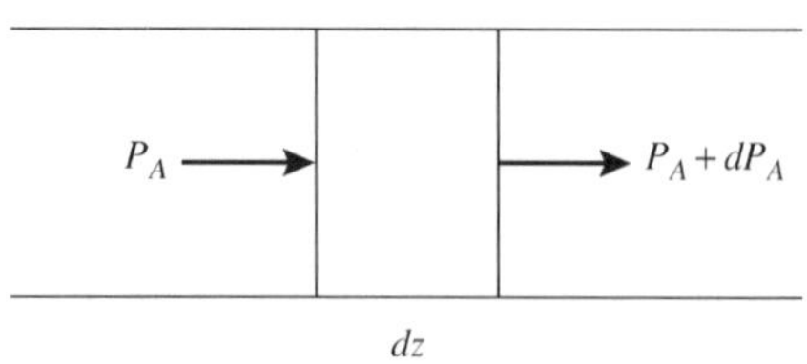

$$\frac{-dP_A}{dz} = (\text{const})_{AB}\, C_A C_B (V_A - V_B) \tag{C.1.2}$$

이 된다. 식 (C.1.2)에 C를 곱하고 정리하면 다음과 같은 식을 얻을 수 있다.

$$-CP\frac{dX_A}{dz} = (\text{const})_{AB}\, CC_AC_B(V_A - V_B)$$

$$\frac{-CP}{(\text{const})_{AB}\, C_AC_B}\frac{dX_A}{dz} = C(V_A - V_B)$$

$$\frac{-R_gT}{(\text{const})_{AB}\, X_AX_B}\frac{dX_A}{dz} = C(V_A - V_B) \qquad \text{(C.1.3)}$$

비례인자를 다음과 같이 정의하면

$$(\text{const})_{AB} = \frac{R_gT}{CD_{AB}} \qquad \text{(C.1.4)}$$

식 (C.1.3)은 다음과 같이 쓸 수 있다.

$$\frac{-CD_{AB}}{X_AX_B}\frac{dX_A}{dz} = C(V_A - V_B) \qquad \text{(C.1.5)}$$

식 (C.1.5)를 픽의 첫 번째 법칙(Fick's First Law)이라고 한다. 이를 살펴보기 위해 식 (C.1.5)를 아래와 같이 정리해보자.

$$C\, X_AX_B(V_A - V_B) = -CD_{AB}\frac{dX_A}{dz}$$

$$C_A(X_BV_A - X_BV_B) = -CD_{AB}\frac{dX_A}{dz} \qquad \text{(C.1.6)}$$

픽의 첫 번째 법칙을 생각해보면

$$\bar{J}_A = -CD_{AB}\frac{dX_A}{dz} = C_A(V_A - V_{\text{total}}) \qquad \text{(C.1.7)}$$

이고 여기에서 $\overline{J}_A$는 V_{total}로 움직이는 좌표계에 대한 A의 플럭스이다. V_{total}은 다음과 같다.

$$V_{\text{total}} = X_AV_A + X_BV_B$$

식 (C.1.6)을 다음과 같은 과정을 통해 정리하면

$$C_A(X_BV_A - X_BV_B + X_AV_A - X_AV_A) = -CD_{AB}\frac{dX_A}{dz}$$

$$C_A(-X_AV_A - X_BV_B + X_AV_A + X_BV_A) = -CD_{AB}\frac{dX_A}{dz}$$

$$C_A(V_A - V_{\text{total}}) = -CD_{AB}\frac{dX_A}{dz}$$

이는 식 (C.1.7)과 동일하게 됨을 알 수 있다.

이제 다성분계에 대해 생각해보자. $NCOMP$성분(즉, N개의 성분)을 가진 다성분 혼합물에 대해서는 이성분계에 대한 마찰력[식 (C.1.4)과 같은 비례인자를 가진 식 (C.1.1)]과의 유사성에 의해

$$ff_{ij} = \frac{R_g T\, C_i C_j}{CD_{ij}}(V_i - V_j) \tag{C.1.8}$$

과 같이 된다. 식 (C.1.8)을 사용하게 되면 전체 힘 수지(force balance)는 다음과 같다.

$$\frac{-dX_i}{dz} = \sum_{\substack{j=1 \\ i \neq j}}^{NCOMP} \frac{X_i X_j \left(V_i - V_j\right)}{D_{ij}} \tag{C.1.9}$$

이를 스테판-맥스웰(Stefan-Maxwell)식이라 한다.

스테판-맥스웰 식은 보통 플럭스 N_i의 항으로 쓰여진다. $N_i = C_i V_i$가 되므로 식 (C.1.9)는 플럭스의 항으로써 다음과 같이 표현된다.

$$\frac{-dX_i}{dz} = \sum_{\substack{j=1 \\ i \neq j}}^{NCOMP} \left[\frac{X_j N_i - X_i N_j}{CD_{ij}}\right] \tag{C.1.10}$$

C.2 다공성 매체에서의 플럭스 관계

세공에서의 이성분 기체 혼합물의 움직임을 생각해보자.

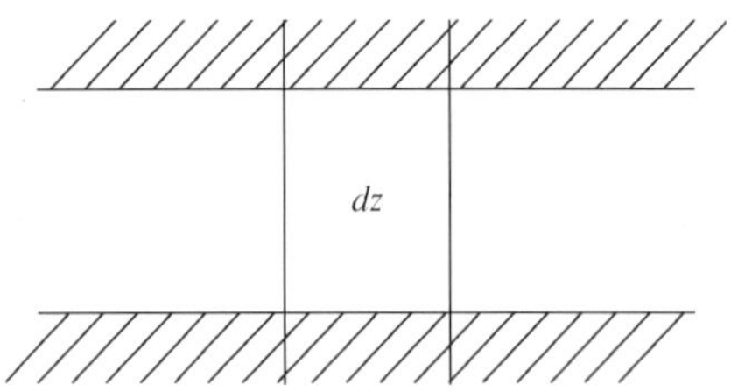

Pore wall

dz에서 분자와 벽간의 충돌로 인한 운동량의 손실은

$$(dP_A)_K (g_c A_C^P) = N_A \frac{R_g T}{D_{KA}} dz (g_c A_C^P) \tag{C.2.1}$$

과 같으며 여기에서

g_c = 중력 상수
A_C^P = 세공의 단면적
D_{KA} = A의 누센 확산 계수(Knudsen diffusion coefficient)
$(dP_A)_K$ = 분자-벽 간의 충돌에 의한 압력 변화

이다.

픽의 첫 번째 규칙은(분자-분자 충돌에 의한 운동량 손실)

$$N_A = \bar{J}_A + X_A(N_A + N_B) = -\frac{D_{AB}}{R_gT}\frac{dX_A}{dz} + X_A(N_A + N_B) \quad \text{(C.2.2)}$$

(diffusive flux) + (bulk flow)

이 된다.

다음과 같이 FR을 나타내자.

$$FR = 1 + {}^{N_B}\!/_{N_A} \quad \text{(C.2.3)}$$

따라서 식 (C.2.2)는 다음과 같이 된다.

$$N_A = \frac{-D_{AB}}{\left[1-(FR)X_A\right]R_gT}\frac{dX_A}{dz} \quad \text{(C.2.3)}$$

또는

$$-(dP_A)_{\text{mm}}\,g_cA_C^P = N_A\frac{R_gT}{D_{AB}}\left[1-(FR)X_A\right]dz(g_cA_C^P) \quad \text{(C.2.4)}$$

여기에서 $(dP_A)_{mm}$은 분자-분자 충돌에 따른 압력 변화이다. 분자-벽, 그리고 분자-분자 간 충돌에 따른 전체 운동량 손실은 식 (C.2.1)과 식 (C.2.4)의 합이다 $[(dP_A)=(dP_A)_K+(dP_A)_{mm}]$:

$$-(dP_A)g_cA_C^P = N_A\frac{R_gT}{D_{KA}}dz\,g_cA_C^P + N_A\frac{R_gT}{D_{AB}}\left[1-(FR)X_A\right]dz(g_cA_C^P)$$

또는 정리해서 나타내면 다음의 식이 된다.

$$N_A = \frac{-1}{\left[\dfrac{1-(FR)X_A}{D_{AB}} + \dfrac{1}{D_{KA}}\right]}\frac{1}{R_gT}\frac{dP_A}{dz} \quad \text{(C.2.5)}$$

만일 같은 몰 상대 확산(equimolar counterdiffusion) $(N_A=-N_B)$일 경우, 또는 X_A가 작을 경우 식 (C.2.5)는 다음과 같이 된다.

$$N_A = \frac{-1}{\dfrac{1}{D_{AB}} + \dfrac{1}{D_{KA}}}\frac{1}{R_gT}\frac{dP_A}{dz} = \frac{-D_{TA}}{R_gT}\frac{dP_A}{dz} \quad \text{(C.2.6)}$$

여기에서

$$\frac{1}{D_{TA}} = \frac{1}{D_{AB}} + \frac{1}{D_{KA}} \quad \text{(C.2.7)}$$

이다. 식 (C.2.7)을 Bosanquet 식이라 한다.

다성분 혼합물에 대한 운동량 수지식은 분자-벽 그리고 분자-분자 간의 관

계식(스테판－맥스웰)을 이용하여 식 (C.2.4)를 유도했던 것과 동일한 방식으로 공식화 하게 되면

$$-\left(dP_i\right)g_c A_C^P = \frac{N_i R_g T}{D_{Ki}} dz\, g_c A_C^P + \sum_{\substack{j=1\\ i\neq j}}^{NCOMP} \frac{R_g T}{D_{ij}}\left(X_j N_i - X_i N_j\right) dz\, g_c A_C^P$$

또는

$$\frac{-1}{R_g T}\frac{dP_i}{dz} = \sum_{\substack{j=1\\ i\neq j}}^{NCOMP}\left[\frac{X_j N_i - X_i N_j}{D_{ij}}\right] + \frac{N_i}{D_{Ki}} \qquad \text{(C.2.8)}$$

을 얻을 수 있다.

찾아보기

A

B

C

D

E

F

G

H

I

K

L

M

N

O

P

R

V·X·Y

ㄱ

ㄴ

ㄷ

ㅅ

ㅈ

ㅊ

기 타

Fundamentals of Chemical Reaction Engineering

화학반응공학

초판1쇄 인쇄 2006년 1월 3일
초판1쇄 발행 2006년 1월 10일

공 저 Mark E. Davis · Robert J. Davis
공 역 홍연기·신채호·염승호·임계규

발행인 정 우 용
발행처 圖書出版 東和技術
100-834 서울특별시 중구 신당 2동 405-25호
Tel (02)2236-8121~6
Fax (02)2236-6301~2
E-mail donghwae@kornet.net
http://www.donghwapub.co.kr
(등록) 1977년 12월 19일/ 9-16호

Printed in Korea
ISBN 89-425-0432-9

정가 18,000원